“全国高职高专工作过程导向规划教材”编写委员会

全国高职高专 工作过程导向 规划教材

冷冲压模具设计

李慧敏　主编
孟冬菊　武孝平　副主编

化学工业出版社
·北京·

图书在版编目（CIP）数据

冷冲压模具设计/李慧敏主编. —北京：化学工业出版社，2010.1（2023.8重印）
全国高职高专工作过程导向规划教材
ISBN 978-7-122-05707-5

Ⅰ.冷… Ⅱ.李… Ⅲ.冷冲模-设计-高等学校：技术学院-教材 Ⅳ.TG385.2

中国版本图书馆CIP数据核字（2009）第224574号

责任编辑：李军亮　　文字编辑：陈　元
责任校对：郑　捷　　装帧设计：尹琳琳

出版发行：化学工业出版社（北京市东城区青年湖南街13号　邮政编码100011）
印　　装：北京科印技术咨询服务有限公司数码印刷分部
787mm×1092mm　1/16　印张14¾　字数375千字　　2023年8月北京第1版第5次印刷

购书咨询：010-64518888　　售后服务：010-64518899
网　　址：http://www.cip.com.cn
凡购买本书，如有缺损质量问题，本社销售中心负责调换。

定　　价：29.00元

序

随着市场经济体制的完善、科学技术的进步、产业结构的调整及劳动力市场的变化，职业教育面临着“以服务社会主义现代化建设为宗旨、培养数以亿计的高素质劳动者和数以千万计的高技能专门人才”的新任务。高等职业教育是全面推进素质教育，提高国民素质，增强综合国力的重要力量。2005年颁布的《国务院关于大力发展职业教育的决定》中国家进一步推行以就业为导向、继续实行多形式的人才培养工程和推进职业教育的体制改革与创新，提出“职业院校要根据市场和社会需要，不断更新教学内容，合力调整专业结构”。在《关于全面提高高等职业教育教学质量的若干意见》（教高［2006］16号）文件中，教育部明确指出“课程建设与改革是提高教学质量的核心，也是教学改革的重点和难点。高等职业院校要积极与行业企业合作开发课程，根据技术领域和职业岗位（群）的任职要求，参照相关的职业资格标准，改革课程体系和教学内容。”

新时期下我国经济体制转轨变型也带来对人才需求和人才观的新变化。大量新技术、新工艺、新材料和新方法的不断涌现使得社会对新型技能人才的需求更加迫切，而以传统学科式职业教学体系培养出来的人才无论从数量、结构和质量都不能很好满足经济建设和社会发展的需要，而满足社会的需要才是职业教育的最终目的。在新形势下，进行职业教育课程体系的教学改革是职业教育生存和发展的唯一出路。改革现行的培养体系、课程模式、教学内容、教材教法，培养造就技术素质优秀的劳动者，已成为高等职业学校教育改革的当务之急。

针对上述情况，高职院校应大力进行课程改革和建设，培养学生的综合职业能力和职业素养。课程设计以职业能力培养为重点，与企业合作进行基于工作过程的课程开发与设计，充分体现职业性、实践性和开放性的要求，重视学生在校学习与实际工作的一致性，有针对性地采取工学交替、任务驱动、项目导向、课堂与实习地点一体化等行动导向的教学模式。课程的教学内容来自于企业生产、经营、管理、服务的实际工作过程，并以实际应用的经验和策略等过程性知识为主。以具体化的工作项目（任务）或服务为载体，每个项目或任务都包括实践知识、理论知识、职业态度和情感等内容，是相对完整的一个系统。在课程的“项目”或“任务”设置上，充分考虑学生的个性发展，保留学生的自主选择空间，兼顾学生的职业发展。

为此，化学工业出版社在全国范围内组织了二十所职业院校机械、电气、汽车三个专业的百余位老师编写了这套“全国高职高专工作过程导向规划教材”，为推动我国高等职业院校教学改革做了有益的尝试。

在教材的编写思路上，我们积极配合新的课程教学模式、教学内容、教学方法的改革，结合学校和企业工业现场的设备，打破学科体系界限和传统教材以知识体系编写教材的思路，以知识的应用为目的，以工作过程为主线，融合了最新的技术和工艺知识，强调知识、能力、素质结构整体优化，强化设备安装调试、程序设计指导、现场设备维修、工程应用能力训练和技术综合一体化能力培养。

在内容的选择上，突出了课程内容的职业指向性，淡化课程内容的宽泛性；突出了课程内容的实践性，淡化课程内容的纯理论性；突出了课程内容的实用性，淡化课程内容的形式性；突出了课程内容的时代性和前瞻性，淡化课程内容的陈旧性。

在编写力量上，我们组织了一批高等职业院校一线的教学名师，他们大都在自己的教学岗位上积极探索和应用着新的教学理念和教学方法，其中一部分教师曾被派到德国进行双元制教学的学习，再把国外的教学模式与我国职业教育的现实进行有机结合，并把取得的经验和成果毫无保留地体现在教材编写中。

同时，我们还邀请企业人员参与教材编写，并与相关职业资格标准、行业规范相结合，充分体现了校企合作和工学结合，突出了创新性、先进性和实用性。

本套教材从编写内容和编写模式方面，都充分体现了全国高职院校教学改革的成果，符合学生的认知规律，适应科技发展的需要，必将为职业院校培养高素质人才提供强有力的保证。

编委会

前言

课程建设与改革是提高教学质量的核心，也是教学改革的重点和难点。为贯彻教育部教学改革的重要精神，同时为配合职业院校教学改革和教材建设，更好地为职业院校深化改革服务，化学工业出版社组织二十所职业院校的老师共同编写了这套“全国高职高专工作过程导向规划教材”，该套教材涉及机械、电气、汽车专业领域，其中机械专业包括：《机械图样识读与测绘》、《机械图样识读与测绘》（化工专业适用）、《工程力学》、《机械制造基础》、《机械设计基础》、《电气控制技术》、《液压气动技术及应用》、《机械制造工艺与装备》、《机电设备故障诊断与维修》、《数控加工手工编程》、《数控加工自动编程》、《数控机床维护与故障诊断》、《冷冲压模具设计》、《塑料成型模具设计》、《金属压铸模具设计》、《模具制造技术》、《模具试模与维修》、《电工电子技术》（非电类专业适用）共18种教材。

本教材是为了适应职业教育发展和教学改革的需要，根据新世纪人才培养模式的变化，遵循工学结合的教学理念，吸取各学院模具设计与制造专业教学改革的研究和实践的成功经验，结合编者多年的企业工作经验和专业教学体会编写而成的。教材的内容以企业模具设计的流程为依据，以模具理论实用、够用为原则，适应模具岗位的技能要求。

本教材将冲裁、弯曲、拉深、成形等工艺分析和模具设计设置为五个学习情境，每一学习情境都配有基础知识准备和设计案例，包括模具总装配图和模具工件零件图图例、设计计算过程和模具工作原理。

本教材的参考学时为70～90学时，教学从项目化分析入手，还精选了冲裁模、弯曲模、拉深模、成形模等思考与练习题，便于学生学习和参考。通过本课程的学习，学生可具备冷冲压工艺分析、编制能力及冷冲压模具设计能力，达到毕业学生所学知识与岗位工作要求“零距离”接轨的目的。

本书由杭州职业技术学院李慧敏主编，北京电子科技职业学院孟冬菊、长治职业技术学院武晓平副主编，内蒙古职业技术学院雷小燕、北京工业职业技术学院张守英、杭州职业技术学院张海星以及新乡学院的梁中丽参加了本书部分工作情境内容的编写。

本书在编写过程中，得到许多专家和有关人员热情支持和帮助，在此表示诚挚的谢意。

由于编者水平所限，书中不足之处在所难免，恳请广大读者提出宝贵意见。

本教材的练习题答案请到 http://www.cipedu.com.cn 下载！

编者

目录

学习情境1 冲裁模具设计

学习情境2 弯曲模具设计

学习情境3 拉深模具设计

学习情境4 成形模具设计

学习情境5 汽车内挡油环冲模设计

附录

参考文献

学习情境1 冲裁模具设计

学习目标

能够掌握冲裁模具工作过程，冲裁件质量影响因素，凸、凹模刃口尺寸计算，材料排样和利用率计算，冲裁力和压力中心计算，单工序、复合、连续模各特点和结构。能进行冲裁件工艺分析，制定工艺方案，设计单工序、复合、连续各种类型冲裁模具，合理选用标准件以及冲压设备。

【任务分析】

冲裁是最基本的冲压工序，本情境通过分析冲裁变形过程及断面情况和冲裁件质量影响因素，掌握冲裁模的基本设计方法：排样布置、刃口尺寸计算、间隙确定、冲裁力与压力中心计算、零部件设计及模具标准选用及应用、确定冲裁典型结构、冲裁模设计方法与步骤等。

【知识准备】

1. 冲压工艺概述及冲压设备

(1) 冲压工艺概述

① 冲压加工及特点

a. 冲压加工的概念。冲压加工是在常温下，借助冲压设备（压力机）所提供的压力，利用安装在压力机上的模具，使模具中板料或坯料发生塑性变形或分离，从而获得所需形状、尺寸的零件的加工方法，称为冷冲压。

材料、模具、设备是冲压生产的基本要素。其中，冲压材料有板材、卷材及其他型材。模具是冲压加工工艺装备。冲压件的表面质量、精度、生产率及成本与模具的结构和寿命有很大关系。冲压设备是提供材料塑性变形的主要动力。

b. 冲压加工的特点

ⓐ 可以获得其他加工方法所不能或难以制造薄壁、重量轻、刚性好、形状复杂的零件。厚度越小、形状越复杂的零件，其优越性越突出。

ⓑ 产品质量稳定。由于产品的形状、尺寸和精度是由模具来保证的，基本上不受操作者的技术水平限制。

ⓒ 生产效率高。普通压力机每分钟可生产几十件，高速压力机每分钟可生产几百甚至上千件。

ⓓ 成本低。首先材料消耗少（废料少，甚至无废料加工）；其次节能（常温下加工）；再者生产率高、操作简单。

冲压加工由于具有十分明显的特点，因而在机械工程领域得到广泛的应用。

② 冲压工序的分类

冲压工序按材料的变形性质不同可分为分离工序和成形工序两大类。分离工序是在冲压过程中使冲压件与板料之间沿一定的轮廓线相分离而获得制件的工序。分离工序又分为落料、冲孔、切口等，见表 1-1。成形工序是冲压毛坯在不破坏的前提下，发生塑性变形转化成所需要求的制件形状和尺寸的工序。成形工序有弯曲、拉深、成形等，见表 1-2。

③ 冲压模具的分类

冲模是冲压生产中主要的工艺装备，其种类繁多，可按不同特征进行分类。

a. 按冲压工艺性质分：冲裁模、拉深模、弯曲模、成形模和挤压模。

b. 按工序组合方式分：

ⓐ 单工序模，它是指在压力机的一次行程内只完成一道冲压工序的冲模；

ⓑ 连续模，连续模又称为级进模或跳步模，它是指在压力机的一次行程内，在毛坯进给方向上，在模具的不同工位处完成多道冲压工序的冲模；

ⓒ 复合模，它是指在压力机的一次行程内，在模具的同一工位处同时完成两道或两道以上冲压工序的冲模。

c. 按模具的导向方式分无导向模和有导向的导柱模、导板模等。

表 1-1　冲压分离工序的性质及特征

工序名称	工序简图	工序性质及特征	使用冲模
剪裁	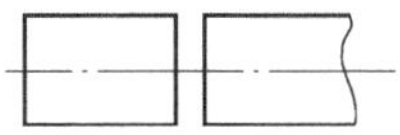	将板料以敞开的轮廓分离开，得到平整的制品零件	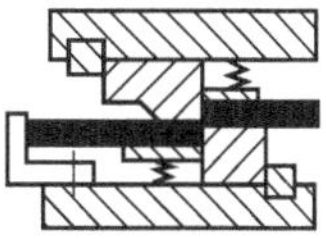
落料	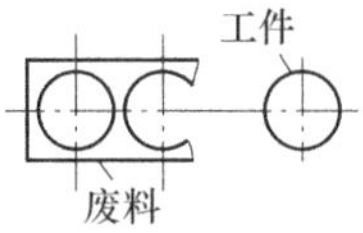 工件 废料	用冲模沿封闭线将板料冲切，冲下来的部分为制品零件，而剩余的部分为废料	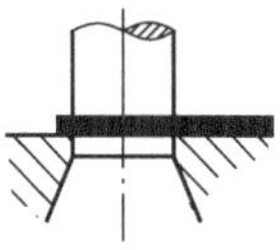
冲孔	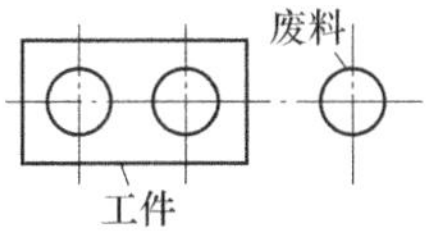 废料 工件	用冲模沿封闭线冲切板使其分离，所冲下来的部分是废料，而剩余部位是制品零件	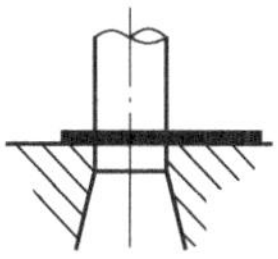
切口	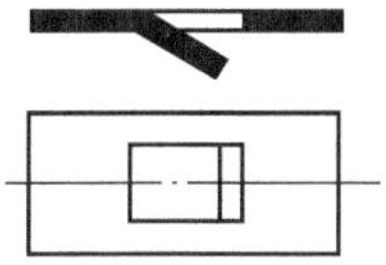	在坯件上沿不封闭线冲出切口，切口部位发生弯曲而不落下	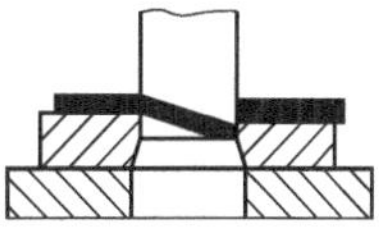
剖切	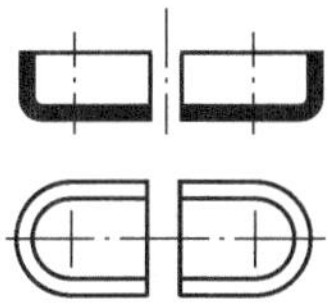	将半成品坯料切开两个或几个制品，多用于不对称零件的成双或成组冲压成形之后	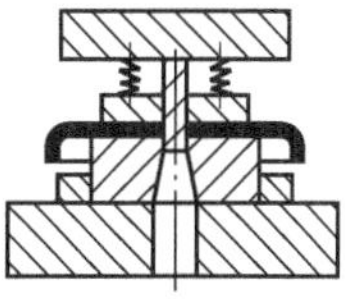
修边 （切边）	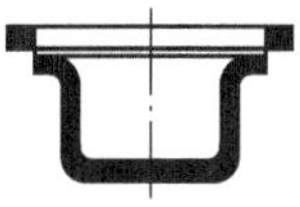	将成形零件的边缘修切整齐或切成一定形状	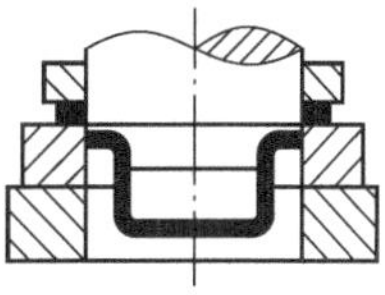

表 1-2　冲压成形工序的性质及特征

工序类型	工序名称	工序简图	工序性质及特征	使用冲模结构
弯曲	压弯	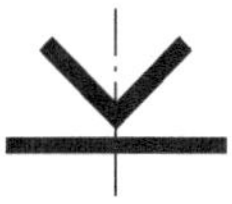	将平的坯件，利用冲压模压成一定角度形状的制品零件	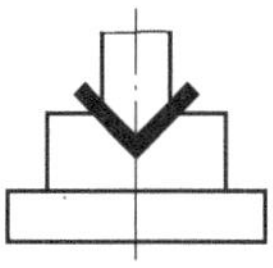
	卷边		将坯件的边缘，按着指定的半径，压弯成一定形状的圆弧形零件	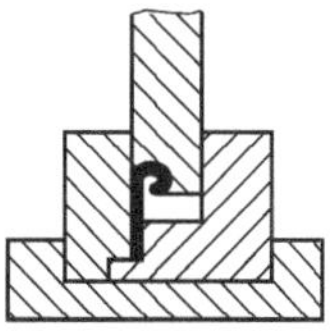
	扭弯		将平面坯件的一部分与另一部分相对扭转一个角度，变成曲线型零件	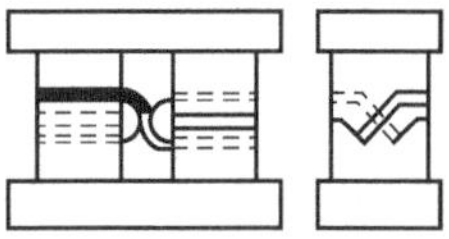

续表

工序类型	工序名称	工序简图	工序性质及特征	使用冲模结构
拉深	不变薄拉深	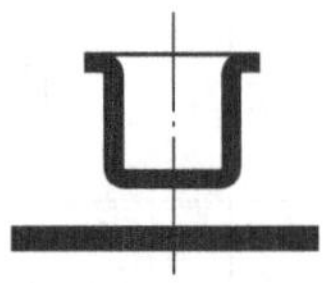	将坯件压成任意形状的筒形零件或将其形状及尺寸作进一步改变不引起料厚变化	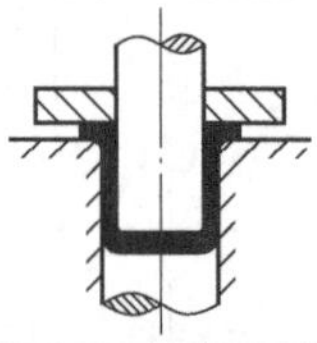
	变薄拉深	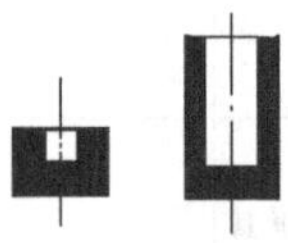	将坯件减少直径和臂厚，而使空心坯件尺寸改变	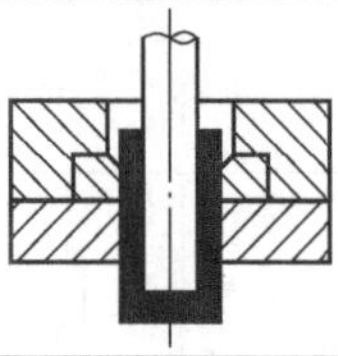
成形	起伏		采用材料局部拉深的方法，形成局部凸起和凹坑的零件	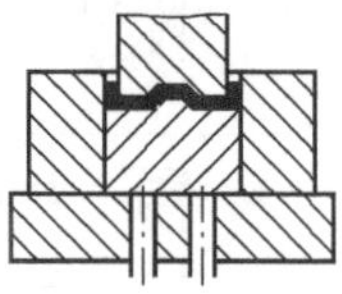
	翻边	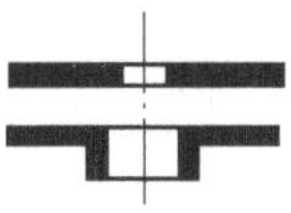	沿原先冲出的孔边，采用拉深的办法，使坯件形成凸缘	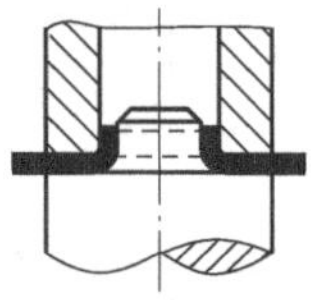
	胀形		将空心或管状坯件，从里向外加以扩张而形成所需的鼓肚形零件	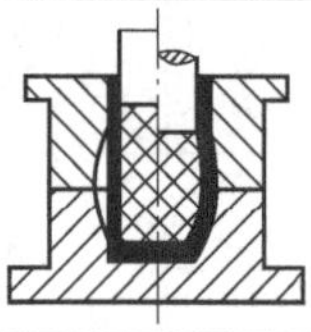
	缩口		将空心或管状坯件的端部，由外向内压缩成所需形状零件	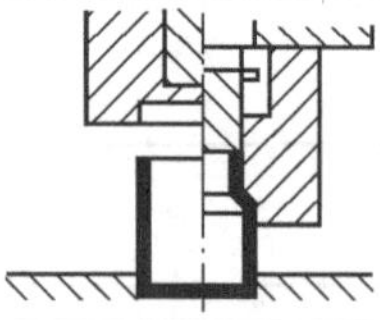
	扩口		将空心或管状坯件的端部，由内向外扩张成所需形状零件	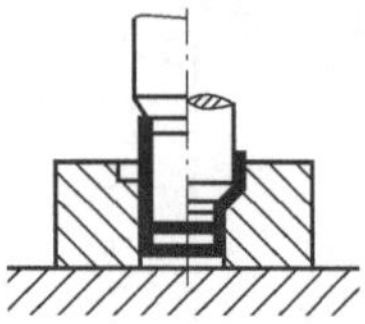
	校平	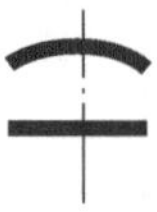	对零件不平的表面，利用压平模压平	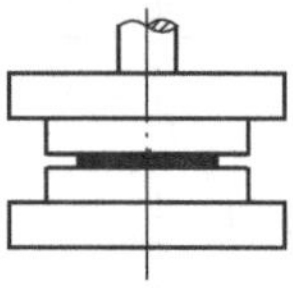
	整形		将拉深或弯曲的零件压成所需要的正确形状零件	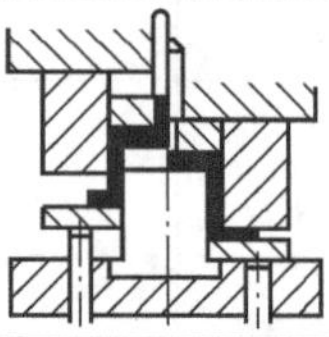

d. 按模具的自动化程度分有：手工操作模、半自动模、自动化模。

e. 按冲模材料分有：钢模、硬质合金模、低熔点合金模、聚氨酯橡胶模等。

f. 按冲模体积的大小分有：小型模、中型模、大型模。

设计模具时，一般按单工序模、复合模、连续模来确定模具类型。

④ 冲压常用材料

a. 冲压常用材料。冲压常用材料大多为各种规格的板料、带料、条料和块料。板料和带料的尺寸规格已标准化，可直接选用。带料主要用于大批量生产自动送料。条料和块料是由标准板料剪裁而成。

能够满足冲压加工的材料种类很多，可以是金属材料，也可以是非金属材料，金属材料包括黑色金属和有色金属。

黑色金属：普通碳素钢、优质碳素钢、碳素结构钢、合金结构钢、碳素工具钢、不锈钢、电工用纯铁、硅钢等。

有色金属：铜及铜合金、铝及铝合金、银及银合金、镁合金、钛合金等。

非金属材料：纸板、胶合板、橡胶、塑料、纤维板和云母等。

冲压常用材料及性能见表 1-3～表 1-5。

b. 材料的力学性能与冲压性能的关系。材料的冲压性能是指材料对各种冲压加工方法的适应能力。如材料便于加工，即容易得到高质量和高精度的冲压件；生产率高，即一次冲压的极限变形程度和总的变形程度要大；冲压材料对模具消耗低，并且不易出现废品。材料的力学性能与冲压性能有很大的关系。

ⓐ 材料的屈服极限 σ_s 对冲压性能的影响。材料的屈服极限是材料发生显著塑性变形的标志。σ_s 越小，越易屈服，回弹变形越小，成形的稳定性越好。但在压缩变形时，易起皱。

ⓑ 材料的塑性对材料冲压性能的影响。材料的塑性是指去除外力后材料保持永久变形而不破坏的性能。对成形工序，一般来说，塑性越好的材料允许材料变形的程度越大，其冲压性能越好。而对于分离工序，则要求材料具有一定的塑性，若材料的塑性太高，材料太软，则冲裁后的零件精度及允许的毛刺高度很难达到要求；若材料的塑性太低，则可能加大模具磨损，使模具的寿命降低。

ⓒ 材料的弹性对冲压性能的影响。材料的弹性是指去除外力后，材料仍能恢复原来形状的性能。对冲压的某些工序，弹性是极为不利的，如弯曲成形，由于材料的弹性，弯曲成形后零件有回弹现象出现，致使零件达不到预想的形状和精度。而对落料、冲孔等工序，弹性好的材料反而是有利的。因为弹性好的材料，流动性好，可以得到较好的断面质量。

ⓓ 材料的冷作硬化对冲压性能的影响。金属材料在塑性变形时，使材料的强度、硬度提高，塑性下降的现象称为冷作硬化。大多数金属材料硬化规律接近于 $\sigma=C\varepsilon^n$ 的关系，n 值越大，表示材料硬化强度越高，在同样的变形程度下，材料抵抗继续变形的能力越强，后续变形越困难。但对于拉深、扩孔、翻边、胀形等伸长类变形，n 值越大，材料抵抗继续变形的能力越强，从而使变形均匀化，具有减少毛坯局部变薄和增大极限变形参数的作用。n 值小的材料则易产生裂纹，且零件的厚度不均、表面粗糙。

ⓔ 屈强比的大小对冷冲压工艺性能的影响。材料的屈强比是指材料的屈服极限与抗拉强度的比值，即材料的屈强比为 σ_s/σ_b。式中，σ_s 为材料的屈服极限，MPa；σ_b 为材料的抗拉强度，MPa。

表 1-3 黑色金属的力学性能

材料名称	牌号	材料的状态	力学性能				
			抗剪强度 τ/MPa	抗拉强度 σ_b/MPa	屈服点 σ_s/MPa	伸长率 δ_{10}/%	弹性模量 $E/10^3$MPa
电工用工业纯铁 $W_C<0.025$	DT1,DT2,DT3	已退火的	177	225		26	
电工硅钢	D11,D12,D21 D31,D32						
	D310～D340	已退火的	186	225		26	
	D370,D41～D48						
普通碳素钢	Q195	未经退火的	255～314	314～392		28～33	
	Q215		265～333	333～412	216	26～31	
	Q235		304～373	432～461	253	21～25	
	Q255		333～412	481～511	255	19～23	
碳素结构钢	08F	已退火的	216～304	275～383	177	32	
	08		255～353	324～441	196	32	186
	10F		216～333	275～412	186	30	
	10		255～333	294～432	206	29	194
	15F		245～363	314～451		28	
	15		265～373	333～471	225	26	198
	20F		275～383	333～471	225	26	196
	20		275～392	353～500	245	25	206
	25		314～432	392～539	275	24	198
	30		353～471	441～588	294	22	197
	35		392～511	490～637	314	20	197
	40		412～530	511～657	333	18	209
	45		432～549	539～686	353	16	200
	50		432～569	539～716	373	14	216
	55	已正火的	539	≥657	383	14	
	60		539	≥686	402	13	204
	65		588	≥716	412	12	
	70		588	≥745	422	11	206
碳素工具钢	T7～T12 T7A～T12A	已退火的	588	736			
	T13、T13A		706	883			
	T8A、T9A	冷作硬化的	588～932	736～1177			
优质碳素钢	10Mn2	已退火的	314～451	392～569	225	22	207
	65Mn		588	736	392	12	207
合金结构钢	25CrMnSiA 25CrMnSi	已低温退火的	392～549	490～686		18	
	30CrMnSiA 30CrMnSi		432～588	539～736		16	
优质弹簧钢	60Si2Mn 60Si2MnA 65Si2WA	已低温退火的	706	883		10	196
		冷作硬化的	628～941	785～1177		10	
不锈钢	1Cr13	已退火的	314～373	392～461	412	21	206
	2Cr13		314～392	392～490	441	20	206
	3Cr13		392～471	490～588	471	18	206
	4Cr13		392～471	490～588	490	15	206
	1Cr18Ni9Ti	经热处理的	451～511	569～628	196	35	196

表 1-4　有色金属的力学性能

材料名称	牌号	材料的状态	力学性能				
			抗剪强度 τ/MPa	抗拉强度 σ_b/MPa	屈服点 σ_s/MPa	伸长率 δ_{10}/%	弹性模量 E/GPa
铝	L3,L3 L5,L7	已退火的	78	74～108	49～78	25	71
		冷作硬化	98	118～147		4	
铝锰合金	LF21	已退火的	69～98	108～142	49	19	70
		半冷作硬化的	98～137	152～196	127	13	
铝镁合金 铝铜镁合金	LF2	已退火的	127～158	177～225	98		69
		半冷作硬化的	158～196	225～275	206		
高强度的 铝镁铜合金	LC4	已退火的	167	245			
		淬硬并经 人工时效	343	490	451		69
镁锰合金	MB1	已退火的	118～235	167～186	96	3～5	43
	MB8	已退火的	167～186	216～225	137	12～14	39
		冷作硬化的	186～196	235～245	157	8～10	
硬铝(杜拉铝)	LY12	已退火的	103～147	147～211		12	
		淬硬并经 自然时效	275～304	392～432	361	15	71
		淬硬后 冷作硬化	275～314	392～451	333	10	
纯铜	T1,T2,T3	软的	157	196	69	30	106
		硬的	235	294		3	127
黄铜	H62	软的	255	294		35	98
		半硬的	294	373	196	20	
		硬的	412	412		10	
	H68	软的	235	294	98	40	108
		半硬的	275	343		25	
		硬的	392	392	245	15	113
铅黄铜	HPb59-1	软的	294	343	142	25	91
		硬的	392	441	412	5	103
锰黄铜	HMn58-2	软的	333	383	167	25	98
		半硬的	392	441		15	
		硬的	511	588		5	
锡磷青铜 锡锌青铜	QSn4-4-2.5 QSn4-3	软的	255	294	137	38	98
		硬的	471	539		3～5	
		特硬的	490	637	535	1～2	122
铝青铜	QAl7	退火的	511	588	182	10	
		不退火的	549	637	245	5	113～127
铝锰青铜	QAl9-2	软的	353	441	294	18	90
		硬的	471	588	490	5	
硅锰青铜	QSi3-1	软的	275～294	343～373	234	40～45	118
		硬的	471～511	588～637	530	3～5	
		特硬的	549～588	686～736		1～2	
铍青铜	QBe2	软的	235～471	294～588	245～343	30	115
		硬的	511	647		2	129～138
钛合金	TA2	退火的	353～471	441～588		25～30	
	TA3		432～588	539～736		20～25	
	TA5		628～667	785～834		15	102
镁锰合金	MB1	冷态	118～137	167～186	118	3～5	39
	MB8		147～177	225～235	216	14～15	40
	MB1	预热 300℃	29～49	29～49		50～52	39
	MB8		49～69	49～69		58～62	40

表 1-5 非金属材料的抗剪强度 τ

材料名称	凸模刃口型式		材料名称	凸模刃口型式	
	尖刃	平刃		尖刃	平刃
纸胶板、布胶板	90～130	120～200	桦木胶合板	200	
玻璃布胶板	120～140	160～220	松木胶合板	100	
玻璃纤维丝胶板	100～110	140～160	马粪纸	20～34	30～60
石棉纤维塑料	80～90	120～180	硬马粪纸	70	60～100
有机玻璃	70～80	90～100	绝缘纸板	40～70	60～100
石棉橡胶	40		红纸板		140～200
石棉板	40～50		纸	20～50	20～40
硬橡胶	40～80		漆布	30～60	
云母	50～80	60～100			

材料的屈强比的大小，对材料的冷冲压性能影响很大。如果材料的 σ_s/σ_b 值过大，则这时仅在接近抗拉强度 σ_b 的应力情况下才有可能达到屈服，因而允许变形程度的范围也就越小。反之，小的屈强比，对所有冲压成形都是有利的。屈强比小，成形的稳定好，材料回弹小。

ⓕ 板厚方向系数大小对材料的冲压性能的影响。材料的板厚方向系数 r 是指板料试样在拉伸实验中宽度应变 ε_b 与厚度应变 ε_t 的比值。

r 值的大小，表明金属板料在受单向拉应力作用时，板平面方向和厚度方向上的变形难易程度的比较。也就是表明在相同受力条件下，板料厚度方向上的变形性能和板平面方向的变形性能的差别，所以叫做板厚方向系数，有时又称 r 值。

当 $r>1$ 时，表明板材厚度方向上的变形比宽度方向困难。所以 r 值大的材料，在复杂形状的曲面零件拉深成形时，坯料的中间部分在拉应力作用下，厚度方向上变形比较困难，即变薄量小，而与拉应力垂直的板平面方向上的压缩变形比较容易。结果使坯料中间部分起皱的趋向降低，有利于冲压加工的变形进行和产品质量的提高。

ⓖ 板平面方向性对冷冲压的影响。板平面的方向性是指由于板料在扎制后形成纤维组织，它在板平面各个方向上的力学性能及物理性能并不均匀一致，亦即在不同方向上有差异性。

板料的方向性对冲压性能影响比较大，特别是在弯曲、拉伸和成形工序中。在冲压时，更要注意板平面方向性。否则会使拉深件壁厚不均，弯曲件容易被弯裂，影响制件的质量。因此，在冷冲压工艺图样中经常会规定拉深及弯曲应按板料压延方向进行或按与板料压延方向垂直，就是为了在冲压过程中，力求使板平面方向性一致，提高冲压件的质量和有利于冷冲压工作的正常进行。

(2) 冲压设备

① 冲压设备的类型

冲压设备的类型很多。

a. 按传动方式不同可分为机械压力机和液压机两大类。机械压力机包括曲柄压力机、偏心压力机、摩擦压力机、拉深压力机、专用压力机等，其中应用最广的是曲柄压力机。机械压力机是靠机械传动增压的压力设备；液压机是靠油或水传递压力的压力设备。

b. 按床身的结构不同可分为开式压力机和闭式压力机。开式压力机的床身前面、右面和左面都是敞开的，操作者操作很方便，但床身刚度较差；闭式压力机的床身左右封闭，操作者只能从前后接近工作台，但这种压力机的刚度大、精度高。

c. 按床身的结构的不同又分为可倾式和不可倾式。可倾式压力机的床身可以在一定角度范围内向后倾斜。

此外按滑块的数量不同分为单动的、双动的、三动的；按连杆数目不同分为单连杆、双连杆、四连杆。

随着冲压生产的不断发展，目前又出现了高速冲压机、多工位自动冲压机等新型冷冲压设备。为冷冲压生产自动化提供了先进的技术工艺设备。

② 冲压设备选用原则

在冷冲压生产中，冲压设备的选择是冲压工艺和模具设计中的一项重要内容，它直接关系到设备的安全和合理使用，同时也关系到冲压工艺是否能顺利进行和模具的寿命、产品的质量、生产效率、成本的高低等一系列重要问题。

选用冲压设备主要分两部进行。第一步，要根据所要完成的冲压工艺性质、生产批量大小、冲压件的几何形状及尺寸、冲压件的精度要求等来选定设备的类型。第二步，在冲压设备类型选择之后，根据冲压件的尺寸、模具尺寸和冲压力的大小确定设备的规格。

a. 冲压设备类型的选择。

ⓐ 对于落料、冲孔、弯曲和浅拉深等中小型冲压件的生产，常采用开式压力机。开式压力机机身前面、左面和右面三个方向是敞开的，操作和安装模具都很方便，便于采用自动送料装置，但机身的刚度较差，易产生变形，从而导致冲模间隙分布不均，影响冲件质量和模具寿命。

ⓑ 对于大中型和精度要求高的冲压件，多采用闭式压力机。

ⓒ 对于大量生产的大型或较复杂的拉深件，常采用上传动的闭式双动拉深压力机。对于中小型的拉深件（尤其是搪瓷制品、铝制品的拉深件），常采用底传动式的双动拉深压力机。双动拉深压力机有两个滑块，一个是沿床身导轨滑动的外滑块，另一个是在外滑块内沿外滑块的导轨滑动的内滑块。外滑块用于压边，内滑块用于拉深。

ⓓ 对于大批量生产的形状复杂、批量很大的中小型冲压件，应优先选用自动高速压力机或者多工位自动压力机。

ⓔ 对于批量小、材料厚的冲压件，常采用液压机。液压机的合模行程可调，尤其对于施力行程较大的冲压加工，具有明显的优点，而且不会因为板料厚度超差而过载。但生产速度慢，效率较低。可以用于弯曲、拉深、成形、校平等工序。

ⓕ 对于精冲零件，最好选择专用的精冲压力机。否则要利用精度和刚度较高的普通曲柄压力机或液压机，添置压边系统和反压系统后才能进行精冲。

b. 冲压设备规格的选择。

ⓐ 冲压机的公称压力。压力机滑块下压时的冲击力就是压力机的压力。压力机的压力是随着滑块位移或曲柄转角的变化而变化的。压力机的公称压力是指滑块离下止点前某一特定距离或曲柄旋转到离下止点前某一特定角度时，滑块上所允许承受的最大压力。在选择压力机时，对于施力行程不大的冲压工序，所选压力机的公称压力大于冲压时的冲压力即可；但对于施力行程较大（如深拉深、深弯曲等）的冲压工序，应按冲压时的冲压力小于压力机公称压力60%的条件来选择压力机。滑块的上止点是指滑块上、下运动的上端终点；滑块的下止点是指滑块上、下运动的下端终点。

ⓑ 冲压机的滑块行程。滑块行程是指滑块从上止点到下止点所经过的距离。在选择滑块行程时，对于冲裁模、弯曲模等模具，其行程不宜过大，以免发生凸模与导向装置脱离的不良后果；对于拉深模，其行程应大于拉深件高度的两倍以上，以保证零件或毛坯的取放。

ⓒ 冲压机的工作台面尺寸。冲压机的工作台面尺寸应大于模具下模座外形尺寸50～70mm，以便安装模具；工作台落料孔的尺寸应大于工件或废料尺寸，以便顺利落料。

ⓓ 冲压机的滑块行程次数。滑块行程次数是指滑块单位时间内往复运动的次数。滑块行程次数应满足生产率的要求。

ⓔ 压力机的装模高度。压力机的装模高度是指滑块在下止点时，滑块的下平面与工作台面（或工作垫板的上平面）之间的距离。模具的闭合高度应在压力机的最大与最小装模高度之间。模具的闭合高度是指模具在闭合状态（即上模在最低位置）时，上模座的上平面与下模座的下平面之间的距离。

模具的闭合高度与压力机的装模高度关系：

$$H_{max}-H_1-5\geqslant H_{模}\geqslant H_{min}-H_1+10 \tag{1-1}$$

式中 H_{max}——压力机的最大装模高度；

H_{min}——压力机的最小装模高度；

H_1——压力机的垫板厚度，当压力机的最大装模高度或最小装模高度不包含垫板厚度 H_1 时，式（1-1）中不需减垫板厚度 H_1。

表 1-6 和表 1-7 分别为常用开式和闭式压力机的技术参数。

表 1-6 常用开式压力机的主要技术参数

压力机型号		J23-4	J23-6.3	J23-10	J23-16	J23-25	J23-40	J23-63	J23-80	J23-100	J23-125	J23-160	J23-200	J23-250	J23-315	J23-400
公称压力/kN		40	63	100	160	250	400	630	800	1000	1250	1600	2000	2500	3150	4000
滑块行程/mm		40	50	60	70	80	100	120	130	140	140	160	160	200	200	250
滑块行程次数/(次/min)		200	160	135	115	100	80	70	60	60	50	40	40	30	30	25
最大闭合高度/mm		160	170	180	220	250	300	360	380	400	430	450	450	500	500	550
闭合高度调节量/mm		35	40	50	60	70	80	90	100	110	120	130	130	150	150	170
立柱间距/mm		100	150	180	220	260	300	340	380	420	460	530	530	650	650	700
喉深/mm		100	110	120	160	190	220	260	290	320	350	380	380	425	425	480
压力机型号		J23-4	J23-6.3	J23-10	J23-16	J23-25	J23-40	J23-63	J23-80	J23-100	J23-125	J23-160	J23-200	J23-250	J23-315	J23-400
工作台尺寸/mm	前后	180	200	240	300	360	420	480	540	600	650	710	710	800	800	900
	左右	280	315	360	450	560	630	710	800	900	970	1120	1120	1250	1250	1400
垫板尺寸/mm	厚度	35	40	50	60	70	80	90	100	110	120	130	130	150	150	170
	孔径	100	110	130	160	180	200	230	260	300	340	400	400	460	460	530
模柄孔尺寸/mm	直径	30				50			60			70		T 形槽		
	深度	50				70			75			80				
最大倾斜角/(°)		45		35		30			30	25	25	25				
电动机功率/kW		0.55	0.75	1.1	1.5	2.2	5.5	5.5	7.5	10	10	10	11.1			32.5

表 1-7 常用闭式压力机的主要技术参数

压力机型号		J31-100	JA31-160A	J31-250	J31-315	J31-400	JA31-630	J31-800	J31-1250
公称压力/kN		1000	1600	2500	3150	4000	6300	8000	12500
公称压力行程/mm		10.4	8.16	10.4	10.5	13.2	13	13	11
滑块行程/mm		250	160	315	315	400	400	500	500
滑块行程次数/(次/min)		20	32	20	20	20	12	10	10
最大装模高度/mm		450	480	490	490	550	700	700	830
装模高度调节量/mm		200	120	200	200	250	250	315	250
导轨间距离/mm		690	500	810	910	1330	1400	1680	1520
工作台尺寸/mm	前后	800	790	900	1100	1200	1500	1600	1600
	左右	800	710	900	1100	1240	1500	1900	1900
滑块底面前后尺寸/mm		700	560	850	960	1150	1400	1500	1560
主电动机功率/kW		7.5	10	30	30	40	55	75	100

2. 冲裁工作过程

冲裁是利用模具使板料沿一定的轮廓线产生分离的冲压工序。冲裁又分为落料、冲孔、切口等，参看表 1-1。冲裁可以用来加工零件，也可以为拉深、弯曲等其他工序准备坯料。根据变形机理的不同，冲裁分为普通冲裁（以破坏形式实现分离）和精密冲裁（以变形形式实现分离）两种形式，通常所说的冲裁是指普通冲裁（图 1-1）。

（1）冲裁变形过程

冲裁过程就是将凸模逐渐靠近凹模，把置于凸、凹模之间材料分离的过程，整个过程可分三个阶段，如图 1-2 所示。

① 弹性变形阶段

当凸模接触板料以后，凸模开始压迫板料，这时材料发生弹性压缩、拉伸和弯曲等变形，凸模继续下降，凸模将略挤入材料一部分，同时材料另一侧也被略挤入凹模刃口内，随着凸模施加的压力不断增加，材料内部的应力将不断增加，当此应力达到弹性极限时，弹性变形阶段结束。

② 塑性变形阶段

当凸模继续向下移动时，使得材料内应力加大，当材料内应力达到材料的屈服极限时，材料开始产生塑性变形，随着凸模的不断向下移动，材料的变形程度不断增加，同时材料硬化加剧，凸、凹模刃口附近应力更加集中，当刃口附近的应力达到材料强度极限时，材料开始产生微小裂纹，即材料开始破坏，塑性变形结束。

③ 断裂分离阶段

随着凸模的继续向下移动，已形成的裂纹将向材料内延伸扩展，当上、下裂纹相遇重合时，材料分离，凸模继续移动将冲落下的材料推入凹模内，冲裁过程结束。

图 1-3 所示为 Q235 钢冲裁时冲裁力与凸模行程的关系曲线。OA 段是弹性变形区域，即第一阶段。AB 段是塑性变形阶段，并开始发生裂纹，即第二阶段。在 B 点冲裁力达到最大数值，以后裂纹向材料内延伸扩展，压力随着下降，到 C 点材料全部破坏分离。由 C 点到 D 点，凸模继续下降，用以克服摩擦力和将冲落下的材料向凹模内推进，即第三阶段。

（2）冲裁变形时的受力与应力分析

如图 1-4 所示为无压边装置冲裁时，板料的受力图。由于无压边装置，板料产生弯曲，所以板料只与模具刃口附近区域接触。

冲裁变形时，板材上所受外力主要包括：

F_p、F_d——凸、凹模对板材的垂直作用力；

F_1、F_2——凸、凹模对板材的侧压力；

μF_p、μF_d——凸、凹模端面与板材间的摩擦力，其方向与间隙大小有关，但一般指向模具刃口，其中 μ 是摩擦系数；

μF_1、μF_2——凸、凹模侧壁与板材间的摩擦力。

由于冲裁时板料弯曲的影响，变形区的应力状态较复杂，且与变形过程有关，对于无压边装置的冲裁，板料塑性变形阶段的应力状态如图 1-5 所示。从 A、B、C、D、E 各点的应力状态可看出，凹模侧面 E 处的静水压力最低。由于静水压力越大变形抗力就越大，静水压力越小变形抗力就越小。所以，冲裁过程中，靠近凹模刃口 E 处的材料首先发生变形继而产生裂纹。

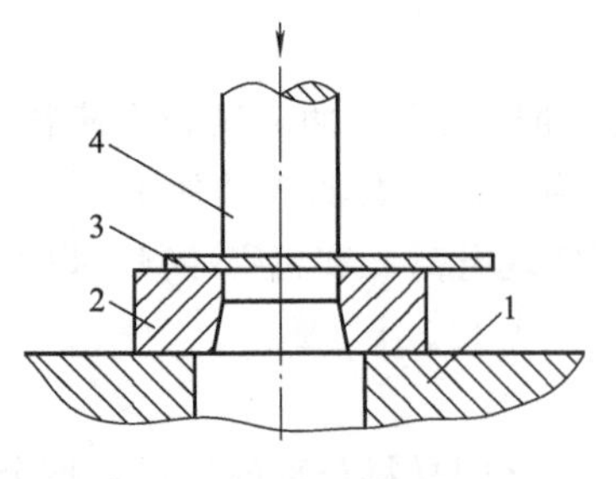

图 1-1　普通冲裁示意图
1—压力机工作台；2—冲模凹模；3—被冲板料；4—冲模凸模

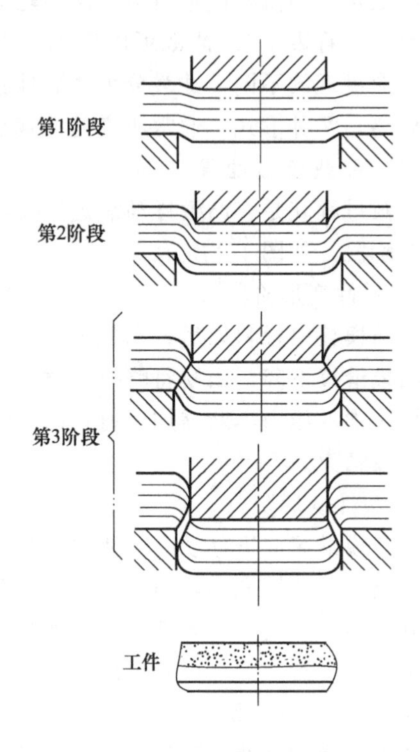

图 1-2　冲裁变形过程

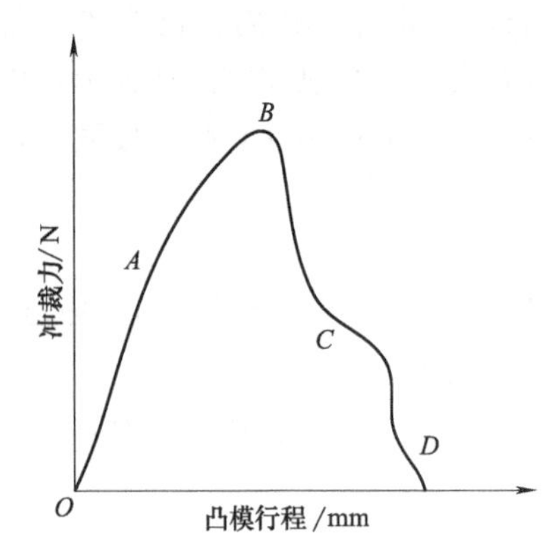

图 1-3　冲裁力与凸模行程关系曲线

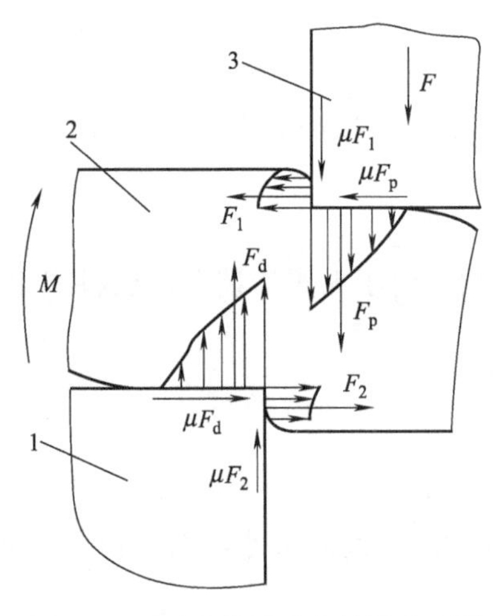

图 1-4　无压边装置冲裁板料受力图
1—凹模；2—被冲板料；3—凸模

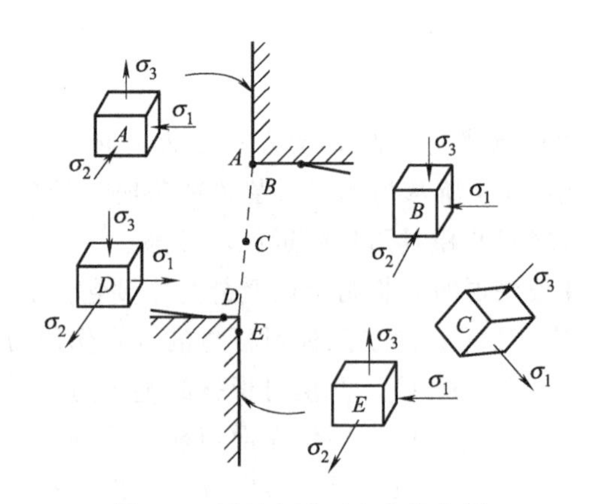

图 1-5　板料变形区应力状态图

3. 冲裁件质量

冲裁件的质量是指断面质量、尺寸公差和形状误差等。冲裁件的断面应平直、光洁、毛刺小；尺寸精度应符合制件设计要求；零件形状应满足图纸要求，表面尽可能平直，即拱弯小。

(1) 冲裁件的断面质量及影响因素

① 冲裁件的断面特征

冲裁件的断面可分为四个特征区：塌角、光亮带、断裂带和毛刺，如图 1-6 所示。

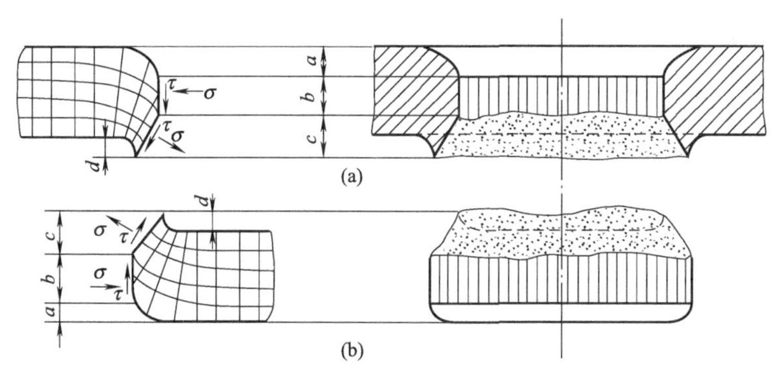

图 1-6 冲裁件的断面

a—圆角带 b—光亮带 c—断裂带 d—毛刺 σ—正应力 τ—剪应力

a. 塌角带：又称为圆角带，该区域是由于凸模压入材料时，刃口附近的材料产生弯曲和拉伸变形，材料被拉入凸凹模之间的间隙形成的。

b. 光亮带：该区域发生在塑性变形阶段。当刃口切入材料后，材料与凸凹模的侧面间相互挤压而形成的。该区域表面光亮，是断面质量最好的区域，一般占断面的 1/3～1/2。

c. 断裂带：该区域是在断裂阶段形成的。断裂带是由于刃口附近的裂纹在拉应力作用下不断扩展而形成的撕裂面。该区域表面粗糙、且有斜度。

d. 毛刺：毛刺的形成是由于在塑性变形的后期，凸模和凹模的刃口切入被加工材料一定深度时，刃口正面材料被压缩，刀尖部分处于静水压应力状态，使材料微裂纹的起点不在凸凹模的刃口处，而是在模具侧面距刃口不远处发生，在拉应力的作用下，裂纹加长，材料断裂而产生毛刺。在普通冲裁中毛刺是不可避免的。

冲裁件四个特征区各占整个冲裁断面的比例，随材料的性能、厚度和冲裁条件等的不同而变化。四个特征区中，光亮带的断面质量最好。

② 冲裁件断面质量的影响因素

影响冲裁件断面质量的主要因素有：冲裁模的凸、凹模间隙、材料的性能和冲裁模刃口状态等。

a. 间隙对冲裁件断面质量的影响。冲裁凸、凹模间隙一般指双面间隙。双面间隙是指凹模刃口的横向尺寸与凸模刃口的横向尺寸之差，即 $Z=D_{凹}-D_{凸}$，单面间隙为 $Z/2$，式中 $D_{凹}$、$D_{凸}$ 分别代表凹模、凸模的刃口尺寸，如图 1-7 (a) 所示。

当凸、凹间隙合适时，材料在凸、凹模刃口附近产生的上、裂纹将互相重合。尽管断面有斜度，但断面较平坦光洁，塌角和毛刺较小，光亮带较大，综合质量好，如图 1-7 (b) 所示。

当凸、凹间隙较大时，材料在凸模刃口附近产生的裂纹比间隙合适时产生的裂纹向内错开一段距离，此时上、下裂纹不重合。因变形材料应力中的拉应力比例增大，材料的弯曲和拉伸增加，容易产生裂纹，使材料塑性变形较早结束，因此，断面的光亮带减少，断裂带、塌角带增大，毛刺增大且不易清除，断面质量差，如图 1-7 (c) 所示。

当凸、凹间隙较小时，材料在凸模刃口附近产生的裂纹比间隙合适时产生的裂纹向外错开一段距离，此时上、下裂纹也不重合。随着冲裁的进行，两裂纹间材料将被第二次剪切，

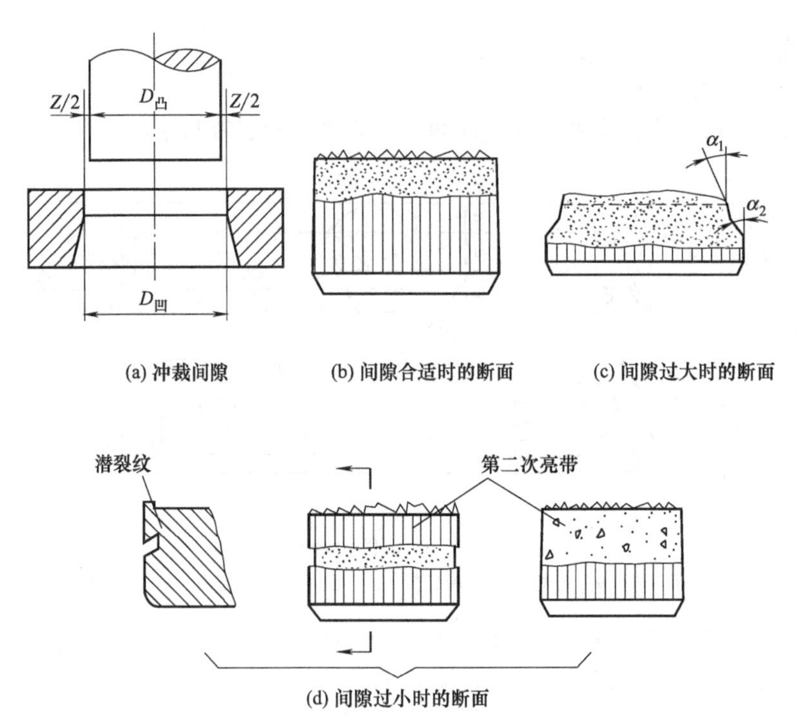

(a) 冲裁间隙　(b) 间隙合适时的断面　(c) 间隙过大时的断面

(d) 间隙过小时的断面

图 1-7　冲裁间隙对冲裁件断面质量的影响

上裂纹表面压入凹模时，受到凹模侧壁的挤压作用产生第二光亮带，该光亮带中部有残留的断裂带。断面的光亮带增加，塌角、毛刺和翘曲均减小，从外观看断面质量较好，但中部有断裂层，如图 1-7 (d) 所示。

b. 材料性能对断面质量的影响。对于塑性较好的材料，冲裁时裂纹出现的较迟，因而材料剪切的深度较大，所以断面的光亮带所占比例大，塌角和毛刺较大，断裂带较小。而塑性差的材料，剪切开始不久，材料将出现裂纹，断面光亮带所占比例较小，塌角、翘曲小，毛刺也较小，大部分为粗糙的断裂带。

c. 模具刃口状况对断面质量的影响。模具的刃口状况对断面质量影响很大。当刃口磨损成圆角时，挤压作用增大，冲裁件的圆角和光亮带增大，并且产生较大的毛刺。凸模磨钝时，落料件产生较大毛刺；凹模磨钝时，冲孔件产生较大毛刺。

(2) 冲裁件的尺寸精度及影响因素

冲裁件的尺寸精度是指冲裁件的实际尺寸与基本尺寸的差值，差值越小，精度越高。落料件的尺寸由凹模刃口尺寸确定，冲孔件的尺寸由凸模刃口尺寸确定。影响冲裁件尺寸精度有两方面的因素，一是凸、凹模本身的偏差，二是冲裁件相对于凸模或凹模尺寸的偏差。

凸、凹模本身的精度与冲模结构、加工、装配等多方面因素有关。冲模的精度低，冲裁件的精度就无法得到保证。一般情况下，冲模的精度比冲裁件的精度高 2～4 个精度等级，冲模精度与冲裁件精度之间的关系见表 1-8。

表 1-8　冲模精度与冲裁件精度之间的关系

冲模制造精度	材料厚度 t/mm											
	0.5	0.8	1.0	1.6	2	3	4	5	6	8	10	12
IT6～IT7	IT8	IT8	IT9	IT10	IT10							
IT7～IT8		IT9	IT10	IT10	IT12	IT12	IT12					
IT9				IT12	IT12	IT12	IT12	IT12	IT14	IT14	IT14	IT14

冲裁件相对于凸模或凹模尺寸的偏差是由于冲裁后冲裁件的弹性恢复造成的。影响冲裁件与冲模尺寸间偏差的因素有：凸、凹模间隙、材料性能及尺寸等，其中影响最大的是凸、凹模间隙

① 凸、凹模间隙对尺寸精度的影响

当间隙较大时，材料所受的拉伸作用增大，冲裁后，因材料的弹性恢复，使落料件尺寸小于凹模刃口尺寸，冲孔件尺寸大于凸模刃口尺寸；当间隙较小时，材料所受的挤压作用大，冲裁后，因材料的弹性恢复，使落料件尺寸大于凹模刃口尺寸，冲孔件尺寸小于凸模刃口尺寸，如图 1-8 所示，间隙对冲裁件精度影响示意图。图中 z 为间隙，δ 为制件相对于凸、凹模刃口尺寸的偏差，图 1-8（a）为间隙对落料件精度的影响，图 1-8（b）为间隙对冲孔件精度的影响。

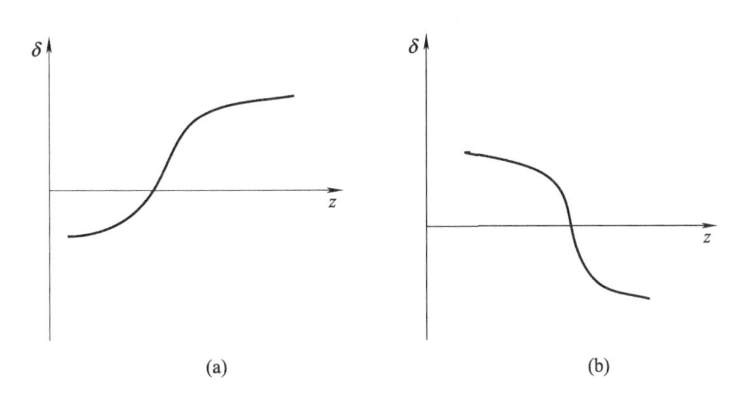

图 1-8　间隙对冲裁件精度的影响

当凸、凹模间隙不均匀时，冲裁件的尺寸精度将下降。

② 材料的性能对尺寸精度的影响

材料的性能直接决定了该材料在冲裁过程中的弹性变形量。对于比较软的材料，弹性变形量较小，冲裁后的弹性变形恢复较小，零件的精度较高。对于比较硬的材料，弹性变形量较大，冲裁后的弹性变形恢复较大，零件的精度较低。

(3) 冲裁件的形状误差及影响因素

冲裁件的形状误差是指翘曲、扭曲、变形等缺陷。冲裁件呈曲面不平现象称之为翘曲。它是由于间隙过大、弯矩增大、弯曲成分增多而造成的，另外材料的各向异性和卷料未矫正也会产生翘曲。冲裁件呈扭歪现象称之为扭曲。它是由于材料的不平、间隙不均匀、凹模后角对材料摩擦不均匀等造成的。冲裁件的变形主要是由于孔间距或孔距太小等原因而产生。

4. 冲裁工艺分析

冲裁工艺设计包括冲裁件的工艺性和冲裁工艺方案确定。良好的工艺性和合理的工艺方案，可以用最少的材料、最少的工序数和工时，使得模具结构简单且模具寿命长，能稳定地获得合格冲裁件。所以劳动量和冲裁件成本是衡量冲裁工艺设计合理性的主要指标。

(1) 冲裁件的工艺性

冲裁件的工艺性是指冲裁件对冲压工艺的适应性，即冲裁件的结构形状、尺寸大小、精度等级等是否满足冲压工艺的要求。良好的冲压工艺性应满足材料消耗少、工序数目少、零件质量高、模具结构简单且寿命长、操作安全方便等。

① 冲裁件的结构工艺性

a. 冲裁件的形状应力求简单、对称，有利于材料的合理利用。

b. 冲裁件内孔及外形的转角处要尽量避免尖角，应以圆弧过渡，以便于模具加工，减少热处理开裂，减少冲裁时刃口尖角处的崩刃和过快磨损。圆角半径 R 的最小值，参看表 1-9。

表 1-9　冲裁最小圆角半径 R　　单位：mm

零件种类			软钢	黄铜、铝	合金钢	备注
落料	交角	≥90°	0.25t	0.18t	0.35t	>0.25mm
		<90°	0.5t	0.35t	0.70t	>0.5mm
冲孔	交角	≥90°	0.3t	0.2t	0.45t	>0.3mm
		<90°	0.6t	0.4t	0.90t	>0.6mm

c. 尽量避免冲裁件上过长的凸出悬臂和凹槽，悬臂和凹槽宽度也不宜过小，如图 1-9 所示，其许可值 $b \geqslant 1.5t$。

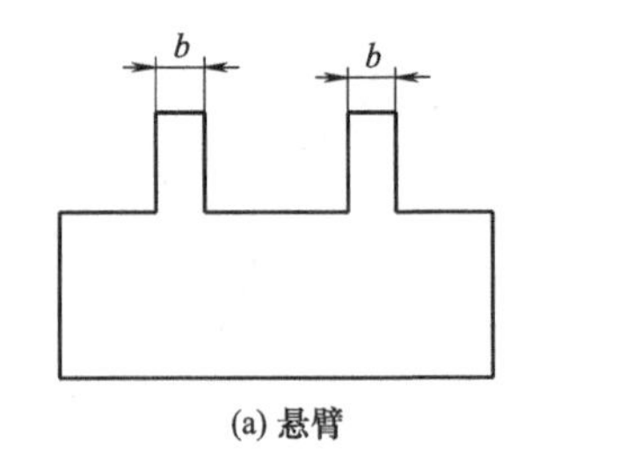

(a) 悬臂

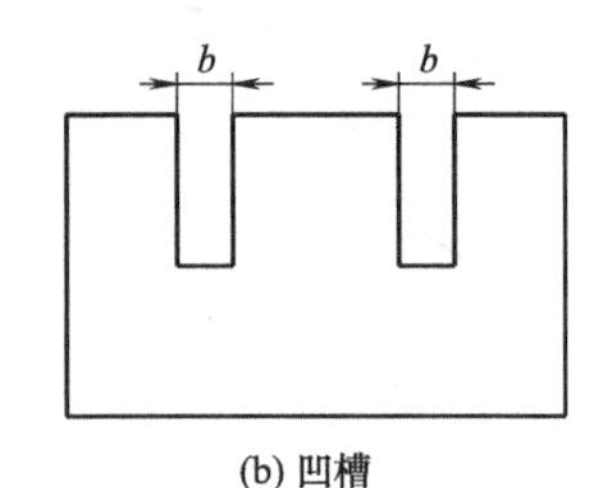

(b) 凹槽

图 1-9　悬臂和凹槽宽度

d. 为避免冲件变形和保证模具强度，孔边距和孔间距不能过小。其最小许可值 $c \geqslant 1.5t$，$c' \geqslant 2t$，且大于 3～4mm，如图 1-10 所示。

e. 在弯曲件或拉深件上冲孔时，孔边与直壁之间应保持一定距离，以防冲孔时凸模受水平推力过大而折断，一般要求 $s \geqslant R+0.5t$，如图 1-11 所示。

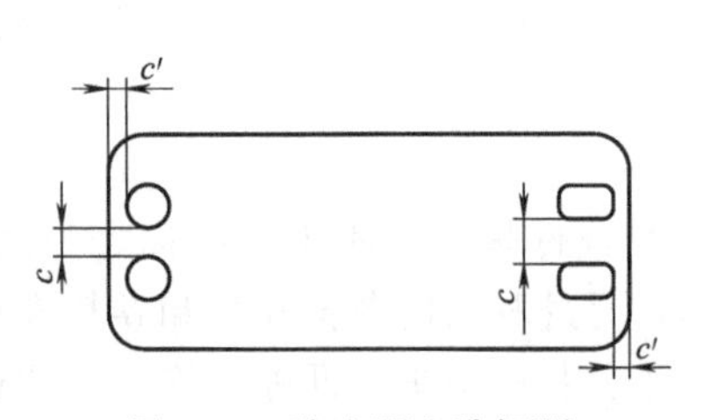

图 1-10　孔边距和孔间距

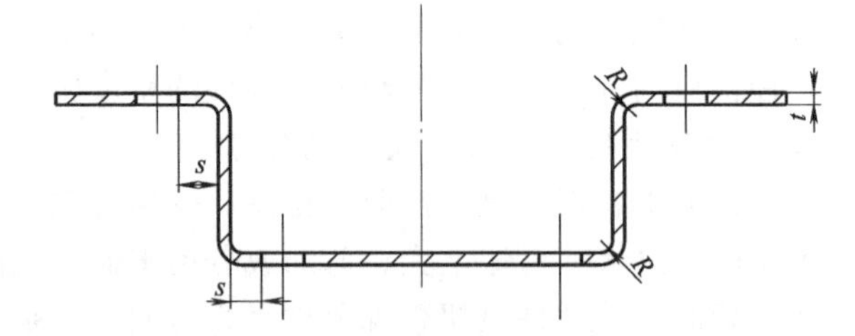

图 1-11　弯曲件的冲孔位置

f. 冲裁件的孔因受凸模强度和刚度的限制，孔的尺寸不应太小，否则凸模易折断或压弯。用无导向凸模和有导向的凸模冲孔的最小尺寸，分别见表 1-10 和表 1-11。

表 1-10　无导向凸模冲孔的最小尺寸　　单位：mm

材　　料	圆形孔（直径 d）	方形孔（宽 b）	长圆形孔（宽 b）	长方形孔（宽 b）
钢 τ>685MPa	$d \geqslant 1.5t$	$b \geqslant 1.35t$	$b \geqslant 1.1t$	$b \geqslant 1.2t$
钢 $\tau \approx$390～685MPa	$d \geqslant 1.3t$	$b \geqslant 1.2t$	$b \geqslant 0.9t$	$b \geqslant 1.0t$
钢 $\tau \approx$390MPa	$d \geqslant 1.0t$	$b \geqslant 0.9t$	$b \geqslant 0.8t$	$b \geqslant 0.8t$
黄铜	$d \geqslant 0.9t$	$b \geqslant 0.8t$	$b \geqslant 0.7t$	$b \geqslant 0.7t$
铝、锌	$d \geqslant 0.8t$	$b \geqslant 0.7t$	$b \geqslant 0.6t$	$b \geqslant 0.6t$

表 1-11　有导向凸模冲孔的最小尺寸　　单位：mm

材　　料	长方形孔(宽 b)	圆形孔(直径 d)
硬钢	$0.4t$	$0.5t$
软钢、黄铜	$0.3t$	$0.35t$
铝、锌	$0.28t$	$0.3t$

② 冲裁件的精度及断面表面粗糙度

a. 冲裁件的精度。冲裁件的经济精度一般不高于 IT11 级，最高可达 IT8～IT10，冲孔件比落料件高一级。冲裁件的外形及内孔的经济精度见表 1-12，孔中心距公差见表 1-13。如果冲裁件的精度高于表中数值，则在冲裁后需整修或采用精密冲裁。

表 1-12　冲裁件外形及内孔尺寸公差　　单位：mm

料厚 t/mm	冲裁件尺寸							
	一般精度冲裁件				较高精度冲裁件			
	<10	10～50	50～150	150～300	<10	10～50	50～150	150～300
0.2～0.5	0.08/0.05	0.10/0.08	0.14/0.12	0.20	0.025/0.02	0.03/0.04	0.05/0.08	0.08
0.5～1	0.12/0.05	0.16/0.08	0.22/0.12	0.30	0.03/0.02	0.04/0.04	0.06/0.08	0.10
1～2	0.18/0.06	0.22/0.10	0.30/0.16	0.50	0.04/0.03	0.06/0.06	0.080.10	0.12
2～4	0.24/0.08	0.28/0.12	0.40/0.20	0.70	0.06/0.04	0.08/0.08	0.10/0.12	0.15
4～6	0.30/0.10	0.35/0.15	0.50/0.25	1.0	0.10/0.06	0.12/0.10	0.15/0.15	0.20

注：1. 分子为外形公差、分母为内孔公差。

2. 一般精度的工件采用 IT8～IT7 级精度的普通冲裁模。

3. 较高精度的工件采用 IT7～IT6 级精度的高级冲裁模。

表 1-13　冲裁件孔中心距公差　　单位：mm

材料厚度 t/mm	孔 距 尺 寸					
	一 般 冲 模			高 级 冲 模		
	≤50	50～150	150～300	≤50	50～150	150～300
≤1	±0.10	±0.15	±0.20	±0.03	±0.05	±0.08
1～2	±0.12	±0.20	±0.30	±0.04	±0.06	±0.10
2～4	±0.15	±0.25	±0.35	±0.06	±0.08	±0.12
4～6	±0.20	±0.30	±0.40	±0.08	±0.10	±0.15

注：1. 表中所列孔距公差用于两孔同时冲出的情况。

2. “一般冲模”指冲模精度达 IT8，“高级冲模”指冲模精度达 IT7 以上。

b. 冲裁件断面表面粗糙度。冲裁件断面表面粗糙度和允许的毛刺高度见表 1-14 和表 1-15。

表 1-14　一般冲裁件断面表面粗糙度

材料厚度 t/mm	≤1	1～2	2～3	3～4	4～5
断面表面粗糙度 R_a/μm	3.2	6.3	12.5	25	50

表 1-15　冲裁件断面允许的毛刺高度　　单位：mm

材料厚度 t/mm	～0.3	>0.3～0.5	>0.5～1.0	>1.0～1.5	>1.5～2.0
新模试冲时允许的毛刺高度	≤0.015	≤0.02	≤0.03	≤0.04	≤0.05
生产时允许的毛刺高度	≤0.05	≤0.08	≤0.10	≤0.13	≤0.15

(2) 冲裁件工艺方案的确定

在冲裁工艺性分析的基础上，根据冲件的特点确定冲裁工艺方案。确定工艺方案包括冲裁的工序数、冲裁工序的组合和冲裁工序顺序的安排。冲裁工序数一般容易确定，关键是确定冲裁工序的组合与冲裁工序顺序的安排。

① 冲裁工序的组合

冲裁工序的组合方式可分为单工序冲裁、复合冲裁和级进冲裁。所使用的模具对应为单工序模、复合模、级进模。

单工序冲裁是指在压力机的一次行程中，在模具单一的工位上完成单一工序的冲裁；复合冲裁指在压力机的一次行程中，在模具的同一工位上同时完成两个或两个以上的冲压工序；级进冲裁是把冲裁件的若干个冲压工序，排列成一定顺序，在压力机的一次行程中，条料在模具的不同工位同时完成两个或两个以上的冲压工序。一般情况下组合冲裁工序（复合冲裁和级进冲裁）比单工序冲裁生产效率高，加工的精度等级高。冲裁工序的组合方式可根据下列因素确定。

a. 根据生产批量来确定。一般来说，小批量和试制生产采用单工序冲裁，中、大批量生产采用复合冲裁或级进冲裁。

b. 根据冲裁件尺寸精度等级来确定。复合冲裁所得到的冲裁件尺寸精度等级高，避免了多次单工序冲裁的定位误差，并且在冲裁过程中可以进行压料，冲裁件较平整。级进冲裁精度等级低于复合冲裁但高于单工序冲裁。

c. 根据对冲裁件尺寸形状的适应性来确定。冲裁件的尺寸较小时，考虑到单工序送料不方便和生产效率低，常采用复合冲裁或级进冲裁。对于尺寸中等的冲裁件，由于制造多副单工序模具的费用比复合模贵，则采用复合冲裁；当冲裁件上的孔与孔之间或孔与边缘之间的距离过小，不宜采用复合冲裁或单工序冲裁，宜采用级进冲裁。所以级进冲裁可以加工形状复杂、宽度很小的异形冲裁件，且可冲裁的材料厚度比复合冲裁时要大，但级进冲裁受压力机工作台面尺寸与工序数的限制，冲裁件尺寸不宜太大。

d. 根据模具制造安装调整的难易和成本的高低来确定。对复杂形状的冲裁件来说，采用复合冲裁比采用级进冲裁较为适宜，因为模具制造安装调整比较容易，且成本较低。

e. 根据操作是否方便与安全来确定。复合冲裁其出件或清除废料较困难，工作安全性较差，级进冲裁较安全。

综上所述分析，对于一个冲裁件，可以得出多种工艺方案。必须对这些方案进行比较，选取在满足冲裁件质量与生产率的要求下，模具制造成本较低、模具寿命较高、操作较方便及安全的工艺方案。

② 冲裁工序的顺序

a. 多工序冲裁件用单工序冲裁时的顺序安排。先落料使坯料与条料分离，再冲孔或冲缺口。冲裁大小不同、相距较近的孔时，为减少孔的变形，应先冲大孔后冲小孔。

b. 级进冲裁顺序的安排。先冲孔或冲缺口，最后落料或切断，将冲裁件与条料分离。首先冲出的孔可作后续工序的定位孔。当定位要求较高时，则可冲裁专供定位用的工艺孔（一般为两个）。

采用定距侧刃时，定距侧刃切边工序安排与首次冲孔同时进行，以便控制送料进距。采用两个定距侧刃时，一般安排成一前一后两侧布置。

5. 冲裁间隙

冲裁间隙是冲裁工艺和冲裁模设计中一个很重要的工艺参数。冲裁间隙的大小对冲裁件的断面质量、尺寸精度、模具寿命及冲裁力、卸料力、推件力等均有较大的影响。所以必须选择合理的冲裁间隙。前面已介绍了冲裁间隙对断面质量和尺寸精度的影响，下面主要介绍冲裁间隙对模具寿命和对冲裁力、卸料力、推件力的影响以及冲裁间隙的确定。

（1）冲裁间隙对模具寿命的影响

模具寿命分为刃磨寿命和模具总寿命。刃磨寿命是指两次刃磨之间生产的合格制件数。总寿命是指模具失效前生产的总的合格制件数。影响模具寿命的因素有冲裁间隙，润滑条件，模具制造材料、精度和表面粗糙度，被加工材料性能，冲裁件轮廓形状等，但冲裁间隙是最主要因素之一。

冲裁过程中，凸模与被冲孔之间，凹模与落料件之间均有摩擦，并且间隙越小，挤压力越大，摩擦越大，磨损越大，从而降低模具寿命。但过大的间隙使坯料弯曲相应增大，从而使凸、凹模刃口端面上的压应力分布不均，容易崩刃。所以为提高模具的寿命，间隙不易过大或过小，应取合理的范围。

（2）冲裁间隙对冲裁工艺力的影响

冲裁工艺力包括冲裁力、卸料力、推件力。试验表明，间隙对冲裁力的影响不显著。随间隙的增大冲裁力有一定程度的降低，当单面间隙介于材料厚度的5%～20%范围内时，冲裁力的降低不超过5%～10%。间隙对卸料力、推件力的影响比较显著。随间隙增大，卸料力和推件力都将减小。一般当单面间隙增大到材料厚度的15%～25%时，卸料力几乎降到零。但间隙继续增大会时毛刺增大，又将引起卸料力、推件力的迅速增大。

（3）冲裁间隙的确定

由上分析可见，间隙对冲裁件质量、冲裁工艺力、模具寿命等都有很大的影响。但要同时满足冲裁件质量最佳、冲模寿命最长、冲裁工艺力最小等各方面要求，确定的间隙值一致是不可能的。实际生产中，综合考虑冲裁件质量、冲模寿命、冲裁工艺力等各方面要求，并考虑到模具制造中的偏差和使用中的磨损，给间隙规定一个范围值。这个范围的最小值称为最小合理间隙（Z_{min}），最大值称为最大合理间隙（Z_{max}）。考虑到在生产过程中的磨损使间隙变大，故设计与制造新模具时应采用最小合理间隙 Z_{min}。确定合理间隙值有理论确定法和经验确定法两种。

① 理论确定法

主要是根据凸、凹模刃口产生的裂纹相互重合的原则进行计算。图1-12所示为冲裁过程中开始产生裂纹的瞬时状态，根据图中几何关系可求得合理间隙 Z 为：

$$Z=2(t-h_0)\tan\beta=2t(1-h_0/t)\tan\beta \tag{1-2}$$

式中 t——材料厚度；

h_0——产生裂纹时凸模挤入材料的深度；

h_0/t——产生裂纹时凸模挤入材料的相对深度；

β——剪切裂纹与垂线间的夹角。

式（1-2）可看出，合理间隙 Z 与材料厚度 t、凸模挤入材料的相对深度 h_0/t、裂纹角 β 有关，而裂纹角 β 和 h_0/t 与材料性质有关，材料越硬 h_0/t 越小，材料性质对裂纹角 β 的影响不是太大。因此，影响间隙值的主要因素是材料性质和厚度。材料厚度越大，塑性越低的硬材料，则所需间隙 Z 值就越大；材料厚度越薄，塑性越高的材料，则所需间隙 Z 值就越小。h_0/t 和 β 的值见表1-16。

由于理论计算法在生产中使用不方便，故目前广泛采用的是经验数据。

表 1-16　材料的 h_0/t 和裂纹角 β 值

材　　料	h_0/t		β	
	退　火	硬　化	退　火	硬　化
软钢、纯铜、软黄铜	0.5	0.35	6°	5°
中硬钢、硬黄铜	0.3	0.2	5°	4°
硬钢、硬黄铜	0.2	0.1	4°	4°

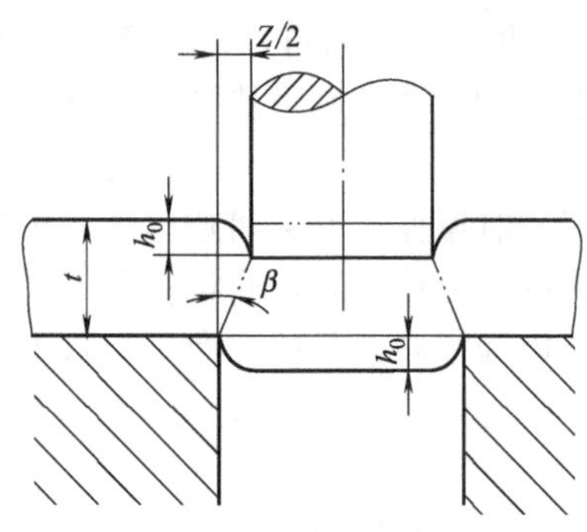

图 1-12　理论间隙计算图

② 经验确定法

根据研究与实际生产经验，间隙值可按要求分类查表确定。对于如电子电器等行业要求尺寸精度、断面质量高的冲裁件应选用较小间隙值，见表1-17，这时冲裁力与模具寿命作为次要因素考虑。对于如汽车拖拉机、一般机械等行业要求尺寸精度和断面质量不高的冲裁件，在满足冲裁件要求的前提下，应以降低冲裁力、提高模具寿命为主，选用较大的间隙值，见表1-18。

表 1-17　较小间隙的冲裁模具初始用双面间隙　　单位：mm

材料厚度 t/mm	软　铝		纯铜、黄铜、软钢 $\omega_c=0.08\%\sim0.2\%$		杜拉铝、中等硬钢 $\omega_c=0.3\%\sim0.4\%$		硬钢 $\omega_c=0.5\%\sim0.6\%$	
	Z_{min}	Z_{max}	Z_{min}	Z_{max}	Z_{min}	Z_{max}	Z_{min}	Z_{max}
0.2	0.008	0.012	0.010	0.014	0.012	0.016	0.014	0.018
0.3	0.012	0.018	0.015	0.021	0.018	0.024	0.021	0.027
0.4	0.016	0.024	0.020	0.028	0.024	0.032	0.028	0.036
0.5	0.020	0.030	0.025	0.035	0.030	0.040	0.035	0.045
0.6	0.024	0.036	0.030	0.042	0.036	0.048	0.042	0.054
0.7	0.028	0.042	0.035	0.049	0.042	0.056	0.049	0.063
0.8	0.032	0.048	0.040	0.056	0.048	0.064	0.056	0.072
0.9	0.036	0.054	0.045	0.063	0.054	0.072	0.063	0.081
1.0	0.040	0.060	0.050	0.070	0.060	0.080	0.070	0.090
1.2	0.050	0.084	0.072	0.096	0.084	0.108	0.096	0.120
1.5	0.075	0.105	0.090	0.120	0.105	0.135	0.120	0.150
1.8	0.090	0.126	0.108	0.144	0.126	0.162	0.144	0.180
2.0	0.100	0.140	0.120	0.160	0.140	0.180	0.160	0.200
2.2	0.132	0.176	0.154	0.198	0.176	0.220	0.198	0.242
2.5	0.150	0.200	0.175	0.225	0.200	0.250	0.225	0.275
2.8	0.168	0.224	0.196	0.252	0.224	0.280	0.252	0.308
3.0	0.180	0.240	0.210	0.270	0.240	0.300	0.270	0.330
3.5	0.245	0.315	0.280	0.350	0.315	0.385	0.350	0.420
4.0	0.280	0.360	0.320	0.400	0.360	0.440	0.400	0.480
4.5	0.315	0.405	0.360	0.450	0.405	0.490	0.450	0.540
5.0	0.350	0.450	0.400	0.500	0.450	0.550	0.500	0.600
6.0	0.380	0.600	0.540	0.660	0.600	0.720	0.660	0.780
7.0	0.560	0.700	0.630	0.770	0.700	0.840	0.770	0.910
8.0	0.720	0.880	0.800	0.960	0.880	1.040	0.960	1.120
9.0	0.870	0.990	0.900	1.080	0.990	1.170	1.080	1.260
10.0	0.900	1.100	1.000	1.200	1.100	1.300	1.200	1.400

注：1. 初始间隙的最小值相当于间隙的公称数值。

2. 初始间隙的最大值是考虑到凸模和凹模的制造公差所增加的数值。

3. 本表适用于电子电器等行业尺寸精度和断面质量要求高的冲裁件。

表 1-18　较大间隙的冲裁模具初始双面间隙　　单位：mm

材料厚度 t/mm	08、10、35、09Mn2、Q235		40、50		16Mn		65Mn	
	Z_{min}	Z_{max}	Z_{min}	Z_{max}	Z_{min}	Z_{max}	Z_{min}	Z_{max}
小于 0.5	较小间隙							
0.5	0.040	0.060	0.040	0.060	0.040	0.060	0.040	0.060
0.6	0.048	0.072	0.048	0.072	0.048	0.072	0.048	0.072
0.7	0.064	0.092	0.064	0.092	0.064	0.092	0.064	0.092
0.8	0.072	0.104	0.072	0.104	0.072	0.104	0.064	0.092
0.9	0.090	0.126	0.090	0.126	0.090	0.126	0.090	0.126
1.0	0.100	0.140	0.100	0.140	0.100	0.140	0.090	0.126
1.2	0.126	0.180	0.132	0.180	0.132	0.180		
1.5	0.132	0.240	0.170	0.240	0.170	0.240		
1.75	0.220	0.320	0.220	0.320	0.220	0.320		
2.0	0.246	0.360	0.260	0.380	0.260	0.380		
2.1	0.260	0.380	0.280	0.400	0.280	0.400		
2.5	0.360	0.500	0.380	0.540	0.380	0.540		
2.75	0.400	0.560	0.420	0.600	0.420	0.600		
3.0	0.460	0.640	0.480	0.660	0.480	0.660		
3.5	0.540	0.740	0.580	0.780	0.580	0.780		
4.0	0.640	0.880	0.680	0.920	0.680	0.920		
4.5	0.720	1.000	0.780	1.040	0.680	0.960		
5.5	0.940	1.280	0.980	1.320	0.780	1.100		
6.0	1.080	1.440	1.140	1.500	0.840	1.200		
6.5					0.940	1.300		
8.0					1.200	1.680		

注：1. 冲裁皮革、石棉和纸板时，间隙取 08 钢的 25%。

2. 本表适用于汽车拖拉机等行业尺寸精度和断面质量要求不高的冲裁件。

6. 冲裁模凸、凹模刃口尺寸的计算

冲裁件的尺寸精度主要取决于刃口的尺寸精度，同时模具的间隙值也要靠模具刃口尺寸和公差来保证，因此，合理确定模具刃口尺寸及公差是冲裁模设计中的关键环节。

(1) 凸、凹模刃口尺寸的计算原则

凸、凹模刃口尺寸及精度的确定，要考虑冲裁件的尺寸及精度、冲裁变形的特点及模具的磨损等因素。

① 考虑落料与冲孔的不同

落料件是以大端尺寸为基准，且落料件的大端尺寸等于凹模尺寸，因此设计落料模时，应以凹模为基准，用减少凸模尺寸来保证间隙；冲孔件是以小端尺寸为基准，且冲孔件的小端尺寸等于凸模尺寸，因此设计冲孔模时，应以凸模为基准，用增大凹模尺寸来保证间隙。间隙一般取最小合理间隙。

② 考虑冲裁时凸、凹模的磨损

由于凹模的磨损使落料件的尺寸增大，因此设计落料模时，凹模基本尺寸应等于或接近于工件的最小极限尺寸；由于凸模的磨损使冲孔件的尺寸减小，因此设计冲孔模时，凸模基本尺寸应等于或接近于工件的最大极限尺寸。

③ 考虑模具公差与冲裁件公差间的关系

模具的精度不要过高或过低，过高则增加模具制造成本，过低则降低模具寿命。一般情况下模具精度比冲裁件的精度高2～3级。模具精度和冲裁件的精度关系见表1-8。若零件没有标注公差，对于非圆形件按国家标准“非配合尺寸的公差数值”IT14级精度处理，冲模按IT11级精度制造；对于圆形件，冲模一般按IT6～IT7级精度制造。冲压件的尺寸公差按“入体”原则标注。

(2) 凸、凹模刃口尺寸计算方法

根据凸、凹模加工方法的不同，凸、凹模刃口尺寸计算可分为两种。

① 凸、凹模分别加工时

凸、凹模分别加工是指凸模和凹模分别按图纸要求的尺寸和公差加工，冲模间隙靠凸模和凹模分别加工出的尺寸和公差来保证。因此，需要分别计算和标注出凸、凹模刃口尺寸和制造公差。这种方法互换性能好，但凸、凹模的制造精度要求高，适用于圆形或形状简单的冲压件。为了保证冲模间隙值小于最大间隙，凸模和凹模制造公差必须满足下列条件：

$$\delta_{凸}+\delta_{凹}\leqslant Z_{max}-Z_{min} \text{ 即 } \delta_{凸}+\delta_{凹}+Z_{min}\leqslant Z_{max} \tag{1-3}$$

否则，制造的模具凸、凹模间的间隙将超过最大合理间隙 Z_{max}。

式中 $\delta_{凸}$——凸模制造公差，mm；

$\delta_{凹}$——凹模制造公差，mm；

Z_{max}——最大合理间隙，mm；

Z_{min}——最小合理间隙，mm。

凸模制造公差 $\delta_{凸}$ 取IT6，凹模制造公差 $\delta_{凹}$ 取IT7；凸模制造公差也可取制件公差的1/5～1/4，凹模制造公差可取制件公差的1/4。若 $\delta_{凸}+\delta_{凹}>Z_{max}-Z_{min}$，但大得不多时，可取：

$$\delta_{凸}=0.4(Z_{max}-Z_{min})、\delta_{凹}=0.6(Z_{max}-Z_{min}) \tag{1-4}$$

如果大得多，则应采用凸、凹模配合加工方法。

a. 冲孔时，凸、凹模刃口尺寸计算。设工件孔的尺寸为 $d+\Delta$。根据刃口尺寸确定原则，冲孔时应首先确定凸模刃口尺寸，使凸模基本尺寸接近或等于工件孔的最大极限尺寸，再增大凹模尺寸以保证最小合理间隙 Z_{min}。凸模制造偏差取负偏差，凹模制造偏差取正偏差。其计算公式为：

$$d_{凸}=(d_{min}+x\Delta)_{-\delta_{凸}}^{\ 0} \tag{1-5}$$

$$d_{凹}=(d_{凸}+Z_{min})_{\ 0}^{+\delta_{凹}}=(d_{min}+x\Delta+Z_{min})_{\ 0}^{+\delta_{凹}} \tag{1-6}$$

b. 落料时，凸、凹模刃口尺寸计算。设工件尺寸为 $D-\Delta$。根据刃口尺寸确定原则，落料时应首先确定凹模刃口尺寸，使凹模基本尺寸接近或等于工件轮廓的最小极限尺寸，再减小凸模尺寸以保证最小合理间隙 Z_{min}。凸模制造偏差取负偏差，凹模制造偏差取正偏差。其计算公式为：

$$D_{凹}=(D_{max}-x\Delta)_{\ 0}^{+\delta_{凹}} \tag{1-7}$$

$$D_{凸}=(D_{凹}-Z_{min})_{-\delta_{凸}}^{\ 0}=(D_{max}-x\Delta-Z_{min})_{-\delta_{凹}}^{\ 0} \tag{1-8}$$

c. 当需在同一工步冲出两个以上孔时，即凹模磨损后孔距尺寸不变。凹模型孔的中心距计算公式为：

$$L_{凹}=(L_{min}+0.5\Delta)\pm\frac{\Delta}{8} \tag{1-9}$$

式中 $d_{凸}$，$d_{凹}$——分别为冲孔凸模和凹模的刃口尺寸，mm；

$D_{凸}$，$D_{凹}$——分别为落料凸模凹模和的刃口尺寸，mm；

d_{min}，D_{max}——分别为冲孔件和落料件的最小和最大极限尺寸，mm；

L_{min}——两孔中心距的最小极限尺寸，mm；

$\delta_{凸}$，$\delta_{凹}$——凸、凹模的制造公差，mm；

Δ——工件公差，mm；

Z_{min}——最小合理间隙（双面），mm；

x——磨损系数，其值与工件制造精度有关，可按表 1-19 选取。也可按工件精度等级选取：当工件精度 IT10 以上，取 $x=1$；当工件精度 IT11～13，取 $x=0.75$；当工件精度 IT14 以下，取 $x=0.5$。

表 1-19 磨损系数 x

材料厚度 t/mm	非圆形			圆形	
	1	0.75	0.5	0.75	0.5
	工件公差 Δ/mm				
⩽1	⩽0.16	0.17～0.35	⩾0.36	<0.16	⩾0.16
>1～2	⩽0.20	0.21～0.41	⩾0.42	<0.20	⩾0.20
>2～4	⩽0.24	0.25～0.49	⩾0.50	<0.24	⩾0.24
>4	⩽0.30	0.31～0.59	⩾0.60	<0.30	⩾0.30

② 凸模和凹模配合加工时

凸模和凹模配合加工是以凸模或凹模作为基准件，然后以此基准件为标准来加工另一件，使它们之间保持合理间隙。因此，只在基准件上标注尺寸和制造公差，另一件只标注基本尺寸并注明配做所留间隙值。这种方法的特点是不仅容易保证凸、凹模间隙，而且还可放大基准件的制造公差，不受 $\delta_{凸}+\delta_{凹}\leqslant Z_{max}-Z_{min}$ 限制，降低了制造难度，是目前应用较广的方法。对于形状复杂或材料厚度薄的冲裁件，为了保证凸、凹模间一定间隙值，必须采取配合加工。

对于冲压复杂形状工件的冲模，由于凸模和凹模磨损情况不相同，所以基准件的刃口尺寸需要按不同方法计算。根据刃口尺寸确定原则，对落料件应以凹模为基准件，对冲孔件应以凸模为基准件。如图 1-13 所示，(a) 图为落料件，(b) 图为落料凹模刃口轮廓（实线和点划线分别为凹模磨损前后的轮廓）；如图 1-14 所示，(a) 图为冲孔件，(b) 图为冲孔凸模刃口轮廓（实线和点划线分别为凸模磨损前后的轮廓）。

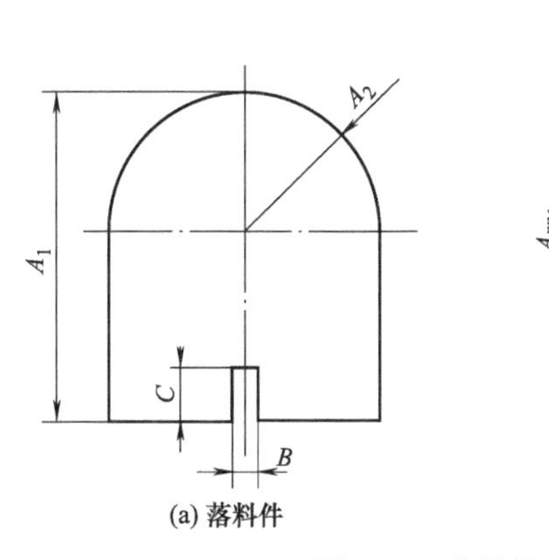

(a) 落料件

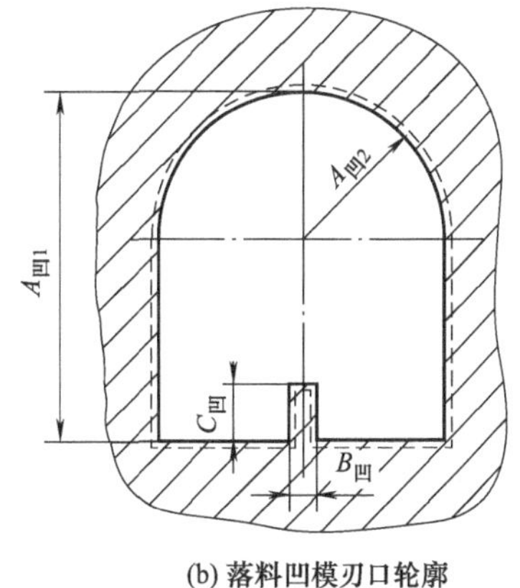

(b) 落料凹模刃口轮廓

图 1-13 落料件及落料凹模

基准件中各尺寸根据磨损后情况不同可分为三类。A 类是磨损后增大的尺寸，相当于落料中凹模，应使其具有工件最小极限尺寸；B 类是磨损后减小的尺寸，相当于冲孔中凸

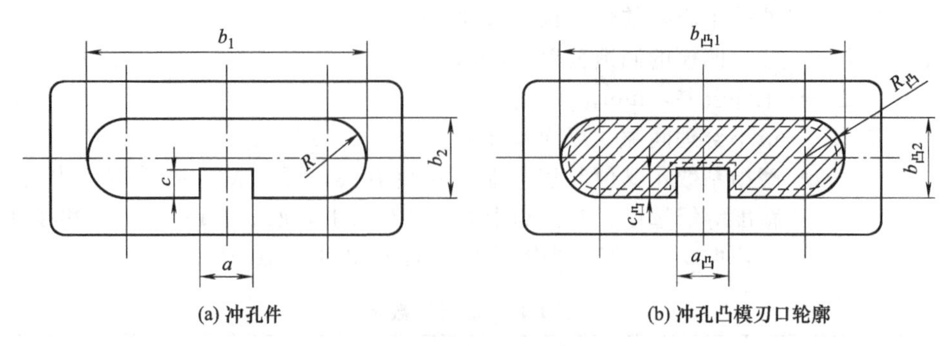

图 1-14 冲孔件及冲孔凸模

模，应使其具有工件最大极限尺寸；C 类是磨损后基本不变的尺寸。

无论是落料还是冲孔件，其基准件的尺寸均可按下式计算：

A 类：
$$A_j=(A_{max}-x\Delta)^{+\Delta/4}_{0} \quad (1\text{-}10)$$

B 类：
$$B_j=(B_{min}+x\Delta)^{0}_{-\Delta/4} \quad (1\text{-}11)$$

C 类：
$$C_j=(C_{min}+0.5\Delta)\pm\Delta/8 \quad (1\text{-}12)$$

式中 A_j，B_j，C_j——基准件凹模或凸模刃口尺寸，mm；

A_{max}，B_{min}，C_{min}——相应的工件极限尺寸，mm；

Δ——工件公差，mm；

x——磨损系数。

非基准件（对落料件来说是凸模、对冲孔件来说是凹模）按标准件的实际尺寸配作，保证间隙在 $Z_{min}\sim Z_{max}$ 范围内。

7. 排样和条料宽度

(1) 排样

排样是指冲裁件在条料、板料或带料上的布置方式。排样是否合理将影响材料的利用率、冲裁件的质量、模具的结构和寿命、产品生产率、操作安全与方便等。衡量排样经济性的指标是材料的利用率。

① 材料的利用率

衡量排样经济性的指标是材料的利用率。一般以一个进距内的材料利用率来表示，也可以用一张板料上的材料利用率来表示。

一个进距内的材料利用率 η 为

$$\eta=\frac{nF}{bA}\times 100\% \quad (1\text{-}13)$$

式中 F——冲裁件面积，mm^2；

n——一个进距内的冲压数目；

b——条料宽度，mm；

A——进距或步距，mm：每次将条料送进模具的距离，其大小为条料上两个对应制件的对应点之间的距离。

一张板料上的材料利用率 η_b 为

$$\eta_b=\frac{NF}{BL}\times 100\% \quad (1\text{-}14)$$

式中 F——冲裁件面积，mm^2；

N——一张板料上冲裁件总数目；

L——板料长度，mm；

B——板料宽度，mm。

② 排样方法

排样的方式多种多样，按搭边情况可分为有搭边、少搭边和无搭边三种。

a. 有搭边排样。沿工件全部外形冲裁，工件四周均有搭边的排样，如图 1-15 所示。这种排样方法具有冲件质量高、冲模寿命长的优点，但材料的利用率低。多用于精度要求高的冲压件。

b. 少搭边排样。沿工件部分外形冲裁，工件有部分搭边的排样，如图 1-16 所示。这种排样方法，材料的利用率较高、模具结构简单、冲裁力小等优点，但工件的断面质量和尺寸精度低、模具的寿命短。

c. 无搭边排样。工件直接由冲断条料获得，工件周围无搭边，如图 1-17 所示。这种排样方法，材料的利用率高、模具结构简单、冲裁力小等优点，但工件的断面质量和尺寸精度低、模具的寿命短。

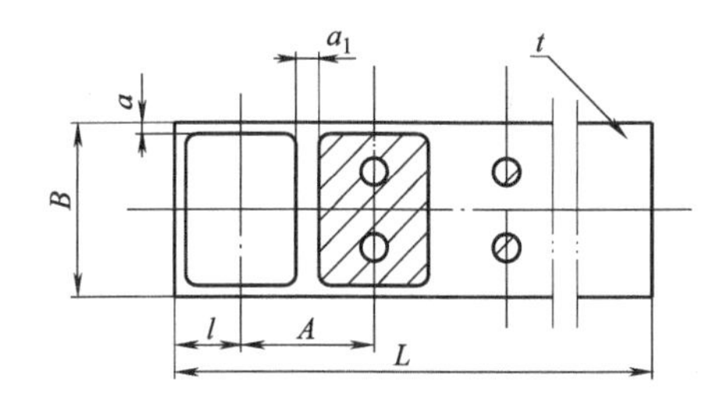

图 1-15　有搭边排样

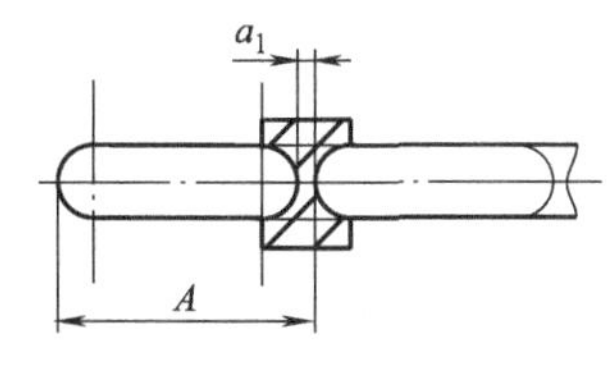

图 1-16　少搭边排样

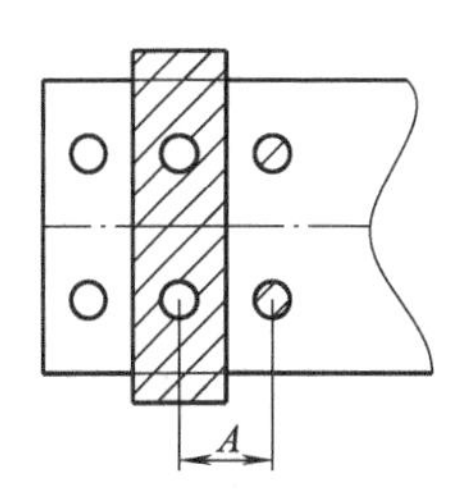

图 1-17　无搭边排样

按工件的外形特征可分为直排、斜排、直对排、斜对排、混合排、多行排及裁搭边等形式。具体排样形式如表 1-20 所示。

合理的排样应综合考虑工件的质量、材料的利用率、模具的结构和寿命、操作的安全和方便、生产率等，同时排样时应注意板料轧制纤维方向，以防止弯曲工件的开裂。

（2）搭边和条料宽度的确定

① 搭边值的确定

排样时，冲件之间以及冲件与条料侧边之间的距离叫搭边，冲件与条料侧边之间的距离又称为边距。如图 1-18 中 a_1 和 a。它的作用是补偿定位误差，保证冲出合格的冲件；保证条料刚度以利于送料，避免废料进入模具间隙损坏模具。

搭边是废料，搭边值越大材料利用率越低，因此，从节省材料出发，搭边值越小越好。但过小的搭边容易挤进凹模，加快刃口磨损，降低模具寿命，同时也影响冲裁件的断面质量。因此选择合理的搭边值是很重要的。一般情况下，工件的形状越复杂、工件尺寸越大、材料的厚度越大、材料越软、送料和档料精度低时，应加大搭边值。

实际中，搭边值是由经验确定的，推荐金属材料的搭边值见表 1-21。

② 条料宽度的确定

排样方法和搭边值确定后，就可以计算出条料宽度和送料步距。

a. 有侧压装置时条料的宽度。模具有侧压装置时，条料在侧压力的作用下始终沿某一侧的导料板送进，如图 1-19 所示。

条料宽度计算公式：

$$B=(D_{\max}+2a)_{-\Delta}^{\ 0} \tag{1-15}$$

表 1-20 排样形式

排样形式	有废料排样 排样简图	应 用	少、无废料排样 排样简图	应 用
直排		用于圆形、方形矩形等简单形状零件		用于矩形、方形零件
斜排		用于十字形、T形、L形、椭圆形零件		用于L形零件，在外形允许有不大的缺陷
对排		用于半圆形、三角形梯形、T形、π形、S形、M形零件		用于半圆形、三角形梯形、T形、π形、S形、山形零件
多排		用于大批量生产中尺寸较小的圆形、方形、六角形零件		用于大批量生产条件下尺寸较小的圆形、方形、六角形零件
混合排		用于大批量生产中两个材料、厚度均一致的不同零件		用于两外形相互嵌入的零件
冲裁搭边		用于细长零件		用于宽度均匀的条料或带料制造的长形件

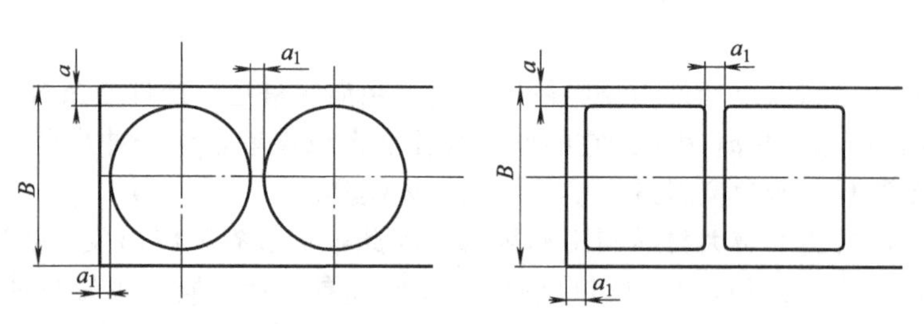

图 1-18 搭边

导板之间的距离计算公式：

$$B_1=B+C=D_{max}+2a+C \qquad (1\text{-}16)$$

式中 B——条料宽度尺寸，mm；

B_1——导板之间距离尺寸 mm；

Δ——条料宽度的裁剪公差，见表 1-22；

C——条料与导料板之间的间隙，见表 1-22；

D_{max}——条料宽度方向制件轮廓的最大尺寸；

a——侧面搭边值。

表 1-21　金属材料的搭边值　　单位：mm

材料料厚	手动送料						自动送料	
	圆形		非圆形		往复送料			
	a	a_1	a	a_1	a	a_1	a	a_1
≤1	1.5	1.5	2	1.5	3	2		
>1～2	2	1.5	2.5	2	3.5	2.5	3	2
>2～3	2.5	2	3	2.5	4	3.5		
>3～4	3	2.5	3.5	3	5	4	4	3
>4～5	4	3	5	4	6	5	5	4
>5～6	5	4	6	5	7	6	6	5
>6～8	6	5	7	6	8	7	7	6
>8～	7	6	8	7	9	8	8	7

注：1. a_1 为冲件与冲件之间的搭边值，a 为冲件与条料侧边之间的搭边值。

2. 冲非金属材料（皮革、纸板、石棉等）时，搭边值应乘 1.5～2。

b. 无侧压装置时条料的宽度。无侧压装置的模具，条料送进时可能在导料板之间摆动，从而会使搭边减少。因此，计算条料宽度时应补偿侧搭边的减小量，如图 1-20 所示。

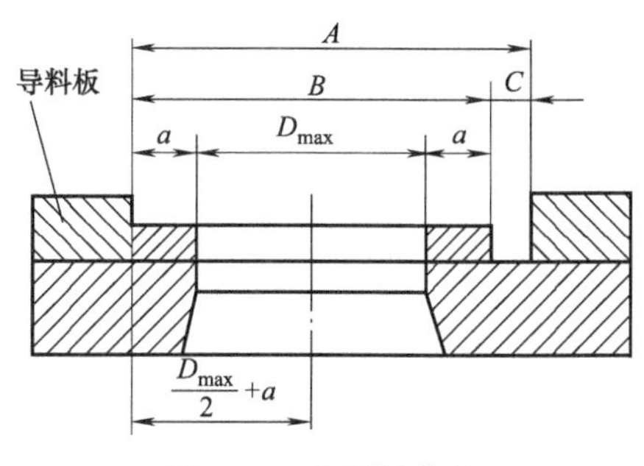

图 1-19　有侧压装置

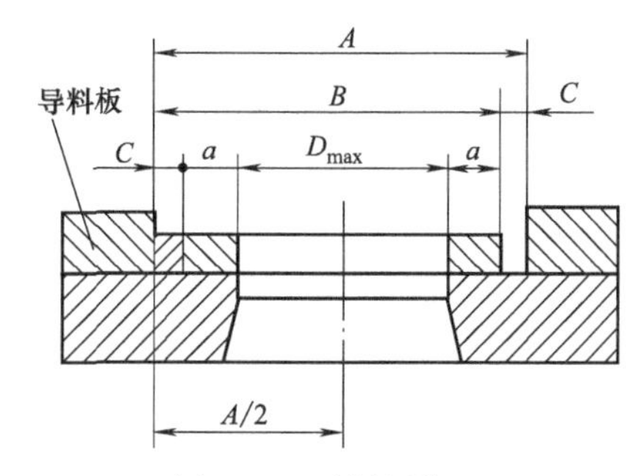

图 1-20　无侧压装置

条料宽度计算公式：

$$B=[D_{max}+2a+C]_{-\Delta}^{\ 0} \tag{1-17}$$

导板之间的距离计算公式：

$$B_1=B+C=D_{max}+2a+C+C \tag{1-18}$$

式中　B——条料宽度尺寸；

B_1——导板之间距离尺寸；

C——条料与导料板之间的间隙，见表 1-22；

D_{max}——条料宽度方向制件轮廓的最大尺寸；

a——侧面搭边值。

表 1-22　条料宽度剪切公差 Δ 及条料与导料板之间间隙 C

条料宽度 B	条料厚度 t							
	≤1		>1～2		>2～3		>3～5	
	Δ	C	Δ	C	Δ	C	Δ	C
≤50	0.4	0.1	0.5	0.2	0.7	0.4	0.9	0.6
>50～100	0.5	0.1	0.6	0.2	0.8	0.4	1.0	0.6
>100～150	0.6	0.2	0.7	0.3	0.9	0.5	1.1	0.7
>150～220	0.7	0.2	0.8	0.3	1.0	0.5	1.2	0.7
>220～300	0.8	0.3	0.9	0.4	1.1	0.6	1.3	0.8

c. 有定距侧刃时条料的宽度。模具有定距侧刃时，条料必须考虑侧刃切去的工序废料，如图 1-21 所示。

冲裁前条料宽度计算公式：$B=D_{max}+2a+nb$ (1-19)

冲裁前导料板之间的距离：$B_1=B+C=D_{max}+2a+nb+C$ (1-20)

冲裁后条料宽度计算公式：$B'=D_{max}+2a$ (1-21)

冲裁后导料板之间的距离：$B_1'=B'+Y=D_{max}+2a+Y$ (1-22)

式中 B——条料冲裁前宽度；

B'——条料冲裁后宽度；

B_1——条料进入端导料板之间的距离；

B_1'——条料出端导料板之间的距离；

n——侧刃个数；

b——侧刃余料，金属材料时取 1～2.5mm，非金属材料时取 1.5～4mm（薄料取小值，厚料取大值）；

Y——条料出端条料与导料板之间的间隙，一般取 0.1～0.2mm；

C——条料与导料板之间的间隙，一般取 0.05～0.3mm（薄料取小值，厚料取大值）。

(3) 排样图

排样图是编制冲压工艺与设计模具的重要工艺文件，它绘在冲压工艺卡片上和冲模装配图的右上角。一张完整的排样图应标注条料宽度 B、条料长度 L、端距 l、步距 A、工件间的搭边 a_1 和侧搭边 a，如为斜排形式，还应标注倾斜角，习惯上以剖面线表示冲压位置，如图 1-22 所示。

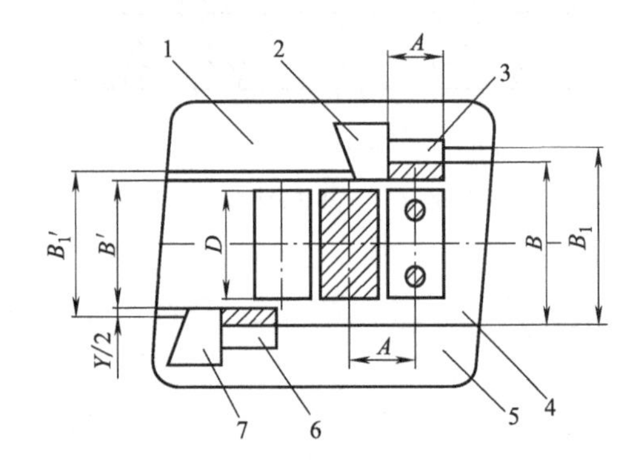

图 1-21 有定距侧刃

1,5—导料板；2,7—前、后侧刃挡块；3,6—前、后侧刃；4—条料

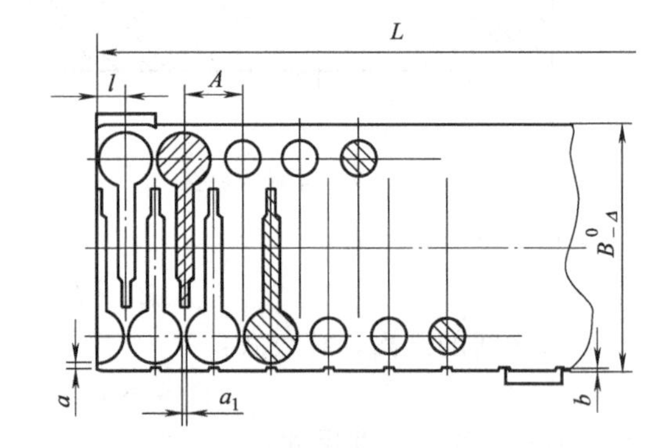

图 1-22 排样图

8. 冲裁工艺力的计算和压力中心的确定

冲裁工艺力包括冲裁力、卸料力、推件力和顶件力。计算冲裁工艺力的目的是为了选择冲压设备和设计模具。压力机的公称压力必须大于冲裁工艺力。

(1) 冲裁工艺力的计算

① 冲裁力的计算

冲裁力是凸模与凹模相对运动时工件与板料分离所需的力。一般平刃口模具冲裁时，其理论冲裁力的计算方式为：

$$F_0=Lt\tau \tag{1-23}$$

式中 F_0——理论冲裁力，N；

L——冲裁件的周边长度，mm；

t——材料厚度，mm；

τ——材料的抗剪强度，MPa。

考虑刃口的磨损、模具间隙的波动、材料力学性能的变化以及材料厚度偏差等因素，实际冲裁力需增加 30%，所以应取：

$$F=1.3F_0=1.3Lt\tau=Lt\sigma_b \quad (1\text{-}24)$$

式中 F——冲裁力，N；

σ_b——材料的抗拉强度，MPa。

② 卸料力、推件力和顶件力计算

由于冲裁时材料的弹性变形及摩擦的存在，冲裁后带孔部分的材料会紧箍在凸模上，而冲落的材料会紧卡在凹模洞口中。为了继续冲裁，必须将箍在凸模上的料卸下，将卡在凹模中的料推出或顶出。将紧箍在凸模上的料卸下所需的力称为卸料力；将卡在凹模中的料顺着冲裁方向推出的力称为推件力；将卡在凹模中的料逆着冲裁方向顶出的力称为顶件力。

卸料力、推件力和顶件力一般采用经验公式进行计算，即：

$$F_X=K_XF \quad (1\text{-}25)$$

$$F_T=nK_TF \quad (1\text{-}26)$$

$$F_D=K_DF \quad (1\text{-}27)$$

式中 F_X——卸料力，N；

F_T——推件力，N；

F_D——顶件力，N；

F——冲裁力，N；

n——同时卡在凹模内料的个数，$n=h/t$，其中 h 为凹模刃壁垂直部分高度，mm；

K_X——卸料力系数，取 0.02～0.06，其中簿料取较大值、厚料较小值；

K_T——推件力系数，取 0.025～0.065，其中簿料取较大值、厚料较小值；

K_D——顶件力系数，取 0.03～0.08，其中簿料取较大值、厚料较小值。

(2) 压力机吨位的确定

总冲裁工艺力 $F_{总}$ 要根据模具的具体结构来计算确定。

a. 采用刚性卸料装置和下出料方式的冲裁工艺力为

$$F_{总}=F+F_T \quad (1\text{-}28)$$

b. 采用弹性卸料装置和上出料方式的冲裁工艺力为

$$F_{总}=F+F_X+F_D \quad (1\text{-}29)$$

c. 采用弹性卸料装置和下出料方式的冲裁工艺力为

$$F_{总}=F+F_X+F_T \quad (1\text{-}30)$$

选用的压力机公称压力必须大于所计算的总冲裁工艺力的 1.1～1.3 倍，即：

$$P\geqslant(1.1\sim1.3)F_{总} \quad (1\text{-}31)$$

(3) 降低冲裁力的方法

当按式 (1-31) 确定的冲压机公称压力较大，而生产现场没有足够吨位的冲压机时，可采取一些降低冲裁力的措施，常采用下列方法。

① 采用斜刃口模具

冲裁时其刃口逐步切入材料，从而降低冲裁力。为了得到平整的工件，落料时应将凹模做成斜刃，凸模做成平刃；冲孔时应将凸模做成斜刃，凹模做成平刃。设计斜刃时，还应注意将斜刃对称布置，以免冲裁凹模承受单向侧压力而发生偏移，啃坏刃口。如图 1-23 所示，

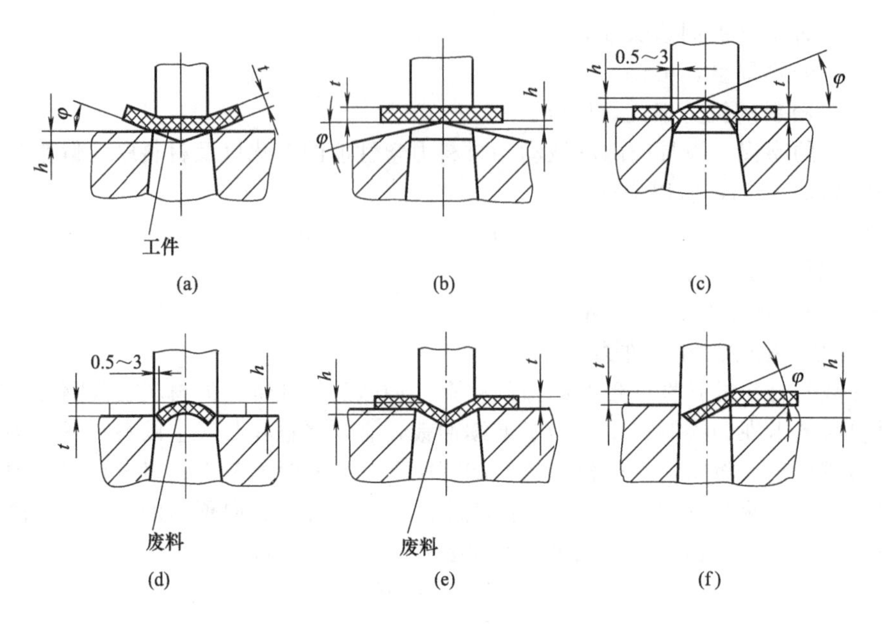

图 1-23　冲裁斜刃形式

图 1-23（a）和图 1-23（b）用于落料，其凹模为斜刃；图 1-23（c）、图 1-23（d）和图 1-23（e）用于冲孔，其凸模为斜刃；图 1-23（f）为切口或切断用的单边斜刃。

常用斜刃结构参数及冲裁力的估算值按表 1-23 选用。

表 1-23　常用斜刃结构参数及冲裁力的估算值

材料厚度 t/mm	斜角高度 h/mm	斜角 φ	平均冲裁力为平刃口
＜3	$2t$	5°	30%～40%
3～10	t～$2t$	5°～8°	60%～65%

② 采用阶梯形布置的凸模

在多凸模冲模中，将凸模做成不同高度，使各凸模冲裁力的峰值不同时出现，冲裁力取同一高度凸模冲裁力之和的最大值。当几个凸模的直径相差悬殊且距离较近时，为了避免小直径凸模由于承受材料流动挤压力的作用而产生折断或倾斜，一般把小凸模做短一些。

阶梯形布置的凸模间高度差 H 取决于材料厚度 t，一般 $t \leqslant 3$mm，$H=t$；当 $t>3$mm 时，$H=0.5t$。

③ 材料加热冲裁

材料加热后，材料抗剪强度大大降低，从而降低冲裁力。一般用于厚板或工件表面质量和精度要求不高的零件。

（4）压力中心的计算

冲裁力合力作用点的位置称为冲模压力中心。冲模压力中心应尽可能和模柄的中心线以及冲压设备滑块的中心线重合，以使冲模平稳地工作，避免和减少偏心载荷，减少导向件的磨损，提高模具及冲压设备寿命。

对称形状制件的模具压力中心，位于制件轮廓图形的几何中心上。工件形状相同且分布位置对称时，冲模的压力中心位于零件的对称中心。形状复杂制件的冲模以及多凸模，级进模的压力中心可采用求平行力系作用点的方法确定模具压力中心。

由于绝大部分冲裁件沿冲裁轮廓线的断面厚度不变，因此轮廓各部分的冲裁力与轮廓长度成正比，所以，求合力作用点位置就转化为求所有轮廓线的重心位置。

如图 1-24 所示形状复杂制件的冲模压力中心的确定。选定直角坐标系 $x0y$；把图形的轮廓线分成几部分，计算各部分长度 L_1，L_2，…，L_n，并求出各部分重心位置的坐标值

（x_1，y_1），（x_2，y_2），…，（x_n，y_n）；按下列公式求冲模压力中心的坐标值（x_0，y_0）。

$$x_0=\frac{L_1x_1+L_2x_2+\cdots+L_nx_n}{L_1+L_2+\cdots+L_n}=\frac{\sum_{i=1}^{n}L_ix_i}{\sum_{i=1}^{n}L_i} \tag{1-32}$$

$$y_0=\frac{L_1y_1+L_2y_2+\cdots+L_ny_n}{L_1+L_2+\cdots+L_n}=\frac{\sum_{i=1}^{n}L_iy_i}{\sum_{i=1}^{n}L_i} \tag{1-33}$$

冲裁件轮廓大多是由线段和圆弧构成，线段的重心就是线段的中心；圆弧的重心在圆弧的垂直平分线上距圆弧的圆心为 S 处，如图 1-25 所示。S 的计算式为：

$$S=r\times\frac{180\times\sin\alpha}{\pi\alpha}=r\times\frac{b}{l} \tag{1-34}$$

式中 r——圆弧半径，mm；

α——圆弧中心角的一半，(°)；

S——圆弧重心到圆心的距离，mm。

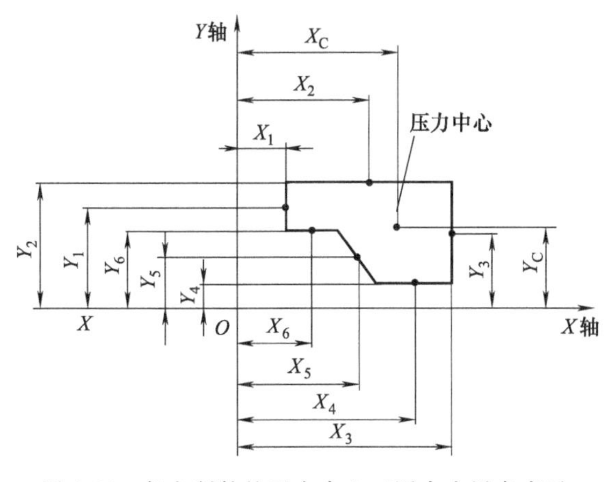

图 1-24 复杂制件的压力中心（图中小黑点表示各线段的中心）

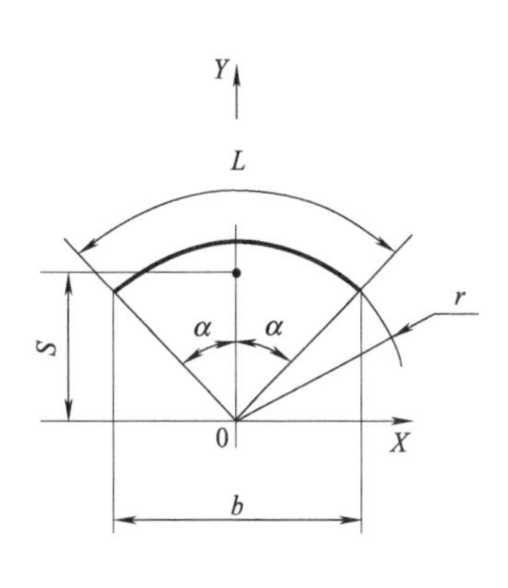

图 1-25 圆弧线段的压力中心

如图 1-26 所示多凸模压力中心的确定。按比例画出各凸模的刃口轮廓；选定直角坐标系 $x0y$；求出各凸模重心坐标（x_1，y_1），（x_2，y_2），…，（x_n，y_n）；按下列公式求冲模压力中心的坐标值（x_0，y_0）。

$$x_0=\frac{L_1x_1+L_2x_2+\cdots+L_nx_n}{L_1+L_2+\cdots+L_n}=\frac{\sum_{i=1}^{n}L_ix_i}{\sum_{i=1}^{n}L_i} \tag{1-35}$$

$$y_0=\frac{L_1y_1+L_2y_2+\cdots+L_ny_n}{L_1+L_2+\cdots+L_n}=\frac{\sum_{i=1}^{n}L_iy_i}{\sum_{i=1}^{n}L_i} \tag{1-36}$$

式中　L_1、L_2、…、L_n——相应凸模的刃口轮廓周长，mm；

x_1、x_2、…、x_n——各凸模重心在 x 轴上坐标，mm；

y_1、y_2、…、y_n——各凸模重心在 y 轴上坐标，mm。

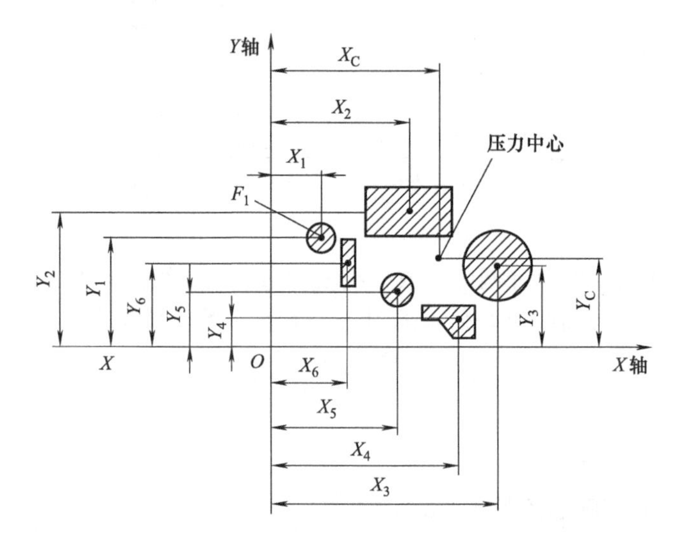

图 1-26　多凸模冲裁的压力中心（图中小黑点表示各图形的重心）

9. 冲裁模的结构

冲裁时所用的模具称为冲裁模。冲裁模可分为落料模、冲孔模、切口模、切边模、剖切模等；又可分为单工序模、复合膜、连续模等。模具的类型不同，其结构也不同。

（1）冲裁模组成

冲模总体上可分上、下模两部分。上模是整副模的上半部，即安装于压力机滑块上并随滑块运动的部分；下模是整副模的下半部，即安装于压力机工作台面上的部分。冲模的复杂程度和作用不同，组成冲模的零件也不同，但一般可分为以下七类。

① 工作零件

工作零件的作用是直接使被加工材料变形、分离。如凸模、凹模、凸凹模等。

② 定位零件

定位零件的作用是使条料、毛坯在模具上能准确的定位。如导料板、定位销、导正销等。

③ 卸料和出件装置

这类零件的作用是保证冲裁完毕后，将工件或废料从模具中排出，以便顺利实施下次冲裁。如卸料板、顶件板、打料机构等。

④ 导向零件

导向零件的作用是确保上、下模运动方向准确，使凸模与凹模之间保持均匀的间隙。如导板、导柱、导套等。

⑤ 支承固定零件

作用是将上述各类零件固定与支承，它是冲模的基础零件。如上、下模座、固定板等。

⑥ 紧固零件

连接与紧固其他零件。如螺钉、销钉等。

⑦ 其他附加零件

传动及改变工件运动方向的零件，如斜楔、滑块、铰链、凸轮及安全挡板等。

如图 1-27 所示落料模。上模由凸模 12、模柄 15、上模座 9、上垫板 11、凸模固定板 10、导套 6 和 19、卸料螺钉 13、橡胶 8、卸料板 7、螺钉 18、销 17、14 等零件组成，它通过模柄与压力机滑块相连接并随滑块运动；下模由凹模 4、下模座 1、导柱 2 和 20、导料板 5、挡料销 16、防转销 3、螺钉 21 等组成，它利用压板固定在压力机工作台上。其工作原理是：条料沿导料板 5 从前向后送进，靠导料板 5 和挡料销 16 定位，当上模向下运动时，卸料板 7 先压住条料，同时橡胶被压缩，接着凸模 12 冲落凹模上的材料获得工件，工件由凸摸推出，通过下模座 1 中间的落料孔落下；当上模回升时，箍在凸模 12 上的废料，由卸料板 7 靠橡胶的回弹力卸掉，至此一次冲裁落料过程完成。条料再送进一个步距，进行下一次冲裁，如此循环进行。上、下模相对运动时，靠导柱、导套导向。防转销 3，它的作用是防止模柄与上模座发生相对运动。

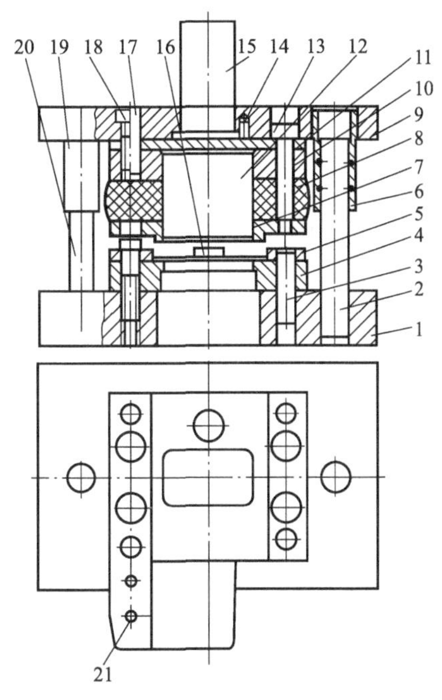

1—下模座；
2,20—导柱；
3—防转销；
4—凹模；
5—导料板；
6,19—导套；
7—卸料板；
8—橡胶；
9—上模座；
10—凸模固定板；
11—上垫板；
12—凸模；
13—卸料螺钉；
14,17—销；
15—模柄；
16—挡料销；
18,21—螺钉

图 1-27　落料模

(2) 冲裁模典型结构

① 单工序冲裁模

单工序冲裁模指在压力机一次行程内只能完成一种冲压工序冲裁的模具，而不论冲裁的凸（或凹）模是单个还是多个。单工序模有落料模、冲孔模、切口模、切边模等。典型的是落料模和冲孔模。

a. 落料模。落料模是沿封闭的轮廓将制件与板料分离的冲模。

ⓐ 无导向单工序落料模。图 1-28 是无导向落料模。该模具上、下模之间没有直接导向关系，是靠压力机滑块和导轨来导向的，一般导向精度较低。工作时，条料由导料板 4 导料、导料板 4 和定位板 7 定位，凸模 2 随滑块下行进入凹模 5 将材料分离，分离后的工件靠凸模直接从凹模洞口依次推出，箍在凸模上的废料由固定卸料板 3 刮下，如此循环，完成连续的冲裁工作。

该模具具有一定的通用性，通过更换凸模和凹模，调整导料板、定位板、卸料板位置，可以冲裁不同制件。

无导向冲裁模的特点是：结构简单、制造容易、成本低，但导向精度低、安装和调整凸、凹模间隙时较麻烦、冲裁件质量差，因而，无导向冲裁模适用于冲裁精度要求不高、形状简单、试制或小批量的冲裁件。

ⓑ 导板式落料模。如图 1-29 所示，该模具上、下模之间的导向关系由导板 2 与凸模 1 的配合（配合间隙值要小于冲裁间隙）来保证。导板 2 不但起导向作用，而且兼起刚性卸料作用。工作时，凸模始终不离开导板 2，保证导板 2 对凸模 1 的导向。

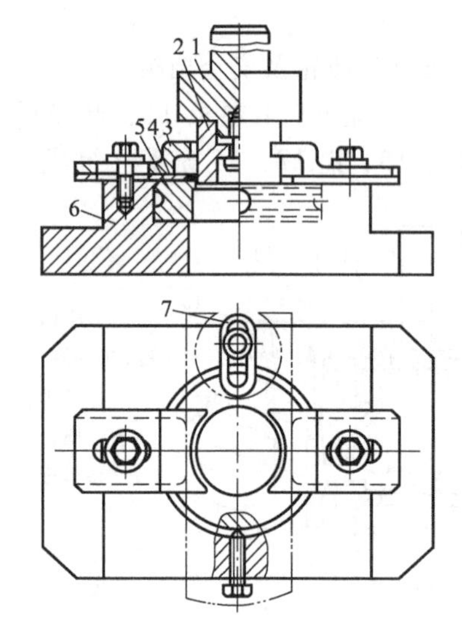

图 1-28 无导向落料模

1—模柄；2—凸模；3—卸料板；4—导料板；5—凹模；6—下模座；7—定位板

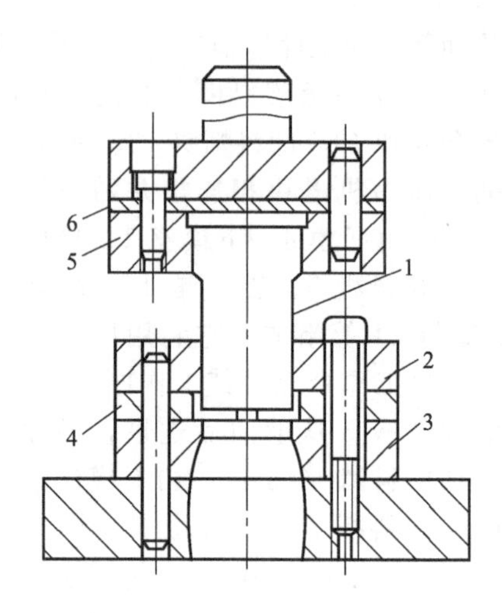

图 1-29 导板式落料模

1—凸模；2—导板；3—凹模；4—导料板；5—凸模固定板；6—垫板

这种导板模的特点比无导向的单工序冲模精度高、寿命长，安装容易，操作较安全。但这种冲模制造时，导板 2 应与凸模 1 配合加工，模具制造较困难。常用于板厚≥0.5mm，且形状简单的小型工件冲裁。

ⓒ 导柱式落料模。图 1-30 所示，该模具由导柱 2 和导套 4 互配合作为上、下模的导向零件。导柱和导套间配合为 H6/h5 或 H7/h6。上、下模座和导柱、导套的组合件称为模架。

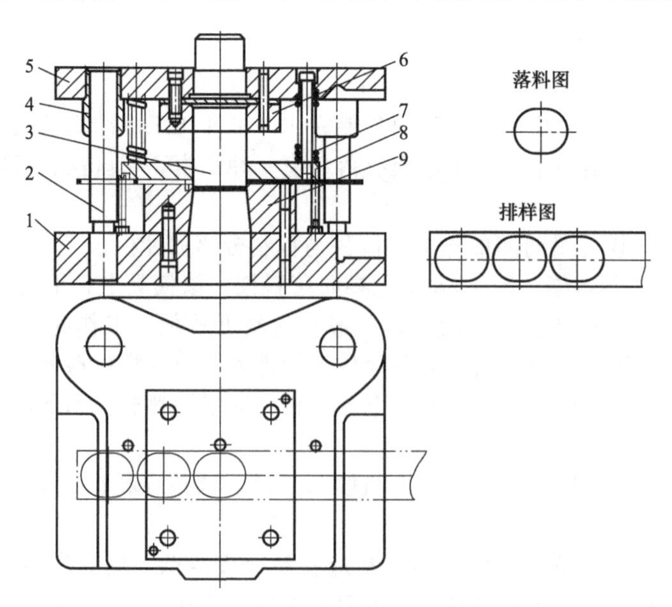

图 1-30 导柱式落料模

1—下模座；2—导柱；3—凸模；4—导套；5—上模板；6—凸模固定板；7—弹簧；8—压料板；9—凹模

导柱式落料模的导向精度高、导向可靠、寿命长、安装方便、制件的精度高、质量稳定，但其结构复杂、成本高。它广泛应用于精度要求较高、批量较大的冲压件。

b. 冲孔模。冲孔模是在条料或坯件上，沿封闭的轮廓分离出废料得到带孔制件的冲模。

冲孔模的结构与落料模类似，但要注意小凸模的强度和刚度、凹模的强度、毛坯在冲模上的定位、快速更换凸模的结构，以及水平方向冲侧孔时的运动转换等问题。

提高小凸模的强度和刚度的结构措施一般有缩短其长度和加护套。如图 1-31 小凸模和大凸模不在一个固定板上固定，小凸模固定在小凸模固定板上，大凸模固定在大凸模固定板上，在两固定板间增加了一小垫板，这样的结构可以大大缩短小凸模的长度。设计这种结构时应注意：当上模处于上止点位置时，小凸模固定板不能离开导向元件卸料板，其最小重叠部分长度不小于 3～5mm；当上模处于下止点位置时，小凸模固定板下端不能受到碰撞。

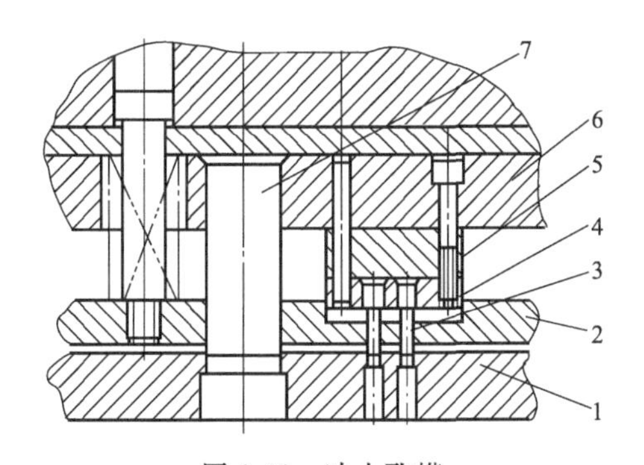

图 1-31　冲小孔模

1—凹模；2—卸料板；3—小孔凸模；4—小凸模固定板；5—垫板；6—大凸模固定板；7—大凸模

如图 1-32 凸摸外加护套的结构，图 1-32（a）和（b）结构较简单。图 1-32（c）所示护套 1 固定在卸料板（或导板）4 上，护套 1 与上模导板 5 呈 H7/h6 的配合，凸模 2 与护套 1 呈 H8/h8 的配合。工作时护套 1 始终在上模导板 5 内滑动而不脱离（以防卸料板在水平方向摆动）。当上模下降时，卸料弹簧压缩，凸模从护套中伸出冲孔。图 1-32（d）所示具有三个等分扇形块的零件 6 固定在固定板中，具有三个等分扇形槽的护套 1 固定在导板 4 中，可在固定扇形块 6 内滑动，这样使凸模除进入材料和凹模内的一小段外，其余均得到不间断的导向和保护。采用 1-32（c）和（d）两种结构时应注意两点：当上模处于上止点位置时，护套 1 的上端不能离开上模的导向元件（如上模导板 5、扇形块 6），其最小重叠部分长度不小于 3～5mm；当上模处于下止点位置时，护套 1 的上端不能受到碰撞。

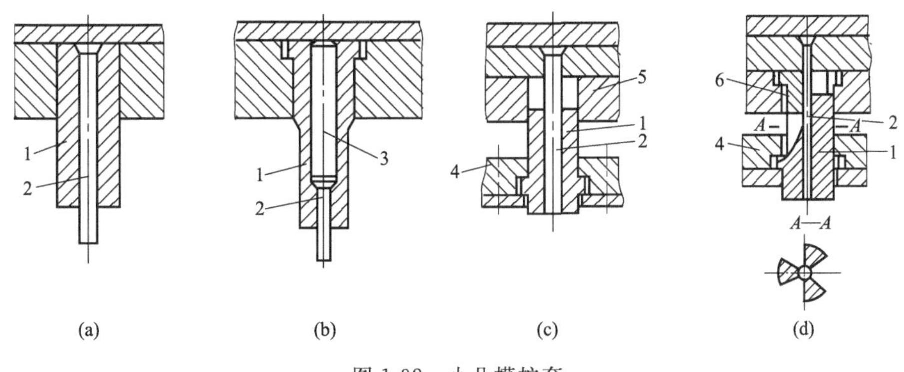

图 1-32　小凸模护套

1—护套；2—凸模；3—心轴；4—卸料板；5—上模导板；6—扇形块

如图 1-33 所示几种快速更换凸模的结构。

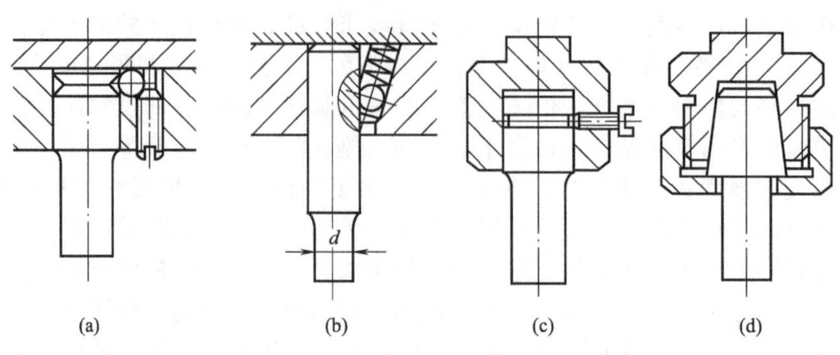

图 1-33　快速更换凸模结构

如图 1-34 所示侧壁冲孔模。图 1-34（a）是一套在圆周上冲孔或冲槽的悬臂式冲孔模。

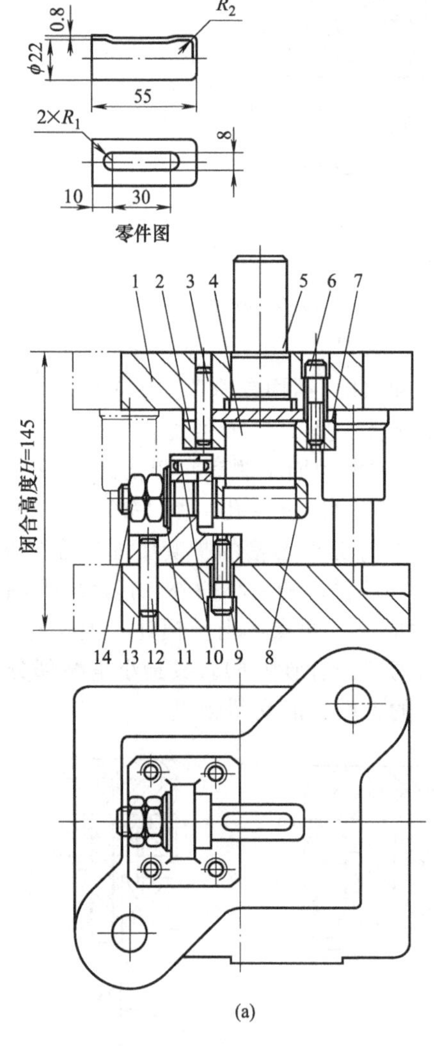

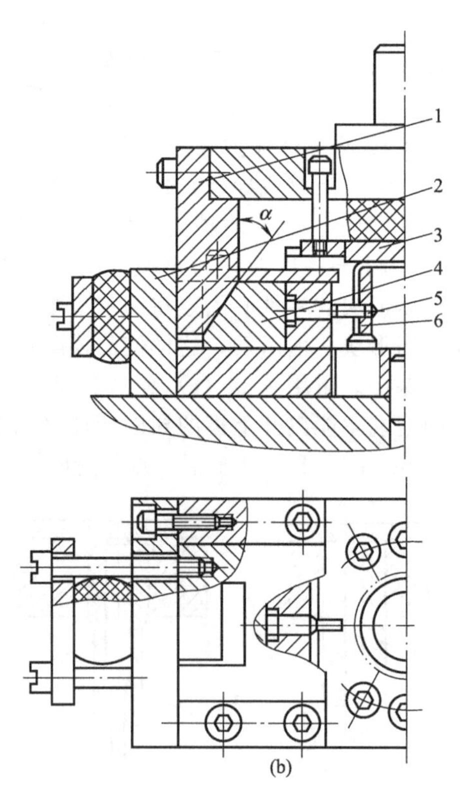

1—上模座；2—固定板；3,12—销；4—凸模；5—模柄；6,9—螺钉；7—垫板；8—凹模；10—圆柱销；11—垫圈；13—下模座；14—螺母

1—斜楔；2—固定板；3—卸料板；4—滑块；5—凸模；6—凹模

图 1-34　侧壁冲孔模

筒形件圆周上有一平行于轴线的长圆孔。凹模 8 悬空固定在下模座 13 上，用圆柱销 10 锁定型孔的方向，保证型孔处在正中上方，用两颗六角螺母 14 紧固。如需在圆周上冲多个同样孔时，可在模具上加装分度定位结构来解决。图 1-34（b）也是一套冲侧孔模，是依靠固定在上模的斜楔 1 来推动滑块 4，将垂直方向的运动转换为水平方向移动，完成零件侧壁冲孔或冲槽。斜楔的返回行程运动是靠橡皮或弹簧的恢复力完成。斜楔的工作角度 α 以 40°～45°为宜，40°的斜楔滑块机构的机械效率最高，增大 α 角可增大凸模的工作行程、降低冲裁力，减少 α 角可增大冲裁力、减少凸模的工作行程，因此，可根据具体情况选择 α 角。此种结构的凸模常对称布置，最适宜壁部对称孔的冲裁。

凹模上孔与孔之间、孔与外缘之间的距离不能太小，以防止凹模的强度不足。

② 复合冲裁模

在压力机的一次工作行程中，在模具同一部位同时完成二道或二道以上冲压工序的模具，称为复合模。复合模的特点是：结构紧凑、生产率高、制件精度高，特别是制件孔与外形的位置精度容易保证。但复合模结构复杂，模具的制造精度和装配精度要求较高，模具的成本高。根据落料凹模的布置形式不同，可将落料模分为顺装（又称正装）复合模和倒装（又称反装）复合模。复合模中，若落料凹模在下，称为顺装复合模；若落料凹模在上，称为倒装复合模。

a. 倒装复合模　图 1-35 所示为倒装复合模。该模具同时完成落料和冲孔两道工序。模具中件 10 既是落料凸模又是冲孔凹模，我们称它为凸凹模。该模具落料凹模 6、冲孔凸模 4 装在上模，凸凹模 10 装在下模，是倒装复合模。工作时，条料沿两个活动导料销 7 从前向后送进，由活动挡料销 8 控制其送料步距。上模下行，落料凹模 6 接触活动导料销 7 和挡料销 8 时被压下，上端面与板料平齐，上模继续下行，进行冲裁。冲裁完毕后，当上模回升

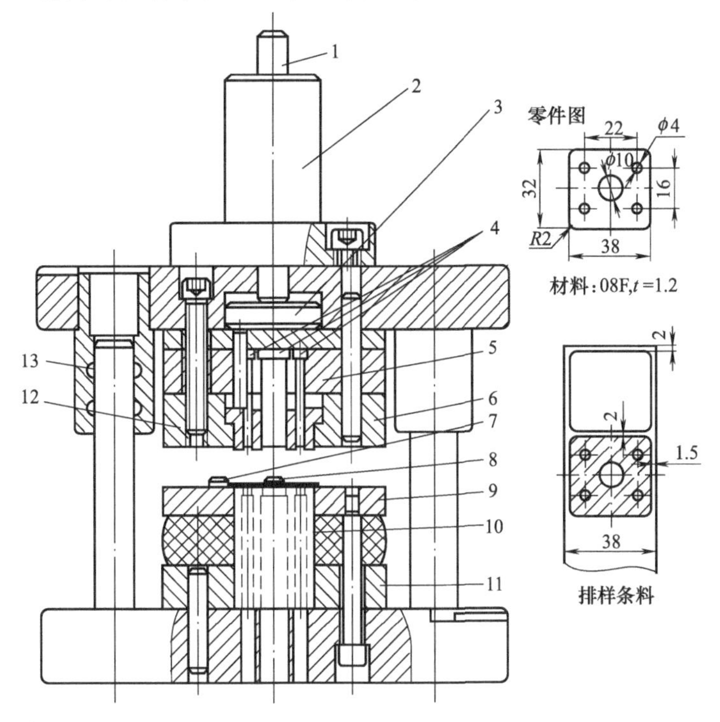

图 1-35　倒装复合模

1—打杆；2—模柄；3—打料板；4—凸模；5—凸模固定板；6—凹模；7—导料销；8—挡料销；9—弹压卸料板；10—凸凹模；11—凸凹模固定板；12—推件块；13—打料推杆

时，卡在凸凹模外的搭边废料由下模部分的弹性卸料装置卸下，冲孔废料由下模部分的漏料孔落下，冲裁下的工件卡在上模内，随上模一起回升，当上行到一定位置时，打杆1碰到了曲柄压力机上的打料横杆，通过打杆1、打料板3、打料推杆13和推件块12把工件推出。

倒装复合模的特点是：凸凹模内易积聚废料，胀力大，刚性推件装置对工件没有压平作用，工件的平直度较差；但结构简单，且冲孔废料从下模推出、工件从上模推出，易引出工件和废料，操作方便安全。这种结构适用于冲裁材料较硬、厚度大于0.3mm、平直度要求不高的冲裁件。

b. 正装复合模具　图1-36所示为正装复合模。落料凹模9、冲孔凸模10安装在下模，凸凹模5安装在上模。工作时，条料沿两个导料销6从前向后送进，由活动挡料销7控制其送料步距。上模下行，进行冲裁。冲裁过程中，弹性卸料板12和顶件块8对板料起着压平作用，冲裁出的工件平直度高。冲裁完毕后，当上模回升时，上模部分的弹性卸料装置将卡在凸凹模外的条料废料卸下，冲孔废料由上模部分的刚性推件装置（打杆、打料板、打料推杆）推出，冲孔废料落在下模面上，清除废料麻烦，工件由下模部分的弹性顶件装置顶出，每冲裁一次，顶出一次，模内不积聚工件。

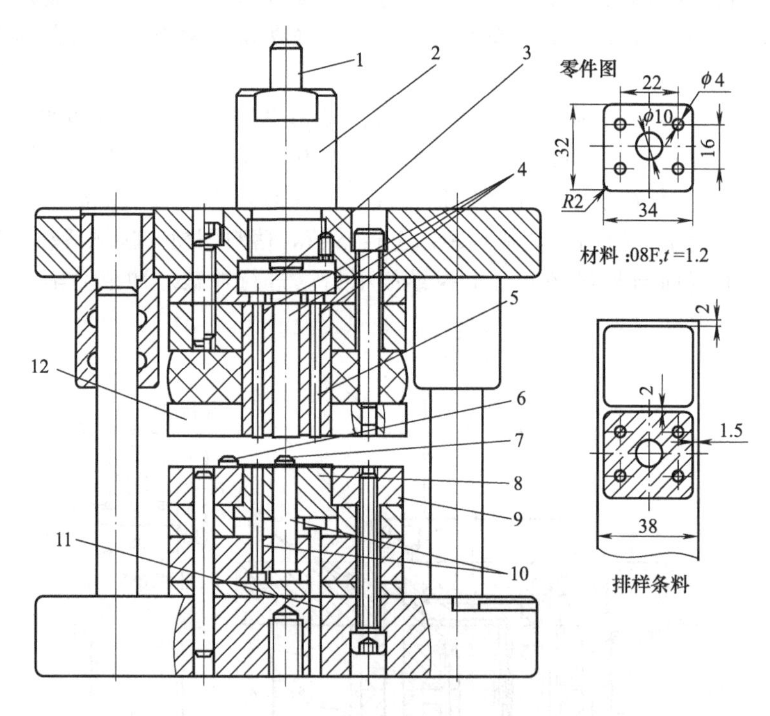

图1-36　正装复合模

1—打料杆；2—模柄；3—打料板；4—打料推杆；5—凸凹模；6—导料销；7—挡料销；8—顶件块；9—凹模；10—凸模；11—顶杠；12—弹性卸料板

正装复合模的特点是：冲孔废料从上模推出，落在上、下模之间，造成清理麻烦，且结构较复杂；但该结构的弹性顶件装置、卸料装置对工件和条料起到压平作用，工件平直度高，模内不会积聚工件或废料，有利于减小凸凹模的最小壁厚。适用于冲制材质较软、板料较薄、平直度要求较高的冲裁件。

③ 连续模

连续模又称级进模或跳步模，是一种连续冲压使用的冲模。它是指在毛坯的进给方向上，具有两个或两个以上的工位，并在压力机的一次行程中，在不同工位上完成两道或两道以上工序的冲压，在最后一道工序冲出一个合格的零件制品的冲模。连续模的生产率较高，模具的寿命长，制件具有一定的精度。适宜生产批量大、精度要求不十分高、但形状较为复杂的零件冲压，特别适宜于自动送料。

连续模的确定步距方式有挡料销定距、侧刃定距、导正销定距及自动送料机构定距四种类型。挡料销多适用于产品制件精度要求低，产量少的手工送料的普通级进模。自动送料机构是专用的送料机构，配合压力机冲程运动，使条料作定时定量的送料。在中小型件的生产中，导正销和侧刃定距是级进模中应用较为普遍的定距方式，导料销定距方式需要与其他辅助定距方式配合使用。

a. 用导正销确定步距。如图 1-37 所示，该模具的特点是采用固定挡料销和导正销的定位结构。第一工步为冲孔，条料由始用挡料销 7 定位（用手推始用挡料销，将它从导料板伸出，使条料前端抵住始用挡料销）。冲孔完毕后，条料送进一个步距至第二工步落料，由固定挡料销 6 对条料作初始定位。落料时，用装于落料凸模 4 端面上的导正销 5 先插入已冲好的内孔，对条料作精确定位，以保证孔与外缘的位置精度，然后再落料。在最后的落料工位，制件跟条料完全分离，完成制件的全部冲裁。始用挡料销只在条料冲制首件时使用，以后各次冲裁由固定挡料销初定位，导正销精确定位。用导正销定距的连续模结构简单，只适用于厚度较大的材料。增加承料板，可使操作更加方便、安全。

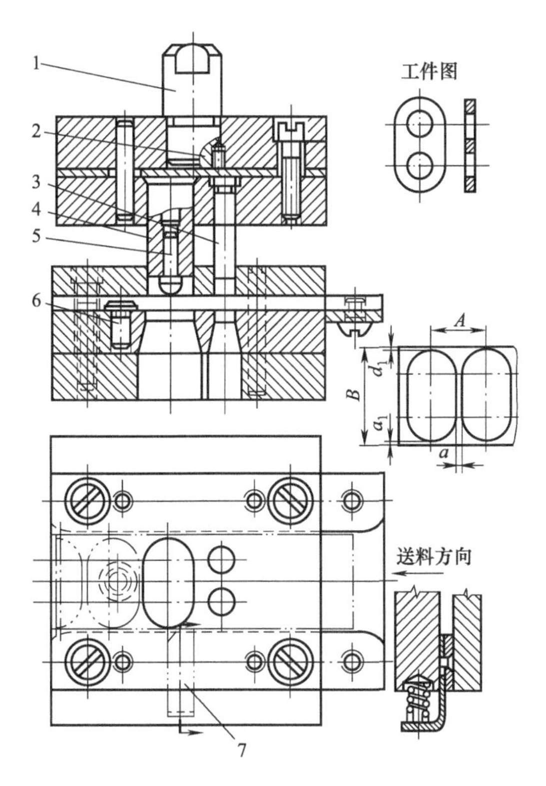

图 1-37　用导正销确定步距的冲孔落料级进模

1—模柄；2—螺钉；3—冲孔凸模；4—落料凸模；5—导正销；6—固定挡料销；7—始用挡料销

b. 用侧刃确定步距。如图 1-38 所示，该模具的特点是采用侧刃凸模 16 和侧刃挡料块 17 的定位结构。模具在工作时，条料自右向左推进。当压力机滑块第一次下降时，冲孔凸模 9、10 冲孔，而侧刃凸模 16 沿条料侧边裁下一个长度与步距相等的窄条。待上模回升时，条料继续推进，并用侧刃切出的窄条凸肩顶靠侧刃挡料块 17 进行定位。第二次冲床滑块下

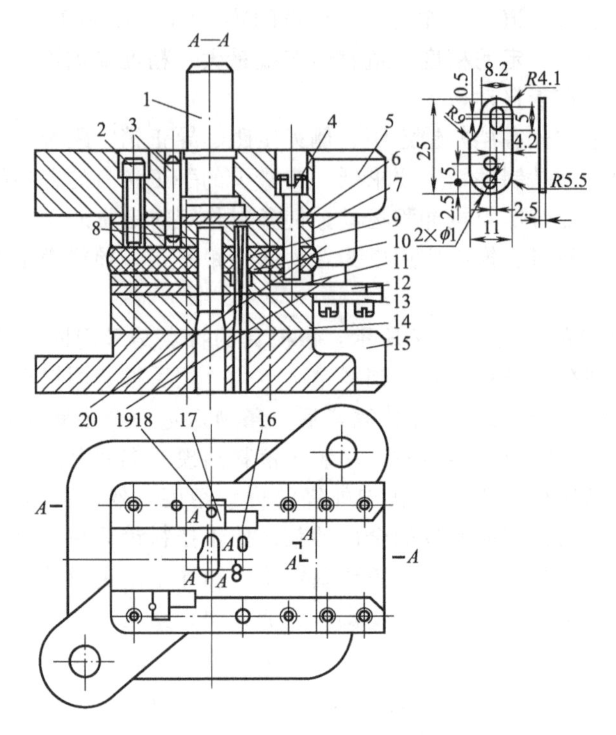

图 1-38　侧刃定距的冲孔、落料级进模

1—模柄；2—螺钉；3,18—销；4—卸料螺钉；5—上模座；6—垫板；7—凸模固定板；8—落料凸模；9,10—冲孔凸模；11—卸料板；12—导板；13—承料板；14—凹模；15—下模座；16—侧刃凸模；17—侧刃挡料块；19—导柱；20—导套

降时，落料凸模 8 落料，同时，冲孔凸模冲出第二个工件的内孔，侧刃沿条料侧边裁下一个长度与步距相等的窄条。以后滑块每下降一次，就可以冲出零件。该模具是由卸料板 11、卸料螺钉 4 及弹性橡皮组成的卸料装置卸料。侧刃是双侧刃且对角布置，这种布置可将料尾的全部零件冲下，材料利用率高。

10. 冲裁模主要零部件设计与选用

设计冲裁模时，应优先采用冲模国家标准，尽量做到模具零部件标准化，以提高设计效率和设计品质，缩短冲模的设计与制造周期。冷冲模国家标准经国家标准局批准自 1982 年 10 月 1 日起施行。该标准的内容包括：零件标准、部件标准、组合标准、技术条件四个部分，共 139 个标准号。1990 年对该标准进行了修订。

(1) 工作零件

包括凸模、凹模、凸凹模。

① 凸模的设计

a. 凸模的结构形式。凸模按截面形状不同可分为圆形和非圆形凸模。在设计时，应根据冲裁件的形状和尺寸、模具的加工和装配工艺等来确定凸模的结构。

ⓐ 圆形凸模。图 1-39 所示为圆形凸模的结构。为了提高凸模的强度、刚度和避免应力集中，将圆形凸模设计成台阶并以较大圆角半径光滑过渡，如图 1-39（a）所示，此结构适用于直径在 1～15mm 的凸模。图 1-39（b）所示的凸模外形尺寸较大，适用直径在 8～30mm 的凸模。图 1-39（c）所示结构为适用于尺寸大的凸模。冲小孔凸模的结构参看图 1-33。

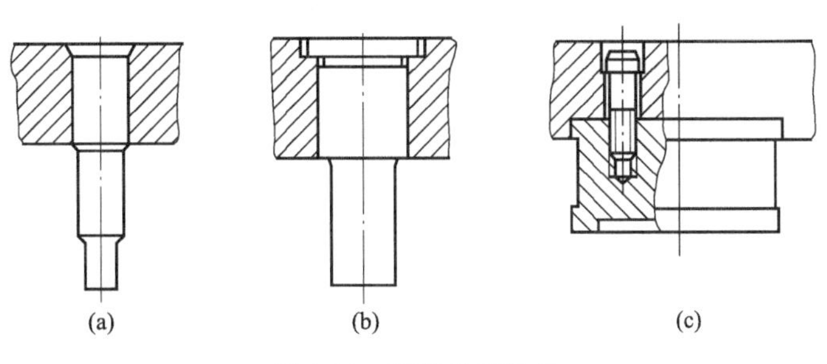

图 1-39　圆形凸模结构

ⓑ 非圆形凸模（又称异形凸模）。异形凸模可分为整体式和镶拼式。整体式凸模工作部分和基体部分材料一样，适用中小型凸模，整体式凸模可分为直通式和台阶式，如图 1-40（a）所示为直通式凸模，其成形部位和安装固定部位的截面是一样的，用线切割加工制造方便；如图 1-40（b）所示为台阶式凸模，其截面尺寸逐步增大，目的是为了增加凸模的强度和刚度。镶拼式凸模又分为组合式和镶块式。如图 1-41（a）为组合式凸模，其工作部分和基体部分是分开加工的且材料不一样，基体用一般材料，可以节省贵重材料，适用大型凸模；如图 1-41（b）为镶块式凸模，采用镶块式结构有利于模具加工制造。

为了便于安装固定，可将安装固定部位设计成圆形或矩形。

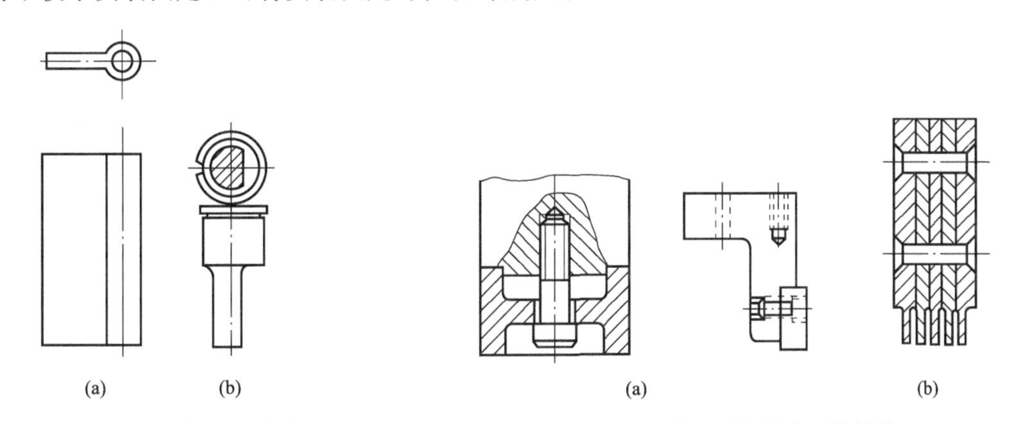

图 1-40　非圆形整体式凸模结构　　图 1-41　非圆形镶拼式凸模结构

b. 凸模的固定方式。

ⓐ 压入式固定形式。当冲裁中小型零件时，可采用图 1-42（a）所示的以过渡配合（H7/m6）固紧在凸模固定板 2 上的方式，顶端形成台肩，以便固定，并保证在工作时不被拉出。

ⓑ 铆接式固定形式。图 1-42（b）所示为铆接式凸模固定方式，多用于不规则断面的凸模安装。在铆翻后，一定要磨平。

ⓒ 螺钉固定式。对于一些中型或大型冲模，其自身的安装基面较大，一般可采取将凸模直接叠加在模座或固定板的平面上，并用螺钉及销钉固定连接及定位，如图 1-42（c）所示。对侧向力较大的剪切及压弯凸模，可采用图 1-42（d）所示的侧向螺钉紧固形式。如图 1-42（e）所示为复合模中凸凹模的固定形式，一般是将其压入凸凹模固定板 3 中，然后再用螺钉与销钉连接固定或直接固定在模座上。

ⓓ 浇注黏结式。图 1-42（f）一般采用低熔点合金浇注、环氧树脂黏结、无机黏结剂黏结三种方法。适用于冲裁厚度 $t \leqslant 2$mm 的冲裁模，对于冲压力较大及有侧向力的凸模不宜采用。

ⓔ 快换式凸模的固定方式。为适应多品种小批量生产，及凸模维修更换方便，常采用快换式凸模的固定方式，见图 1-42。

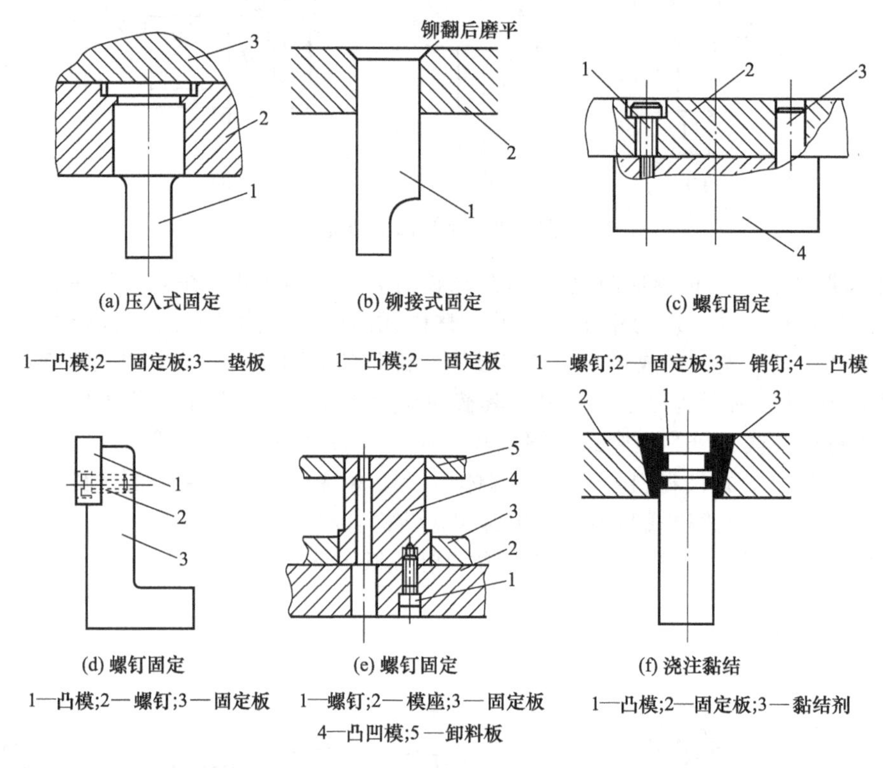

图 1-42　凸模的固定方式

c. 凸模材料及热处理。模具刃口要有高耐磨性、高硬度与适当的韧性。形状简单的凸模常选用 T8A、T10A 等材料制造；形状复杂、淬火变形大，特别是用线切割方法加工时，常选用合金工具钢 Cr12、9Mn2V、CrWMn、Cr6WV 等材料制造凸模。热处理硬度为 58～62HRC。模具工作零件常用材料及热处理要求见表 1-24。

表 1-24　模具工作零件常用材料及热处理要求

模具种类	冲压情况			选用材料	热处理硬度 HRC	
					凸模	凹模
冲裁	Ⅰ	简单形状冲裁	低速冲压	T10A、9Mn2V	58～62	60～64
			高速冲压	Cr12、Cr6WV	58～62	60～64
	Ⅱ	复杂形状冲裁	低速冲压	9Mn2V、CrWMn	58～62	60～64
			高速冲压	Cr12MoV、Cr6WV	58～62	60～64
	Ⅲ	高耐磨冲裁	低速冲压	Cr12、Cr12MoV、9CrSi、TCrSiMnMoV	58～62	58～62
			高速冲压	Cr12MoV、CrMn2SiWMoV、Cr4W2MoV	58～62	58～62
弯曲	Ⅰ	普通材料弯曲	低速冲压	T10A、9Mn2V	56～60	56～60
			高速冲压	Cr12MoV、Cr6WV、Cr4W2MoV	60～64	60～64
	Ⅱ	高耐磨材料弯曲	低速冲压	C12、Cr6WV	58～62	58～62
			高速冲压	W18Cr4V、Cr4W2MoV	60～64	60～64
拉深	Ⅰ	普通材料拉深	低速冲压	T10A、CrWMn	58～62	60～64
			高速冲压	Cr12MoV、GCr15	58～62	60～64
	Ⅱ	高耐磨材料弯曲	低速冲压	Cr12MoV、GCr15	60～62	60～64
			高速冲压	Cr12MoV、W18Cr4V	62～64	62～64

续表

模具种类	冲压情况			选用材料	热处理硬度HRC	
					凸模	凹模
成形	Ⅰ	一般成形	低速冲压 高速冲压	T10A、9Mn2V、9SiCr C12MoV、Cr6WV	58～62 58～62	60～64 60～64
	Ⅱ	复杂成形		9SiCr、Cr6WV W6Mo5Cr4V	58～62	58～62
	Ⅲ	冷镦成形		Cr12MoV、Cr6WV W18Cr4V W6Mo5Cr4V	>60	

d. 凸模长度的计算。凸模的长度应根据冲模具体结构确定，同时还要考虑修磨、固定板与卸料板之间的安全距离、装配等的需要来确定。

当采用固定卸料板时，如图 1-43（a）所示，其凸模长度按下式计算

$$L=h_1+h_2+h_3+h \tag{1-37}$$

当采用弹压卸料板时，如图 1-43（b）所示，其凸模长度按下式计算

$$L=h_1+h_2+t+h \tag{1-38}$$

式中　L——凸模长度，mm；

h_1——凸模固定板厚度，mm；

h_2——卸料板厚度，mm；

h_3——导料板厚度，mm；

t——材料厚度，mm；

h——附加长度，它包括凸模的修磨量，一般取 4～10mm；凸模进入凹模的深度，一般取 0.5～1mm；凸模固定板与卸料板之间的安全距离，一般取 15～20mm。

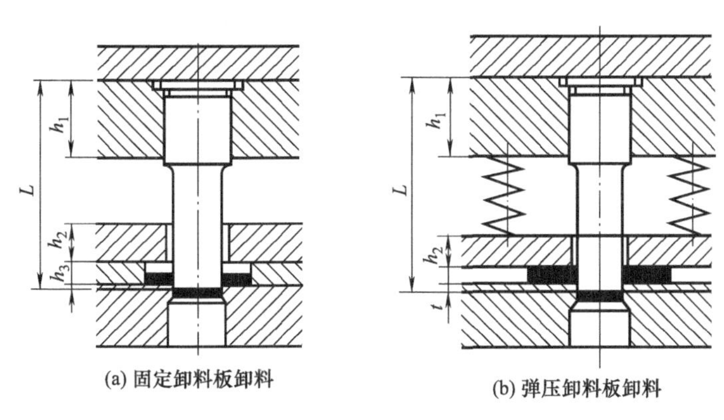

图 1-43　凸模长度的计算

e. 凸模强度和抗弯曲能力的校核。在一般情况下，凸模不用进行强度和抗弯曲能力校核，但对于细长凸模或板料很厚、凸模断面尺寸相对小时必须进行校核，以防止凸模纵向失稳和折断。

ⓐ 压应力校核。凸模抗压强度校核公式如下：

圆形凸模：
$$d_{\min}\geqslant\frac{4t\tau}{[\sigma_y]} \tag{1-39}$$

非圆形凸模：
$$A_{\min}\geqslant\frac{F}{[\sigma_y]} \tag{1-40}$$

式中　$d_{\min}$——凸模最小直径，mm；

t——冲裁材料厚度，mm；

τ——冲裁材料抗剪强度，MPa；

F——冲裁力，N；

A_{min}——凸模的最小截面积，mm²；

σ_y——凸模材料的许用应力，MPa，碳素工其钢淬火后许用压应力一般为淬火前的1.5～3倍。

ⓑ 失稳弯曲应力的校核。对于无导向装置的凸模，如图1-44（a）所示，其校核如下：

圆形凸模：
$$L_{max} \leqslant 90\frac{d^2}{\sqrt{F}} \tag{1-41}$$

非圆形凸模：
$$L_{max} \leqslant 425\sqrt{\frac{J}{F}} \tag{1-42}$$

对于有导向装置的凸模，如图1-44（b）所示，其校核如下：

圆形凸模：
$$L_{max} \leqslant 270\frac{d^2}{\sqrt{F}} \tag{1-43}$$

非圆形凸模：
$$L_{max} \leqslant 1200\sqrt{\frac{J}{F}} \tag{1-44}$$

式中　L_{max}——许可的凸模最大自由长度，mm；

d——凸模的最小直径，mm；

F——冲裁力，N；

J——凸模最小断面的惯性距，mm⁴。

如计算结果不符合要求，应采取必要的措施，如加防护套等，以提高凸摸的强度和刚度。

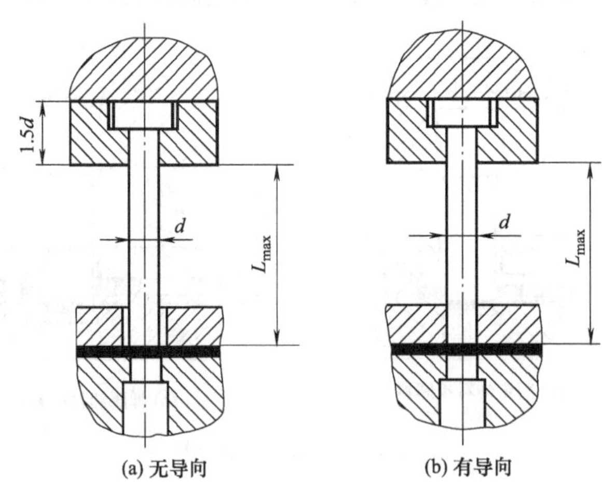

图1-44　失稳弯曲应力校核

② 凹模的设计

凹模的外形有圆形和矩形，结构有整体和镶拼式。凹模的材料与凸模一样，热处理硬度略高于凸模。

a. 凹模的外形尺寸：

凹模的外形尺寸应保证有足够的强度、刚度和修磨量。

凹模的外形尺寸一般根据被冲压材料的厚度和冲裁件的最大外形尺寸来确定，如图1-45所示。

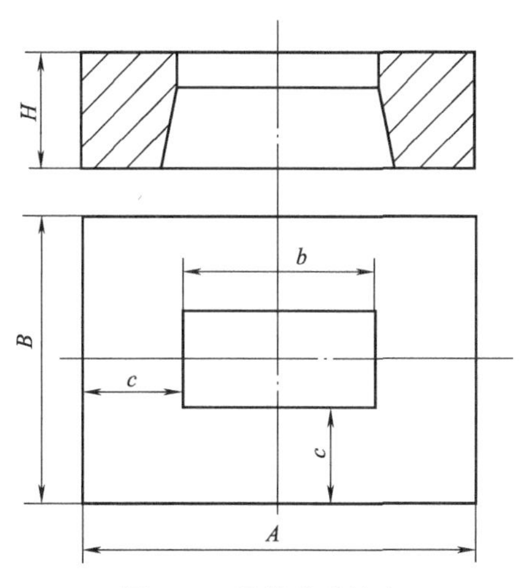

图 1-45　凹模外形尺寸

凹模厚度　　　　$H=Kb$ 且大于15mm　　　　(1-45)

凹模壁厚　　　　$c=(1.5\sim2)H$ 且大于30mm　　　　(1-46)

其中，b 为冲裁件的最大外形尺寸；K 是考虑板料厚度的影响系数，可查表 1-25。

表 1-25　系数 *K* 值

b/mm	材料厚度 t/mm				
	0.5	1	2	3	>3
≤50	0.3	0.35	0.42	0.5	0.6
>50～100	0.2	0.22	0.28	0.35	0.42
>100～200	0.15	0.18	0.2	0.24	0.3
>200	0.1	0.12	0.15	0.18	0.22

根据凹模壁厚即可算出其相应凹模外形尺寸的长和宽，然后可在冷冲模国家标准手册中选取标准值。

b. 凹模洞口的结构形式（表 1-26）。

表 1-26　冲裁凹模洞口结构形式及主要参数

刃口形式	序号	简　图	特点及适用范围
直筒形刃口	1		刃口为直通式，强度高，修磨后刃口尺寸不变 用于冲裁大型或精度要求较高的零件，不适用于下漏料的模具
	2	h β	刃口强度较高，修磨后刃口尺寸不变；凹模内易积存废料或冲裁件，尤其间隙较小时，刃口直壁部分磨损较快，用于冲裁形状复杂或精度要求较高的零件
	3	h 0.5～1	特点同序号 2，且刃口直壁下面的扩大部分可使凹模加工简单，但采用下漏料方式时刃口强度不如序号 2 的刃口强度高，用于冲裁形状复杂或精度要求较高的中小型件，也可用于装有顶出装置的模具

续表

<table>
<tr><th>刃口形式</th><th>序号</th><th colspan="2">简　图</th><th>特点及适用范围</th></tr>
<tr><td>凸台式刃口</td><td>4</td><td colspan="2"></td><td>凹模硬度较低，可用于手锤敲击刃口外侧斜面以调整冲裁间隙，用于冲裁薄而软的金属或非金属零件</td></tr>
<tr><td rowspan="2">锥形刃口</td><td>5</td><td colspan="2"></td><td>刃口强度较差，修磨后刃口尺寸约有增大；凹模内不易积存废料或冲裁件，刃口内壁磨损较慢，用于冲裁形状简单精度要求不高的零件</td></tr>
<tr><td>6</td><td colspan="2"></td><td>特点同序号 5。可用于冲裁形状较复杂的零件</td></tr>
<tr><td rowspan="3">主要参数</td><td colspan="2">材料厚度 t/mm</td><td>α/(′)</td><td>β/(°)　｜　刃口高度 h/mm</td></tr>
<tr><td colspan="2">≤0.5
>0.5～1
>1～2.5</td><td>15</td><td>2　｜　≥4
≥5
≥6</td></tr>
<tr><td colspan="2">>2.5～6
>6</td><td>30</td><td>3　｜　≥8
≥10</td></tr>
</table>

c. 凹模的固定。凹模的固定方式如图 1-46 所示。图 1-46（a）为压入式固定。有台阶时，凹模和固定板采用 H7/m6 配合；无台阶时，凹模和固定板采用 H7/r6 配合。图 1-47（b）为机械式固定。设计时可根据模具的结构形式，灵活选用。

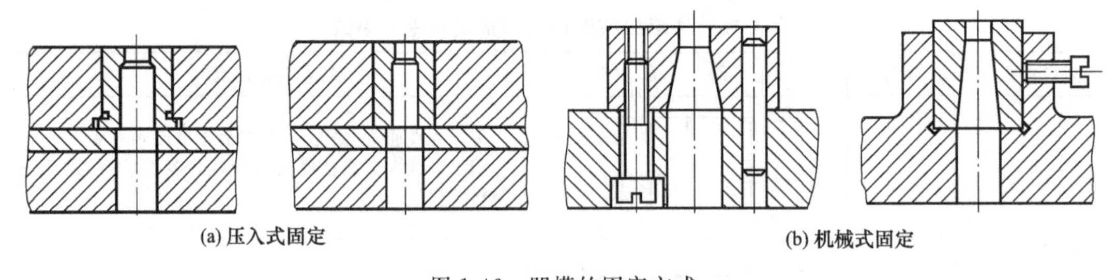

图 1-46　凹模的固定方式

当凹模和固定板采用螺钉和销钉定位固定时，螺钉和销钉的数量、规格及它们的位置可根据凹模的大小在标准的典型组合中查得。位置可根据结构需要作适当调整。螺孔、销孔之间以及它们到模板边缘间的距离不能太近，否则会影响模具寿命。其最小值参考表 1-27。

d. 镶拼结构的设计

ⓐ 镶块模的分块原则。镶块凸模与凹模的分块应有利于节约贵重金属模具材料，易损部位采用较贵重的模具钢来制造，其余部分采用一般的钢材就可以；分块应有利于机械加工；分块应有利于所冲零件的精度；分块应有利于工件的冲压质量；分块应有利于分块的安

表 1-27　螺孔、销钉之间及至刃壁的最小距离

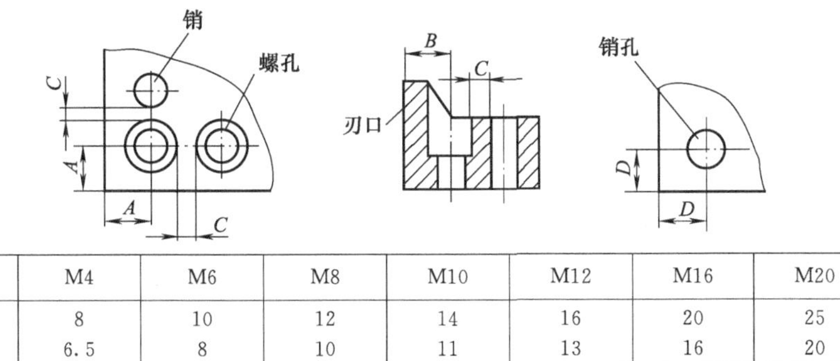

螺钉孔		M4	M6	M8	M10	M12	M16	M20	M24
A	淬火 不淬火	8 6.5	10 8	12 10	14 11	16 13	20 16	25 20	30 25
B	淬火	7	12	14	17	19	24	28	35
C	淬火 不淬火	5 3							

销钉孔		$\phi 2$	$\phi 3$	$\phi 4$	$\phi 5$	$\phi 6$	$\phi 8$	$\phi 10$	$\phi 12$	$\phi 16$	$\phi 20$	$\phi 25$
D	淬火 不淬火	5 3	6 3.5	7 4	8 5	9 6	11 7	12 8	15 10	16 13	20 16	25 20

装与固定。

ⓑ 镶块式凹模的固定方法如图 1-47 所示。图 1-47（a）为平面固定：将拼块用螺钉、销钉直接固定在固定板上，该结构加工调整方便，主要用于冲裁料厚大于 2.5mm 的大型模具；图 1-47（b）为嵌入式固定：将拼块嵌入固定板内定位，采用基轴制过渡配合 K7/h6，然后用螺钉紧固，该结构侧向承载能力较强，主要用于中小型凸、凹模拼块的固定；图 1-47（c）为压入式固定：拼块较小，以过盈配合 H7/r6 压入固定板孔或槽内，常用于形状简单的小型拼块的固定；图 1-47（d）为浇注式固定：拼块用低熔点合金浇注固定，浇注后调整困难，适用于浇注前易于控制拼块的拼合精度，又不宜用其他方法固定的小型拼块的固定。

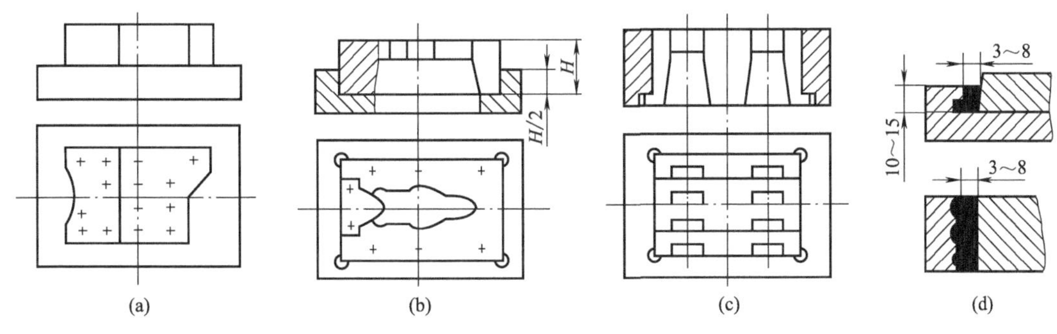

图 1-47　镶块式凹模的固定

③ 凸凹模的结构设计

凸凹模是复合冲裁中的一个主要零件，其内外缘均为刃口，内外缘之间的壁厚由冲裁件形状和尺寸决定，从强度考虑，壁厚受最小壁厚限制。对于正装复合模，凸凹模装于上模，内孔不会积聚废料，胀力小，最小壁厚可以小些；对于倒装复合模，若采用直壁式刃口形式，下出件方式时，孔内会积聚工件，最小壁厚要大些。凸凹模的最小壁厚值，目前一般按经验数据确定，倒装复合模的凸凹最小壁厚见表 1-28。

（2）定位零件

定位零件包括导料板、导料销、挡料销、侧刃、导正销、定位销和定位板等。

表 1-28 倒装复合模的凸凹模最小壁厚 δ　　单位：mm

材料厚度 t	0.4	0.6	0.8	1.0	1.2	1.4	1.6	1.8	2.0	2.2	2.5
最小壁厚 δ	1.4	1.8	2.3	2.7	3.2	3.6	4.0	4.4	4.9	5.2	5.8
材料厚度 t	2.8	3.0	3.2	3.5	3.8	4.0	4.2	4.4	4.6	4.8	5.0
最小壁厚 δ	6.4	6.7	7.1	7.6	8.1	8.5	8.8	9.1	9.4	9.7	10

① 导料板与导料销

导料板与导料销作条料的导向和定位用。

a. 导料板（又称导尺）。导料板形式有两种：一种是与卸料板制成一体的，一种是与卸料板分开的。标准导料板的结构，如图 1-48 所示，其厚度 H 由表 1-29 选取，其值与材料厚度、挡料销高度、挡料销的类型有关。为了保证条料紧靠导料板一侧，常设计侧压装置，如图 1-49 所示，图 1-49（a）、（b）簧片式用于料厚小于 1mm，侧压力要求不大的情况。图 1-49（c）、（d）弹簧压块式和弹簧压板式用于侧压力较大的场合。弹簧压板式侧压力均匀，安装在进料口，常用于侧刃定距的级进模，侧压板的厚度一般取导料板的 1/3～2/3。簧片和压块的数量根据模具的结构确定。条料厚度小于 0.3mm 以及自动送料时不易采用侧压装置。

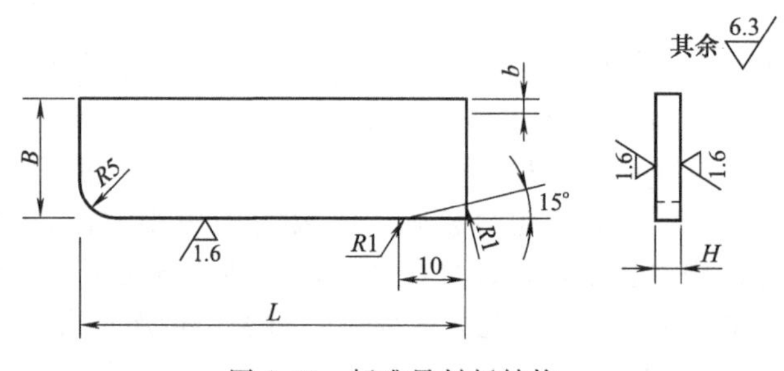

图 1-48 标准导料板结构

表 1-29 导料板的厚度 H　　单位：mm

材料厚度/t	挡料销高度/h	导料板高度/H	
		固定挡料销	自动挡料销或侧刃
≤0.2～2.0	3	6～8	4～8
>2.0～3.0	4	8～10	6～8
>3.0～4.0	4	10～12	6～10
>4.0～6.0	5	12～15	8～10
>6.0～10.0	8	15～25	10～15

b. 导料销。导料销的作用与导料板一样，多用于单工序模和复合模，其结构如图 1-51 所示，可从国家标准直接选用，导料销导料需选用两个。

② 挡料销

挡料销的作用是挡住条料搭边或冲压件轮廓以限制条料的送进距离。国家标准中常见的挡料销有三种形式：固定挡料销、活动挡料销和始用挡料销。挡料销的高度查表 1-29。

a. 固定式挡料销。如图 1-51 所示。固定挡料销分圆柱头挡料销如图 1-51（a）和钩形挡料销如图 1-51（b）两种，固定挡料销一般应固定在凹模上。采用圆柱头挡料销时，其结构简单、制造容易，但挡料销的固定孔一般离凹模孔较近，因而减弱了凹模的强度。而钩形挡料销的固定孔，可离凹模孔远一些，克服了圆柱头挡料销离凹模近的缺点，但这种挡料销制造较困难。

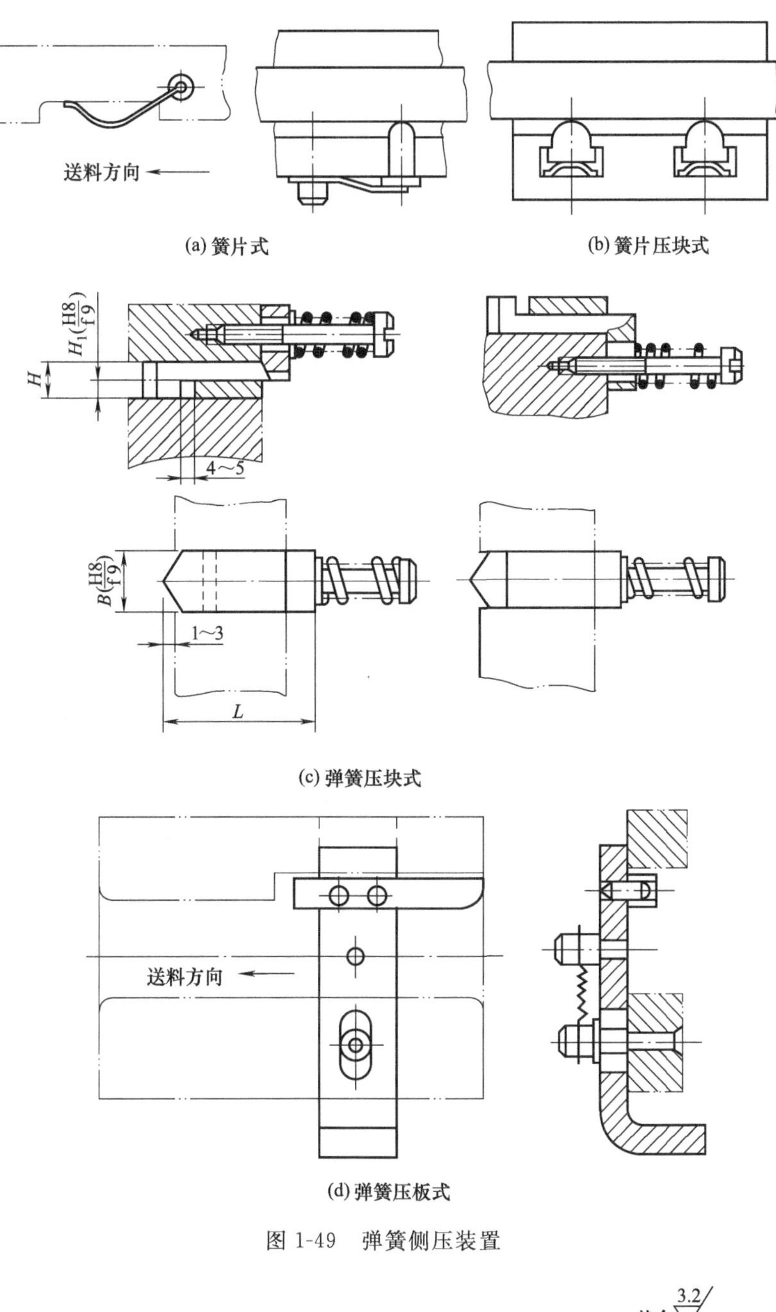

图 1-49　弹簧侧压装置

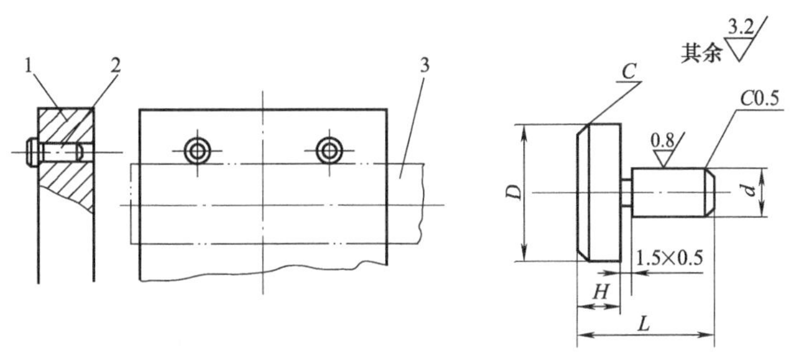

图 1-50　导料销

1—凹模；2—导料销；3—条料

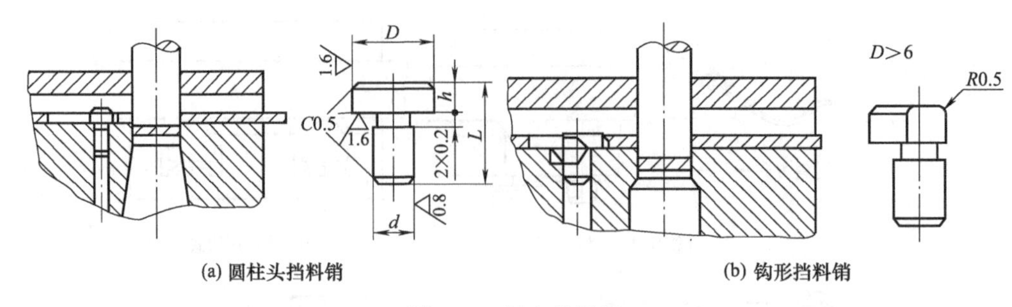

图 1-51 固定挡料销

b. 活动挡料销。如图 1-52 所示。活动挡料销根据活动部位弹性元件不同，可分为弹簧挡料装置如图 1-52（a），橡胶挡料装置如图 1-52（b）和回带式挡料装置如图 1-52（c），通常活动挡料销装在卸料板上。当凸模下降冲裁时，将挡料销压入孔内。常用于倒装复合膜。

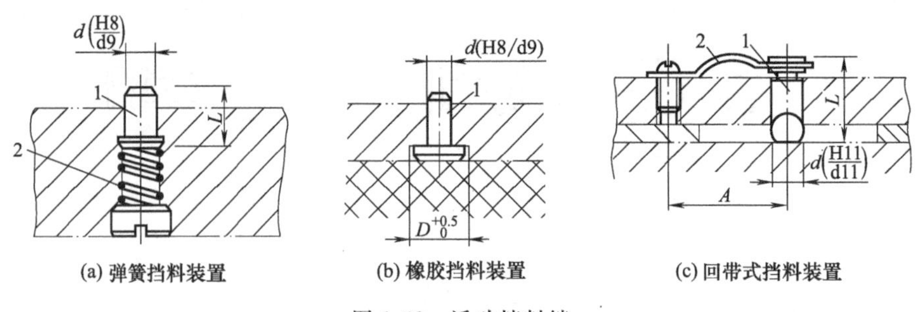

图 1-52 活动挡料销

c. 始用挡料销。始用挡料销如图 1-53 所示。在每条条料开始第一次送进时使用一次，用手推挡料销的外端，直到它伸到导料板外挡住条料头为止。松手后在弹簧作用下，自动退回，常用于连续模。

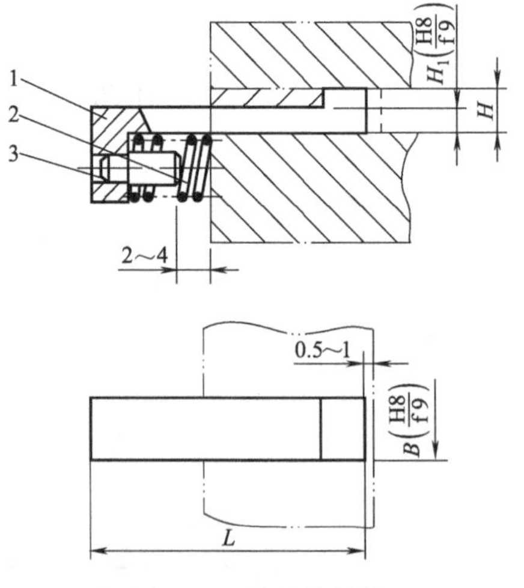

图 1-53 始用挡料销

1—挡料销；2—弹簧；3—螺钉

③ 侧刃

在设计连续模时，为了限定条料的送进距离，常采用侧刃定距方式。即在冲模位于条料侧边位置上加装一个或两个切边凸模，并将条料的边缘在模具每次冲程中切去一个窄条，窄条的长度正好等于步距大小。下次送料时，以窄条的后边沿定位。其缺点是模具结构复杂、材料消耗和冲裁力增大，但是其定位可靠，保证有较高的送料精度和生产率且安全可靠，所以在实际生产中广泛采用。侧刃的标准结构见图 1-54 所示。

A 型长方形侧刃的结构和制造都较简单，但当刃口尖角磨损后，在条料被冲去的一边会产生毛刺，产生定位误差并影响正常送进，一般用于料厚小于 1.5mm，冲裁件精度要求不高的送料定距。B 型、C 型成形侧刃产生的毛刺位于条料侧边凹进处，克服了上述缺点，但其结构较复杂，冲裁废料也增多，常用于板料厚度小于 0.5mm，冲裁件精度要求较高的送料定距。

侧刃的工作端面分Ⅰ型和Ⅱ型两种。Ⅱ型多用于冲裁 1mm 以上较厚的材料，冲裁前凸出部分先进入凹模导向，可避免侧压力对侧刃的损坏。

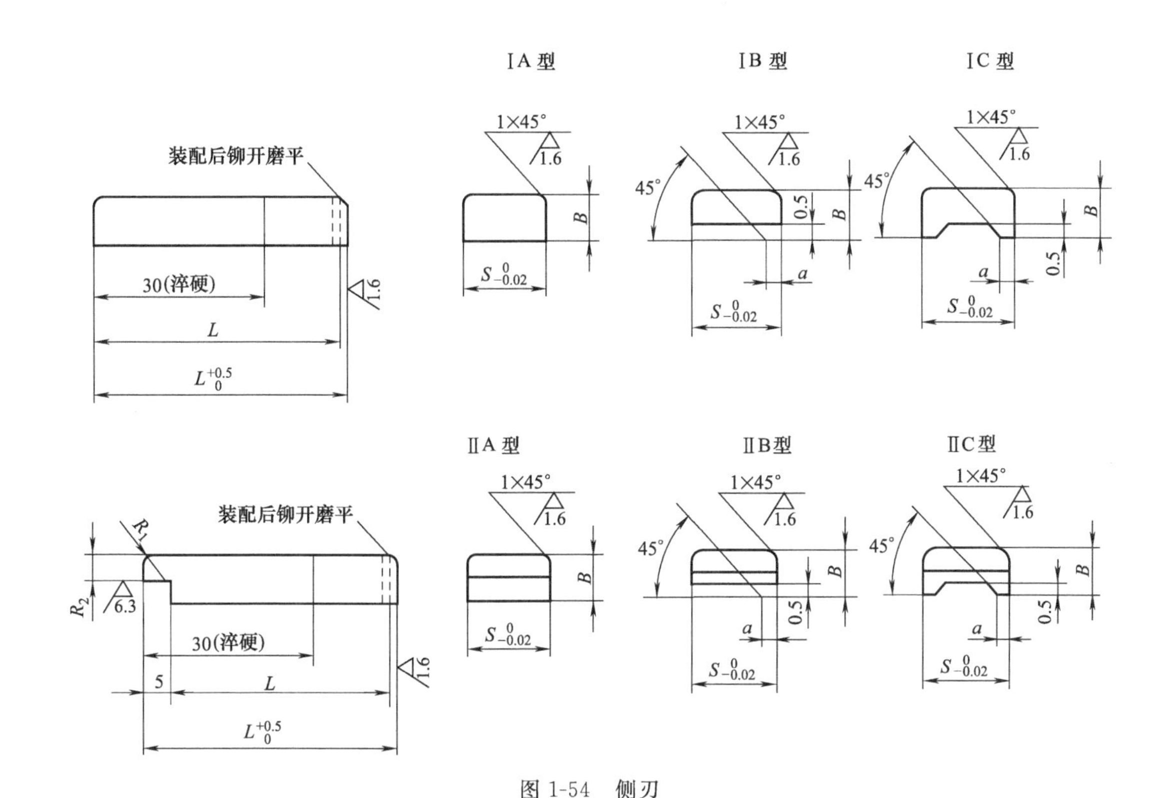

图 1-54　侧刃

侧刃的数量可以是一个或者两个，两个侧刃的定位精度比一个侧刃的高。两个侧刃可以在两侧对角布置，保证料尾的充分利用。

侧刃凸模及凹模可根据冲孔模的设计原则，以侧刃凸模为基准件，凹模按侧刃凸模配制，取单面间隙。侧刃沿送料方向的断面尺寸，一般应与步距相等。但有时需要精确定位时，导正销与侧刃兼用的级进模中，侧刃的这一设计尺寸最好比步距稍大 0.05～0.10mm。侧刃厚度 B 为 6～10mm。侧刃制造公差取负值，一般为 0.02mm。两对角侧刃距离一般为步距的整数倍。

④ 导正销

导正销主要用于级进模，以获得内孔与外缘相对位置准确的冲裁件或保证坯料的准确定位。导正销一般装在落料凸模上，在落料前先插入已冲好的孔中，然后落料，消除了送料和导向造成的误差，起精确定位作用。导正销也可以装在凸模固定板上，与工艺孔配合，起精确定位作用。

常用导正销的结构形式如图 1-55 所示。导正销的端部由圆弧形或圆锥形的导入部分和圆柱形的工作段（又称导正部分）组成。

图 1-55（a）中导正销适用直径小于 2～12mm 孔的导正；图 1-55（b）导正销适用于直径小于 10mm 孔的导正，采用弹簧压紧结构可避免损坏导正销和模具；图 1-55（c）中导正销适用于直径在 4～12mm 孔的导正；图 1-55（d）中导正销适用于直径在 12～50mm 孔的导正。

导正销圆柱工作段高度按表 1-30 选取。导正销工作段直径与预先冲孔凸模直径之差按表 1-31 选取。

级进模常用挡料销与导正销配合定位，挡料销只起粗定位作用，导正销进行精确定位。挡料销导正销位置关系如图 1-56 所示。

表 1-30　导正销圆柱工作段高度 h　　单位：mm

材料厚度 t	冲裁件尺寸		
	1.5～10	>10～25	>25～50
<1.5	1	1.2	1.5
1.5～3	0.6t	0.8t	t
2～5	0.5t	0.6t	0.8t

表 1-31　导正销直径与预先冲孔凸模直径之差　　单位：mm

材料厚度 t	冲孔凸模直径						
	1.5～6	>6～10	>10～16	>16～24	>24～32	>32～42	>42～60
<1.5	0.04	0.06	0.06	0.08	0.09	0.10	0.12
1.5～3	0.05	0.07	0.08	0.10	0.12	0.14	0.16
3～5	0.06	0.08	0.10	0.12	0.16	0.18	0.20

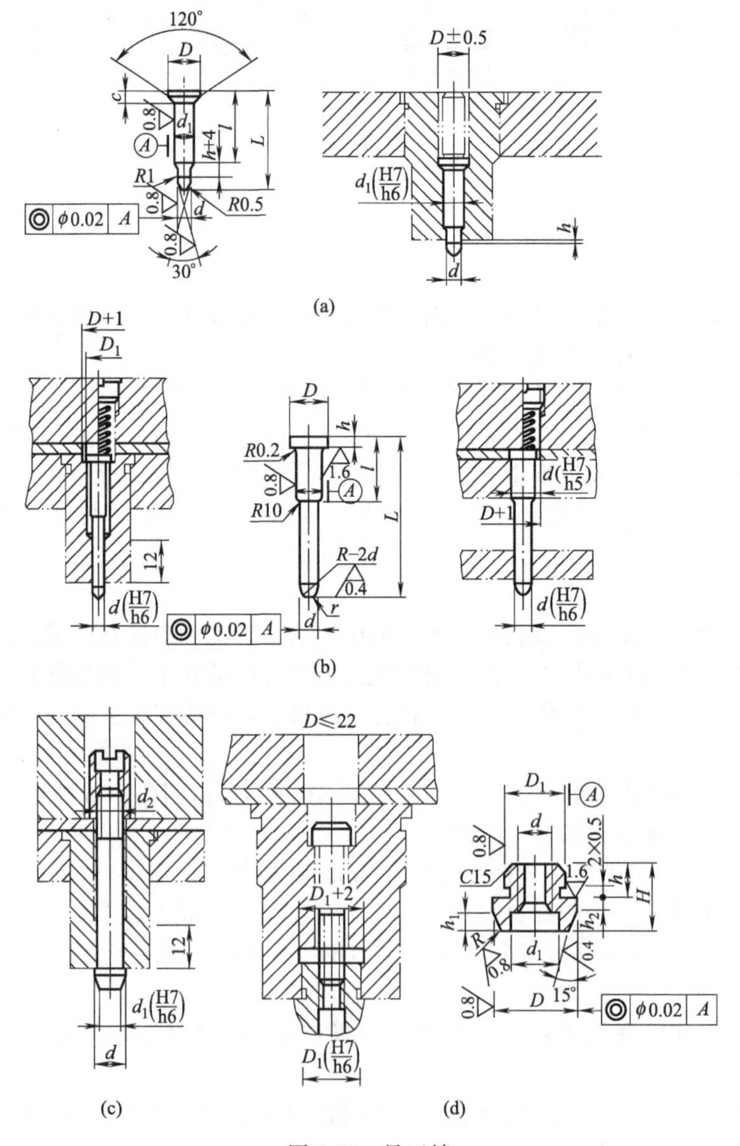

图 1-55　导正销

如条料按图 1-56（a）所示方式定位，导正销与挡料销轴心线之间距离 e 按下式计算：

$$e=A-\frac{D}{2}+\frac{d}{2}+0.1 \tag{1-47}$$

如条料按图 1-56（b）所示方式定位，导正销与挡料销轴心线之间距离 e 按下式计算

$$e=A+\frac{D}{2}-\frac{d}{2}-0.1 \tag{1-48}$$

式中 A——步距；

D——落料凸模直径；

d——挡料销柱形部分直径。

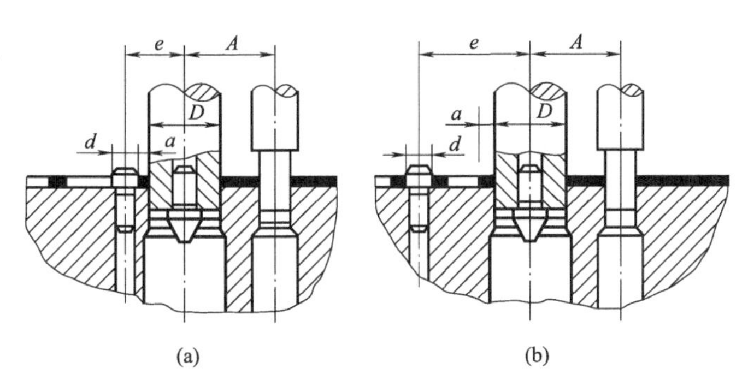

图 1-56　导正销与挡料销的位置

⑤ 定位销与定位板

定位板和定位销用于单个毛坯的定位。其定位方式有两种：外缘定位和内孔定位。一般情况下，外形比较简单的冲压件采用外缘定位，如图 1-57（a）所示；外轮廓较复杂的采用内孔定位，如图 1-57（b）所示。

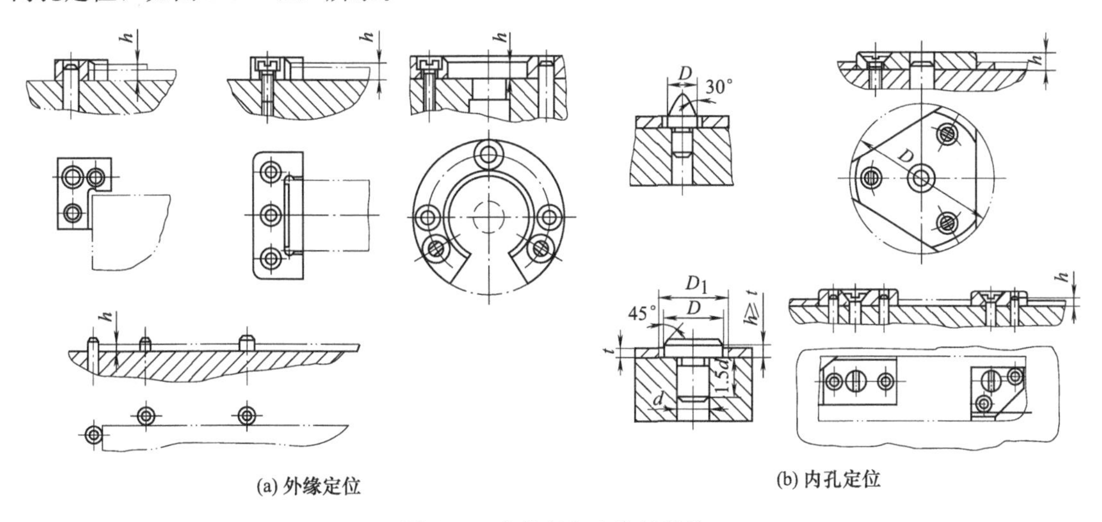

图 1-57　定位板和定位销定位

定位板或定位销工作部位的高度 h 的确定：当材料厚度 $t\leqslant 3$mm 时，$h=3$mm；当材料厚度 $t>3$mm 时，$h=t$。

(3) 卸料和出件装置

① 卸料装置

卸料装置主要是将冲裁后箍在凸模上或凸凹模上的制件或废料卸掉，保证下次冲压正常

进行。常用的卸料方式有如下几种。

a. 刚性卸料。刚性卸料装置如图 1-58 所示。卸料板固定在凹模上或凹模固定板上，当上模回升时，卸料板将箍在凸模上的制件或废料卸掉。当卸料板只起卸料作用时，卸料板与凸模之间单边间隙取（0.2～0.5）t，材料厚时取大值。当固定卸料板还要起凸模的导向作用时，卸料板与凸模采用 H7/h6 配合，但应保证其间隙小于冲裁间隙。刚性卸料装置常用于材料较硬、较厚（0.5mm 以上）且工件精度要求不高的场合。

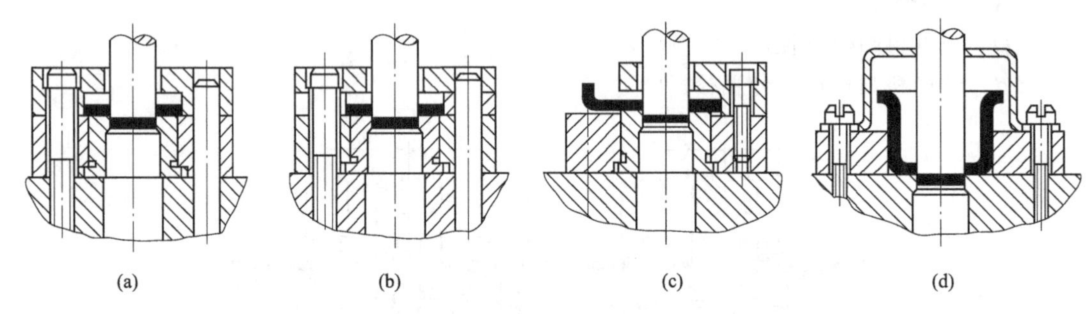

图 1-58　刚性卸料装置

图 1-58（a）是卸料板与导料板为一体的刚性卸料装置；图 1-58（b）是卸料板与导料板分开的刚性卸料装置，这两种结构广泛用于平板零件的冲裁卸料。图 1-58（c）是用于窄长零件的悬臂式卸料板；图 1-58（d）是在冲底孔时用来卸成形件的拱形卸料板，这两种结构广泛用于成型零件的冲裁卸料。

b. 弹压卸料板。如图 1-59 所示弹压卸料装置由弹压卸料板与弹性元件（弹簧或橡皮）、卸料螺钉等组成，弹压卸料板具有卸料和压料的双重作用，因此，冲裁件表面平整度较高，主要用于冲裁材料较薄（1.5mm 以下）且工件精度要求较高的场合。当卸料板只起卸料作用时，卸料板与凸模之间的单边间隙选择（0.1～0.2）t，若弹压卸料板还要起对凸模导向作用时，二者的配合间隙一般按 H7/h6，但应小于冲裁间隙。

图 1-59（a）为用橡胶块直接卸料，一般情况不采用，因为橡胶易磨损；图 1-59（b）为导料板导向的卸料板，卸料板凸台部分的设计高度 $h=H-(0.1\sim0.3)\ t$，式中 H 为导料板高度，t 为材料厚度；图 1-59（c）卸料板具有卸料和导向小凸模双重作用；1-59（d）、（e）为倒装式卸料，图 1-59（c）中卸料力大且可调节。

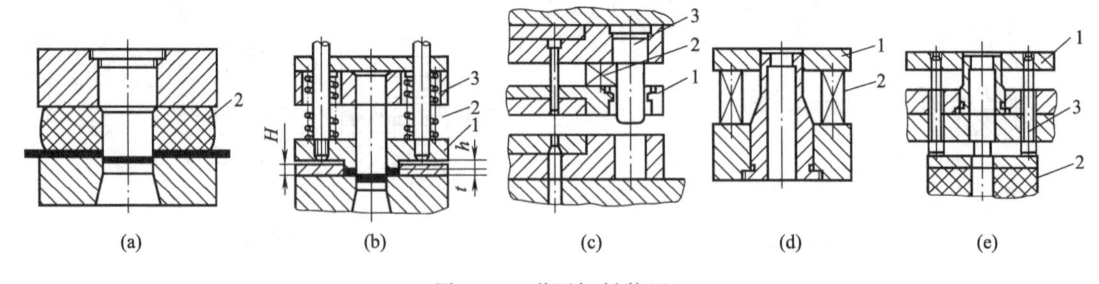

图 1-59　弹压卸料装置

1—卸料板；2—橡胶或弹簧；3—卸料螺钉

卸料板的外形为圆形或方形，外形尺寸视弹性元件布置而定，通常与凹模尺寸基本一致，厚度为凹模厚度（0.6～0.8）倍，但不小于 15mm。

c. 废料分块卸料。如图 1-60 所示用废料刀将废料剪切成几段，并卸出模外。设计时，废料切刀的刃口比冲模刃口低（与材料厚度有关），刃口宽度比废料宽度大，α 角一般为

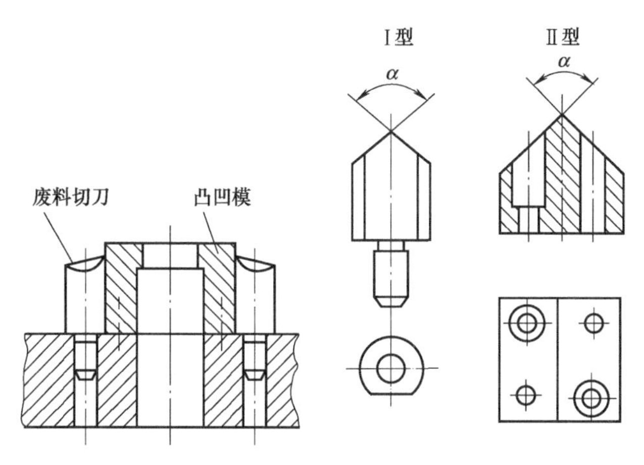

图 1-60　废料切刀卸料装置

78°～80°，Ⅰ型用于小型模具、Ⅱ型用于大型模具。

② 推件和顶件装置

推件和顶件的目的，是将制件或废料从凹模中推出（凹模在上模）或顶出（凹模在下模）。

常见的刚性推件装置如图 1-61 所示，当上模回升时，打杆与压力机横梁相碰产生冲击力，此力通过传力元件传递到推件板上将制件（或废料）推出凹模。推件板的形状和推杆的布置应根据被推材料的尺寸和形状来确定。

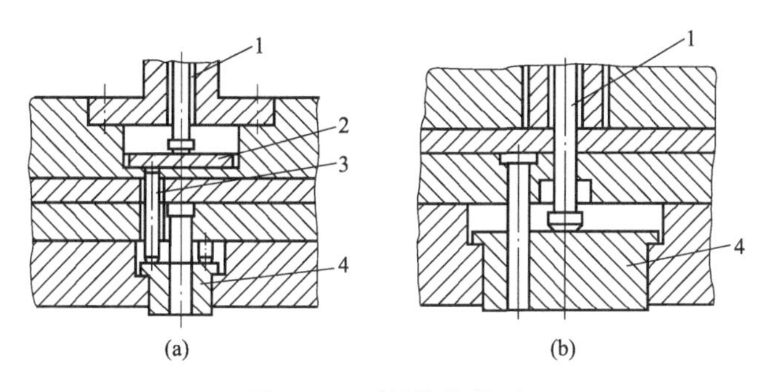

图 1-61　刚性推件装置

1—打料杆；2—推板；3—推杆；4—推件块

弹性推件装置如图 1-62 所示。它是利用弹性元件的回弹力将工件推出，多用于料薄、冲压件质量要求高的场合。

设计在下模的弹性顶件装置如图 1-63 所示。它是利用弹性元件的回弹力通过顶件块将材料从凹模洞中顶出。

③ 弹性元件的选用和计算

在冲模中，弹性元件有弹簧、橡胶、气缸和氮气弹簧等，常用的是弹簧和橡胶，以下仅介绍弹簧和橡胶的计算和选用，其他弹性元件可按此思路选用。

a. 弹簧的选用和计算步骤。

ⓐ 根据卸料力大小和模具安装弹簧的空间，初定弹簧数量 n；

ⓑ 根据卸料力 F_x 和弹簧数量 n，计算每个弹簧应有的预压力 F_y：

$$F_y = \frac{F_x}{n} \tag{1-49}$$

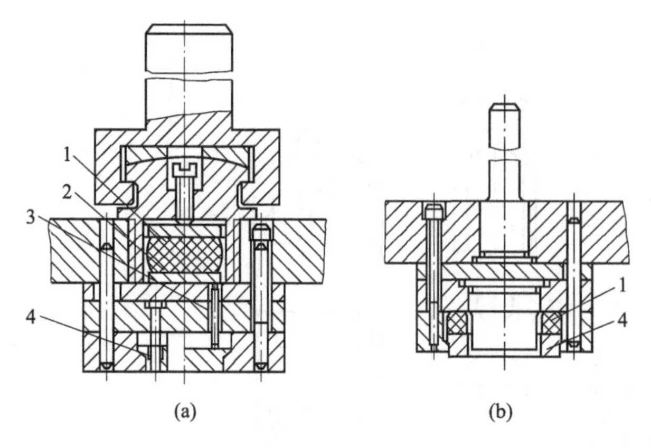

图 1-62　弹性推件装置

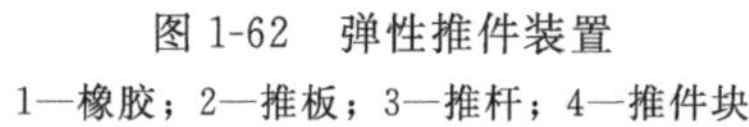
1—橡胶；2—推板；3—推杆；4—推件块

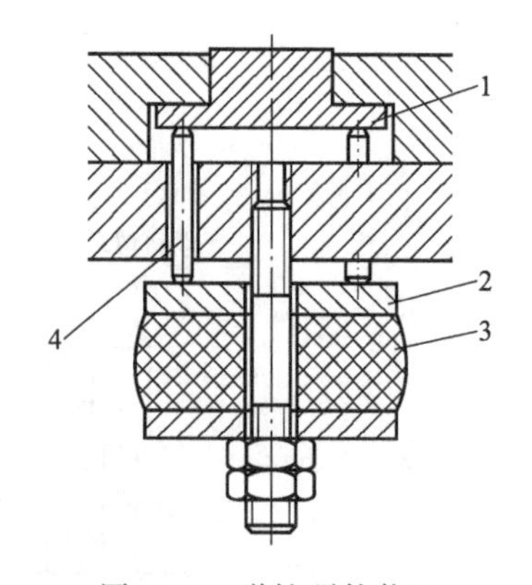

图 1-63　弹性顶件装置

1—顶件块；2—顶板；3—橡胶；4—顶杆

ⓒ 根据预压力 F_y 查有关弹簧标准，预选弹簧规格，应使弹簧的极限工作压力 F_j 为：

$$F_j=(1.5\sim2)F_y \tag{1-50}$$

ⓓ 计算弹簧在预压力 F_y 作用下的预压缩量 h_y，根据虎克定律：

$$h_y=\frac{F_y}{F_j}h_j \tag{1-51}$$

式中　h_j——弹簧极限压缩量，mm；

F_j——弹簧极限工作负荷，N。

ⓔ 校核弹簧最大允许压缩量须大于实际工作总压缩量，即：

$$h_j\geqslant h=h_y+h_x+h_m \tag{1-52}$$

式中　h——弹簧总压缩量，mm；

h_x——卸料板的工作行程，mm，一般取 $h_x=t+1$，t 为板料厚度；

h_m——凸模或凸凹模的刃磨量，mm，一般取 $h_m=4\sim10$mm，厚板取大值，薄板取小值。

如不满足，须重选弹簧规格，直至满足为止。

弹簧计算实例见学习情境 3 任务实施 2 中的凸凹模。

b. 橡胶的选用和计算步骤。

ⓐ 根据卸料力大小和模具安装橡胶的空间，初定橡胶形状和数量 n；

ⓑ 根据卸料力 F_x 和橡胶数量 n，计算每块橡胶应有的预压力 F_y：

$$F_y=\frac{F_x}{n} \tag{1-53}$$

ⓒ 根据预压力 F_y 求橡胶横截面积：

$$A\geqslant\frac{F_y}{p} \tag{1-54}$$

式中　A——橡胶的横截面积，mm；

p——橡胶所产生的单位面积压力，MPa，其值与橡胶的压缩量、性能等有关，可从表 1-32 中选取。一般取橡胶预压缩量为 $h_y=0.1h_0$。

ⓓ 求橡胶高度尺寸 h_0：

$$h_0=\frac{h_x+h_m}{0.25\sim0.3} \tag{1-55}$$

式中　h_0——橡胶自由高度，mm；

h_x——卸料板的工作行程，mm，一般取 $h_x=t+1$，t 为板料厚度；

h_m——凸模或凸凹模的刃磨量，mm，一般取 $h_m=4\sim10$mm，厚板取大值，薄板取小值。

系数 0.25～0.3，聚氨酯橡胶取 0.25，合成橡胶取 0.3。

表 1-32 橡胶压缩量与单位压力关系

压缩量/%		10	15	20	25	30	35
单位压力 p /MPa	聚氨酯橡胶	1.1		2.5		4.2	5.6
	合成橡胶	0.26	0.5	0.74	1.06	1.52	2.1

ⓔ 校核橡胶高度 h_0 与橡胶外径 D 之比应满足：

$$1.5\geqslant\frac{h_0}{D}\geqslant0.5 \tag{1-56}$$

如果$\frac{h_0}{D}>1.5$，表明橡胶自由高度太高会失稳，应将橡胶分成若干层，高度为 h_i，且满足$\frac{h_i}{D}\leqslant1.5$，安装时每层间须垫上 5mm 厚的钢垫片。如果$\frac{h_0}{D}<0.5$，表明橡胶的横截面积偏大，须重新计算橡胶尺寸，直至满足式（1-48）为止。

（4）模架及其零件

模架是上、下模座和导向零件的组合体，是整副模具的骨架。上、下模间的导向由导柱、导套来实现。模架及其组成零件已标准化。常用的模架有：滑动式导柱导套模架、滚动式导柱导套模架。

滑动式导柱导套模架的精度分为Ⅰ级和Ⅱ级，Ⅰ级精度的模架导柱、导套的配合精度为 H6/h5，Ⅱ级精度的模架导柱、导套的配合精度为 H7/h6。模具精度、寿命都要求较高时，选Ⅰ级精度。滑动式导柱导套模架的结构形式有六种，如图 1-64 所示。图 1-64（a）为对角导柱模架，由于导柱安装在模具中心对称的对角线上，所以上模座在导柱上滑动平稳，常用于横向送料级进模或纵向送料的落料模、复合模；图 1-64（b）、（c）为后侧导柱模架，其中（c）为窄型，可从前面或左右送料，操作方便，因导柱安装在后侧，工作时偏心距会造成导柱导套单边磨损，并且不能使用浮动模柄结构；图 1-64（d）、（e）为中间导柱模架，其中（e）用于圆形件，导柱安装在模具的对称线上，导向平稳、准确，但只能从前面送料；图 1-64（f）为四导柱模架，具有滑动平稳、导向准确可靠、刚性好等优点，常用于冲压尺寸较大或精度要求较高的冲压零件。

滚动式导柱导套模架的导向精度高，使用寿命长，主要用于高精度、高寿命的精密模具及薄材料的冲裁模具。滚动式导向模架的精度分为 0Ⅰ级和 0Ⅱ级，0Ⅰ级的精度高于 0Ⅱ级。滚动式导柱导套模架的结构形式为四种，如图 1-65 所示。

（5）支承及固定零件

支承及固定零件有固定板、垫板、模柄等。

凸、凹模固定板的作用是固定凸模、凹模、凸凹模等工作零件。固定板外形有圆形和矩形两种。其外形尺寸与凹模外形尺寸一般取一致，厚度 $H=(0.6\sim0.8)H_{凹}$，$H_{凹}$ 为凹模厚度。固定板的材料一般选用 Q235 或 45 号钢。

垫板就是在凸、凹模固定板和模板之间加的一块淬硬板，其作用是防止凸模（凹）模过大的冲压力直接作用于模板，将模板压出凹坑，从而影响凸（凹）模的正常工作。在设计冲模时，当模板承受的压应力 $\sigma_{压}$<模板材料的许用压应力 [σ]，可以不加垫板，垫板的外形尺寸与固定板一致，厚度一般取 5～12mm，冲压力大时，取大值。垫板材料一般取 45 号

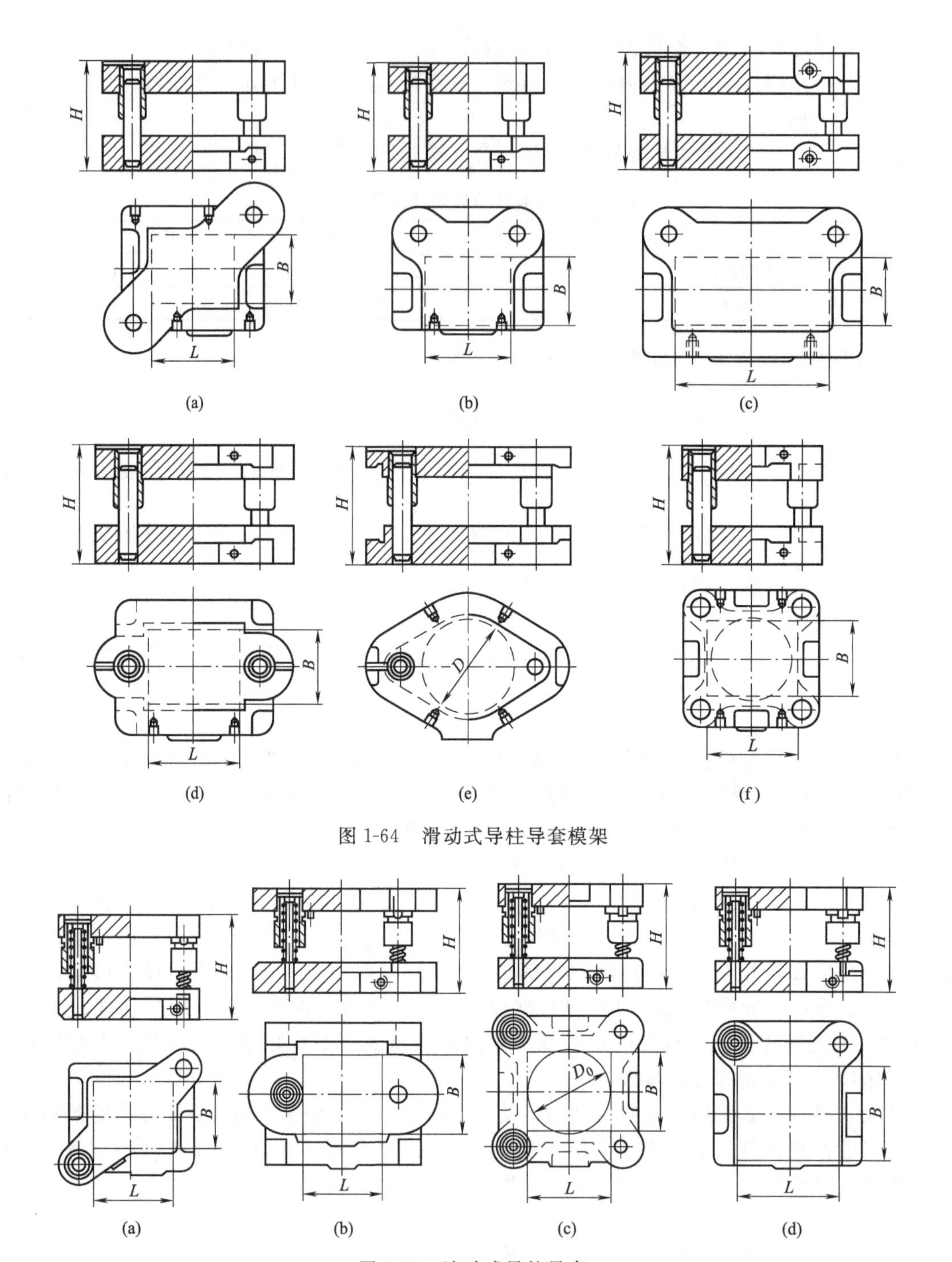

(a) (b) (c) (d) (e) (f)

图 1-64　滑动式导柱导套模架

(a) (b) (c) (d)

图 1-65　滚动式导柱导套

钢，热处理后硬度达 43～48HRC。

模柄的作用是将模具上模部分固定在压力机滑块上，常用于 1000kN 以下压力机的中、小型模具安装。重载的模具可直接用压板或 T 形螺钉压在滑块台面的 T 形槽上。常见模柄的结构形式如图 1-66 所示。图 1-66（a）为旋入式模柄，通过螺纹与上模座连接，并加螺钉防止松动，主要用于小型冲压模具，模柄可通用；图 1-66（b）为压入式模柄，它与模座孔采用 H7/h6 配合，常加防转销，这种模柄垂直度和同轴度较高，适用于各种中、小型冲压

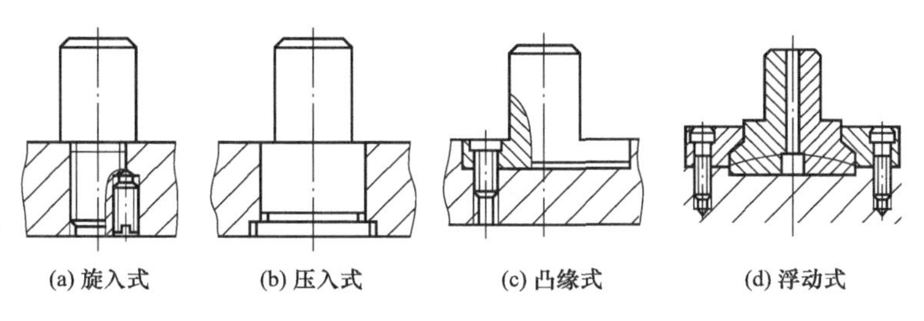

图 1-66　模柄的结构

模具；图 1-66（c）为凸缘式模柄，用螺钉、销钉紧固于上模座，模柄的凸缘与上模座的窝孔采用 H7/h6 配合，多用于较大型的或有打料机构需在上模座上开孔的模具；图 1-66（d）为浮动式模柄，主要特点是压力机的压力通过凹球面模柄和凸球面垫块传递到上模，以消除压力机导向误差对模具精度的影响，主要用于硬质合金模等精密导柱模。

（6）紧固零件

模具上常用的紧固零件是螺钉和销钉，螺钉与销钉都是标准件，螺钉主要起拉紧、连接冲模零件，而销钉则起定位作用。螺钉最好选用内六角螺钉。销钉与销孔配合精度为 H7/m6。

螺钉拧入基体内深度。

对于钢：$H_1 \geqslant d_1$

对于铸铁：$H_1 \geqslant 1.5d_1$

式中　d_1——螺钉直径，mm；

　　H_1——螺钉拧入最小深度，mm。

圆柱销最小配合深度不能低于圆柱销直径的两倍。

【任务实施】 垫片冲裁模具设计

1. 零件的工艺分析

垫片零件如图 1-67（a）所示，生产批量为大批量，材料为 Q235，材料厚度为 1mm。

由零件图可知，垫片零件的结构较简单，零件上凹槽的深度和宽度、孔间距及孔边距都符合冲压件的工艺要求。

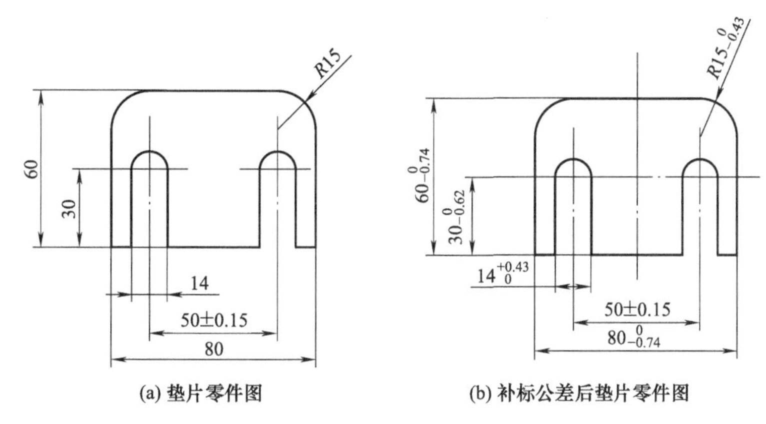

图 1-67　垫片零件图

零件上除 50±0.15 外，其余尺寸没有标注公差。查表 1-13 冲裁件孔中心距公差，50±0.15 符合表中要求。零件上其他尺寸没有标注公差，按 IT14 级处理，并按“入体”原则标注公差。补标公差后零件如图 1-62（b）所示。

综上分析该零件 6 处尖角需加未注倒角 R0.5，其余冲裁工艺性较好，适合冲裁。

2. 冲压件的工艺方案确定

通过以上对该零件的结构、形状及精度的分析，并结合零件的生产批量，该零件采用单工序落料模就可完成冲压加工。

3. 模具结构类型的选择

根据该零件厚度为 2mm、精度要求不高，考虑操作方便，该模具总体结构确定如下：

（1）定位：采用导料销进行条料边定位，挡料销定步距；

（2）卸料和出件：采用弹性卸料和漏料出件；

（3）模架：因为零件左右对称，为便于送料，采用Ⅱ级精度滑动式后侧导柱模架。

4. 工艺计算

（1）排样设计

为保证冲裁件的质量、模具寿命和操作方便，采用有搭边、单排排样，如图 1-68 所示。由表 1-21 得，冲裁件之间的搭边值 $a_1=1.5$mm，冲裁件与条料侧边之间的搭边值 $a=2$mm。

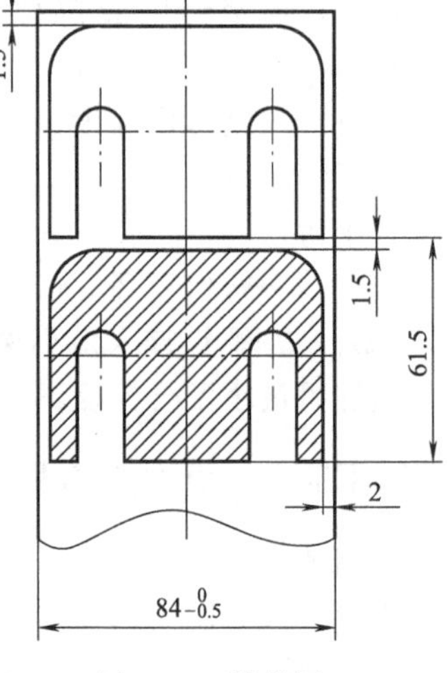

图 1-68　排样图

计算条料的步距：$A=60+1.5=61.5$（mm）

计算条料的宽度：$b=80+2\times2=84$（mm）

由式（1-13），一个步距内材料的利用率：

$$\eta=\frac{nF}{bA}\times100\%=\frac{1\times3806}{84\times61.5}\times100\%=73.7\%,$$

其中一个进距内的冲压数目 $n=1$；

冲压件面积可以简化为矩形面积 80×60，减去两个槽的面积，所以：

$$F=80\times60-2(30\times14)-\pi\times72=3806\ (\text{mm})$$

（2）冲压力与压力中心的计算

① 冲压力的计算　由式（1-24），冲裁力为：

$$F=Lt\sigma_b$$

其中：

$$L=(80-2\times14)+50+30\times4+(60-15)\times2+14\pi+15\pi=403\ (\text{mm});$$

材料厚度 $t=1$mm；

材料 Q235，查表 1-3，$\sigma_b=450$MPa，则：

$$F=404\times1\times450=182\ (\text{kN})$$

根据以上模具结构类型，采用弹性卸料和漏料出件，由式（1-30），$F_{总}=F+F_x+F_T$

由式（1-25），卸料力 $F_x=K_xF$，取 $K_x=0.05$，则：

$$F_x=0.05\times182=9.1\ (\text{kN})$$

由式（1-26），推件力 $F_T=nK_TF$，查表（1-26），取凹模刃壁垂直部分高度 $h=6$mm，$t=1$mm，$n=6/t=6/1=6$；取 $K_T=0.06$，则：

$$F_T=6\times0.06\times182=65.5\ (\text{kN})$$

总冲压力 $F_{总}=F+F_x+F_T=182+9.1+65.5=256.6$（kN）

由式（1-31），选用的压力机公称压力 $P\geqslant(1.1\sim1.3)\ F_{总}$

取系数为 1.3，则：$P\geqslant1.3F_{总}=1.3\times256.6=334$（kN）

初选压力机公称吨位为 400kN，型号为 J23-40，从表 1-6 得到，压力机主要工艺参数如下：

公称压力：400kN

滑块行程：100mm；

行程次数：80 次/分；

最大闭合高度：300；

闭合高度调节量：80mm，（最小闭合高度：220mm）；

工作台尺寸：前后 420mm，左右 630mm；

模柄孔尺寸：直径 50mm，深度 70mm；

工作垫板：厚度 80mm，直径 ϕ200mm。

② 压力中心的计算　按比例画出工件图，选定坐标系 XY，如图 1-69 所示。

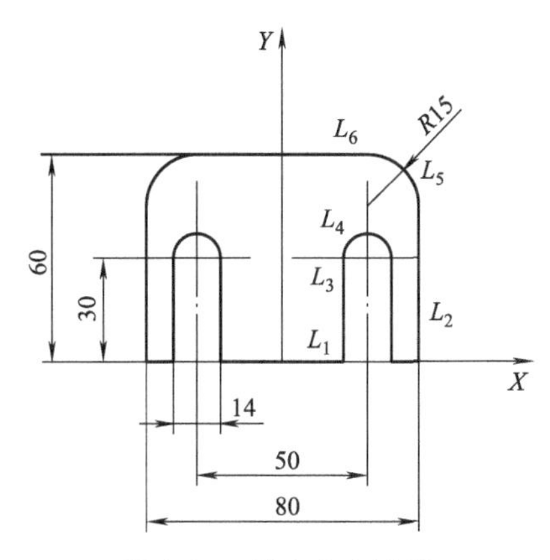

图 1-69　压力中心计算

由式（1-32）和式（1-33）：

$$x_0=\frac{L_1x_1+L_2x_2+\cdots+L_nx_n}{L_1+L_2+\cdots+L_n}=\frac{\sum_{i=1}^{n}L_ix_i}{\sum_{i=1}^{n}L_i}$$

$$y_0=\frac{L_1y_1+L_2y_2+\cdots+L_ny_n}{L_1+L_2+\cdots+L_n}=\frac{\sum_{i=1}^{n}L_iy_i}{\sum_{i=1}^{n}L_i}$$

由于零件左右对称，所以压力中心一定在 Y 轴上，即：$X_0=0$。

零件轮廓线上各部分标记如图 1-69。

$L_1=80-14\times2=52$，$Y_1=0$；

$L_2=45\times2=90$，$Y_2=22.5$；

$L_3=30\times4=120$，$Y_3=15$；

$L_4=14\pi=44$，由式（1-34），$Y_4=30+\frac{r\times180\times\sin\alpha}{\pi\alpha}=30+\frac{7\times180\times\sin90}{\pi\times90}=34.5$；

$L_5=15\pi=47$，由式（1-34），且转化到 Y 轴上，则有：

$Y_5=45+\frac{r\times180\times\sin\alpha}{\pi\alpha}\cos\alpha=45+\frac{15\times180\times\sin45}{\pi\times45}\cos45=54.5$；

$L_6=50$，$Y_6=60$。

列出电子表：

标　　记	L_i	y_i	L_iy_i	y_0
1	52	0	0	
2	90	23	2025	
3	120	15	1800	
4	44	35	1518	
5	47	55	2562	
6	50	60	3000	
	403		10905	27

计算得到：$y_0=\dfrac{\sum\limits_{i=1}^{n}L_iy_i}{\sum\limits_{i=1}^{n}L_i}=27.1\,(\text{mm})$

压力中心位置见图 1-70。

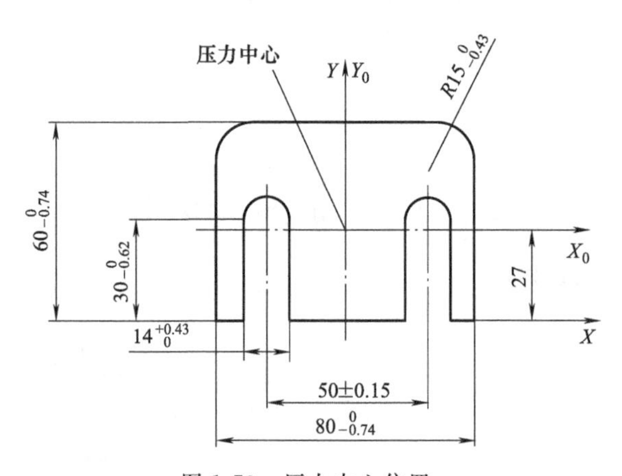

图 1-70　压力中心位置

(3) 凸、凹模刃口尺寸的计算

因为零件外形为异形，为便于凸、凹模加工，保证凸、凹模之间的间隙，采用凸、凹模配合加工。零件为落料件，落料凹模为基准件，只计算凹模刃口尺寸和公差，凸模刃口尺寸，按凹模的实际尺寸配作，保证凸、凹模之间的间隙在 0.1～0.14 之间（间隙值由表 1-18 得到）。

凹模刃口尺寸计算时，应根据凹模磨损后尺寸增大、减少、不变三种情况，见图 1-71 (a) 虚线，采用式 (1-10)、式 (1-11)、式 (1-12) 不同的公式计算。如表 1-33 所列。

将以上刃口尺寸及公差计算结果标注在基准凹模刃口上，如图 1-71 (b) 所示。

(4) 弹性元件计算

选用聚氨酯橡胶作为弹性元件，已知 $F_x=9.1\text{kN}$，根据模具安装空间，取圆筒形聚氨酯橡胶 6 个，每个橡胶承受的预压力为：

$$F_y=F_x/n=9100/6=1517\text{N}$$

取 $h_y=10\%h$，由表 1-32 得，$p=1.1\text{MPa}$，则橡胶的横截面积为：

$$A=F_y/p=1517/1.1=1379\text{mm}^2$$

表 1-33 凸凹模刃口尺寸计算表

凹模磨损后尺寸		零件尺寸及公差	刃口尺寸计算公式	磨损系数值 x	刃口尺寸及公差
增大	80	$80_{-0.74}^{0}$	$A_j=(A_{\max}-x\Delta)_{0}^{+\Delta/4}$	工件精度 IT14 取 $x=0.5$	$79.63_{0}^{+0.185}$
	60	$60_{-0.74}^{0}$			$59.63_{0}^{+0.185}$
	30	$30_{-0.62}^{0}$			$29.69_{0}^{+0.155}$
	R15	$R15_{-0.43}^{0}$			$R14.79_{0}^{+0.108}$
减少	14	$14_{0}^{+0.43}$	$B_j=(B_{\min}+x\Delta)_{-\Delta/4}^{0}$		$14.22_{-0.108}^{0}$
不变	50	50 ± 0.15	$C_j=(C_{\min}+0.5\Delta)\pm\Delta/8$		50 ± 0.019

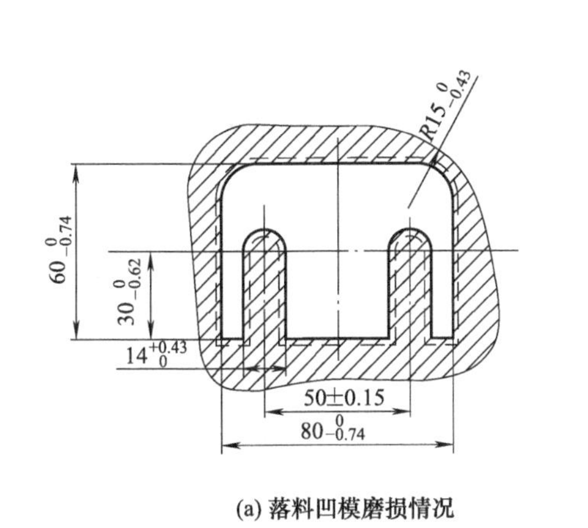

(a) 落料凹模磨损情况

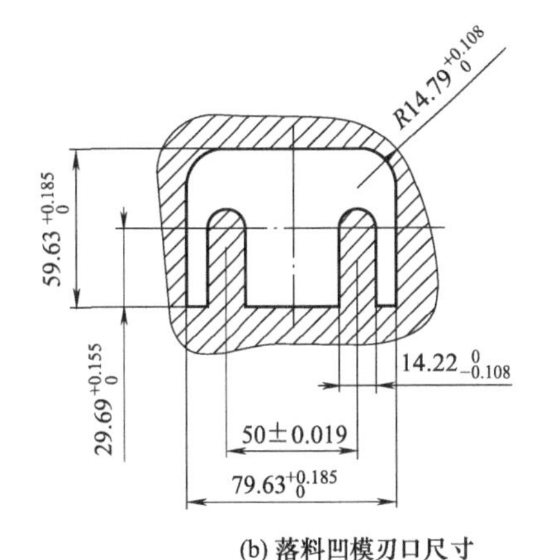

(b) 落料凹模刃口尺寸

图 1-71 落料凹模刃口尺寸计算

设卸料螺钉直径为 8mm，橡胶上螺钉孔直径 $d=10\text{mm}$，则有：

$$A=\frac{\pi}{4}(D^2-d^2)$$

求得橡胶外径： $D=\sqrt{d^2+\frac{4}{\pi}A}=\sqrt{10^2+\frac{4}{\pi}\times1379}=43\text{mm}$

为了保证足够的卸料力，取 $D=45\text{mm}$。

橡胶的自由高度，由式（1-55）：

$$h_0=\frac{h_x+h_m}{0.25}=\frac{2+8}{0.25}=40\text{mm}$$

因为 $0.5<\frac{h_0}{D}=\frac{40}{45}=0.89<1.5$，所选橡胶符合要求。

橡胶的安装高度：$h_a=h_0-h_y=40-0.1\times40=36\text{mm}$

5. 冲模总装图和主要零件的设计

(1) 冲模总装图

根据以上初定模具总体结构，导料销进行条料边定位，挡料销定步距；采用弹性卸料和漏料出件；采用Ⅱ级精度滑动式后侧导柱模架，模具总装图如图 1-72 所示。模具工作原理：材料从右向左横向送入，由导料销 18 对条料边定位，挡料销 19 对条料定步距，上模随滑块下行，首先卸料板 15 压住材料，上模继续下行，聚氨酯橡胶 14 压缩，凸模 8 进入凹模 16 进行冲裁；上模回程，聚氨酯橡胶 14 回复，将箍在凸模 8 上的条料卸下，卡在凹模 16 中的零件下次冲裁时由凸模推下，从下模座通过压机台孔漏出。

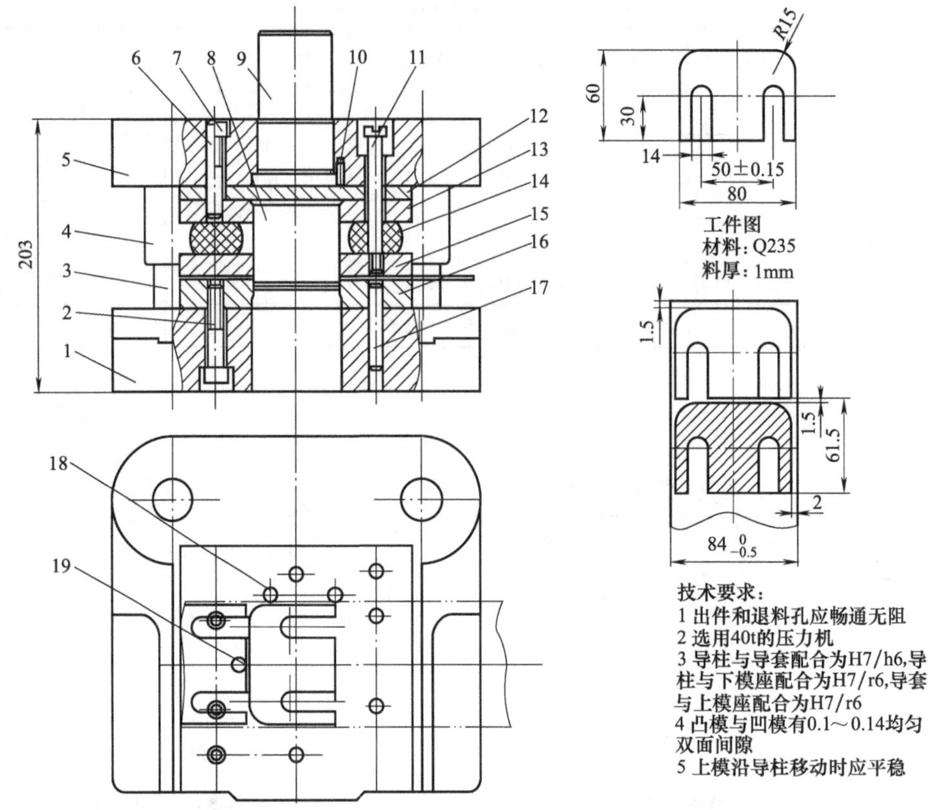

序号	名称	数量	材料	热处理	规格	备注
1	下模座	1	HT200		200×200×170～210	GB/T 2855—90
2	螺钉	6	45#		M10×55	GB/T 70—85
3	导柱	2	20#	58～62HRC	A28h6160	
4	导套	2	20#	58～62HRC	A28H79038	
5	上模座	1	HT200		200×200×170～210	GB/T 2855—90
6	圆柱销	2	45#		ϕ10×65	GB/T 119—86
7	螺钉	4	45#		M10×60	GB/T 70—85
8	凸模	1	Cr12	58～62HRC		
9	模柄	1	Q235		A50×100	GB/T 7646.1—94
10	防转销	1	45#		ϕ4×12	GB 119—86
11	卸料螺钉	4	45#	35～40HRC	M6×100	GB 2867—81
12	垫板	1	45#	43～48HRC		
13	凸模固定板	1	45#			
14	聚氨酯橡胶	6	聚氨酯		ϕ45×40	
15	卸料板	1	45#	43～48HRC		
16	凹模	1	Cr12	60～64HRC		
17	圆柱销	2	45#		ϕ10×60	GB 119—86
18	导料销	2	45#	43～48HRC		GB 7649—94
19	挡料销	1	45#	43～48HRC		GB 7649—94

图 1-72 模具总装图

(2) 凹模

根据零件的形状，凹模外形采用矩形。

凹模厚度 $H_{凹}$：由式（1-45），$H_{凹}=Kb$，且 $H_{凹}$ 大于 15mm。查表 1-25，$K=0.22$，则：

$H_{凹}=0.22\times80=17.6$（mm），取 $H_{凹}$ 为 20mm

凹模壁厚 C：由式（1-46），$C=(1.5\sim2)\ H_{凹}$，得 $C=(1.5\sim2)\times20=30\sim40$，取 C 为 40mm。

凹模长 L：$L=b+2c=80+2\times40=160$（mm）。

凹模宽 B：$B=60+2\times40=140$（mm）。

所以凹模的外形尺寸为 160×140，凹模零件图如图 1-73 所示。

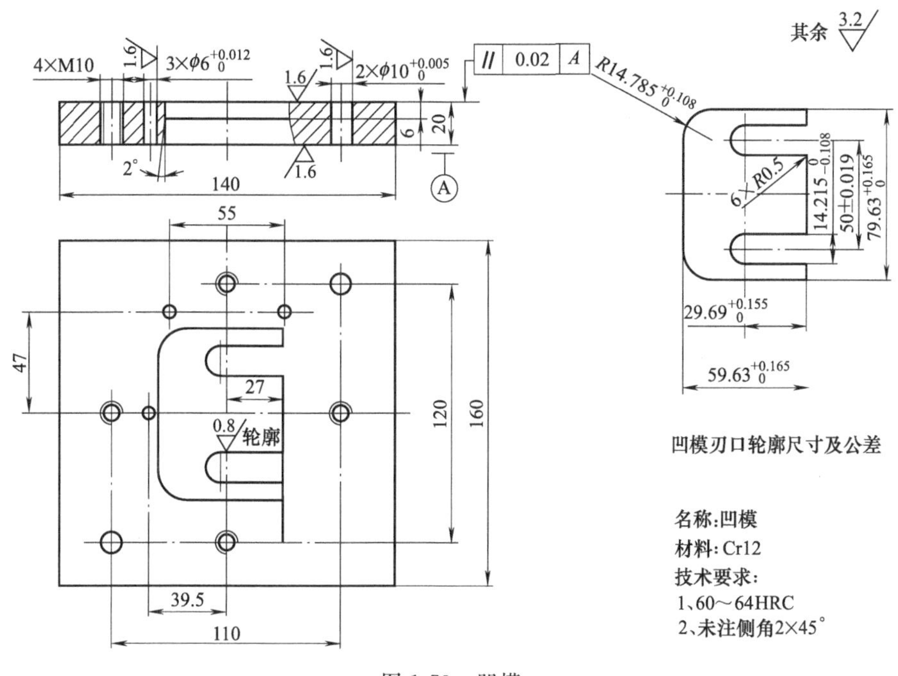

图 1-73 凹模

(3) 凸模

因为零件为异形，采用线切割加工最为方便，所以采用整体直通式凸模。

凸模长度的计算：由式（1-38），$L=h_1+h_2+t+h$，取凸模固定板的厚度 h_1 为 20mm，卸料板的厚度 h_2 为 15mm，附加长度 $h=h_m+1+(36-1-1)=8+1+34=43$（橡胶安装高度 36mm），$t=1$mm，则：$L=20+15+1+43=79$（mm）

凸模零件图如图 1-74 所示。

(4) 模架

根据凹模外形尺寸 160×140 参照附表 10，选凹模周界为 160×160 的后侧导柱模架：160×160×180～220。

模具的闭合高度与压力机的装模高度关系：

$$H_{max}-H_1-5\geqslant H_{模}\geqslant H_{min}-H_1+10$$

已知：$H_{max}=300$mm，$H_{min}=220$mm，$H_1=80$mm

模具闭合高度应为：$215\geqslant H_{模}\geqslant150$

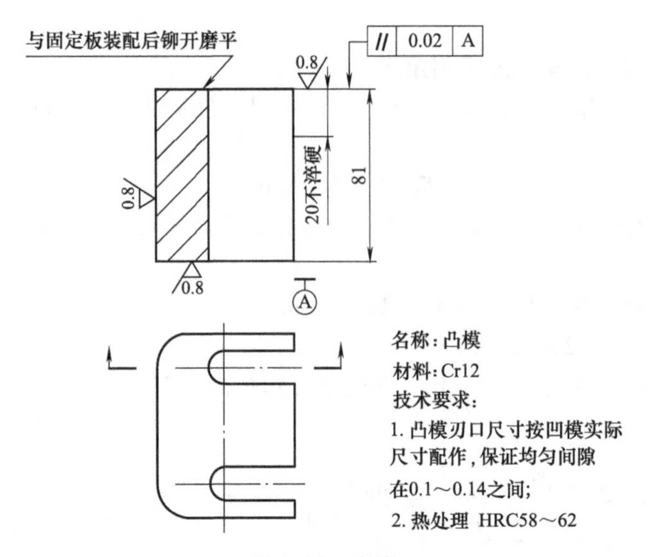

图 1-74　凸模

由图 1-72，实际模具闭合高度：

$$H_{模}=H_{上}+H_{下}+H_{垫}+H_{凸}+H_{凹}-1=40+45+10+79+20-1=193\text{mm}$$

因为 $215>H_{模}=193>150$，满足装模高度要求。

已知压机工作台孔尺寸为 $\phi200$，选用模架为 160×160，不能满足模具安装要求。重选模架为 200×200，则 $H_{上}=45\text{mm}$、$H_{下}=50\text{mm}$，调整模架后的实际模具闭合高度为：

$$H_{模}=H_{上}+H_{下}+H_{垫}+H_{凸}+H_{凹}-1=45+50+10+79+20-1=203\text{mm}$$

因为 $215>H_{模}=203>150$，满足装模高度要求。

（5）模柄

根据压机模柄孔 $\phi50$，参照附表 11，上模座厚度 45mm，不需打料孔，选用模柄 A50×105。

【学习小结】

1. 重点

（1）冲压工艺分析和确定工艺方案。

（2）冲裁模刃口计算。

（3）冲裁件排样。

（4）单工序、复合、连续冲裁模结构。

（5）冲裁模设计步骤。

2. 难点

（1）确定冲裁工艺方案。

（2）冲裁模结构设计。

3. 思考与练习题

（1）冲裁断面有几个带区？是如何形成的？

（2）试分析冲裁间隙对冲裁件质量、冲裁力及模具寿命的影响。

（3）冲裁凸、凹模刃口尺寸计算方法有哪几种？各有什么特点？分别适用于什么场合？

（4）什么是冲模的压力中心？确定模具的压力中心有何意义？

（5）常用的卸料装置有哪几种？在使用上有何区别？

（6）如图 1、图 2、图 3 所示的工件，试进行以下计算：

① 进行工艺分析，确定零件冲裁工艺；

② 确定工艺方案和模具类型；

③ 确定合理排样方法，画出排样图，并计算材料的利用率；

④ 计算冲压力及压力中心，并确定压力机的公称吨位；

⑤ 根据零件形状，确定凸、凹模刃口加工方法，并计算刃口尺寸和制造公差；

⑥ 计算卸料弹性元件；

⑦ 设计模具总装图；

⑧ 设计模具工作零件图；

⑨ 确定模架；

⑩ 确定模柄。

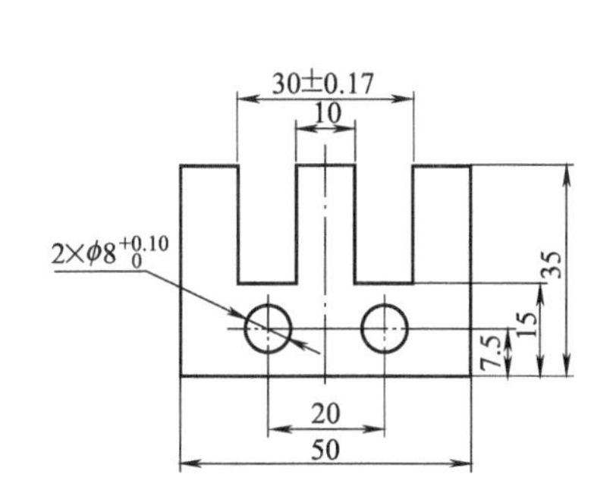

零件名称：铁芯片

材料：D21硅钢板

材料厚度：0.5mm

图 1

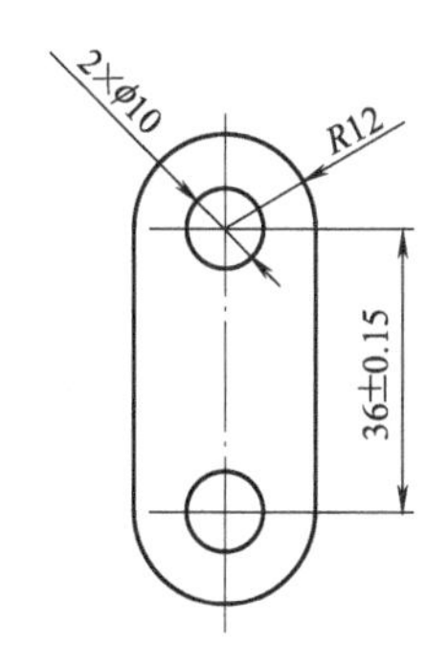

零件名称：垫板

材料：Q235

材料厚度：1mm

图 2

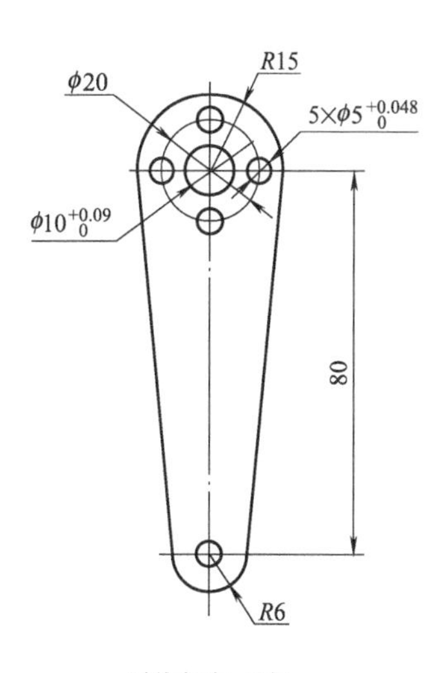

零件名称：手柄

材料：45

材料厚度：2mm

图 3

学习情境2 弯曲模具设计

能够掌握弯曲模具工作过程，弯曲件质量的影响因素，弯曲件毛坯展开尺寸计算，弯曲工序安排，弯曲力的计算，弯曲模结构设计，能进行弯曲件工艺分析，制定工艺方案，设计弯曲模总装配图及零件图，能合理选用标准件及冲压设备。

【任务分析】

弯曲模工作部分的设计主要确定凸、凹模圆角半径，凹模深度，模具间隙，凸、凹模的尺寸与制造公差等。这些尺寸对保弯曲件质量有直接关系，正确确定这些尺寸是设计弯曲模的关键。

【知识准备】

1. 弯曲工作过程

将板材、棒材、管材或型材等金属毛坯按照预先设计好的曲率或角度，成形为具有一定形状零件的冲压工序称为弯曲。弯曲是实践生产中应用较多的一种成形方法。日常生活中弯曲制件也比较常见，如电脑机箱、配电箱和门窗之类的金属薄壁零件；车把手、自来水管和排气筒之类的管类弯曲制件；防松垫圈、卷焊储油罐和手柄之类的异型弯曲件等。尽管弯曲零件种类繁多，形状各异，但它们的弯曲变形特点却有着相同的地方，有一定的规律可循，下面主要介绍几类常见弯曲件的弯曲方法及模具设计。

(1) 弯曲变形过程

常见的弯曲件形状有 V、L、U、Z 和 Ω 形等。图 2-1 是 V 形弯曲件的弯曲变形及校正过程，图 2-1 (a) 为板料与凸凹模刚接触时的状态。随着凸模逐渐向下移动，板料与凹模表面接触，变形区范围较大，如图 2-1 (b) 所示。凸模继续下压，变形区逐渐减小，直到与凸模的三点相接触，到行程终了时，凸、凹模对制件进行校正，使弯曲件的整体与凸模全部靠紧，弯曲变形结束，如图 2-1 (d) 所示。

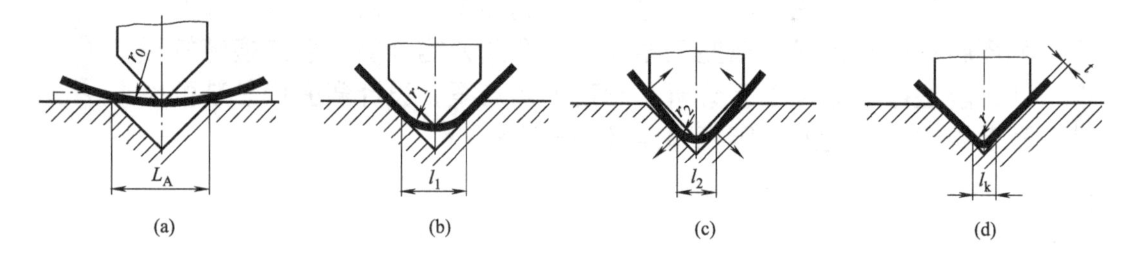

图 2-1 V 形件弯曲校正过程

(2) 弯曲变形时的受力与应力分析

为了方便观察板材弯曲变形时金属弹性变形和塑性的流动情况，常在成形前在板材厚度表面上画出正方形网格，如图 2-2 所示。然后观测弯曲变形后的网格形状和尺寸变化，比较和分析板材在弯曲变形过程中的情况。

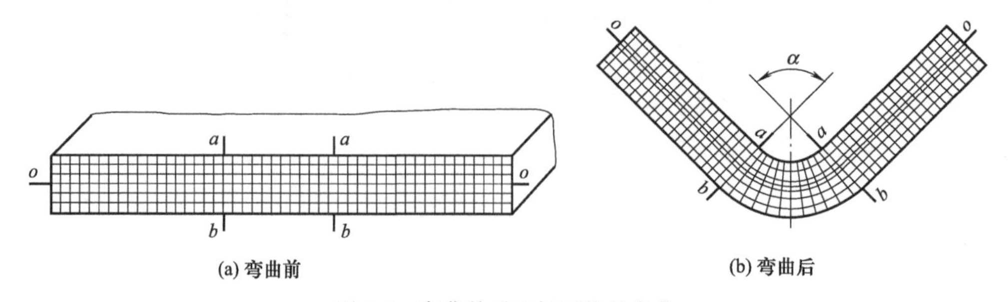

图 2-2 弯曲前后坐标网格的变化

从图 2-2 中可以看出，在弯曲中心角 α 内的正方形网格变成了扇形，而两直角边的网格几乎没有发生变化，只有在靠近圆角部分的网格发生微小的变形，可见塑性变形主要发生在圆角区域。从弯曲后的网格测量结果上来看，$\overline{aa}>\widehat{aa}$，说明内侧金属受压缩短，同样$\overline{bb}<\widehat{bb}$，说明外侧金属受拉伸长，那么在外侧和内侧之间必存在一层长度既没有伸长也没有缩短的过渡层，即$\overline{oo}=\widehat{oo}$，我们把这一层称作应变中性层。

从弯曲件变形区域的横截面来看，窄板（$B/t\leqslant3$）与宽板（$B/t>3$）的截面变形特点明显不同（如图 2-3 所示）。窄板变形时内区因受压而宽度增加，外区因受拉而宽度减小，原截面变成了扇形；宽板弯曲时，因宽度方向的变形受到周围材料彼此间的制约作用，不能自由变形，所以横截面几乎不变，仍为矩形。

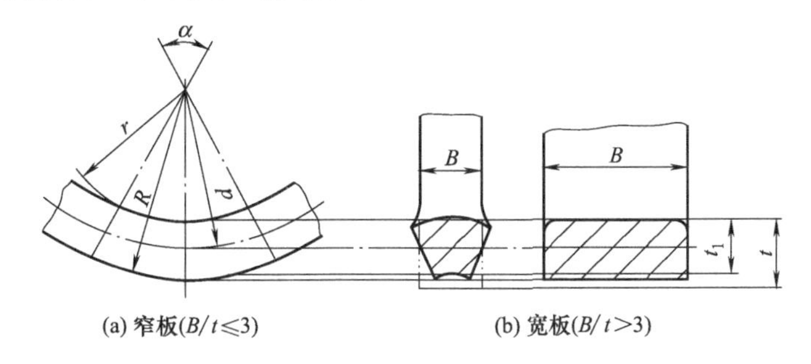

(a) 窄板($B/t\leqslant3$)　　(b) 宽板($B/t>3$)

图 2-3　弯曲区域的横截面变化

由此可见，截面弯曲变形特点与板料的相对宽度有关。相对宽度 B/t 不同，应力、应变状态就不同，而在板料弯曲过程中，截面的应力和应变状态决定了其变形特点，所以了解截面的应力应变状态就显得尤为重要。

① 应力状态

切向应力 σ_θ：无论宽板或窄板内区均受压，外区均受拉。

径向应力 σ_t：塑性弯曲时，由于金属各层之间的相互挤压作用，产生了径向压应力。在变形区内板材表面 σ_t 等于 0，由表及里逐渐增大，中性层处达到最大。

宽度方向 σ_ϕ：对于窄板，由于宽度方向可以自由变形，因而不论是内区还是外区，σ_ϕ 始终等于 0；对于宽板，宽度方向受到材料的制约，$\sigma_\phi\neq0$，内区伸长受阻受压应力，而外区收缩受阻所以受拉应力，二者情况刚好相反。

从应力状态来看，窄板弯曲时的应力状态是平面的，而宽板则是立体的。

② 应变状态

长度方向 ε_θ：弯曲区内为压缩应变，弯曲区外为拉伸应变。

厚度方向 ε_t：弯曲的内区为拉应变，外区为压应变。

宽度方向 ε_ϕ：窄板弯曲时，因金属在宽度方向可以自由弯曲，故在内区宽度方向的应变与切向应变相反为拉应变，外区为压应变；宽板弯曲时，应受到材料彼此之间的制约作用，不能自由变形，可近似地认为不管在内区还是外区，其宽度方向应变都为零。

因此，窄板弯曲时的应变状态是立体的，而宽板弯曲的应变状态是平面的。

根据以上分析，将板料弯曲时的应力应变状态归纳如表 2-1。

表 2-1　板料弯曲时的应力应变状态

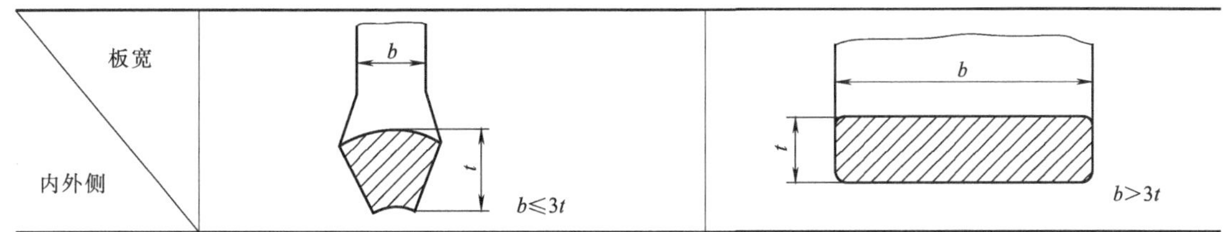

续表

内侧	σ_2 σ_1　ε_2 ε_1 ε_3	σ_2 σ_1 σ_3　ε_2 ε_1
外侧	σ_2 σ_1　ε_2 ε_1 ε_3	σ_2 σ_1 σ_3　ε_2 ε_1

2. 弯曲件的质量

弯曲是一种变形工艺，在弯曲变形过程中，工件变形区的应力应变状态、大小、弯曲模具的结构形式以及表面质量都存在着比较大的差异，加上板料在弯曲变形过程中与凹模的摩擦力的作用，所以在实际生产过程中弯曲件容易产生一些质量问题，其中常见的有弯裂、回弹、偏移等。

(1) 弯裂及其控制

由弯曲变形过程中的应力、应变状态可知，板料中性层内侧受压应力，外侧受拉应力，内侧受压应力而缩短，外侧受拉应力而伸长。当拉应力超过材料的抗拉极限后，板材外侧将会产生裂纹，使制件表面出现缺陷，这种现象称为弯裂。实践证明，当板材确定后，弯裂主要与相对弯曲半径 (r/t) 有关，相对弯曲半径越小，板料的变形程度就越大，越容易产生裂纹。

如图 2-4 所示，若板材外侧伸长率用 $\delta_{外}$ 表示，则由几何关系可以得到：

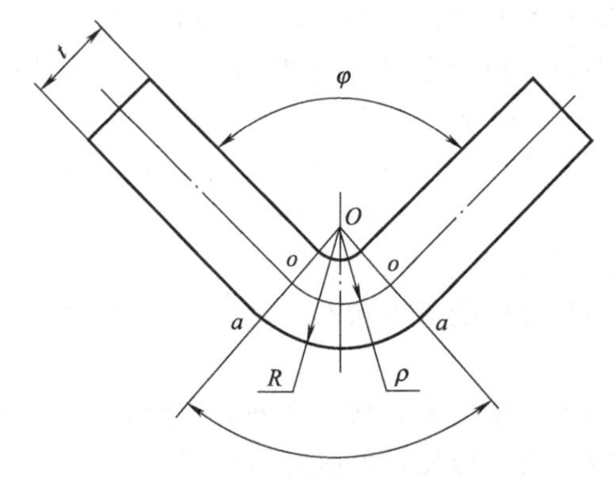

图 2-4　弯曲时的变形情况

$$\delta_{外}=\frac{\overset{\frown}{ab}-\overset{\frown}{oo}}{\overset{\frown}{oo}}=\frac{\alpha(R-\rho)}{\alpha\rho}=\frac{R-\rho}{\rho} \tag{2-1}$$

又 $\rho=r+\eta t/2$，$R=r+\eta t$，按照伸长率 $\delta_{外}$ 的定义可得：

$$\delta_{外}=\frac{(r+\eta t)-(r+\eta t/2)}{r+\eta t/2}=\frac{\eta t/2}{r+\eta t/2}=\frac{1}{2r/\eta t+1} \tag{2-2}$$

式中　ρ——中性层半径，mm；

r——弯曲内半径，mm；

R——弯曲外半径，mm；

a——弯曲中心角，(°)；

t——板材弯曲前厚度，mm；

η——变薄系数，若弯曲前后板材厚度不便则 $\eta=1$。

由上式可以看出，相对弯曲半径 r/t 越小，外层材料的伸长率越大，当伸长率 $\delta_{外}$ 超过断裂伸长率后，板材外侧就会出现裂纹。因此，弯曲工艺受到最小弯曲半径的限制。将上式变形后得到最小相对弯曲半径，进而求出最小弯曲半径：

$$(r/t)_{\min}=\frac{\eta}{2}\frac{1-\delta}{\delta} \tag{2-3}$$

由于端面收缩率 φ 与伸长率 δ 有如下关系：

$$\varphi=\frac{\delta}{1+\delta}$$

所以最小弯曲半径 $r_{\min}$ 为：

$$r_{\min}=\frac{2-2\varphi-\eta}{2(\eta+\varphi-1)}\eta t \tag{2-4}$$

如果不考虑材料变薄情况，则 $\eta=1$，最小弯曲半径变为：

$$r_{\min}=\frac{1-2\varphi_{\max}}{2\varphi_{\max}}t \tag{2-5}$$

① 影响最小相对弯曲半径的因素主要有以下几个方面。

a. 材料的塑性：由式（2-3）可以看出，板材塑性越好，断裂伸长率 δ 越大，最小弯曲半径就越小。

b. 材料热处理工艺：加工硬化后的板材经过退火处理可显著改善其塑性，有利于提高断裂伸长率 δ。

c. 板材的表面和侧面质量：若材料表面或侧面存在着微裂纹、凹坑或毛刺等缺陷，则在弯曲过程中容易产生应力集中，弯曲时弯曲半径将会受到限制。

d. 织构取向：板料经轧制后会产生织构或纤维取向，平行于织构方向的能够承受较大的拉伸应力，垂直于织构方向承受的拉伸应力较小。因此，弯曲线垂直于织构方向的弯曲半径可取较小值。若同时存在相互垂直的两个弯曲线，应沿织构 45°方向安排弯曲线。

e. 弯曲中心角 α：实践证明，弯曲过程中接近圆角的直边也会产生一定的变形，相当于扩大了变形区的范围，分散了圆角部分的变形，有利于缓减弯裂倾向，因而较小的弯曲中心角可以减小弯曲半径。除上述因素外，还有其他影响因素，综合影响比较复杂，实践生产中一般用试验方法确定。各种金属材料在不同状态下的最小相对弯曲半径的数值见表 2-2。

表 2-2　最小相对弯曲半径 $r_{\min}/t$

材　料	退火状态		冷作硬化状态		材　料	退火状态		冷作硬化状态	
	弯曲线的位置					弯曲线的位置			
	垂直纤维	平行纤维	垂直纤维	平行纤维		垂直纤维	平行纤维	垂直纤维	平行纤维
08、10、Q195、Q215	0.1t	0.4t	0.4t	08t	铝	0.1t	0.3t	0.5t	1.0t
15、20、Q235	0.1t	0.5t	0.5t	1.0t	纯铜	0.1t	0.3t	1.0t	2.0t
25、30、Q255	0.2t	0.6t	0.6t	1.2t	软黄铜	0.1t	0.35t	0.35t	0.8t
35、10、Q275	0.3t	0.8t	0.8t	1.5t	半硬黄铜	0.1t	0.35t	0.5t	1.2t
45、50	0.5t	1.0t	1.0t	1.7t	磷青铜	—	—	1.0t	3.0t
55、60	0.7t	1.3t	1.3t	2.0t					

注：1. 当弯曲线与纤维方向成一定角度时、可采用垂直和平行纤维方向二者的中间值；

2. 在冲裁或剪切后没有退火的毛坯弯曲时，应作为硬化的金属选用；

3. 弯曲时应使有毛刺的一边处于弯角的内侧；

4. 表中 t 为板料厚度。

② 控制弯裂的措施　为了防止弯裂的产生，一般情况下应采用大于最小相对弯曲半径的数值。生产过程中常用以下几种方法控制弯裂：

a. 经加工硬化的材料，可采用退火等热处理方法恢复其塑性，对于侧面硬化层，可先除去硬化层，再进行弯曲。

b. 打磨清理掉剪切面的毛刺，整修、滚光表面，降低表面粗糙度。

c. 弯曲时将切断面上的毛面一侧朝向弯曲凹模。

d. 对于脆性材料或厚料，可采用热弯曲。

e. 采取两次弯曲的工艺方法，第一次采用较大的相对弯曲半径，经中间退火处理后，再按零件要求进行二次弯曲，此种工艺可增大变形区域，改善外层材料的伸长率。

f. 对于厚度较大的板材，在不影响使用要求的情况下，可在弯曲内角开出工艺槽。对于薄料可在弯曲外角压出工艺凸肩。

(2) 回弹及其控制

弯曲是一种塑性变形工序，弯曲变形时常伴随有弹性变形，当外力撤出后，弹性变形完全消失，塑性变形被留存下来。变形区外侧因弹性恢复而缩短，内侧因弹性恢复而伸长，出现了弯曲件的形状和尺寸与模具尺寸不一致的现象，这种现象叫做回弹（图 2-5）。弯曲过程的回弹现象在生产中经常出现，它直接影响弯曲件的尺寸精度。

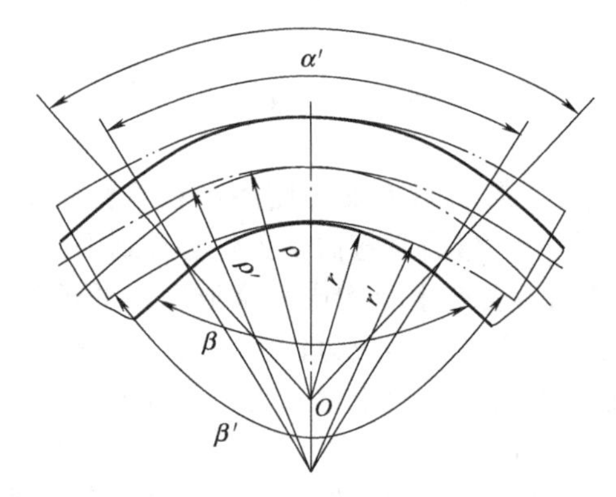

图 2-5　弯曲变形的回弹

① 回弹的表现形式

a. 弯曲半径的变化。如图 2-6 所示，卸载前、后板料的内半径分别为 r、r'，则弯曲半径的增加量为 $\Delta r=r'-r$。

b. 弯曲中心角的变化。卸载前后弯曲中心角分别为 α、α'，其变化量 $\Delta\alpha=\alpha-\alpha'$。

影响回弹的因素有以下几个方面。

ⓐ 材料的力学性能因素。由金属材料的拉伸应力应变曲线（如图 2-6）可知，当拉伸到 O 点后卸载时弹性恢复应变量，即弹性恢复量与材料的屈服点 σ_s 成正比，与弹性模量 E 成反比，亦即 σ_s/E 值愈大，回弹也就愈大。同一材料经冷作硬化后，屈服点会提高，回弹量也会增大。相反经退火处理后金属材料的屈服点会降低，相应地回弹量也会减小。因此，在弯曲过程中可采用对工件加热的方法来降低回弹变形量。

ⓑ 相对弯曲半径 r/t。相对弯曲半径 r/t 越大，工件弯曲变形程度就越小，中性层附近的材料只经历了弹性变形，没有发生塑性变形，或者塑性变形程度很小，所以总应变以弹性应变为主，当外载荷卸除后，回弹将非常严重，所以相对半径较大的工件很难弯曲成形。

ⓒ 弯曲中心角 α。弯曲中心角 α 越大，变形区就越大，材料弹性累积也就越多，相应地

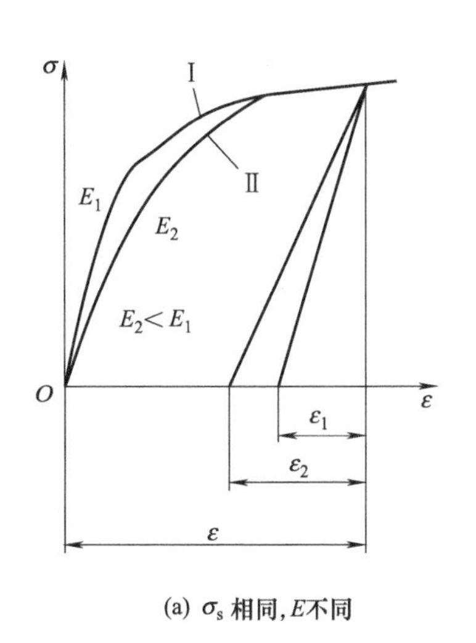

(a) σ_s 相同，E不同

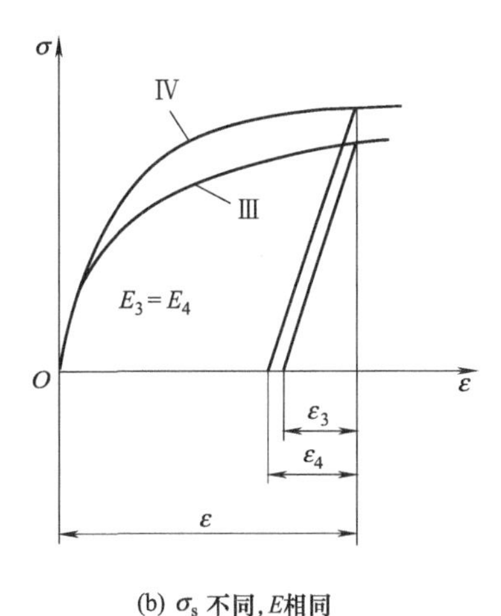

(b) σ_s 不同，E相同

图 2-6　材料的力学性能对回弹的影响

Ⅰ，Ⅲ—退火软钢；Ⅱ—软锰黄铜；Ⅳ—冷变形硬化钢

回弹也就越大。

ⓓ 弯曲方式。工件作自由弯曲比校正弯曲回弹量要大，原因是校正弯曲结束时材料在凸模的强力作用下，与 V 形底模完全贴合可以抵消一部分回弹，其次工件的圆角变形区，受凸、凹模压缩作用，不仅减小了外区的拉应力，而且在外区中性层附近还会出现压应力，并向工件外表面扩展，从而引起断面处出现大部分压应力，回弹就会减小。

ⓔ 凸、凹模间隙。凸、凹模间隙越大，弯曲过程中工件就越容易松动，回弹就越大。

ⓕ 弯曲件的形状。一般而言，工件弯曲形状越复杂、一次弯曲成形的角越多，则弯曲时相互之间的牵制作用就越大，回弹就越小，如 Π 形件回弹量小于 U 形件，U 形件回弹量小于 V 形件。

弯曲的回弹现象会影响制件的尺寸精度，在生产实践中应采取一定的措施予以减少。

② 回弹值的确定　由于回弹会影响制件的形状和尺寸公差，所以在设计和制造模具时应先确定回弹值，但由于影响回弹的因素很多，用理论计算的方法比较复杂，不好确定，通常在设计模具时，根据经验值初步确定模具工作部分的尺寸，然后在试模时加以修正。

a. 小变形程度（$r/t\geqslant10$）自由弯曲时的回弹值。当相对弯曲半径 $r/t\geqslant10$ 时，卸载后弯曲件的角度和圆角半径都有较大变化，考虑到会回弹后，凸模工作部分圆角半径和角度可按下式计算：

$$r_T=\frac{r}{1+3\frac{\sigma_s r}{Et}} \tag{2-6}$$

$$\alpha_T=180°-\frac{r}{r_T}(180°-\alpha) \tag{2-7}$$

式中　r_T、α_T——凸模工作部分的圆角半径、角度，m、(°)；

r、α——弯曲件的圆角半径、角度，m、(°)；

E——弯曲件材料的弹性模量，MPa；

t——弯曲件材料厚度，mm；

σ_s——弯曲件材料的屈服点，MPa；

b. 大变形程度（$r/t<10$）自由弯曲时的回弹值。当相对弯曲半径 $r/t<10$ 时，卸载后

弯曲件的圆角半径变化较小，但中心角变化较大，表 2-3 列出自由弯曲 V 形件、弯曲角是为 90°时部分材料的平均回弹值。

表 2-3　90°单角自由弯曲时的平均回弹角 $\Delta\alpha$

材　料	r/t	材料厚度 t/mm		
		＜0.8	0.8～2	＞2
软钢 σ_b＝350MPa	＜1	4°	2°	0°
黄铜 σ_b＝350MPa	1～5	5°	3°	1°
铝和锌	＞5	6°	4°	2°
中硬钢 σ_b＝400～500MPa	＜1	5°	2°	0°
硬黄铜 σ_b＝350～400MPa	1～5	6°	3°	1°
硬青铜	＞5	8°	5°	3°
硬钢 σ_b＞550MPa	＜1	7°	4°	2°
	1～5	9°	5°	3°
	＞5	12°	7°	6°
硬铝 2A12	＜2	2°	3°	4°30′
	2～5	4°	6°	8°30′
	＞5	6°30′	10°	14°
超硬铝	＜2	2°30′	5°	8°
	3～5	4°	8°	11°30′
	＞5	7°	12°	19°

当弯曲件的中心角不为 90°时，其回弹角可按式（2-8）计算：

$$\Delta\alpha=\frac{\alpha}{90}\Delta\alpha_{90} \tag{2-8}$$

α——弯曲件的弯曲中心角，(°)；

$\Delta\alpha_{90}$——弯曲中心角为 90°时的回弹角（表 2-3），(°)；

$\Delta\alpha$——弯曲中心角为 α 时的回弹角，(°)；

c. 校正弯曲时的回弹值。校正弯曲的回弹角可用试验所得的公式计算，见表 2-4。

表 2-4　V 形件校正弯曲时的回弹角 $\Delta\phi$

材　料	弯曲角 ϕ			
	30°	60°	90°	120°
08、10、Q195	$\Delta\phi=0.75r/t-0.39$	$\Delta\phi=0.58r/t-0.80$	$\Delta\phi=0.43r/t-0.61$	$\Delta\phi=0.36r/t-1.26$
15、20、Q215、Q235	$\Delta\phi=0.69r/t-0.23$	$\Delta\phi=0.64r/t-0.65$	$\Delta\phi=0.43r/t-0.36$	$\Delta\phi=0.37r/t-0.58$
25、30、Q255	$\Delta\phi=1.59r/t-1.03$	$\Delta\phi=0.95r/t-0.94$	$\Delta\phi=0.78r/t-0.79$	$\Delta\phi=0.46r/t-1.36$
35、Q275	$\Delta\phi=1.51r/t-1.48$	$\Delta\phi=0.84r/t-0.76$	$\Delta\phi=0.79r/t-1.62$	$\Delta\phi=0.51r/t-1.71$

由于回弹会造成制件在形状和尺寸上的误差，加工时很难获得合格的制件，因此在实践生产中应采取一定的措施来控制和减小回弹，常用来减少回弹的措施有以下几点。

ⓐ 选用 σ_s/E 值小、力学性能稳定和厚度均匀的板材，以减少弯曲时产生的回弹，用软钢代替硬铝等。

ⓑ 改进弯曲件的结构设计。尽可能采用小的相对弯曲半径 r/t，不影响零件使用条件的情况下，在弯曲变形区压出加强筋或成形边翼，提高弯曲区域刚度，抑制零件回弹，如图 2-7 所示。

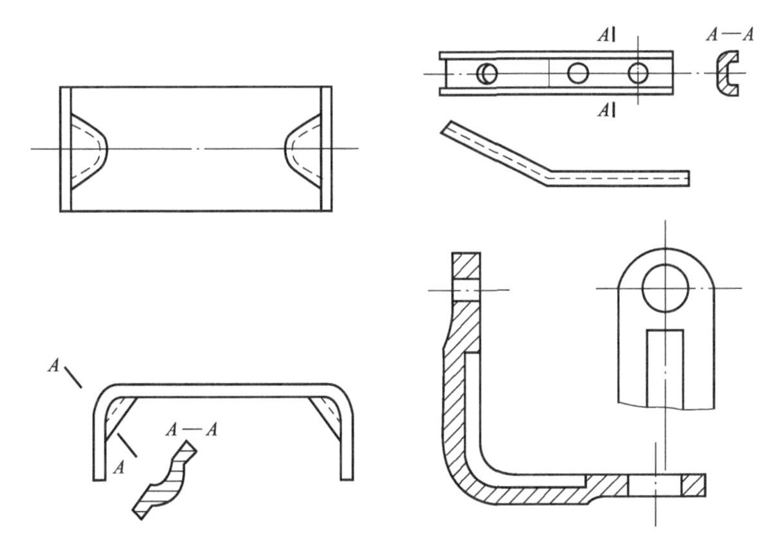

图 2-7　改进零件的结构设计

ⓒ 选用合理的弯曲工艺。

• 热处理工艺。对硬质材料或加工硬化材料，弯曲前先进行退火处理，提高塑性，甚至可采用加热弯曲。

• 增加校正弯曲工序。对终成形零件可增加校正弯曲工序，改变其变形区的应力应变状态能够减少回弹量，实践证明，当弯曲变形区域的校正压缩量为板厚的 2%～5%时，就可以得到较好的效果。

• 采用拉弯工艺。对于弯曲半径很大，回弹不易消除的零件，采用拉弯工艺（图 2-8）可以改变材料的应力状态。从内表面到外表面都处于拉应力的作用下，卸载后使得弹性变形方向一致，因此可大大减少工件的回弹。

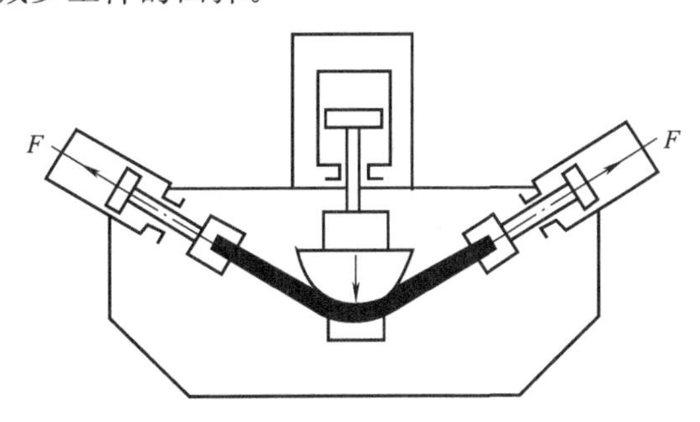

图 2-8　采用拉弯工艺

ⓓ 合理设计弯曲模具的结构。

• 回弹补偿法。根据预先计算或试验所得的回弹量，按照不同部位的回弹相反的特点，修正模具尺寸和几何形状来补偿工件回弹量。如图 2-9 所示，可将单边中心补偿角度 $\Delta\alpha$ 分别设计在凸模或者凹模上。对于 U 形弯曲件，可将凸凹模的底部设计成弧形，弯曲后利用底部向上的回弹来补偿两直边向外的回弹。

• 局部校正法。板材厚度达到 0.8mm 以上，且材料塑性较好时，可将凸模结构设计成局部突起的形状，使作用力集中在弯曲变形区，加大变形区的变形程度以减小回弹量，如图 2-10 所示。

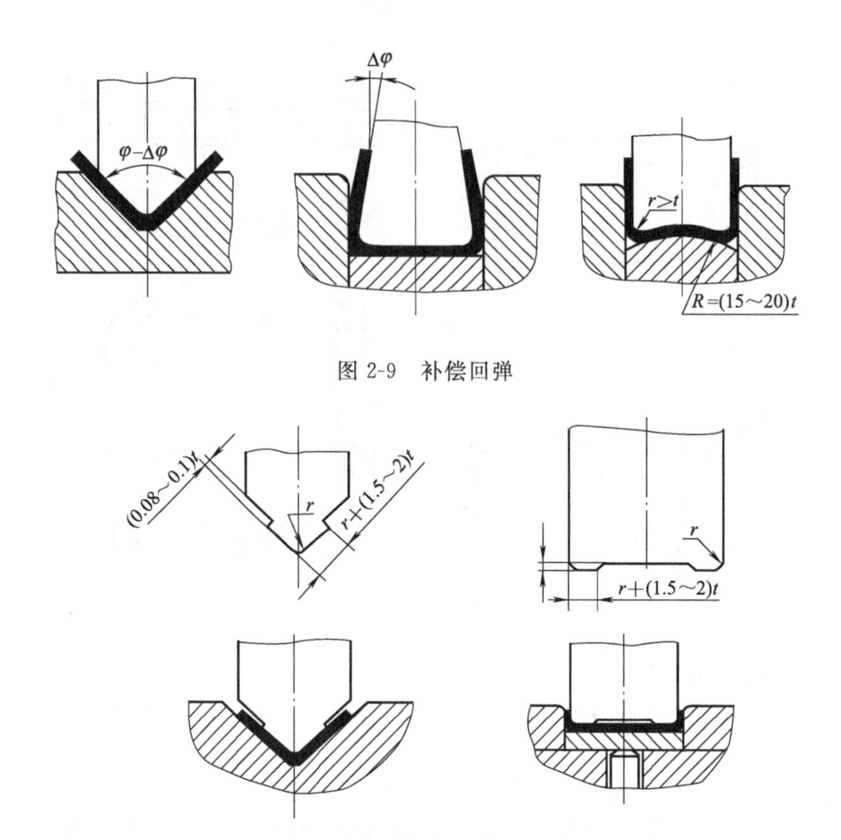

图 2-9　补偿回弹

图 2-10　增大局部变形程度减小回弹

• 纵向加压法。在弯曲工艺结束后，利用凸模的突肩在弯曲件的端部纵向加压，使板料沿纵向受压。卸载后内外侧的回弹趋势相反，回弹相互牵制，可大大降低回弹量，该种方法可获得较精确的零件尺寸，对板坯精度要求相对较高。

• 柔性凹模。采用橡胶塑料等柔性材料作为凹模进行弯曲，常用的材料主要有聚氨酯，如图 2-11 所示。弯曲时板料随着刚性凸模逐渐进入聚氨酯凹模，变形区域的应力应变状态将会改变，达到近似校正弯曲的效果，有利于减少回弹。

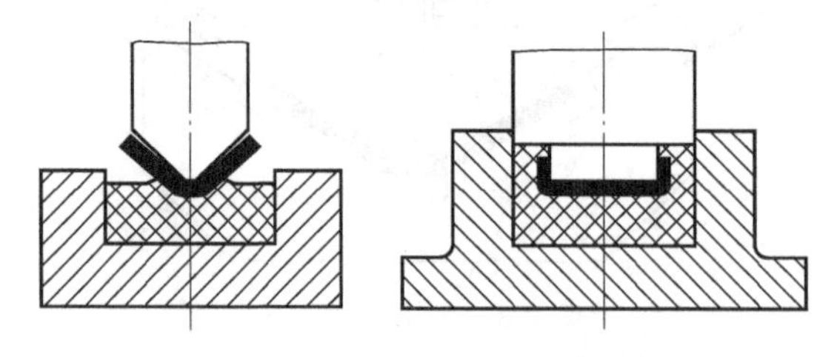

图 2-11　采用柔性凸模减小回弹

• 其他工艺措施：在允许的情况下，采用加热弯曲；对 U 形弯曲件可采用较小的间隙，甚至是负间隙；采用校正弯曲时，在操作时进行多次墩压。

(3) 偏移及其控制

在弯曲过程中，板料沿凹模边缘滑移时受到不平衡的摩擦力作用后，坯料会沿长度方向整体移动，以致弯曲后的零件两直角边长度不符合图样要求，这种现象称为偏移，如图2-12所示。

① 偏移产生的原因

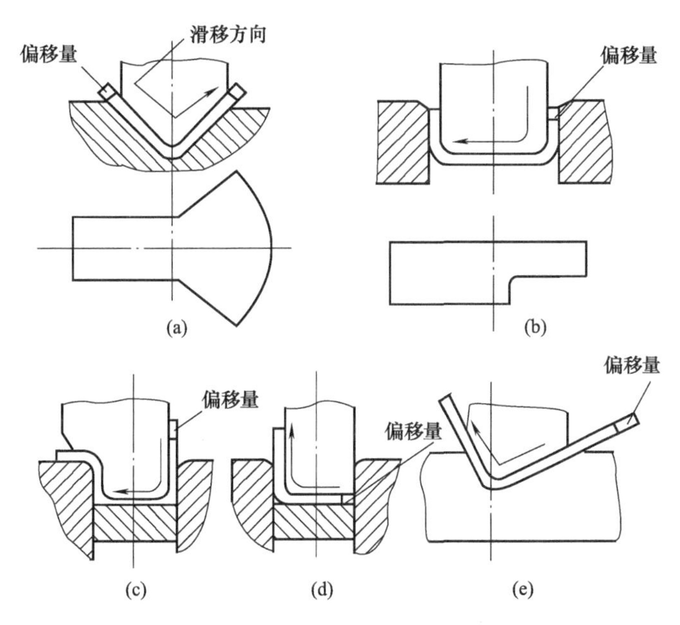

图 2-12　弯曲时的偏移现象

a. 板料形状不对称，在弯曲过程中将向较长的一边偏移。弯曲件两边折弯的个数不相等。折弯个数多的一边所受摩擦力较大，板料会向该边偏移。

b. 凸凹模左右不对称，弯曲时板料将向角度大的一边偏移。这是由于角度大的一边所受压力较大，摩擦力也相应变大的原因。

② 防止偏移的措施

a. 采用压料装置压紧板料，逐渐弯曲成形，防止弯曲过程中偏移，如图 2-13 所示；

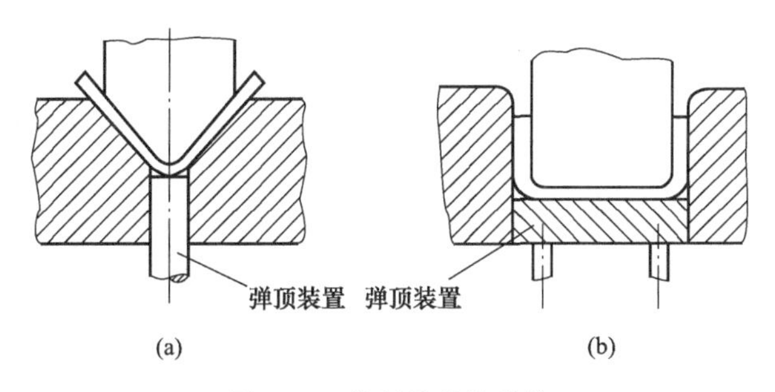

图 2-13　控制偏移的措施

b. 板料上冲出工艺孔，插入定位销固定坯料，如图 2-14（a）和图 2-14（b）所示；

c. 单侧弯曲时，设置挡块，防止弯曲过程中凸模受侧向力而偏移，如图 2-14（c）所示；

d. 不对称的弯曲件采用先成对进行弯曲，再切断，如图 2-14（d）所示；

e. 模具尽可能地设计成对称结构。

3. 弯曲工艺分析

弯曲件的工艺性是指弯曲零件的形状、尺寸、精度、材料和技术要求等是否符合弯曲加工的工艺要求。具有良好工艺性的弯曲零件，能够简化弯曲工艺过程和弯曲模具结构，提高工件的质量和生产效率。

（1）弯曲件的材料

弯曲件的材料必须具有良好的塑性，较小的屈弹比 σ_s/E 和屈强比 σ_s/σ_b 很大程度上能预

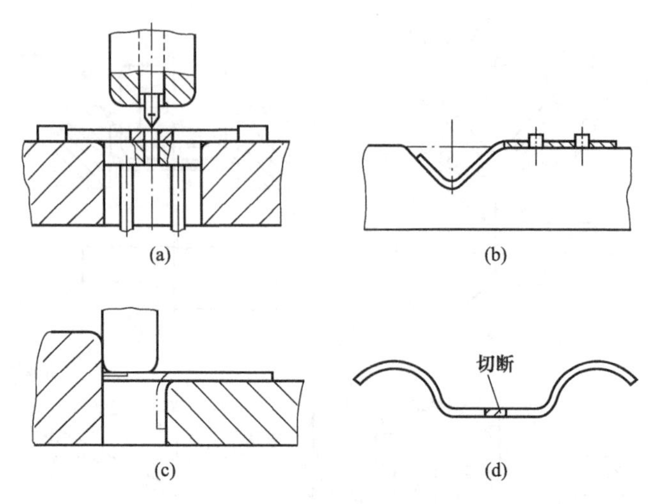

图 2-14 控制偏移的措施

防材料在弯曲时不发生开裂，较小的屈强比也有利于提高弯曲件的形状和尺寸的精确度。

常用的弯曲件材料主要有软钢、黄铜和铝等。弹簧钢、磷青铜等脆性材料也可以作为弯曲件的材料，但在弯曲时要求弯曲件具有较大的相对弯曲半径，否则易出现裂纹。还有一些非金属材料如塑性较大的纸板和有机玻璃也可以用来弯曲，但需在弯曲前对坯料进行预热。

(2) 弯曲件的结构与尺寸

① 最小弯曲半径 对于给定的材料来讲，弯曲半径愈小，板料的外侧表面变形程度就愈大。当弯曲半径超过某一临界值后，板料外表面的拉应力就超过材料的最大许可拉应力而产生裂纹。因此，弯曲工艺会受到最小弯曲半径的限制。最小弯曲半径可按下式计算：

$$r=\frac{2-2\phi-\eta}{2(\eta+\phi-1)}\eta t \tag{2-9}$$

式中 ϕ——断面收缩率；

η——变薄系数；

t——板料厚度。

表 2-5 列出了常见材料的最小弯曲半径值。

表 2-5 常见材料的最小弯曲半径 单位：mm

材 料	退火或正火		冷作硬化	
	弯曲线位置			
	垂直于纤维	平行于纤维	垂直于纤维	平行于纤维
08、10	0.1*t*	0.4*t*	0.4*t*	0.8*t*
15、20	0.1*t*	0.5*t*	0.5*t*	1*t*
25、30	0.2*t*	0.6*t*	0.6*t*	1.2*t*
35、40	0.3*t*	0.8*t*	0.8*t*	1.5*t*
45、50	0.5*t*	1.0*t*	1.0*t*	1.7*t*
55、60	0.7*t*	1.3*t*	1.3*t*	2*t*
65Mn、T7	1*t*	2*t*	2*t*	3*t*
Cr18N19	*lt*	2*t*	3*t*	4*t*
软杜拉铝	1*t*	1.5*t*	1.5*t*	2.5*t*
硬杜拉铝	2*t*	3*t*	3*t*	4*t*
磷铜	—	—	1*t*	3*t*
半硬黄铜	0.1*t*	0.35*t*	0.5*t*	1.2*t*
软黄铜	0.1*t*	0.35*t*	0.35*t*	0.8*t*
紫铜	0.1*t*	0.35*t*	1*t*	2*t*
铝	0.1*t*	0.35*t*	0.5*t*	1*t*
镁合金	加热到 300～400℃		冷弯	

续表

材　料	退火或正火		冷作硬化	
	弯曲线位置			
	垂直于纤维	平行于纤维	垂直于纤维	平行于纤维
MB 1	2t	3t	6t	8t
MB 8	1.6t	2t	5t	8t
钛合金 BT1	1.5t	2t	3t	4t
BT5	3t	0t	5t	6t
钼合金 $L\leqslant 2$mm	加热到 400～500℃		冷弯	
	2t	3t	4t	5t

② 弯曲件直边高度　弯曲件的直边高度不宜过小，否则影响工件的弯曲质量，根据经验直边高度须满足 $h>r+2t$。如果 $h<r+2t$ 时，弯曲时直边不容易达到足够的弯矩，很难保证零件的形状精度，此时可采取预先压槽，或增加直边高度，成形后再切除多余部分的方法，见图 2-15。当弯曲件的侧边带有斜角时，由于过渡处的直边高度很小，不能得到要求的角度，且该处极易开裂，因此必须改变零件的形状，侧边的最小高度一般应满足 $h_{\min}=(2\sim4)t>3\text{mm}$。

③ 弯曲件孔边距离　当板料的弯曲区域内存在孔时，弯曲过程中孔的形状将会发生变形，为了避免该缺陷，必须将孔移到变形区之外，且孔边到弯曲半径 r 的中心距应满足下列条件：

$$\begin{cases} l\geqslant t, & t<2\text{mm} \\ l\geqslant 2t, & t\geqslant 2\text{mm} \end{cases} \tag{2-10}$$

若孔边至弯曲半径 r 中心的距离过小而不能满足上述条件时，必须压弯后再进行冲孔。工件结构允许的情况下，可以在弯曲处冲工艺孔或工艺槽来吸收变形应力，防止孔在弯曲时变形，如图 2-16 所示。

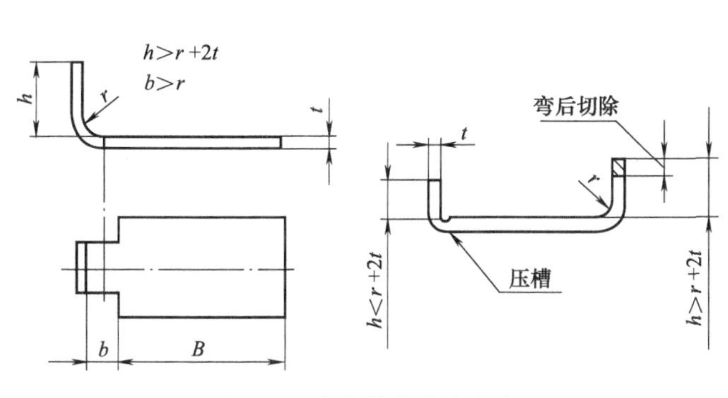

图 2-15　弯曲件的直边高度

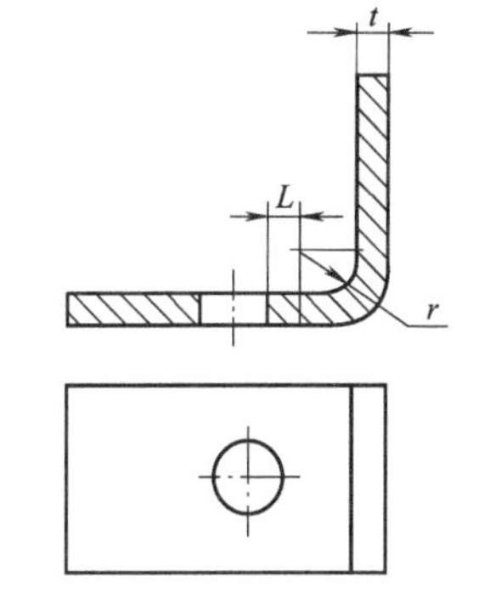

图 2-16　弯曲件孔边距离

④ 增添工艺孔、槽和转移弯曲线　某些情况下（图 2-17）为了防止尖角处由于应力集中而撕裂，通常需要将弯曲线移动一段距离以避开尺寸突变区域，或者增添工艺槽或工艺孔。图中尺寸应满足：

弯曲线移动距离 $s\geqslant r$；

工艺槽的宽度 $b\geqslant t$；

工艺槽的深度 $h=t+r+\dfrac{b}{2}$；

工艺孔的直径 $d\geqslant t$。

⑤ 增添连接带和定位工艺孔　当弯曲区域附近有缺口时，若先冲出缺口，则弯曲时会

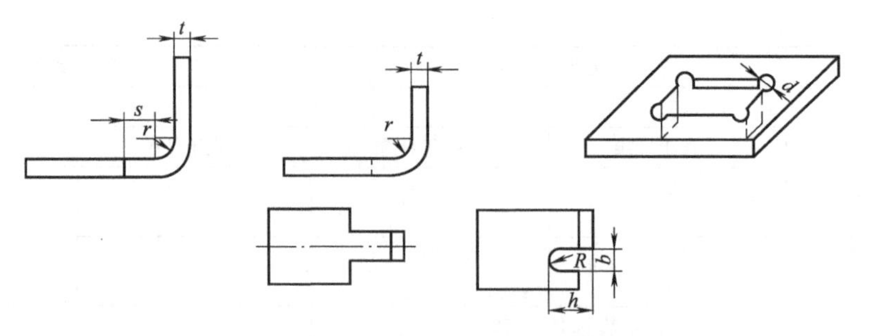

图 2-17　防止尖角处撕裂的措施

出现分叉现象，影响工件质量，严重时无法成形。正确的工艺是在缺口处留有连接带，待弯曲成形后再将连接带切除，见图 2-18（a）。当弯曲件形状复杂或者需要多次弯曲时，为保证板料在模具内准确定位，防止弯曲过程中板料偏移，应预先添加定位工艺孔，见图 2-18（b）和（c）。

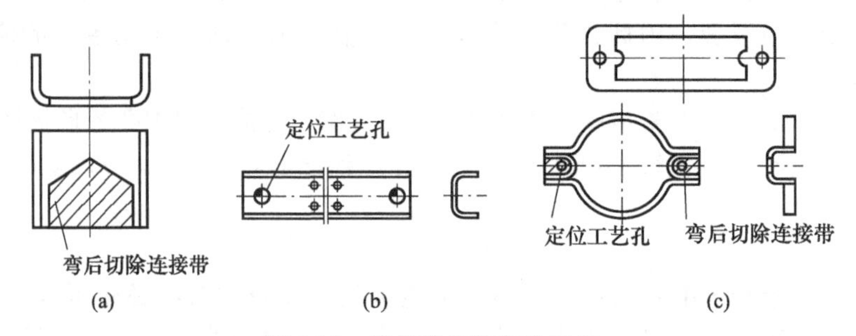

图 2-18　连接带与定位孔工艺

⑥ 对称性工件圆角半径的设置　对于某些形状对称的弯曲件，圆角半径应成对设置（见图 2-19），如 $r_1=r_3$，$r_2=r_4$等，以平衡受力。

⑦ 弯曲件尺寸标注　图 2-20 所示的弯曲件分别有三种尺寸标注方法，图（a）采用了先落料冲孔后弯曲成形的方法，工艺较简单。图（b）、（c）所示的尺寸标注方法，冲孔只能在弯曲成形后进行，增加了工序。因此，不考虑弯曲件的装配关系时，尺寸标注应尽量使冲压工艺简化。

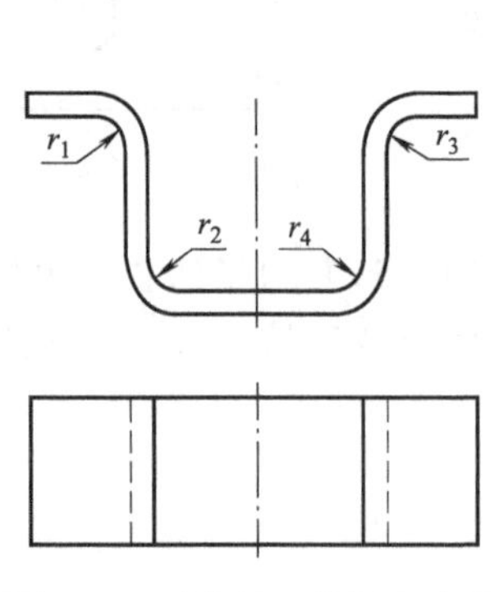

图 2-19　对称性工件圆角半径

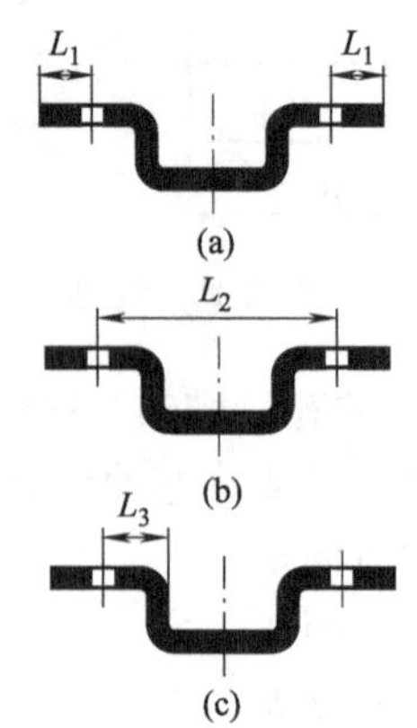

图 2-20　弯曲件的尺寸标注

（3）弯曲件的精度

弯曲件的精度主要受偏移、回弹、翘曲等质量因素以及模具精度、模具结构和工序顺序等外部条件的影响，而且弯曲的工序数目越多，精度也会随之越低，对弯曲件的精度应合理选择，一般弯曲件的长度公差选在IT13级以下，角度公差大于15′。表2-6和表2-7列出了弯曲件直线尺寸的精度等级和角度公差。

表2-6　弯曲件直线尺寸的精度等级

板料厚度/mm	弯曲件直边尺寸/mm	精度等级
≤1	≤100	IT12～13
	100～200	IT14
	200～400	
	400～700	IT15
1～3	≤100	IT14
	100～200	
	200～400	IT15
	400～700	
3～6	≤100	
	100～200	
	200～400	IT16
	400～700	

表2-7　弯曲件角度公差

角短边长度/mm	非配合的角度偏差/(°/mm)	最小角度偏差/(°/mm)	角短边长度/mm	非配合的角度偏差/(°/mm)	最小的角度偏差/(°/mm)
<1	$\frac{\pm 7^{\circ}}{0.25}$	$\frac{\pm 4^{\circ}}{0.14}$	80～120	$\frac{\pm 1^{\circ}}{2.79 \sim 4.18}$	$\frac{\pm 25'}{1.61 \sim 1.74}$
1～3	$\frac{\pm 6^{\circ}}{0.21 \sim 0.63}$	$\frac{\pm 3^{\circ}}{0.11 \sim 0.32}$	120～180	$\frac{\pm 50'}{3.49 \sim 5.24}$	$\frac{\pm 20'}{1.40 \sim 2.10}$
3～6	$\frac{\pm 5^{\circ}}{0.53 \sim 1.05}$	$\frac{\pm 2^{\circ}}{0.21 \sim 0.42}$	180～260	$\frac{\pm 40'}{4.19 \sim 6.05}$	$\frac{\pm 18'}{1.89 \sim 2.72}$
6～10	$\frac{\pm 4^{\circ}}{0.84 \sim 1.40}$	$\frac{\pm 1^{\circ}45'}{0.32 \sim 0.61}$	260～360	$\frac{\pm 30'}{4.53 \sim 6.28}$	$\frac{\pm 15'}{2.72 \sim 3.15}$
10～18	$\frac{\pm 3^{\circ}}{1.05 \sim 1.89}$	$\frac{\pm 1^{\circ}30'}{0.52 \sim 0.94}$	360～500	$\frac{\pm 25'}{5.23 \sim 7.27}$	$\frac{\pm 12'}{2.52 \sim 3.50}$
18～30	$\frac{\pm 2^{\circ}30'}{1.57 \sim 2.62}$	$\frac{\pm 1^{\circ}}{0.63 \sim 1.00}$	500～630	$\frac{\pm 22'}{6.40 \sim 8.06}$	$\frac{\pm 10'}{2.91 \sim 3.67}$
30～50	$\frac{\pm 2^{\circ}}{2.09 \sim 3.49}$	$\frac{\pm 45'}{0.79 \sim 1.31}$	630～800	$\frac{\pm 20'}{7.33 \sim 9.31}$	$\frac{\pm 9'}{3.30 \sim 4.20}$
50～80	$\frac{\pm 1^{\circ}30'}{2.62 \sim 4.19}$	$\frac{\pm 30'}{0.88 \sim 1.40}$	800～1000	$\frac{\pm 20'}{9.31 \sim 11.6}$	$\frac{\pm 8'}{3.72 \sim 4.65}$

4. 弯曲件的展开尺寸计算

在模具设计和弯曲工艺确定时，需计算出弯曲件毛坯的展开尺寸。不同弯曲件的结构、弯曲半径和弯曲方法各有不同，毛坯的展开尺寸计算方法也不尽相同，但是计算原则主要有两点：

① 弯曲前后变形区域的体积不变；

② 弯曲前后应变中性层长度不变。

（1）弯曲中性层位置的确定

弹性弯曲时应变中性层与应力中性层是重合的，其位置通过毛坯横截面的中心轨迹线。塑性弯曲时，若变形程度很小时，也可认为应变中性层与毛坯横截面中心轨迹线重合，中性层半径 $\rho_0=r+\eta t/2$（$\eta=1$），η 称为变薄系数，其值见表 2-8。但是实际生产中的弯曲件变形程度都较大，使得应变中性层与毛坯横截面中心轨迹线不再重合，而是向内侧移动一定距离，中性层半径 $\rho_0=r+\eta t/2$（$\eta<1$），此时可按照原则①弯曲前后变形区域的体积不变得出中性层半径：

$$\rho_0=\left(\frac{r}{t}+\frac{\eta}{t}\right)\eta\beta t$$

式中　β——板宽系数 $\beta=\frac{b'}{b}$，若为宽板弯曲且不考虑畸变，则 $\beta=1$；

b——板料变形区域弯曲前的宽度，mm；

b'——板料变形区域弯曲后的宽度，mm；

t——板坯变形区域弯曲前的厚度，mm；

r——板料弯曲变形区域的内圆半径，mm；

η——变薄系数，见表 2-8。

从中性层半径计算式中可以看出，中性层的位置与板厚 t、弯曲半径 r 和变薄系数 η 等因素有关。相对弯曲半径 r/t 愈小，变薄系数 η 愈小，板厚减薄量愈大，中性层位置向内侧移动距离也愈大。式（2-11）使用时极为不便，在实践生产中通常使用下面经验公式：

$$\rho_0=r+xt \tag{2-11}$$

式（2-11）中 x 是与变形程度有关的中性层位移系数，其值见表 2-9。

表 2-8　变薄系数 η

r/t	0.1	0.25	0.5	1.0	2.0	3.0	4.0	5.0	>10
η	0.82	0.87	0.92	0.96	0.985	0.992	0.995	0.998	1

表 2-9　中性层位移系数 x

r/t	0.1	0.2	0.3	0.4	0.5	0.6	0.7	0.8	1.0	1.2
x	0.21	0.22	0.23	0.24	0.25	0.26	0.28	0.30	0.32	0.33
r/t	1.3	1.5	2	2.5	3	4	5	6	7	≥8
x	0.34	0.36	0.38	0.39	0.40	0.42	0.44	0.46	0.48	0.50

（2）弯曲件的坯料尺寸计算

中性层确定之后就可计算出形状简单、精度不高的弯曲件毛坯的长度，下面是几种常用的弯曲件毛坯展开尺寸计算方法。对于形状比较复杂和精度要求高的弯曲件，需利用公式计算出坯料的长度，然后进行修正，最终得到理想的结果。

① 圆角半径 $r>t/2$ 的弯曲件　此类弯曲件毛坯展开尺寸求法可按照原则②中性层长度弯曲前后长度不变计算，见图 2-21。

具体计算步骤如下：

a. 计算出直线段 l_1、l_2、l_3、…、l_n 的长度；

b. 根据相对弯曲半径 r/t，由表 2-9 查出中性层位移系数；

c. 计算出中性层弯曲半径：$\rho_i=r_i+x_it$；

d. 根据 ρ_1、ρ_2、ρ_3…与弯曲中心角 α_1、α_2、α_3…，计算出各圆弧段的长度。

e. 计算出毛坯总长度

$$L=\sum l_{直i}+\sum\frac{\pi d_i}{180}(r_i+x_i t) \tag{2-12}$$

当弯曲角度为直角时（如图 2-22），坯料长度可按下式计算：

$$L=l_1+l_2+\frac{\pi}{2}(r+xt)=l_1+l_2+1.57(r+xt) \tag{2-13}$$

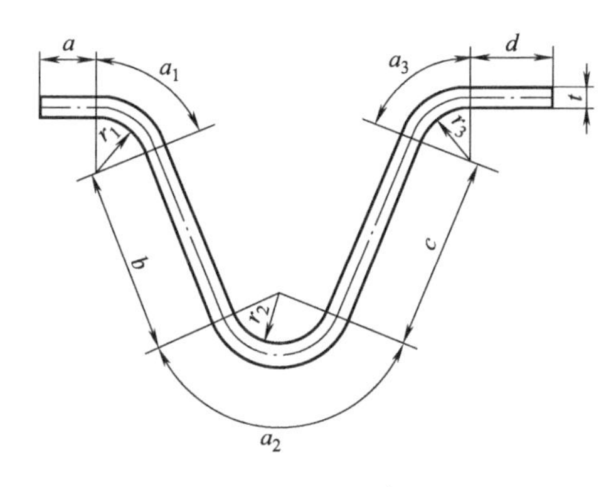

图 2-21　圆角半径 $r>\frac{1}{2}t$ 的弯曲件

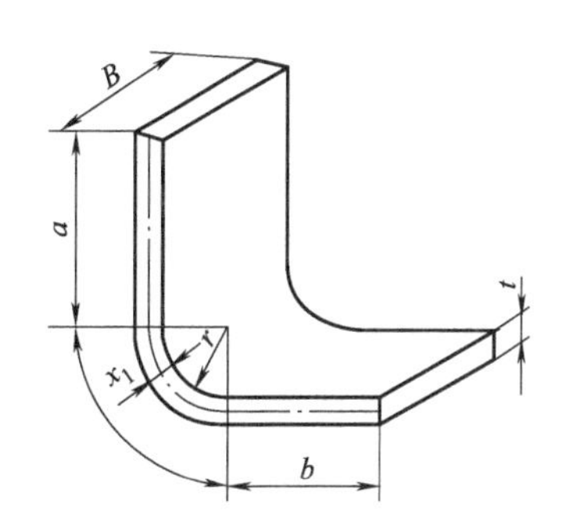

图 2-22　直角弯曲件

② 无圆角半径或圆角半径 $r<t/2$ 的弯曲件　该类弯曲件的毛坯尺寸可根据原则（1）弯曲前后的材料体积不变计算求出，但是由于弯角处的板料变薄严重，通常需要加以修正，表 2-10 列出了这类弯曲件毛坯的计算公式。

表 2-10　$r<0.5t$ 的弯曲件毛坯尺寸计算表

序号	弯曲特征	简　图	公　式
1	弯曲一个角		$L=l_1+l_2+0.4t$
2	弯曲一个角		$L=l_1+l_2-0.43t$
3	一次同时弯曲两个角		$L=l_1+l_2+l_3+0.6t$

续表

序号	弯曲特征	简图	公式
4	一次同时弯曲三个角		$L=l_1+l_2+l_3+l_4+0.75t$
5	一次同时弯曲两个角，第二次弯曲另一个角		$L=l_1+l_2+l_3+l_4+t$
6	一次同时弯曲四个角		$L=l_1+2l_2+2l_3+t$
7	分为两次弯曲四个角		$L=l_1+2l_2+2l_3+1.2t$

③ 铰链类弯曲件　对于 $r=(0.6\sim3.5)t$ 的铰链件，常用推卷的方法弯曲成形，在挤压弯曲过程中板料有增厚的趋势，导致中性层外移。这类弯曲件毛坯长度可按照下式近似计算：

$$L=l+5.7r+4.7x_1t \tag{2-14}$$

式中　l——铰链直线段长度；

r——铰链的内弯曲半径；

x_1——卷圆时中性层位移系数，其值可查表 2-11。

表 2-11　卷圆时中性层位移系数 x_1 值

r/t	>0.5～0.6	>0.6～0.8	>0.8～1	>1～1.2	>1.2～1.5	>1.5～1.8	>1.8～2	>2～2.2	>2.2
x_1	0.76	0.73	0.7	0.67	0.64	0.61	0.58	0.54	0.5

④ 棒料弯曲件　棒料弯曲［图 2-23（b）］时的毛坯长度可按下式计算：

$$L=l_1+l_2+\pi(r+xt) \tag{2-15}$$

式中　l_1、l_2——棒料弯曲件直线段长度；

d——棒料直径；

x——棒料弯曲时的中性层位移系数，其值由可按照 r/t 值查表 2-12。

表 2-12　圆棒料弯曲时的中性层位移系数 x 值

r/d	≥1.5	1	0.5	0.25
x	0.5	0.51	0.53	0.55

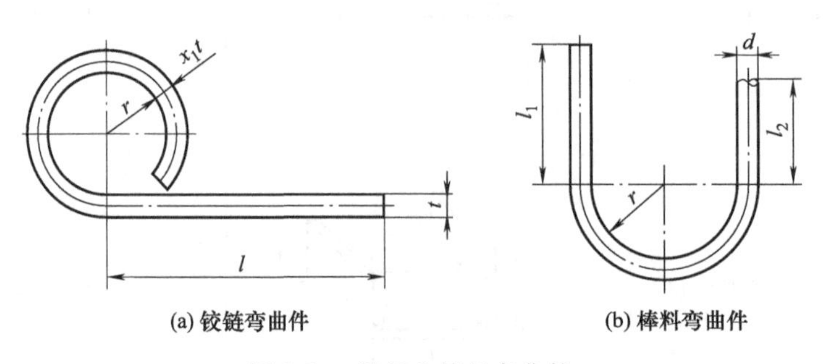

(a) 铰链弯曲件　(b) 棒料弯曲件

图 2-23　铰链和棒料弯曲件

⑤ 弯曲件展开长度计算　对于相对弯曲半径 $r>t/2$ 的各种形状的弯曲件，其毛坯尺寸计算方法如表2-13和表2-14所示。

表2-13　各种形状弯曲件展开长度计算公式

序号	弯曲特征	简图	公式
1	半圆形弯曲	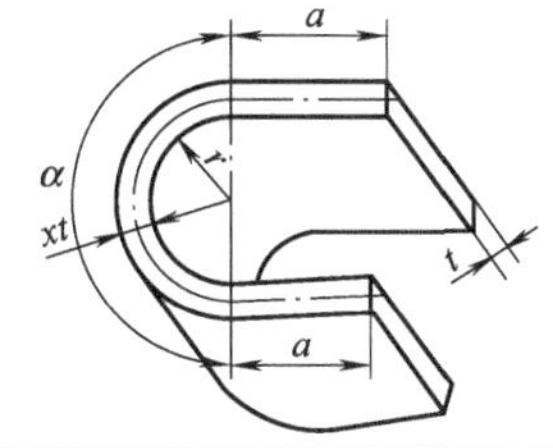	$L=2a+\frac{\pi\alpha}{180°}(r+xt)$
2	圆形弯曲	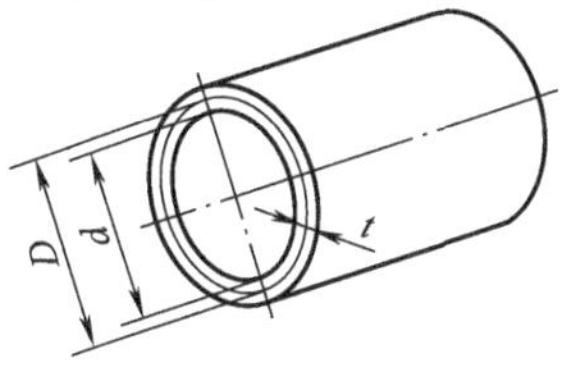	$L=\pi D=\pi(d+2xt)$
3	吊环	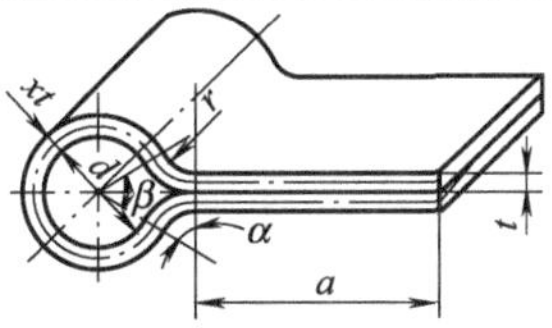	$L=2a+(d+2xt)\frac{(360°-\beta)\pi}{360°}+2\left[\frac{(r+xt)\pi\alpha}{180°}\right]$

表2-14　弯曲部分展开长度计算公式

序号	计算条件	弯曲部分草图	公式
1	尺寸给在外形的切线上	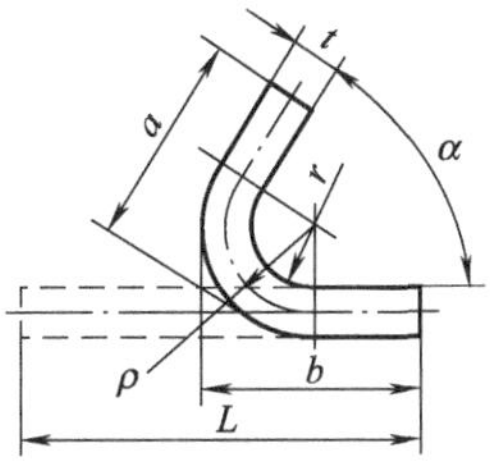	$L=a+b+\frac{\pi(180°-\alpha)}{180°}\cdot\rho-2(r+t)$
2	尺寸给在外表面之交点上	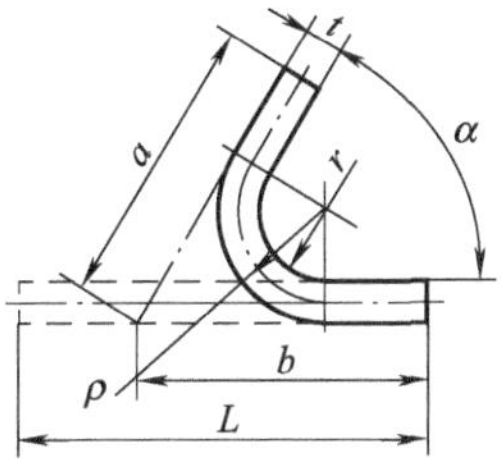	$L=a+b+\frac{\pi(180°-\alpha)}{180°}\cdot\rho-2\text{ctg}\frac{\alpha}{2}\cdot(r+t)$
3	尺寸给在半径中心	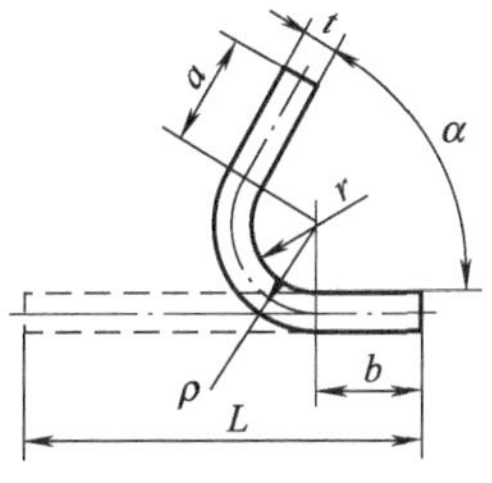	$L=a+b+\frac{\pi(180°-\alpha)}{180°}\cdot\rho$

5. 弯曲力计算和设备选择

在选择压力机吨位和设计弯曲模时必须计算弯曲力，特别是对于厚度大、变形程度大、材料强度大的板料尤为重要。

图 2-24 所示为各弯曲阶段弯曲力 F 随凸模行程 s 的变化关系图。由图可知，各弯曲阶段的弯曲力是不同的。弹性阶段弯曲力较小，可以略去不计；自由弯曲阶段的弯曲力基本不随凸模行程的变化而变化；校正弯曲力随行程急剧增加。

弯曲力的大小不仅与毛坯尺寸、材料机械性能、弯曲半径、模具间隙等因素有关，而且与弯曲方式有很大的关系。因此，从理论上计算弯曲力的大小非常复杂，精度也不高，一般在生产中采用经验公式和经过简化的理论公式来计算。

(1) 弯曲力计算

弯曲时，不同阶段的弯曲力大小差异较大，如图 2-24 所示。

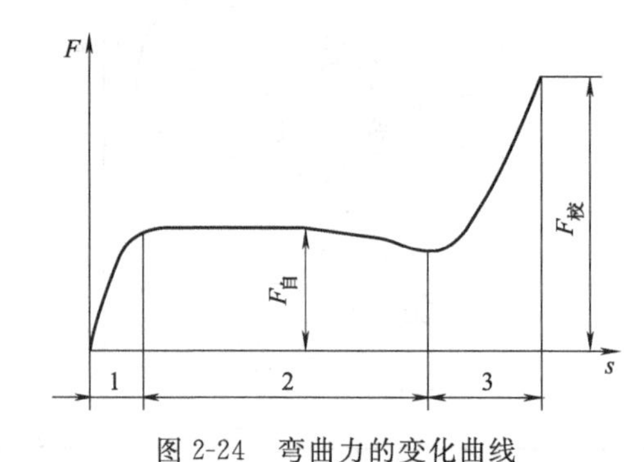

图 2-24　弯曲力的变化曲线

1—弹性弯曲阶段；2—自由弯曲阶段；3—校正弯曲阶段

① 自由弯曲时的弯曲力计算

V 形件的弯曲力

$$F_{自}=\frac{0.6KBt^2\sigma_b}{r+t} \tag{2-16}$$

U 形件的弯曲力

$$F_{自}=\frac{0.7KBt^2\sigma_b}{r+t} \tag{2-17}$$

式中　$F_{自}$——自由弯曲在冲压行程结束时的弯曲力，N；

B——弯曲件的宽度，mm；

r——弯曲件的内弯半径，mm；

t——弯曲件的材料厚度，mm；

σ_b——材料的抗拉强度，MPa；

K——安全系数，一般 $K=1.3$。

② 校正弯曲时的弯曲力　校正弯曲发生在自由弯曲之后，对贴合在凸、凹模表面的弯曲件进行挤压，这时的力比自由弯曲时的力大很多，所以此时只需计算校正弯曲力 $F_{校}$。

$$F_{校}=qA \tag{2-18}$$

式中　$F_{校}$——校正弯曲时的弯曲力，N；

q——单位面积上的校正力（表 2-15），MPa；

A——校正部分垂直投影面积，mm^2。

③ 顶件力和压料力　若弯曲模有顶件装置和压料装置，其顶件力和压料力可按下式计算：

$$F_{Q}=(0.3\sim0.8)F_{自} \tag{2-19}$$

（2）压力机吨位的确定

自由弯曲时压力机吨位应为：

$$F_{压机}\geqslant F_{自}+F_{Q} \tag{2-20}$$

由于校正弯曲力的数值比自由弯曲力、顶件力和压料力大的多，所以 $F_{自}$、F_{Q} 值可忽略不计，校正弯曲时的压力机吨位的选择可按下式计算：

$$F_{压机}\geqslant F_{校} \tag{2-21}$$

6. 弯曲件工序安排

弯曲工艺分析和计算之后就需要安排弯曲工序。值得注意的是，能否合理地安排弯曲工序对后续的生产和产品质量有重要影响，合理的弯曲工序能够减少其他不必要的工序，简化模具结构，提高生产效率和产品质量，降低产品不合格率。合理安排弯曲工序应考虑如下几个因素：

① 材料的力学性能；

② 弯曲件形状的复杂程度；

③ 产品精度的高低；

④ 生产批量的大小。

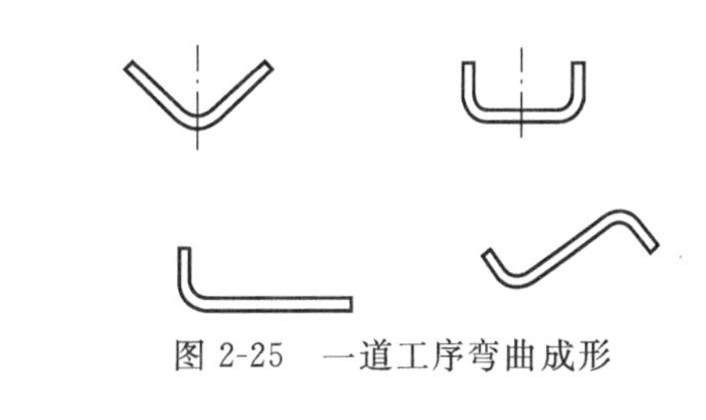

图 2-25　一道工序弯曲成形

（1）弯曲件弯曲工序的安排原则

① 形状简单的工件一般采用一次弯曲成形，如 V 形、U 形等工件，如图 2-25 所示。

② 形状复杂的工件可以采用二次或多次弯曲成形。但对于形状复杂，尺寸较小，板料厚度较薄的工件，由于定位困难，应采用一次复合弯曲，如图 2-26 所示。

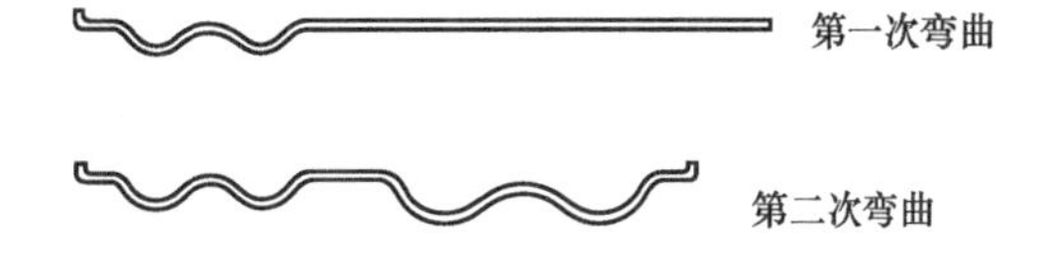

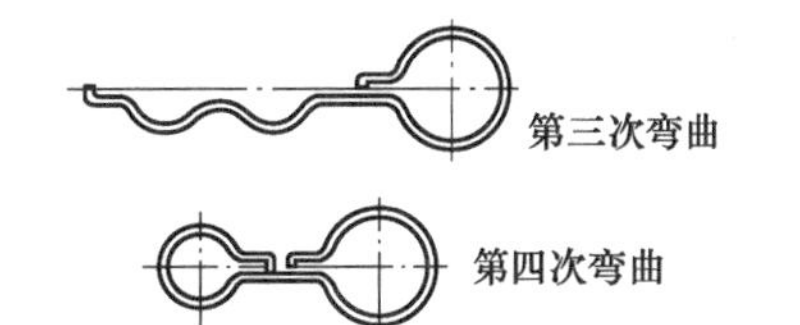

图 2-26　多次弯曲成形

③ 批量大、尺寸小的弯曲件为了提高生产效率，应采用冲裁、压弯、切断的级进弯曲模具。

④ 对于不对称的弯曲件，为避免弯曲过程的板料偏移，应对称弯曲再切断，如图 2-27所示。

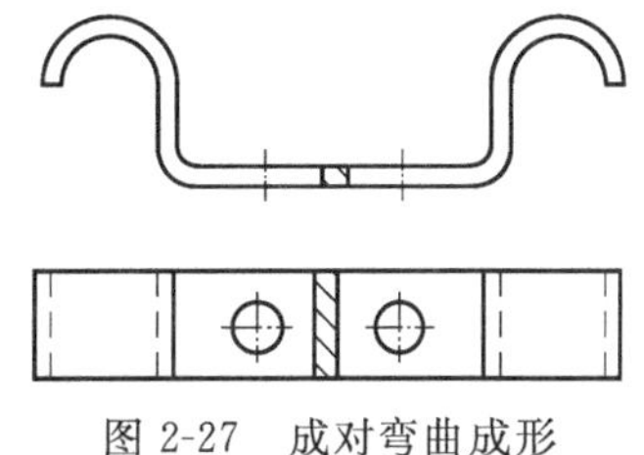

图 2-27　成对弯曲成形

7. 弯曲模典型结构

（1）弯曲模具的设计要点

弯曲件工艺方案确定之后，就需要设计弯曲模具结构。弯曲模具设计时，需要注意以下几个方面的问题：

① 板料放置在模具上应该有准确、可靠的定位，避免在弯曲过程中偏移；

② 为了减小回弹，工件在弯曲结束时应能得到校正；

③ 在弯曲结束后，坯料应能够方便、安全地从模具中取出；

④ 应考虑模具在使用过程中磨损后留有足够的修模余量。

(2) 弯曲模具的典型结构

按照弯曲模具结构的特点，弯曲模一般可分为单工序弯曲模、级进弯曲模、复合弯曲模和通用弯曲模四类。

① 单工序弯曲模　工作过程中模具只有竖直方向的运动的弯曲模称为单工序弯曲模，常见的单工序弯曲模具主要有以下几种。

a. V、L 形弯曲件模具。根据 V 形工件弯曲方法，一般 V 形弯曲件模具结构可分为两种：ⓐ沿着工件的角平分线弯曲，即对称结构；ⓑ不对称结构，即 L 形弯曲。图 2-28 是简单的弯曲模结构。压弯过程中，为了防止坯料偏移，采用弹簧顶杆压料装置。若工件的精度要求不高，可不用压料装置，以简化模具设计。图 2-29 是 V 形件精弯模，当凸模压住板料下降，迫使活动凹模向内转动使坯料精压成 V 形。凸模回程时，活动凹模被弹顶器顶起并绕铰链转动向外张开，恢复到初始位置，即完成一次弯曲。L 形弯曲模具如图 2-30 所示。

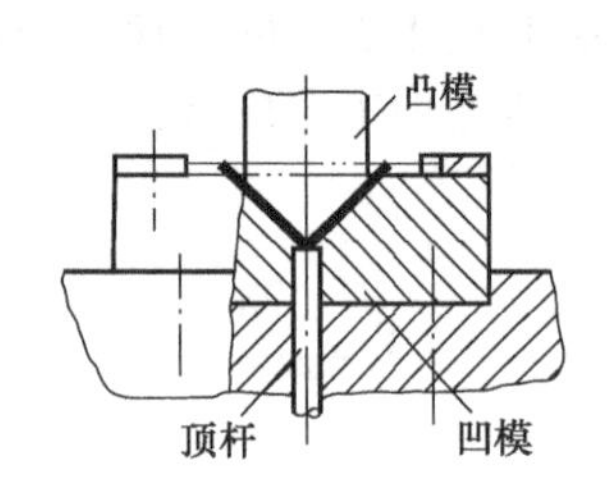

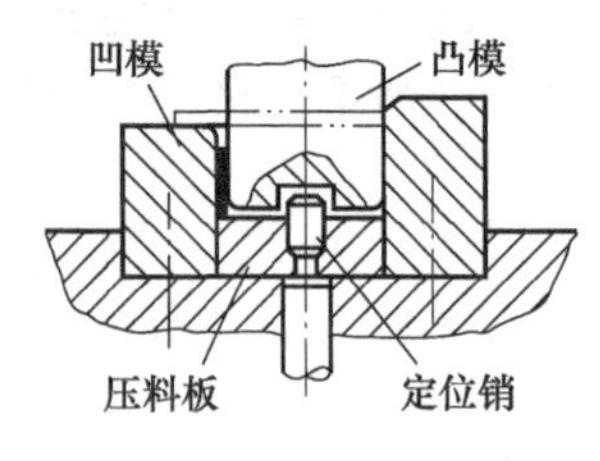

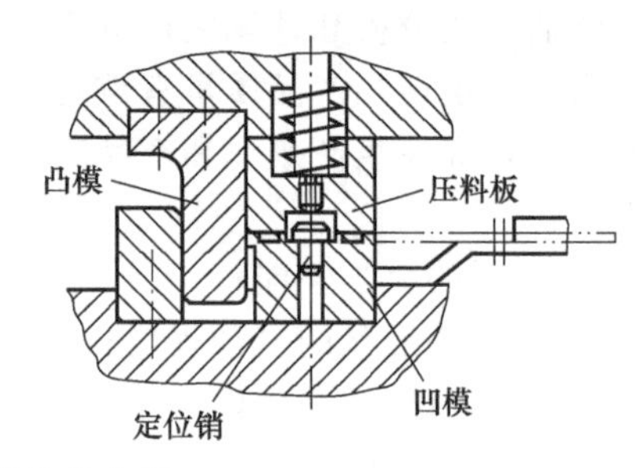

图 2-28　带有压料装置及定位销的弯曲模

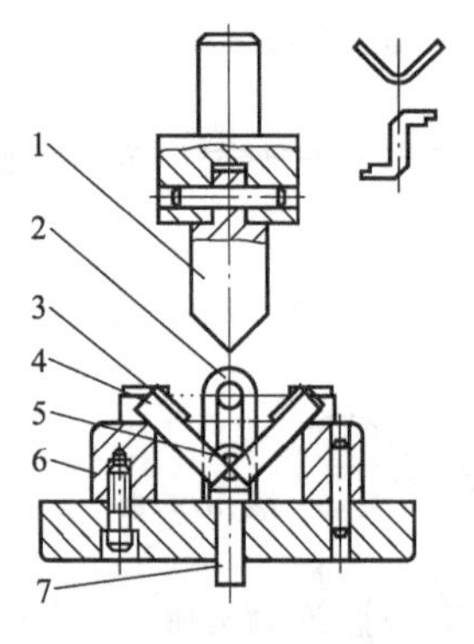

图 2-29　V 形精弯模

1—凸模；2—支架；3—定位板（或定位销）；4—活动凹模；5—转轴；6—支承板；7—顶杆

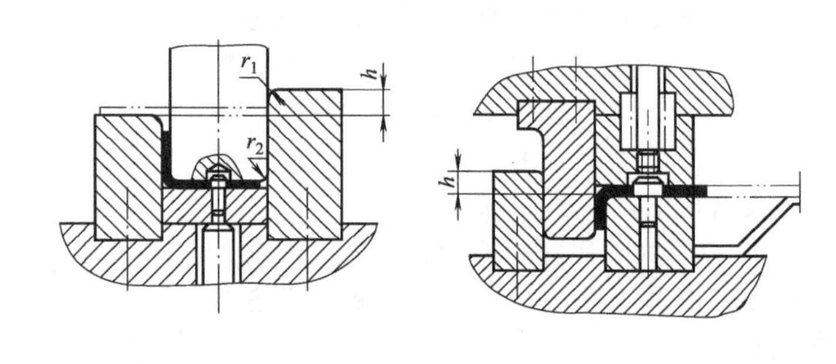

图 2-30　L 形弯曲模

b. U 形弯曲件模具。图 2-31 是常用的 U 形弯曲件模具。图中采用了压料板作为压料装置，凸模中心设有推杆便于推下卡在凸模上的工件。当弯曲中心角小于 90°时，模具可设计成如图 2-32 所示的结构，弯曲时凸模先将板料弯曲成 U 形，当凸模继续下压时，凸模与活动凹模相接触并使两侧的活动凹模绕各自的中心旋转，最后是板料弯曲成形。当凸模回程后，活动凹模由复位弹簧拉回原来的位置，工件从垂直于书面的方向取出。

c. Z 形弯曲件模具。Z 形件弯曲模通常结构简单，便于修理，但板料容易偏移且所得弯曲件精度不高，见图 2-33。为了防止板料偏移，必须设计定位装置，见图 2-34。图中顶板 1 和定位销 2 能有效定位板料，避免板料偏移。值得注意的是，Z 形件弯曲时，凸、凹模容易错动，产生水平方向的挤压力，因此有时必须设计平衡错动力的安全装置，见图中的挡块 3，

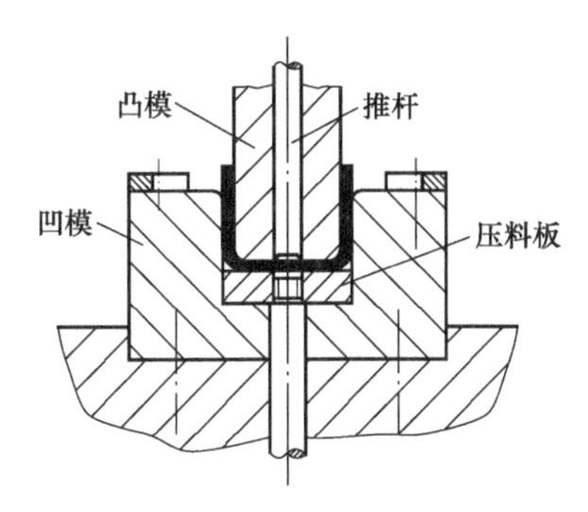

图 2-31　带压料装置的 U 形弯曲模

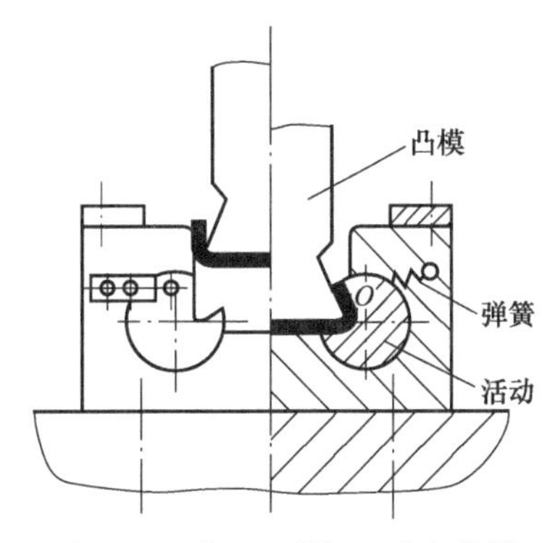

图 2-32　小于 90°的 U 形弯曲模

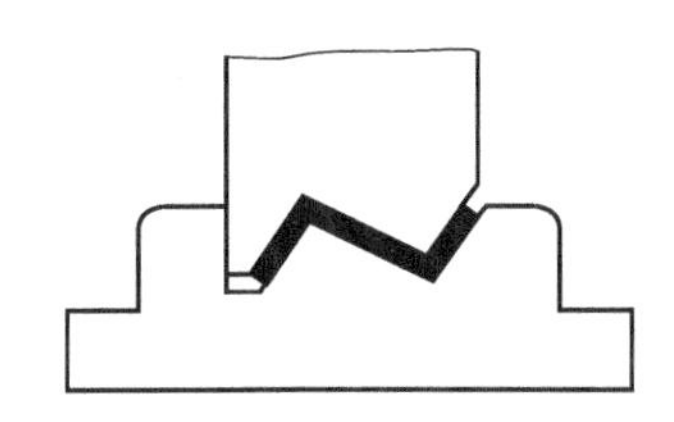

图 2-33　简单 Z 形弯曲模

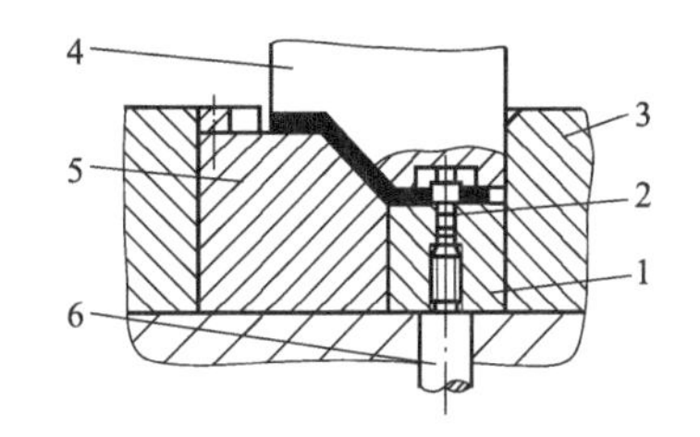

图 2-34　带有定位装置的 Z 形弯曲模
1—顶板；2—定位销；3—挡块；4—凸模；
5—凹模；6—顶杆

同时还可以起到导向作用。

图 2-35 是较完整的 Z 形弯曲模，主要的工作过程是：上模在上止点时，活动凸模 10 在橡胶 8 的压力作用下与凸模 4 端面平齐。滑块下行，活动凸模 10 与顶板 1 下移将坯料压紧，由于橡胶压力较大且不压缩，活动凸模 10 与顶板 1 继续一起下移，与凹模 5 接触后将左端坯料弯曲。当顶板 1 与下模座 11 接触后，橡胶开始压缩，凸模 4 相对于活动凸模 10 下移完成右端坯料弯曲。当压块 7 与上模座 6 相碰后，整个弯曲件将得到校正，完成校正弯曲。

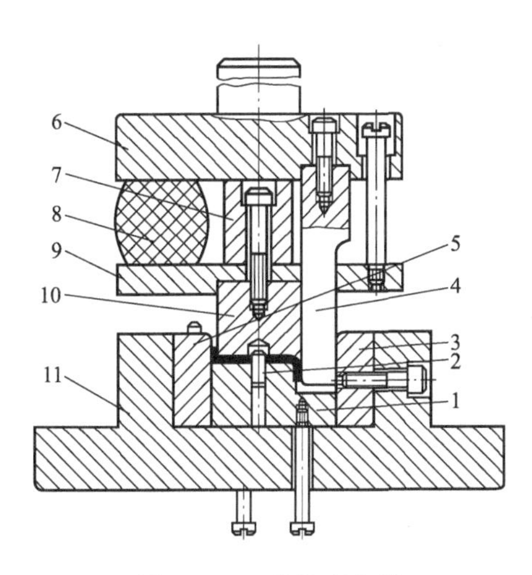

图 2-35　Z 形件弯曲模
1—顶板；2—定位销；3—挡块；4—凸模；5—凹模；6—上模座；7—压块；
8—橡胶；9—凸模托板；10—活动凸模；11—下模座

d. ⊓形件弯曲模具。⊓形件弯曲模根据弯曲次数可分为两种基本结构：一次弯曲模和二次弯曲模。图 2-36 是正装二次弯曲模，即先将板料弯曲成 U 形件，将 U 形件扣在二次弯曲的凸模上，用 U 形件的内侧定位，后弯曲出两个外角。图 2-37 是反装二次弯曲模，与正装弯曲顺序刚好相反，它是先预先弯曲出两个外角再弯曲出 U 形件。

图 2-38 是一次弯曲成形模，它相当于将两个简单弯曲模复合在一个模具上，上模为凸、凹模，既可作为凸肩的凸模又可作为 U 形件的凹模。这种结构需要足够大的型腔便于板料的回旋。图 2-39 是另一种一次弯曲模，其特点是采用了摆动式凹模结构，两个凹模能够绕销轴转动，四个角可以在一个模具内弯出。图 2-40 是另一种摆动式一次弯曲模。

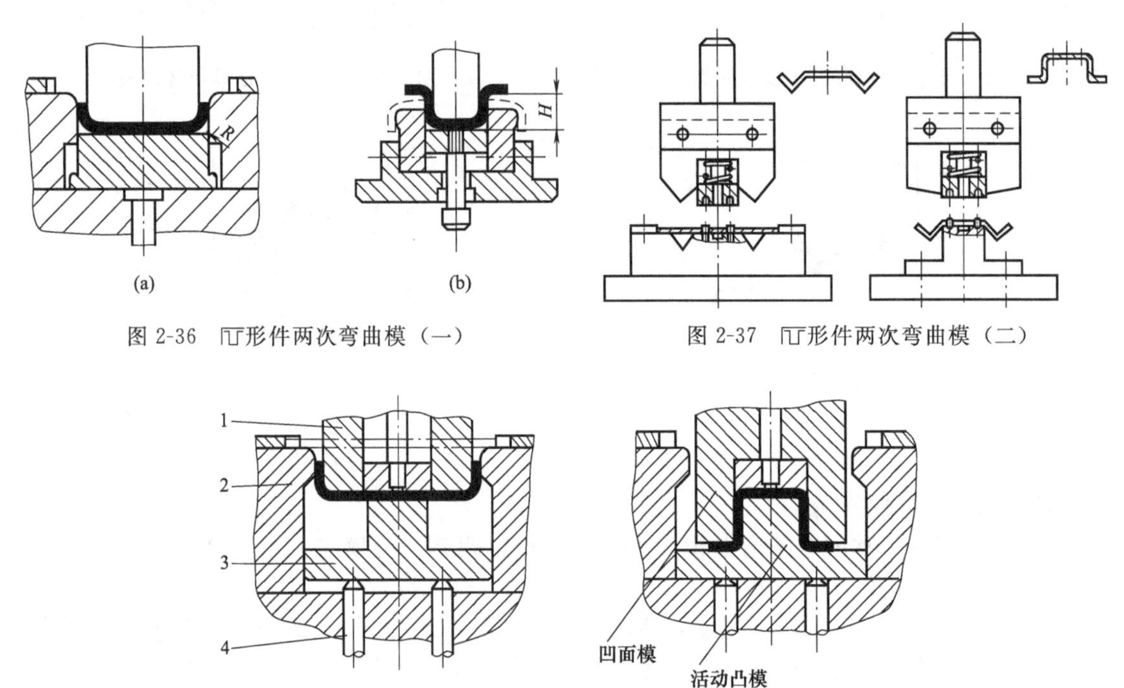

图 2-36　⊓形件两次弯曲模（一）

图 2-37　⊓形件两次弯曲模（二）

图 2-38　⊓形件一次弯曲模（三）

1—外凸模；2—凹模；3—内凸模；4—顶杆

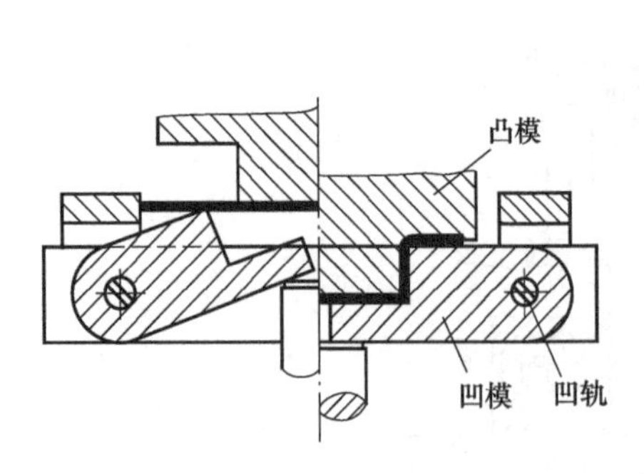

图 2-39　⊓形件一次弯曲模（四）

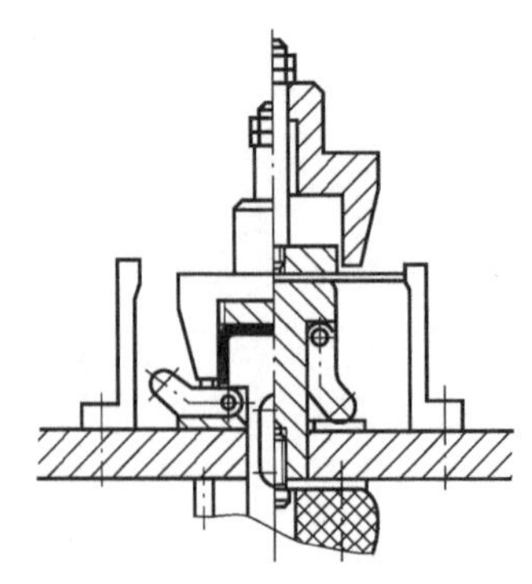

图 2-40　摆动式一次弯曲模

e. 圆筒形弯曲模。一般把直径小于 5mm 的称为小圆弯曲，直径大于 20mm 的称为大圆弯曲，这两种工件的弯曲方法有所不同。

ⓐ 小圆弯曲模。小圆弯曲工艺是：第一道工序先弯出 U 形，第二道工序再由 U 形件弯出○形，如图 2-41。由于小圆弯曲件较小，操作时非常不方便，因此可将两道工序合并。

图 3-42 所示是带有侧楔的一次弯曲模，上模下压使得芯模先将坯料压弯成 U 形件，上模继续下压，侧楔推动活动凹模再将 U 形件压成○形，成形件从垂直于书面的方向取出。

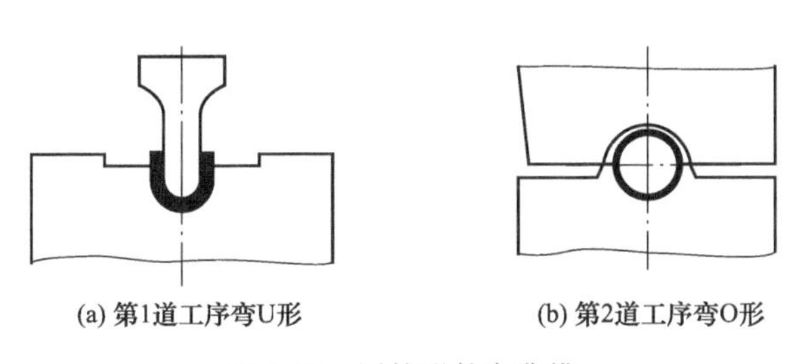

图 2-41　圆筒形件弯曲模

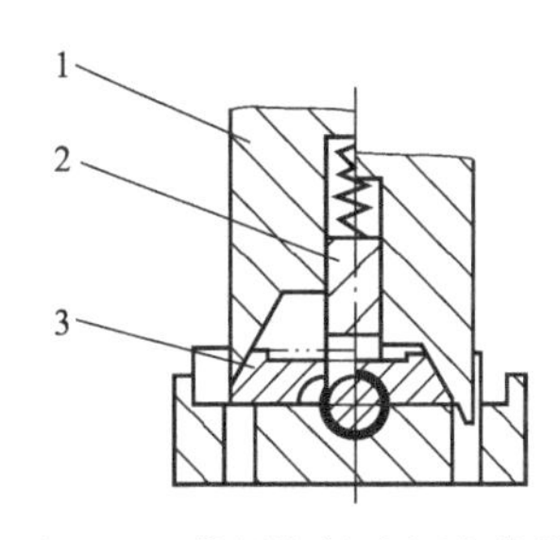

图 2-42　带侧楔的小圆弯曲模

1—侧楔；2—芯模；3—活动凹模

ⓑ 大圆弯曲模。对于大圆弯曲件，通常采用多道次弯曲，因此这种方法生产率较低，适合于较厚的板料成形。图 2-43 所示是两道次弯曲成形的大圆环。其方法是第一道次将板料先弯曲成 120°的波浪形，第二次再用另一套模具弯曲成圆形。

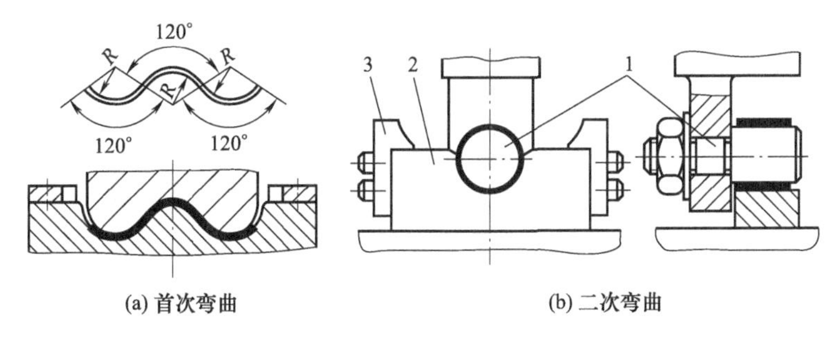

图 2-43　大圆两次弯曲模

1—凸模；2—凹模；3—定位板

采用带摆动凹模的一次弯曲成形模具可以提高生产效率，如图 2-44 所示。凸模下压先将板料弯曲成 U 形，凸模继续下压，摆动凹模将 U 形弯曲成圆形。但这种模具成形的工件在接缝处留有少量直边，导致工件精度差，模具结构也较复杂。图 2-45 所示的模具结构较简单。其工作原理是凸模下压，将板料卷曲到芯模上成形为圆形件，反侧压块即可为凸模导向，又可平衡上下模具的错移力。

ⓒ 铰链弯曲模具。常见的铰链件弯曲工序如图 2-46 所示，通常先将毛坯头部预弯后再

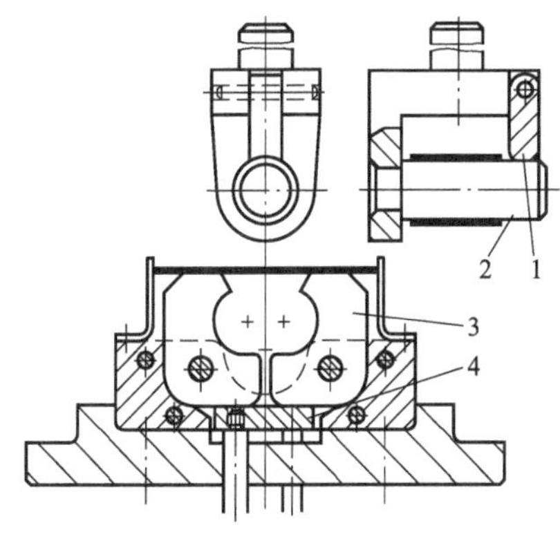

图 2-44　大圆一次弯曲成形模

1—支撑；2—凸模；3—摆动凹模；4—顶板

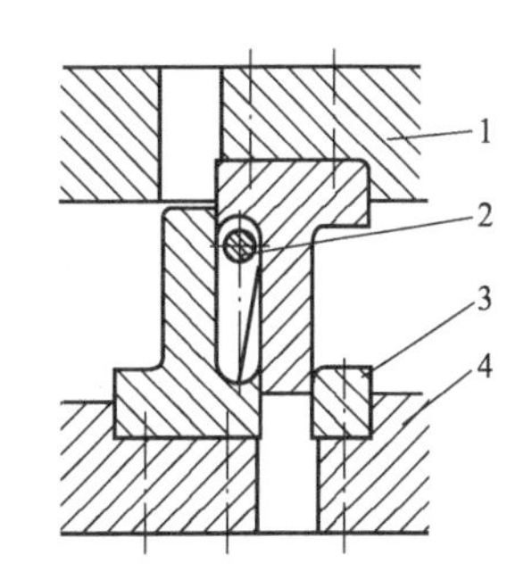

图 2-45　大圆一次成形弯曲模

1—上模座；2—芯棒；3—反侧压块；4—下模座

卷圆。预弯模结构如图 2-47 所示，卷圆模如图 2-47（b）、（c）所示，它的作用原理是采用推圆方法。图 2-47（b）是立式卷圆模，模具结构简单，制造容易。图 2-47（c）是卧式卷圆模，它是利用斜楔作用于凹模，使凹模相对于毛坯向右移动，在水平方向进行卷曲。模具有压料装置，结构也较复杂，但制件的质量较好。

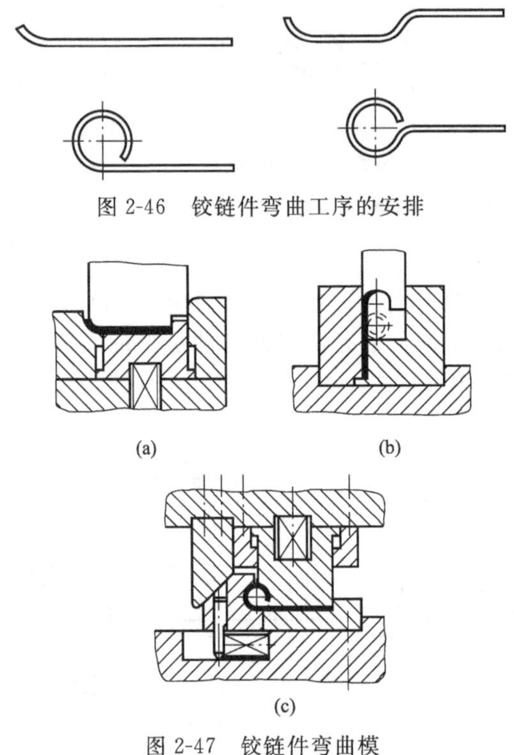

图 2-46　铰链件弯曲工序的安排

图 2-47　铰链件弯曲模

ⓓ 棒料弯曲模。图 2-48 是棒料弯曲模。为了防止棒料弯曲时坯料偏移和减少棒料与模具圆角处的相对摩擦、提高模具使用寿命，凸模的工作部分应开有圆槽，而凹模通常采用滚轮式。当用直径不大的线材弯曲时，可采用图 2-49 所示的圆环螺旋模具结构。工作时，凸模的台阶将毛坯卡住后压入凹模口，毛坯两端沿凹模斜面滑动逐渐弯曲成形，因此，凹模斜面刃口的圆弧形状及工作部分的光洁度是成形的关键因素，必须逐渐试验修磨定形。

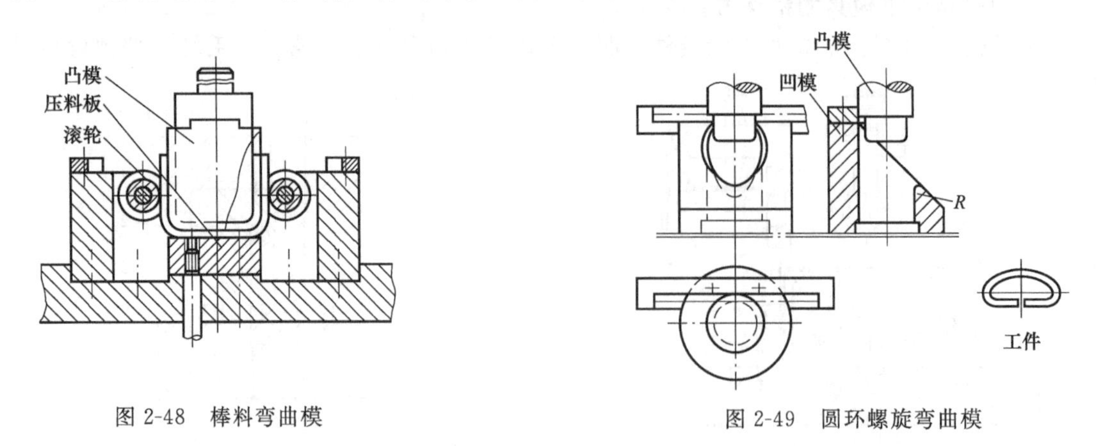

图 2-48　棒料弯曲模

图 2-49　圆环螺旋弯曲模

② 级进模　级进模可以在压力机的一次行程中，在模具的不同位置同时完成冲孔、切断和弯曲等多个工序，如图 2-50 所示。导料板导向条料，板料从刚性卸料板下面送至挡块 5

右侧并被定位。上模下行时，冲孔凸模冲出孔后被凸凹模 3 切断，随即被弯曲成形。上模回程时卸料板将制件卸下，顶件销 4 则在弹簧的作用下推出工件，获得侧壁带孔的 U 形件。这种模具适于批量大、生产尺寸较小的弯曲件。

③ 复合模　复合模是在压力机一次行程内，在模具的同一位置可以同时完成落料、弯曲、冲孔等几个工序的工作，如图 2-51 所示，其优点是结构紧凑，制件精度高，缺点是修模困难。

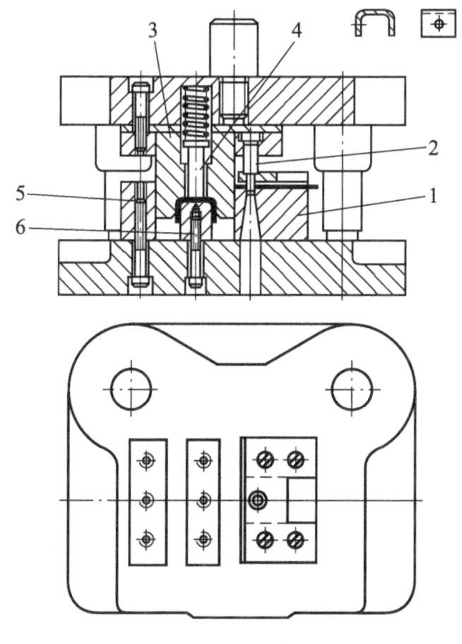

图 2-50　级进弯曲模

1—冲孔凹模；2—冲孔凸模；3—凸凹模；4—顶件销；5—挡块；6—弯曲凸模

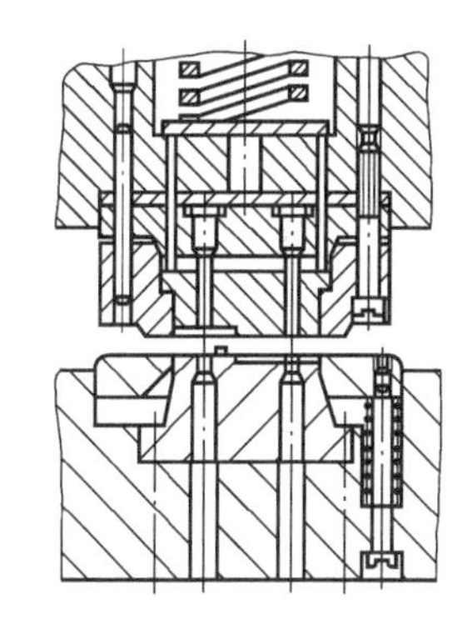

图 2-51　复合弯曲模

④ 通用弯曲模　处于研发阶段或小批量生产的零件，为了兼顾降低产品成本和保证产品质量，通常使用通用弯曲模。通用弯曲模不仅可以制造 V 形、U 形、Z 形等一般的零件而且还可以制造形状复杂的零件，如图 2-52 所示。图 2-53 是折弯机上用的通用弯曲模，凹模的四个面上分别加工出不同的槽口，可以满足不同形状零件的需求。凸模有直臂式和曲臂式两种，工作部分的圆角半径也加工成几种尺寸以便更换。

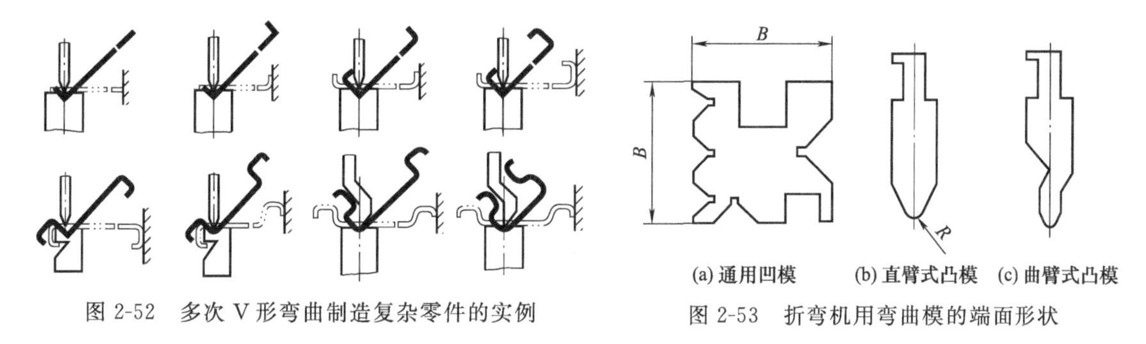

图 2-52　多次 V 形弯曲制造复杂零件的实例

图 2-53　折弯机用弯曲模的端面形状

8. 弯曲模工作零件设计

为了保证弯曲制件的质量，弯曲模的工作部分结构设计需要注意以下几个问题。

① 模具结构应保证坯料在弯曲过程中不会发生偏移、翘曲等质量缺陷。对于偏移问题应尽量利用板料上的孔定位，当坯料没有可利用的定位孔时，可采用定位尖、顶杆、顶板等

措施保证板料可靠的定位。

② 坯料在模具结构中应有足够的转动和移动空间，如图 2-54 所示。

③ 模具结构必须考虑上下模间水平方向的错移力，如图 2-55 所示。

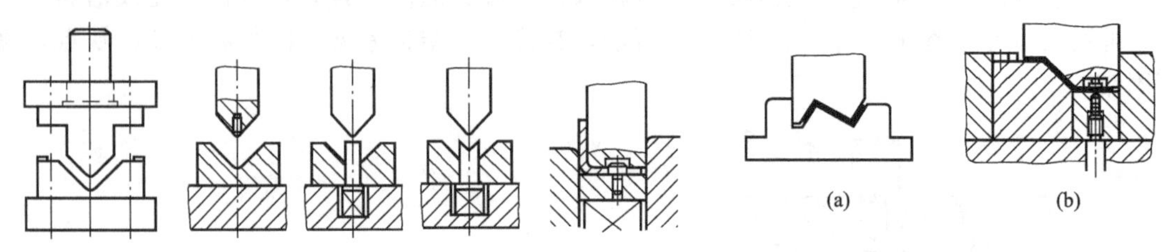

图 2-54　V 形弯曲模的一般结构形式　　图 2-55　考虑错移力

(1) 弯曲模工作部分尺寸的设计

弯曲模工作部分的主要尺寸见图 2-56。

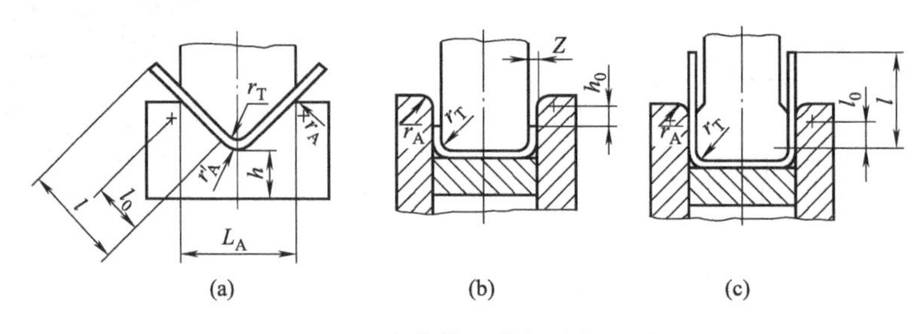

图 2-56　弯曲模工作部分的尺寸

① 凸模圆角半径 r_p　当相对弯曲半径 $r_{min}/t<r/t<5\sim8$ 时，凸模圆角半径取弯曲件的圆角半径，即 $r_p=r$。当 $r/t<r_{min}/t$ 时，凸模圆角半径应取 $r_p\geqslant r_{min}$，先将坯料弯曲成半径较大的圆角，然后再整形至要求的半径值。当相对弯曲半径 $r/t\geqslant10$ 时，弯曲件的回弹较大，此时应根据回弹值修正圆角半径。

② 凹模圆角半径 r_A　凹模圆角半径应合适，圆角半径过大会影响坯料定位的准确性和产品精度；圆角半径过小，增大弯曲变形力和坯料拉入凹模时的阻力，易使产品表面产生擦伤或划痕，影响模具使用寿命。根据实践生产经验，通常按材料厚度选取：

$$t\leqslant2\text{mm},\ r_A=(3\sim6)t$$

$$t=2\sim4\text{mm},\ r_A=(2\sim3)t$$

$$t>4\text{mm},\ r_A=2t \qquad (2\text{-}22)$$

另外，对于 V 形弯曲模底部可开腿刀槽或取圆角半径 $r_A=(0.6\sim0.8)(r_T+t)$，详见图 3-56。

③ 凹模深度 l_0　凹模深度过小时两端直边未受压部分太多，弯曲件回弹程度较大，严重时还会出现翘曲变形，影响零件质量；凹模深度太大，则模具材料增多，增加成本，且需行程较大的压机。V 形件弯曲模的凹模深度 l_0 及底部最小厚度 h 可查表 2-15，但应保证凹模开口宽度 L_A 不能大于弯曲坯料长度的 0.8 倍。

对于弯曲边不大或两边平直的 U 形件，凹模深度应大于弯曲件的高度，其中 h_0 可查表 2-16。对于平直度要求不高的 U 形件，可采用图 2-57 所示的形式，其中凹模深度 l_0 值见表 2-17。

表 2-15　弯曲 V 形件的凹模深度 l_0 和底部最小厚度 h　　单位：mm

弯曲件边长	材料厚度 t/mm					
	≤2		2～4		>4	
	h	l_0	h	l_0	h	l_0
10～25	20	10～15	22	15	—	—
>25～50	20	15～20	27	25	32	30
>50～75	27	20～25	32	30	37	55
>75～100	32	25～30	37	35	42	40
>100～150	37	30～35	42	40	47	50

表 2-16　弯曲 U 形件凹模的 h_0 值

材料厚度 t/mm	≤1	1～2	2～3	3～4	4～5	5～6	6～7	7～8	8～10
h_0/mm	3	4	5	6	8	10	15	20	25

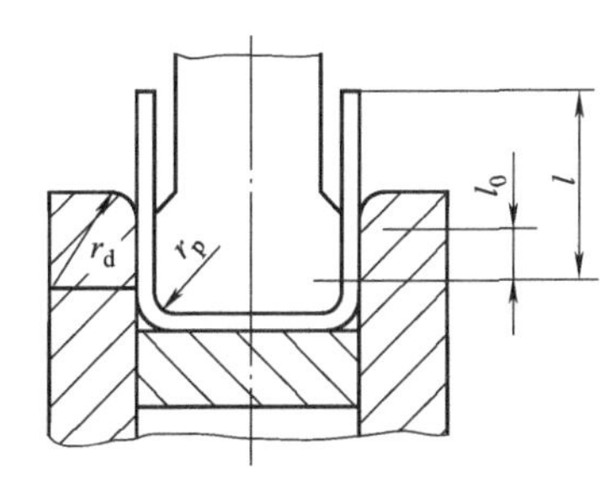

图 2-57　平直度要求不高的凹模尺寸

表 2-17　弯曲 U 形件的凹模深度 l_0

弯曲件边长 l/mm	材料厚度 t/mm				
	<1	1～2	>2～4	>4～6	>6～10
<50	15	20	25	30	35
50～75	20	25	30	35	40
75～100	25	30	35	40	40
100～150	30	35	40	50	50
150～200	40	45	55	65	65

④ 凸、凹模间隙　V 形件弯曲模的凸、凹模间隙是靠调整压机的闭合高度来控制的，设计时可不考虑。而 U 形件弯曲模的凸、凹模间隙应选择合适的值，间隙太小工件壁厚会减薄，缩短模具寿命，增大弯曲力；间隙过大，工件回弹大，不能保证其精度。U 形件弯曲模的凸、凹模单边间隙通常可按式（2-23）计算：

$$Z=t_{\max}+Ct=t+\Delta+Ct \tag{2-23}$$

式中　Z——凸、凹模单边间隙，mm；

t——坯料厚度（基本尺寸），mm；

Δ——坯料厚度正偏差，为减小回弹，也常考虑取 $\Delta=0$；

C——间隙系数，见表 2-18。

若工件精度要求较高，凸凹模间隙应适当缩小，$Z=t$。

⑤ U 形弯曲件凸、凹模横向尺寸及公差　U 形弯曲件凸、凹模横向尺寸及公差的确定原则是：根据基轴制和基孔制原则，工件标注外形尺寸时，为保证基本尺寸精度，应采用基孔制原则，所以应以凹模为基准件，间隙取在凸模上。相反工件标注内尺寸时应采用基轴

表 2-18 U形件弯曲模凸、凹模的间隙系数C值

弯曲件高度 H/mm	弯曲件宽度 B≤2H				弯曲件宽度 B>2H				
	材料厚度 t/mm								
	<0.5	0.6～2	2.1～4	4.1～5	<0.5	0.6～2	2.1～4	4.1～75	7.6～12
10	0.05	0.05	0.04	—	0.10	0.10	0.08	—	—
20	0.05	0.05	0.04	0.03	0.10	0.10	0.08	0.06	0.06
35	0.07	0.05	0.04	0.03	0.15	0.10	0.08	0.06	0.06
50	0.10	0.05	0.05	0.04	0.20	0.15	0.10	0.06	0.06
70	0.10	0.07	0.05	0.05	0.20	0.15	0.10	0.10	0.08
100	—	0.07	0.05	0.05	—	0.15	0.10	0.10	0.08
150	—	0.07	0.07	0.05	—	0.20	0.15	0.10	0.10
200	—	0.10	0.07	0.07	—	0.20	0.15	0.15	0.10

制，以凸模为基准件，间隙取在凹模上。此外，凸凹模的尺寸和公差应根据工件的尺寸、公差和回弹情况而定。

① 尺寸标注在外形上的弯曲件

凹模尺寸：

$$L_A=(L_{max}-0.75\Delta)^{+\delta_A}_{0} \tag{2-24}$$

凸模尺寸：

$$L_T=(L_A-2Z)^{0}_{-\delta_T} \tag{2-25}$$

② 尺寸标注在内形上的弯曲件

凸模尺寸：

$$L_T=(L_{min}+0.75\Delta)^{0}_{-\delta_T} \tag{2-26}$$

凹模尺寸：

$$L_A=(L_T+2Z)^{+\delta_A}_{0} \tag{2-27}$$

以上诸式中 L_T，L_A——凸、凹模横向尺寸；

L_{max}——弯曲件横向的最大极限尺寸；

L_{min}——弯曲件横向的最小极限尺寸；

Δ——弯曲件横向的尺寸公差，对称偏差时 $\Delta=2\Delta'$；

δ_T，δ_A——凸凹模的制造公差，可采用 IT7～IT9 级精度，一般取凸模的精度比凹模精度高一级。

【任务实施1】 支架弯曲模具设计

1. 弯曲件工艺分析

支架弯曲件（图 2-58）是汽车底盘上的一个支承件，10 钢的最小弯曲半径 $r_{min}=0.4t=1.6$mm，零件弯曲半径 $R=6$mm$>r_{min}$，所以弯曲时不会产生裂纹。底板孔到弯曲中心线的距离 $a=25-7-6=12$mm$>2t$，故弯曲时孔不会发生变形，所以可以采用先落料、冲孔，再弯曲的成形工序。而侧面上 $\phi35$ 孔的边界距弯曲中心线的距离较近，如果先冲孔在弯曲的话，会造成孔发生变形，所以侧面上的孔可以在弯曲后通过机加工的方法加工。

通过以上分析，较合理的工艺方案为：落料、冲底板上 $\phi14$ 的孔—弯曲成形—机加工侧板上 2 个 $\phi35$ 孔。

2. 工艺计算

（1）毛坯尺寸计算

该零件的展开图形如图 2-59 所示，毛坯尺寸可由图 2-60 所示的 L_1、L_2、L_3 计算而得。

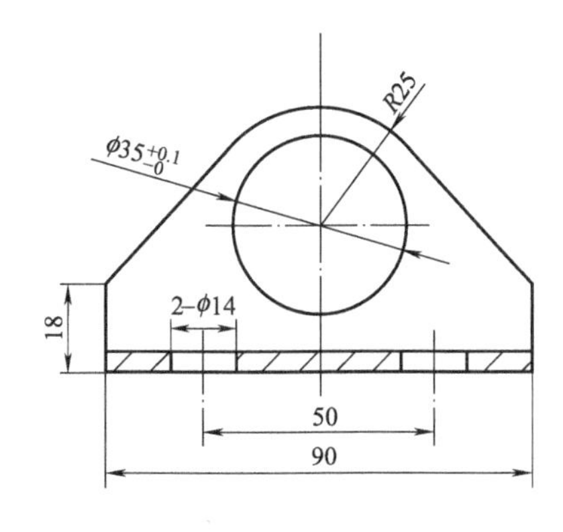

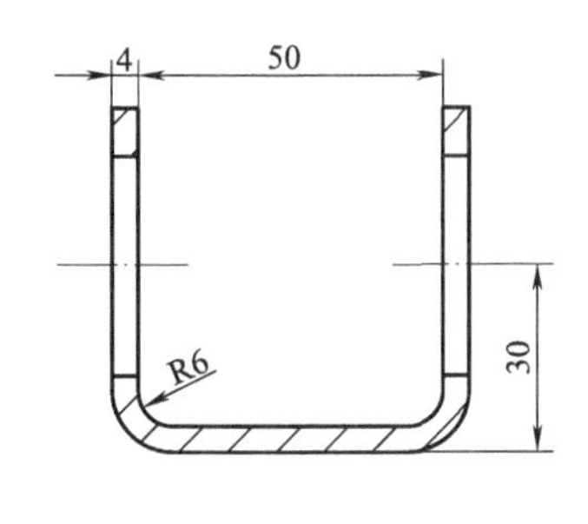

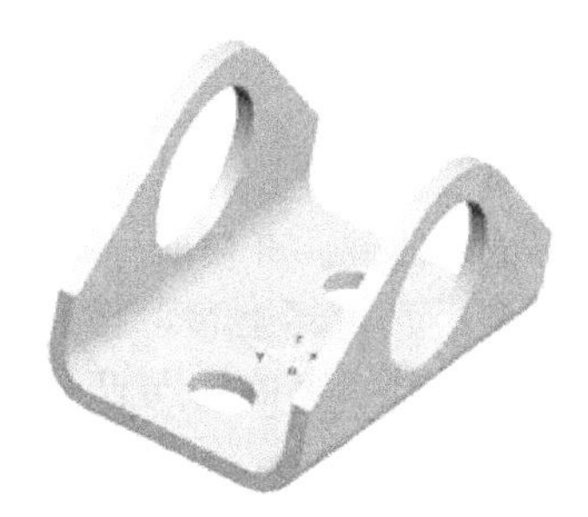

图 2-58　支架弯曲件

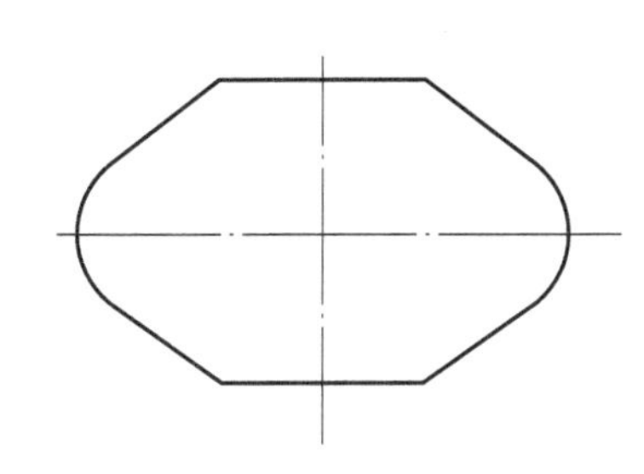

图 2-59　支架弯曲件展开图

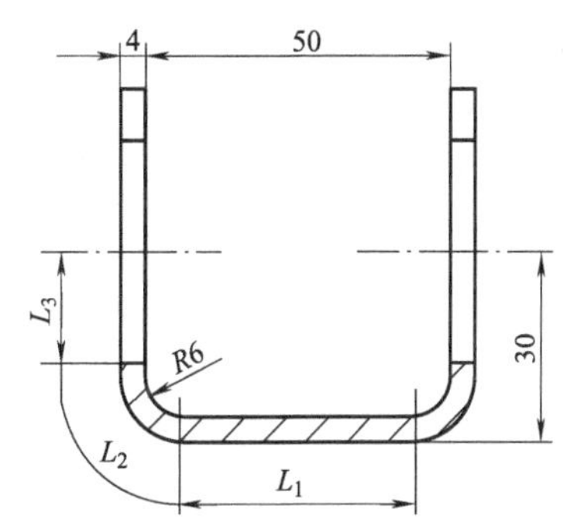

图 2-60　支架弯曲件零件图

根据已知条件可知：$L_1=38\text{mm}$

由 $R/t=1.5$，查表 2-9 得 $x=0.36$

$$L_2=\frac{\pi 90^\circ}{180^\circ}(R+xt)=\frac{\pi}{2}(6+0.36\times 4)=11.68\text{mm}$$

$$L_3=20\text{mm}$$

毛坯尺寸的长度：$L=2L_3+2L_2+L_1+2\times 25=2\times 20+2\times 11.68+38+50=151.36\text{mm}$

(2) 工艺力的计算

采用校正弯曲，由式 2-19，$F_{校}=qA$

查表 2-15，$q=100\text{MPa}$

校正部分垂直投影面积 $A=90\times 50=4500\text{mm}^2$

$$F_{校}=qA=100\times 4500=450000\text{N}=450\text{kN}$$

(3) 设备的选择

根据式 (2-22)，$F_{压机}\geqslant F_{校正}$　即　$F_{压机}\geqslant 450\text{kN}$

查表 1-6，选开式压力机 J23-63。

3. 弯曲模具设计

(1) 绘制总装配图

该弯曲件生产批量较大，为了调整模具方便，上下模导向采用导柱、导套，毛坯由顶件板上的定位销定位，这样可以保证在弯曲过程中不偏移。顶板不但可以顶料，还可以起到压料作用，压料力是由弹簧通过顶杆来实现的，为了方便地将制件卸下，上模上装有卸料杆。

模具的工作原理：将落料好的毛坯放入到凹模中，用定位销定位，模具工作时，上模在滑块的带动下向下移动，此时顶板与凹模上表面平齐，上模继续向下移动，顶板也一起向下移动，直到移动到下极限位置，这时毛坯在凸、凹模的共同作用下成形成弯曲件。开模时，上模向上移动，顶板在弹簧的作用下一起上移，直到与凹模的上表面平齐为止，此时，弯曲件与凸模包在一起，上模继续上移，利用卸料杆将制件顶下，工作过程进行完毕。

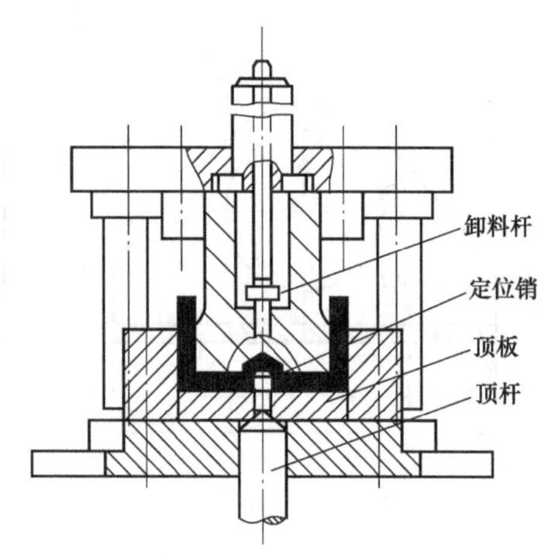

图 2-61　支架弯曲件装配图

(2) 绘制零件图

① 凸模。从零件图 2-58 可知，零件尺寸标注在内侧，则以凸模为基准进行计算，除 $\phi35$ 的孔标有公差外，其余都没有标注，而 $\phi35$ 的孔由机加工完成，所以这里无需考虑，凸模按 9 级精度考虑。

由式 (2-27)，$L_凸=(L+0.75\Delta)_{-\delta_凸}^{\ 0}=(50+0.75\times0.62)=50.47_{-0.74}^{\ 0}$

$$\Delta=0.62\text{（按 14 级精度选取）}$$

$$\delta_凸=0.074\text{（按 9 级精度选取）}$$

凸模的圆角半径 $r_凸$ 与弯曲件相等，$r_凸=6\text{mm}$。

弯曲工作部分深度查表 2-18 得，$h_0=30\text{mm}$。

凸模用固定板与上模座连接，与固定板之间采用 H7/m6 配合。

凸模零件图见图 2-62。

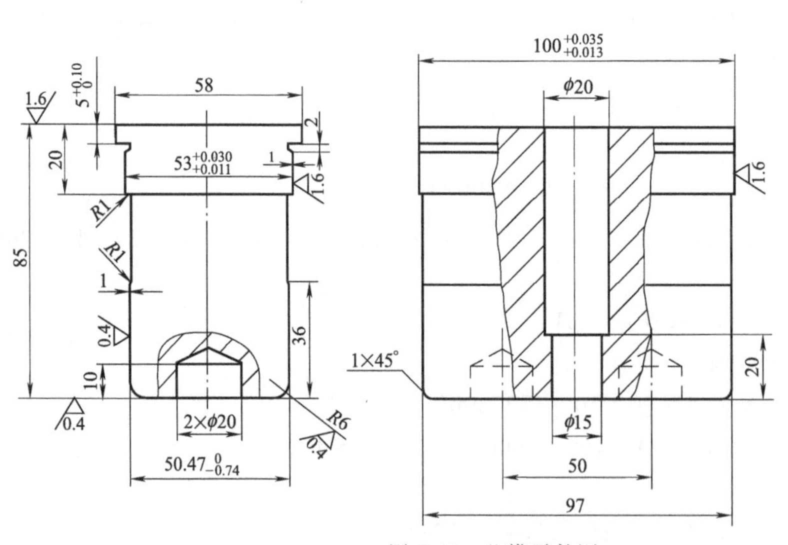

图 2-62　凸模零件图

② 凹模。凸、凹模单边间隙由式 (2-24) 可得，$Z=t_{max}+Ct$

查表 2-19，$C=0.05$，为了减小回弹，不考虑材料厚度偏差，则：$Z=4+0.05\times4=4.2\text{mm}$ 凹模工作部分尺寸可按凸模进行配制，保证单面均匀间隙 4.2mm：

$$L_凹=L_凸+2Z=50.47+2\times4.2=58.87\text{mm}$$

由式 (2-23)，凹模圆角半径 $r_凹=(2\sim3)t=8\text{mm}$

凹模零件图见图 2-63。

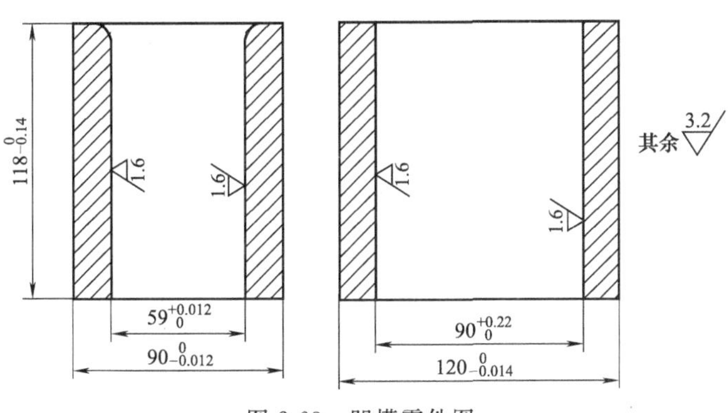

图 2-63　凹模零件图

【任务实施 2】 U形弯曲模具设计

U形弯曲件的尺寸如图 2-64 所示，材料为 10 钢，料厚 $t=2\text{mm}$，批量生产，试设计弯曲模。

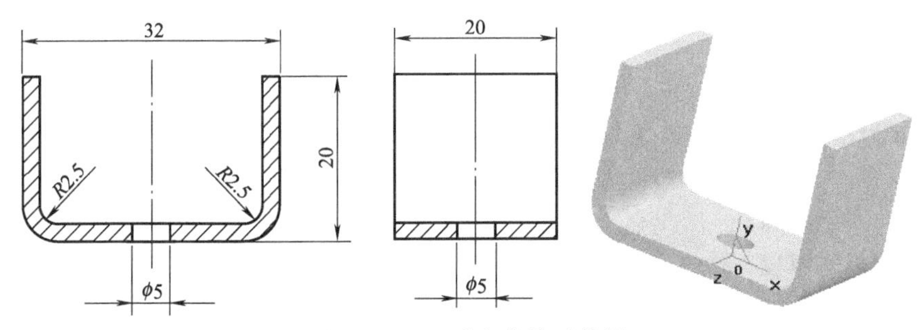

图 2-64　U形弯曲件零件图

根据 U 形弯曲件零件图结构特点，可制定以下两种方案进行成形。

方案一：弯曲件底板上的孔可冲孔成形，两侧壁通过弯曲工序成形，所以整个零件由冲孔、弯曲两道工序分别完成。

方案二：采用级进模加工。

采用级进模加工，底板上的孔和侧壁的弯曲可同时在一套模具中完成，这样可节约成本、提高效率、提高精度。

比较上述两种方案，方案二由于拥有制造周期短，生产率高、精度高、成本低等优点所以这里选用方案二来加工。

1. 弯曲件工艺分析

U形弯曲件使用 10 号钢制造，10 号钢的最小弯曲半径 $r_{\min}=0.4t=0.8\text{mm}$，零件弯曲半径 $R=2.5\text{mm}>r_{\min}$，所以板料在弯曲时不会产生裂纹。底板孔到弯曲中心线的距离 $a=16-2.5-4.5=9\text{mm}>2t$，故弯曲时孔不会发生变形，采用级进模加工较合理。

2. 工艺计算

(1) 毛坯尺寸计算

该弯曲件可按照 $r>t/2$ 弯曲工艺计算毛坯尺寸。其中：

$$L_1=20-4.5=15.5\text{mm}$$

$$L_2=\frac{\pi}{2}(r+xt)=\frac{\pi}{2}\times(2.5+0.34\times2)=5.0\text{mm}$$

式中中性层位移系数可由表 2-9 查得。

$$L_3=32-2\times2-2\times5.0=18.0\text{mm}$$

所以 $L=2L_1+2L_2+L_3=2\times15.5+2\times5.0+18.0=59.0\text{mm}$。

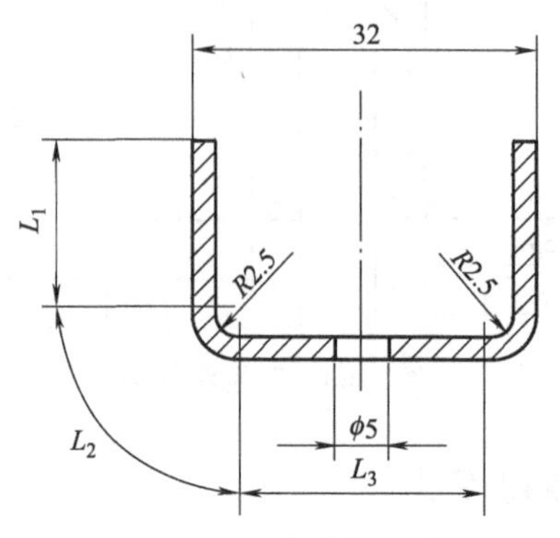

图 2-65　U 形弯曲件尺寸图

（2）工艺力的计算

由式（2-18）得：$F_{自}=\dfrac{0.7KBt^2\sigma_b}{r+t}=\dfrac{0.7\times20\times2^2\times1.3\times400}{2.5+2}=6471\text{N}$

$$F_{校}=qA=20\times20\times28=11200\text{N}$$

式中，q 为单位面积上的校正力；A 为校正部分垂直投影面积。

$$F_{冲}=K_p tL\tau=1\times2\times400\times15.7=12560\text{N}$$

式中　K_p——安全系数；

t——板料厚度，mm；

L——冲裁周边长度，mm；

τ——材料剪切强度，MPa。

（3）设备的选择

根据前面所学内容：$F_{压}\geqslant F_{校}$ 及 $F_{压}\geqslant F_{冲}$，即 $F_{压}\geqslant12.56\text{kN}$。

查冲压模具手册选公称压力为 40kN 的开式压力机。

3. 弯曲模具设计

（1）绘制总装配图

该零件生产量较大，为了调整模具方便，上下模采用导柱导套。工作时，条料以导料板导向并从刚性卸料板下面运动至挡块 5 右侧定位，上模下行时，条料被凸凹模 3 切断并随其继续下行成形，与此同时冲孔凸模 2 在条料上冲出孔，上模回程时卸料板卸下条料，顶件销 4 在弹簧的作用下推出工件，获得带孔的 U 形弯曲件。

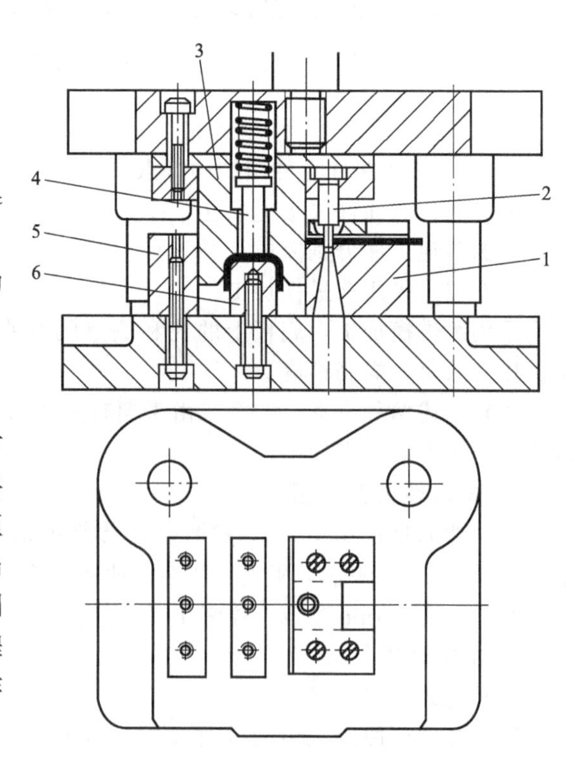

图 2-66　级进弯曲模

1—冲孔凹模；2—冲孔凸模；3—凸凹模；4—顶件销；5—挡块；6—弯曲凸模

（2）绘制零件图

由于图 2-61 零件尺寸标注在外侧，所以以凹模为基准进行计算，由于图示尺寸没有标注公差，所以凹模按 IT9 级设计，工作部分尺寸计算公式为：

弯曲凹模刃口尺寸：

$L_A=(L_{max}-0.75\Delta)^{+\delta_A}_{0}=(32-0.75\times0.62)^{0.06}_{0}=31.54^{0.06}_{0}$ mm

一般凸模制造精度比凹模高一级，取 IT9 级，尺寸可按下式计算：

弯曲凸模刃口尺寸：$L_T=(L_A-2Z)^{0}_{-\delta_T}=(31.54-2\times2)^{0}_{-0.04}=27.54^{0}_{-0.04}$ mm 制件精度取 IT14 级，凸模圆角半径 $R_T=2.5$mm，与弯曲件圆角半径相等。$R_A=(2\sim3)t=5$mm。

冲孔凸模的直径为：

$$d_T=(d_{min}+x\Delta)^{0}_{-\delta_T}=(5+0.5\times0.3)^{0}_{-0.02}=5.15^{0}_{-0.02}\text{ mm}$$

冲孔凹模直径为：

$$d_A=(d_T+Z_{min})^{+\delta_A}_{0}=(5.15+0.246)^{0.03}_{0}=5.40^{0.03}_{0}\text{ mm}$$

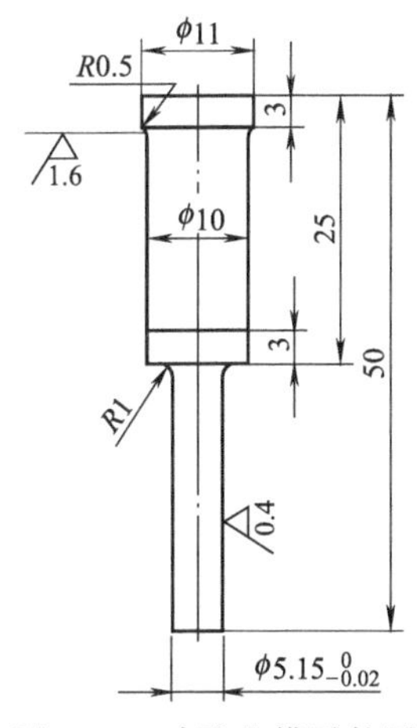

图 2-67　冲孔凸模零件图

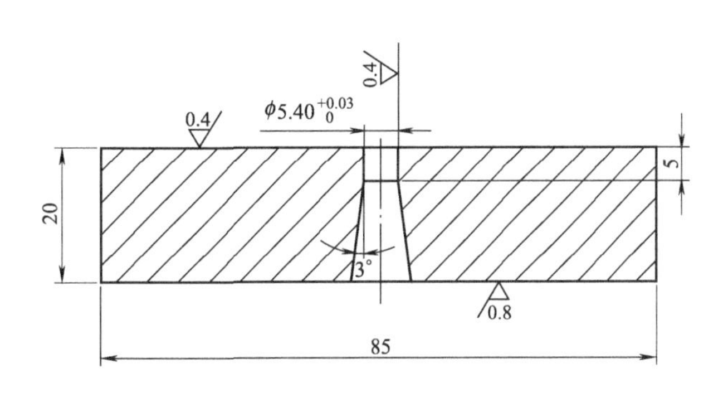

图 2-68　冲孔凹模零件图

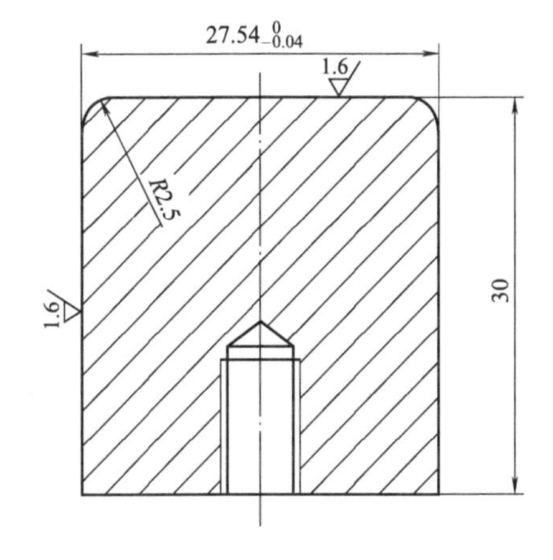

图 2-69　弯曲凸模零件图

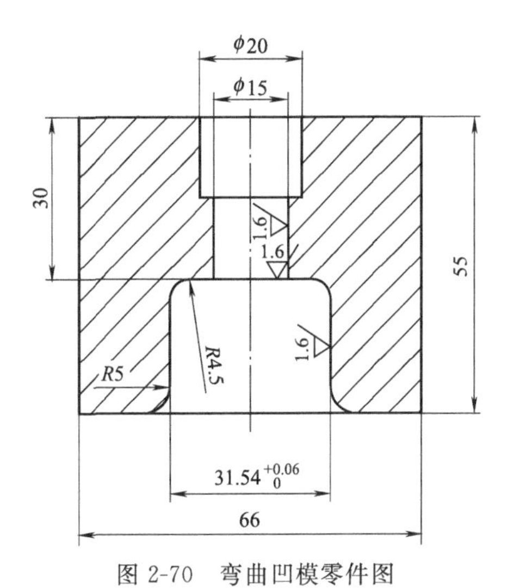

图 2-70　弯曲凹模零件图

【学习小结】

1. 重点

(1) 弯曲件工艺分析和确定工艺方案。

（2）弯曲工艺计算。

（3）弯曲质量及控制方法。

（4）弯曲模设计步骤。

2. 难点

（1）弯曲工艺方案的确定。

（2）弯曲模结构设计。

3. 思考与练习题

（1）弯曲变形有何特点？

（2）什么是最小相对弯曲半径？

（3）影响最小相对弯曲半径的因素有哪些？

（4）影响板料弯曲回弹的主要因素是什么？

（5）弯曲工艺对弯曲毛坯有什么特殊要求？

（6）弯曲模的设计要点是什么？

（7）弯曲过程中材料变形区发生了哪些变化？试简要说明板料弯曲变形区的应力和应变情况。

（8）计算图1中弯曲件的坯料展开尺寸。

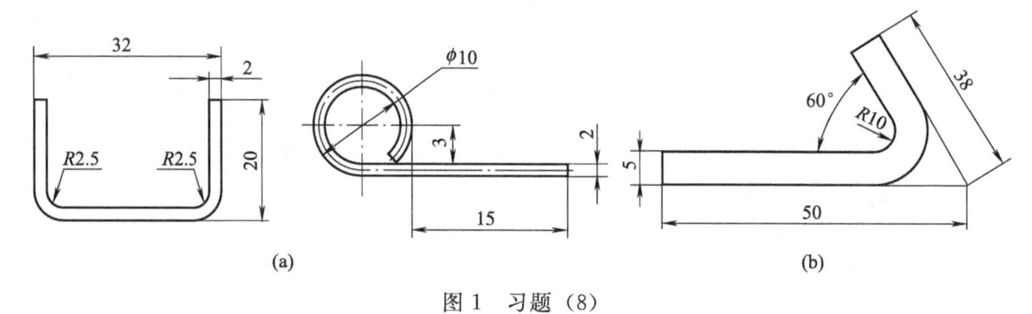

图1　习题（8）

（9）试用工序草图表示图2中弯曲件的弯曲工序安排。

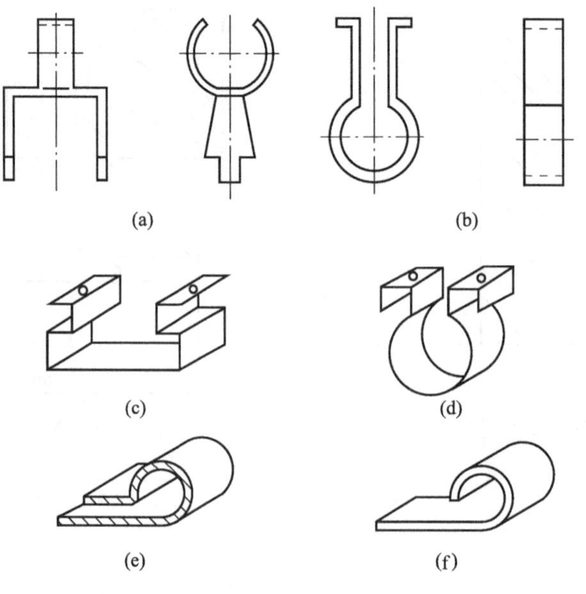

图2　习题（9）

(10) 试分析图 3 所示工件的工艺方案。进行工艺计算，并画出模具结构图。工件材料为 08F，批量为 20000 件/年。

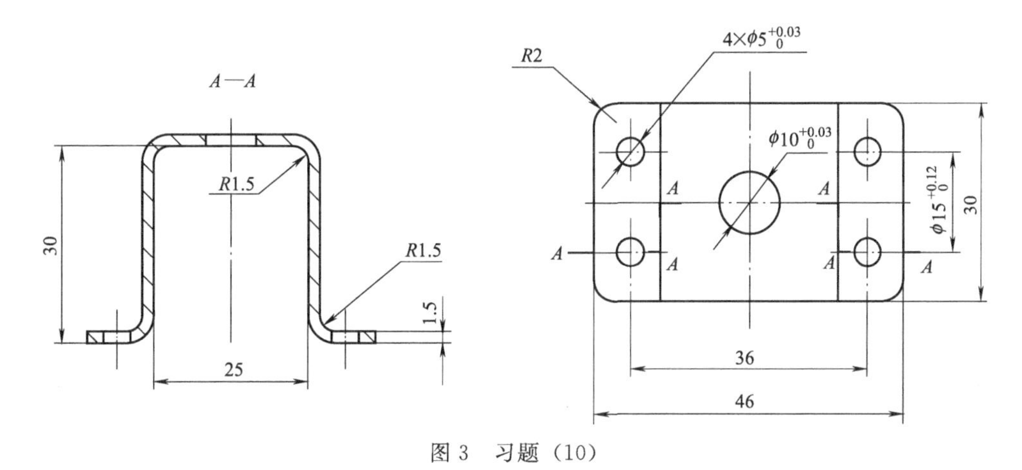

图 3　习题 (10)

(11) 试确定图 4 所示冲件的展开尺寸及冲压工序过程，并选择相应的冲压设备（厚度 $t=1$mm）。

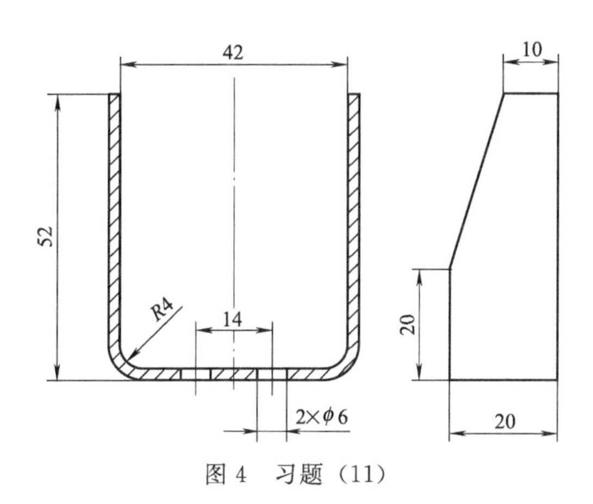

图 4　习题 (11)

学习情境3 拉深模具设计

学习目标

能够掌握拉深模具工作过程，拉深件质量控制，拉深工艺计算，拉深力计算，拉深模结构。能进行拉深件工艺分析，制定拉深工艺方案，设计拉深模具总装配图及零件图，合理选用标准件以及冲压设备。

【任务分析】

① 以无凸缘筒形件和有凸缘筒形件的拉深为载体，掌握拉深工艺方案的制定。

② 进行必要的工艺计算。

③ 掌握模具的设计方法与步骤。

④ 设计模具零件图和总装配图。

【知识准备】

1. 拉深工作过程

拉深是利用拉深模在压力机的压力作用下，将冲裁好的平板坯料或空心工件制成开口空心零件的加工方法，简单的拉深模如图 3-1 所示。拉深又称拉延，它是冲压基本工序之一。可以加工旋转体零件，还可加工盒形零件及其他形状复杂的薄壁零件。

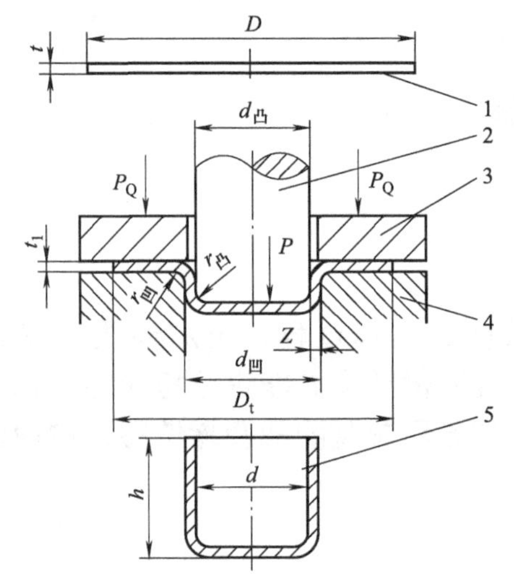

图 3-1 筒形件的拉深模

1—坯料；2—凸模；3—压边圈；4—凹模；5—拉深件

拉深工艺通常分为两类：一是不变薄拉深，还有一种是变薄拉深，本章主要介绍不变薄拉深。

(1) 拉深变形过程

图 3-2 是将直径为 D、厚度为 t 的圆形坯料，经拉深变形得到了具有直径为 d、高度为 h 的筒形拉深制件。

如果不用模具，那么采用什么方法可以将一块圆形的平板毛坯加工成开口的圆筒形件？要把直径为 D 的圆纸片变成一个直径为 d 的圆筒，若强制成形，侧壁就会起皱。假想按图 3-2 所示，把环形区阴影部分（三角形）去掉，则可成为一个侧壁没有多余料、也不会起皱的纸筒。

但在金属板料的实际拉深过程中，并不是把阴影部分的多余料裁掉，而是通过塑性变形，阴影部分被转移到增加筒形件的高度，使 $h>(D-d)/2$ 。因此，拉深变形是一个较为复杂的塑性变形过程。平板毛坯在凸模压力的作用下，凸模底部的材料变形很小，而毛坯 $(D-d)$ 的环形区的金属在凸模压力的作用下，要受到拉应力和压应力的作用，径向伸长、切向缩短，依次流入凸凹模的间隙里成为筒壁，最后，使平板毛坯完全变成圆筒形工件为止。

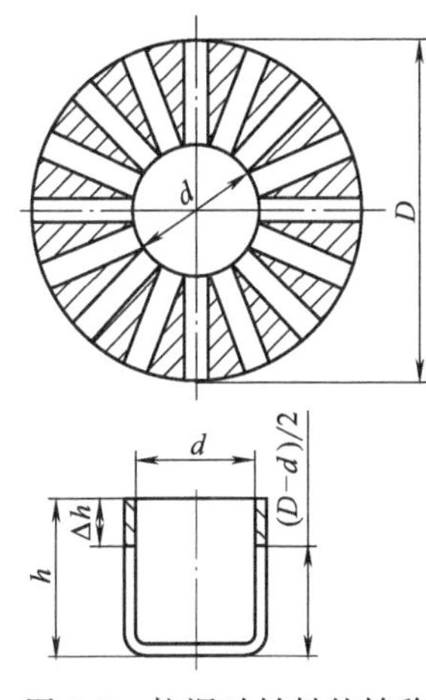

图 3-2　拉深时材料的转移

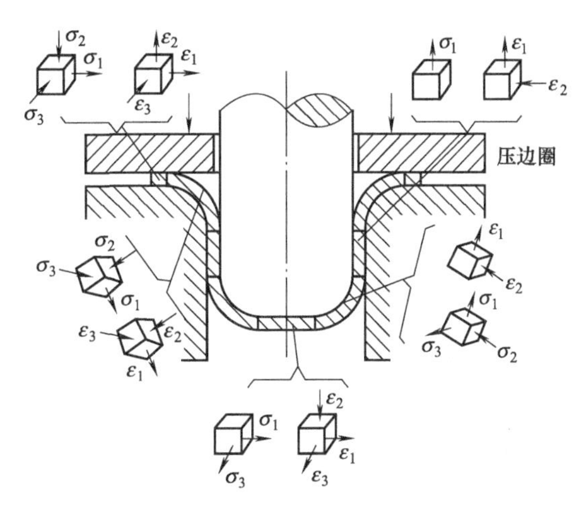

图 3-3　拉深中坯料的应力——应变状态

（2）拉深变形时的受力与应力分析

拉深过程中，不同区域的材料由于变形的不均匀，其应力状态也不同，导致拉深件各部分的厚度、硬度也不一致。为了更深刻地认识拉深变形，有必要探讨拉深过程中材料各部分的应力——应变状态。图 3-3 所示为拉深过程中的某一时刻，坯料所处的状态。图中：σ_1，ε_1 分别表示材料径向的应力与应变；σ_2，ε_2 分别表示板料厚度方向的应力与应变；σ_3，ε_3 分别表示材料切向的应力与应变。

根据拉深坯料各部分应力——应变状态的不同，可划分为 5 个区域。

① 平面凸缘区——主要变形区　拉深变形主要发生在该区域，材料在径向的拉应力 $+\sigma_1$ 和切向压应力 $-\sigma_3$ 作用下，发生塑性变形而逐渐进入凹模。在压边圈的作用下，厚度方向存在压应力 $-\sigma_2$，通常 σ_2 的绝对值要比 σ_1、σ_3 小很多，故材料的应变主要是切向 $-\varepsilon_3$ 和径向 $+\varepsilon_1$，板厚方向产生不大的 $+\varepsilon_2$。由于愈靠外缘需要转移的材料愈多，此处材料稍有增厚。因此，愈到外缘材料变得愈厚，硬化也愈严重。

② 凹模圆角区——过渡区　这是材料由凸缘进入筒壁的过渡变形区，变形比较复杂。除有与平面凸缘区相同的特点即径向受拉应力 $+\sigma_1$ 作用产生 $+\varepsilon_1$ 和切向受压应力 $-\sigma_3$ 作用产生 $-\varepsilon_3$ 外，还由于承受凹模圆角的压力和弯曲的作用而产生较大的 $-\sigma_2$。该区域 $+\sigma_1$ 及相应的 $+\varepsilon_1$ 的绝对值最大。因此板厚方向产生 $-\varepsilon_2$，此处材料厚度减薄。

③ 筒壁区——传力区　该区域材料已完成塑性变形，成为筒形，基本不再发生大的变形。直径不变，即切向应变 ε_3 为零。但它是传力区，在继续拉深时，凸模作用的拉深力要经过筒壁传递到凸缘部分，故它承受单向拉应力 $+\sigma_1$ 的作用，发生少量径向伸长 $+\varepsilon_1$ 和厚度方向变薄 $-\varepsilon_2$。

④ 凸模圆角区——过渡区　这是筒壁与筒底的过渡变形区，材料除承受径向拉应力 $+\sigma_1$ 和切向拉应力 $+\sigma_3$ 外（在外侧，$+\sigma_3$ 作用更明显），还由于凸模圆角的压力和弯曲作用，在厚度方向承受 $-\sigma_2$。其应变状态与筒壁部分相同，但是 $-\varepsilon_2$ 引起的变薄现象比筒壁部分严重得多，成为拉深过程中的"危险断面"，此处容易拉裂成为废品。

⑤ 筒底区——小变形区　该区域材料基本不变形，但由于作用于凸模圆角区的拉深力，使材料承受双向拉应力 $+\sigma_1$ 与 $+\sigma_3$，其应变为平面方向的 $+\varepsilon_1$ 和 $+\varepsilon_3$ 以及厚度方向的 $-\varepsilon_2$。由于凸模圆角处摩擦的制约，该区域的应力与应变均不大，$-\varepsilon_2$ 可忽略不计。

2. 拉深件质量

拉深过程中的质量问题：主要是凸缘变形区的起皱和筒壁传力区的拉裂。

(1) 起皱及其控制

拉深过程中，拉深的变形区较大，金属流动性大，当坯料凸缘切向压应力 σ_3 过大，可能产生塑性失稳而拱起，产生皱折，其表征为起皱，如图 3-4 所示。轻微的起皱，坯料可通过凸、凹模间隙，仅在筒壁上留下皱痕，影响制件表面质量；而严重的起皱会使材料不易被拉入凸、凹模的间隙里，使拉深件底部圆角部分受力过大而被拉裂，因此，起皱应尽量避免。

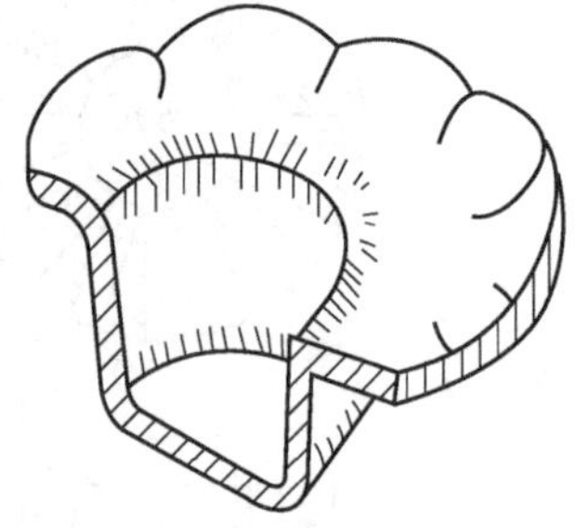
图 3-4　拉深件的起皱现象

失稳起皱原因：凸缘部分材料的失稳与压杆两端受压失稳相似，它不仅取决于切向压应力 σ_3 的大小，而且与凸缘相对厚度 $t/(D_t-d)$ 有关，式中：t 为料厚；D_t 为凸缘外径；d 为工件直径。σ_3 愈大，$t/(D_t-d)$ 愈小，则愈易起皱。此外，材料弹性模量 E 愈大，抵抗失稳的能力也愈大。使凸缘失稳起皱趋势最为强烈的瞬间落在 $R_t=(0.8\sim0.9)r$ 时刻，式中：R_t 为凸缘外半径；r 为工件半径。

防止起皱的方法有：

① 采用压边圈，通过压边圈的压力作用，材料被强迫在压边圈和凹模平面的间隙中流动，可以减少起皱；

② 选用屈强比 σ_s/σ_b 小、屈服点 σ_s 低的材料，尽量使板料的相对厚度 t/D 大些，以增大其变形区抗压缩失稳的能力；

③ 采用适当的拉深筋，对防止起皱也有较好的效果；

④ 采用反拉深方法。

(2) 拉裂及其控制

拉深时，当筒壁传力区拉应力大于材料的有效抗拉强度时，拉深件即被拉裂，如图 3-5 所示。拉裂一般发生在筒壁与筒底过渡部位的圆角与侧壁相切处，此危险断面为拉深时最易拉裂的。产生拉裂的原因是：由于凸缘失稳起皱，坯料不能通过凸、凹模间隙，使筒壁所受总拉应力异常增大所致；拉深变形程度太大；模具工作部分的几何尺寸不合理及摩擦系数的影响等。

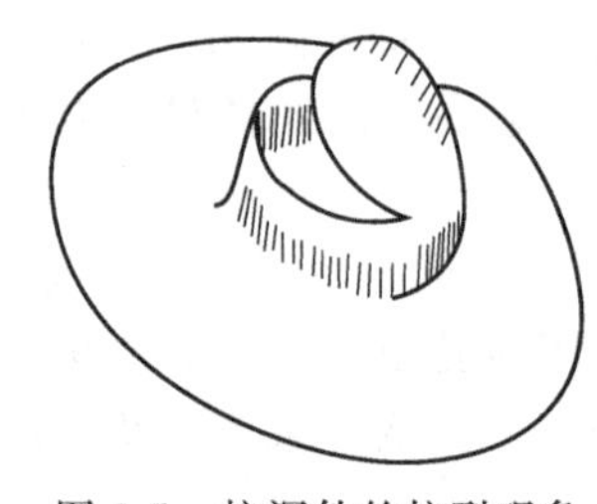
图 3-5　拉深件的拉裂现象

防止拉裂的主要措施有：可根据板材的成形性能，采用适当的拉深比和压边力；合理设计凸、凹模圆角半径；合理进行润滑；选用拉深性能好的材料。一般来说，起皱并不是拉深过程中的主要问题，因起皱总是可以通过压边、采用拉深筋、采用反拉深等方法予以消除，而破裂则是拉深工作中的主要问题。

3. 拉深件工艺性

拉深件的工艺性，是指拉深零件采用拉深成形工艺的难易程度。良好的工艺性应该保证材料消耗小、工序数目少、模具结构简单、产品质量稳定、废品少并操作简单等。在设计拉深零件时，应根据材料拉深时的变形特点和规律，提出满足工艺性的要求。

(1) 拉深件的材料

用于拉深的材料一般要求具有较好的塑性、低的屈强比、大的板厚方向性系数和小的板平面方向性。

(2) 拉深件的结构与尺寸

① 拉深件的形状应尽量简单、对称，尽可能一次拉深成形。

旋转体拉深件在圆周方向的变形是均匀的，模具加工也容易，故其工艺性最好。对于其他非对称的拉深件，尽量避免急剧的轮廓变化。对半敞开的或非对称的空心件，应能组合成对进行拉深，然后将其剖切成两个或多个零件，如图 3-6 所示。

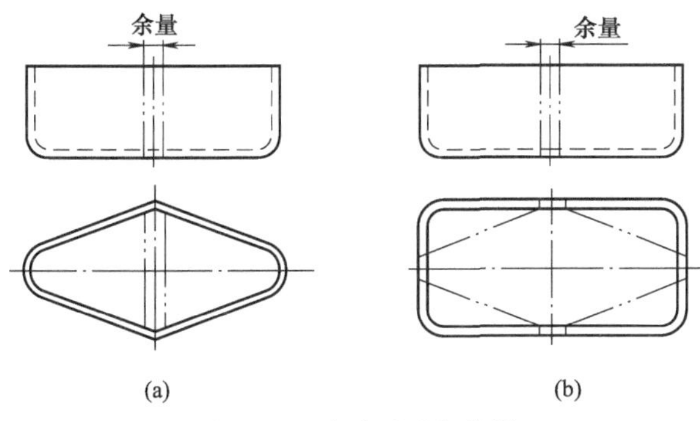

图 3-6　组合成对进行拉深

② 在保证装配要求的前提下，应允许拉深件侧壁有一定的斜度。

③ 拉深件的底与壁、凸缘与壁、矩形件四角的圆角半径应满足：$r \geqslant t$，$R \geqslant 2t$，$r_g \geqslant 3t$，如图 3-7 所示。否则，应增加一道整形工序。

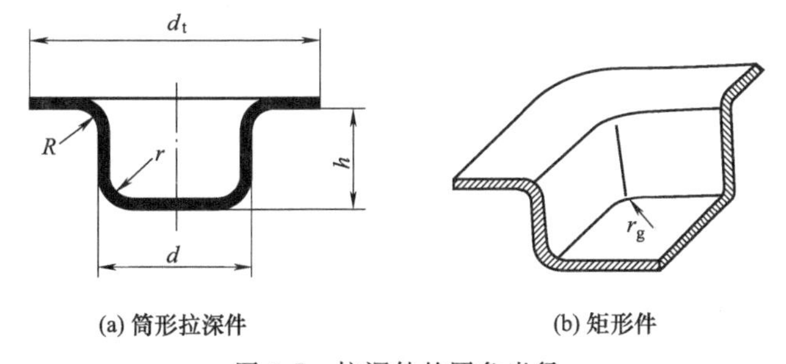

图 3-7　拉深件的圆角半径

④ 设计拉深件时，不能同时标注内外形尺寸，应明确注明必须保证的是外形还是内形。带台阶的拉深件，其高度方向的尺寸标注一般应以底部为基准。

(3) 拉深件的精度

拉深件的公差包括直径方向的尺寸精度和高度方向的尺寸精度，其断面尺寸公差等级一般都在 IT11 以下。拉深件的公差大小与毛坯厚度、拉深模的结构和拉深方法等有着密切的关系。对于拉深件尺寸精度要求较高的，需在拉深以后增加整形工序来提高尺寸精度。

4. 旋转体拉深件坯料尺寸计算

拉深件毛坯尺寸计算得准确与否，不仅直接影响整个生产过程，而且对冲压生产有很大的经济意义，因为在冲压的总成本中，零件的材料费用将占到 60%～80%。

(1) 坯料形状和尺寸确定原则

拉深时，金属材料按一定的规律流动，坯料的形状必须适应金属流动的要求。由于拉深前和拉深后材料的体积不变，对于不变薄拉深，坯料尺寸一般忽略厚度的变化，按“坯料面积等于制件面积”的原则确定坯料尺寸，即拉深前毛坯表面积等于拉深后零件的表面积。

(2) 简单旋转体拉深件坯料尺寸确定

旋转形件拉深无疑应采用圆形坯料，也就是只要求出它的直径，即可确定坯料尺寸。在计算毛坯尺寸之前，还须考虑到下面一个重要问题：由于板料性质具有各向异性，加上凸、凹模之间的间隙不均匀性等原因，拉深后工件的顶端一般都不平齐，通常需要修边，也就是将不平齐的部分切除。所以在计算毛坯尺寸之前，为保证制件的尺寸，需在拉深件边缘（无凸缘拉深件为高度方向，有凸缘拉深件为半径方向）上加一段修边余量 Δh。根据生产实践经验，无凸缘拉深件的修边余量 Δh 的数值，可在表 3-1 选取，有凸缘拉深件的修边余量 ΔR，见表 3-2。

表 3-1 无凸缘拉深件的修边余量 Δh 单位：mm

工件高度 h	工件的相对高度 h/d 或 h/b				附　图
	>0.5～0.8	>0.8～1.6	>1.6～2.5	>2.5～4	
≤10	1.0	1.2	1.5	2	
>10～20	1.2	1.6	2	2.5	
>20～50	2	2.5	3.3	4	
>50～100	3	3.8	5	6	
>100～150	4	5	6.5	8	
>150～200	5	6.3	8	10	
>200～250	6	7.5	9	11	
>250～300	7	8.5	10	12	

注：1. b 为矩形件短边宽度。

2. 拉深较浅的高度尺寸要求不高的工件可不考虑修边余量。

表 3-2 有凸缘拉深件的修边余量 ΔR 单位：mm

凸缘直径 d_T	凸缘的相对直径 d_T/d				附　图
	1.5 以下	>1.5～2	>2～2.5	>2.5	
≤25	1.8	1.6	1.4	1.2	
>25～50	2.5	2.0	1.8	1.6	
>50～100	3.5	3.0	2.5	2.2	
>100～500	4.3	3.6	3.0	2.5	
>150～200	5.0	4.2	3.5	2.7	
>200～250	5.5	4.6	3.8	2.8	
>250	6	5	4	3	

简单旋转体拉深件坯料尺寸的计算步骤：

① 将拉深件划分为若干个简单的几何体；

② 分别求出各简单几何体的表面积并相加，即为零件总面积；

③ 根据零件表面积相等原则，求出坯料直径。

如图 3-8 所示，筒形件可划分为 3 部分：$\sum A = A_1 + A_2 + A_3$

$$A_1 = \pi d(H - r)$$

$$A_2 = \pi r(\pi d_1 + 4r)/2$$

$$A_3 = \pi(d - 2r)^2/4$$

式中，$d_1 = d - 2r$，由 $\sum A = A_1 + A_2 + A_3 = \pi D^2/4$，得坯料直径 D：

$$D = \sqrt{d^2 + 4dH - 1.72rd - 0.56r^2} \tag{3-1}$$

在计算中，工件的直径按厚度中线计算，当板厚 $t <$ 1mm，不需将工件的直径换算到厚度中线，可按工件的外形或内形尺寸计算。表 3-3 列出了简单几何体面积的计算公式。对于常用的简单形状旋转体拉深件，毛坯直径 D 的计算公式可直接查表 3-4。

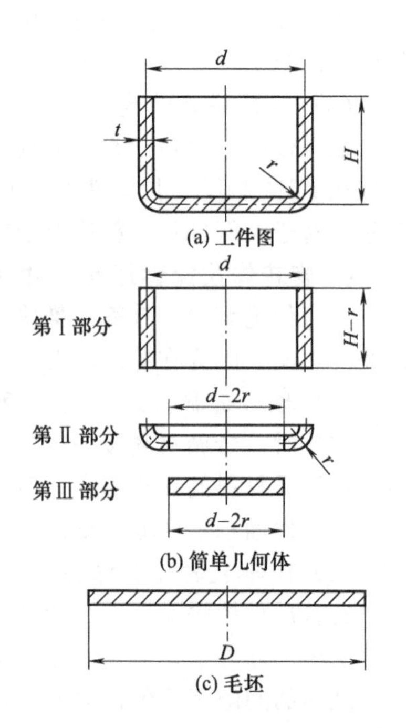

图 3-8 无凸缘圆筒形件的毛坯计算

表 3-3　常用简单形状的表面积计算公式

序号	名　　称	几　何　体	面　积　A
1	圆	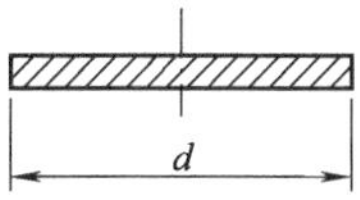	$\frac{\pi d^2}{4}$
2	圆环	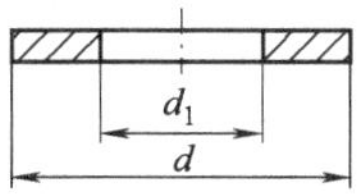	$\frac{\pi}{4}(d^2-d_1^2)$
3	圆柱	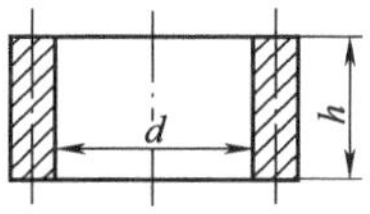	πdh
4	半球	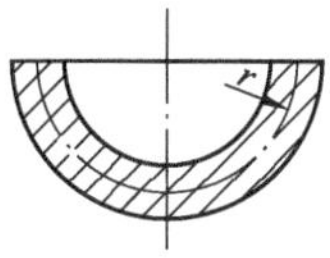	$2\pi r^2$
5	1/4 球环	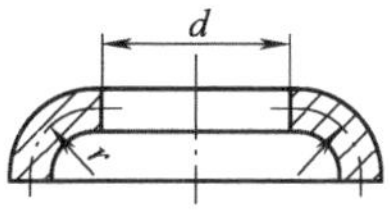	$\frac{\pi}{2}r(\pi d+4r)$
6	1/4 凹球环	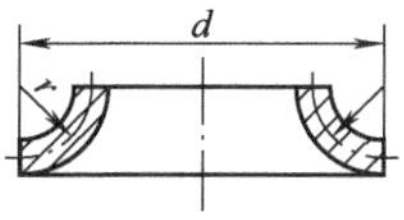	$\frac{\pi}{2}r(\pi d-4r)$
7	圆锥	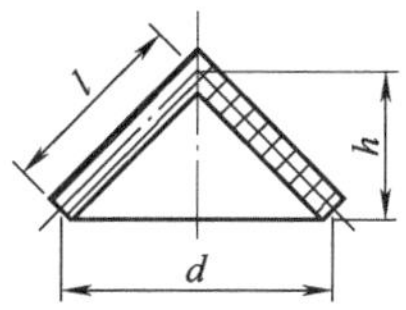	$\frac{\pi dl}{2}$或$\frac{\pi}{4}d\sqrt{d^2+4h^2}$
8	圆锥台	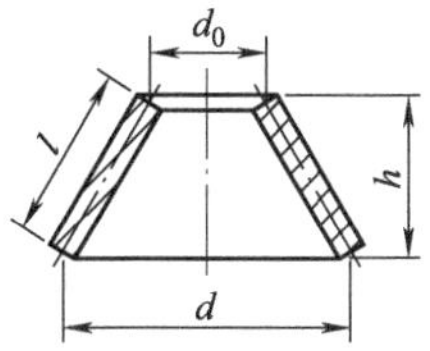	$\pi l\left(\frac{d_0+d}{2}\right)$ 式中　$l=\sqrt{h^2+\left(\frac{d-d_0}{2}\right)^2}$
9	球缺	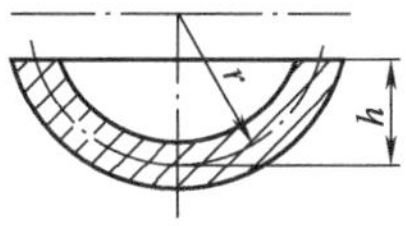	$2\pi rh$
10	凸球环	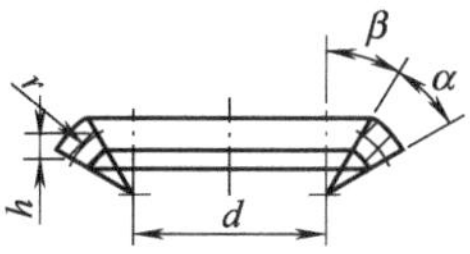	$\pi(dl+2rh)$ 式中　$h=r[\cos\beta-\cos(\alpha+\beta)]$， $l=\frac{\pi r\alpha}{180°}$
11	凹球环	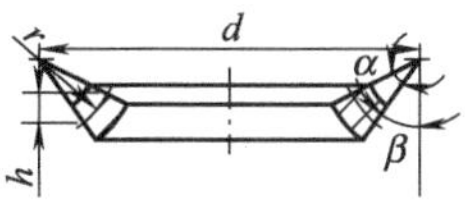	$\pi(dl-2rh)$ 式中　$h=r[\cos\beta-\cos(\alpha+\beta)]$ $l=\frac{\pi r\alpha}{180°}$

表 3-4　常用旋转体拉深件毛坯直径的计算公式

序号	工件形状	毛坯直径 D
1	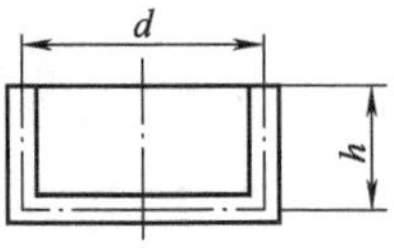	$D=\sqrt{d^2+4dh}$
2	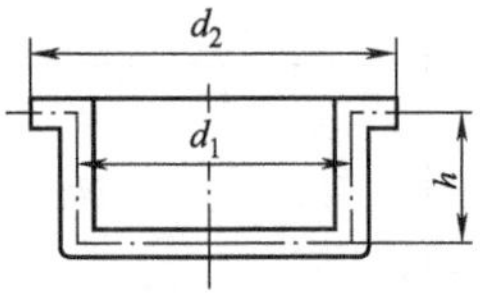	$D=\sqrt{d_2^2+4d_1h}$
3	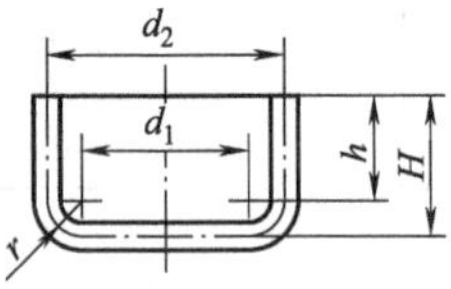	$D=\sqrt{d_1^2+4d_2h+6.28rd_1+8r^2}$ 或 $D=\sqrt{d_2^2+4d_2H-1.72rd_2-0.56r^2}$
4	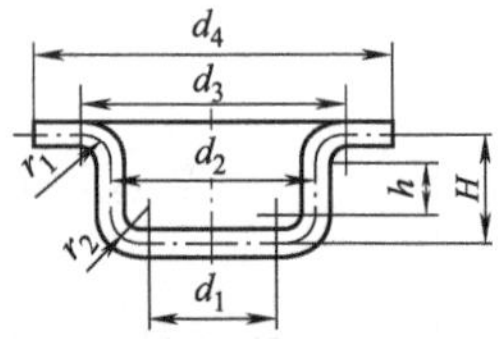	$D=\sqrt{d_1^2+2\pi r_2d_1+8r_2^2+4d_2h+2\pi r_1d_2+4.56r_1^2+d_4^2-d_3^2}$ 若 $r_1=r_2=r$ 时，则 $D=\sqrt{d_1^2+4d_2h+2\pi r(d_1+d_2)+4\pi r_2+d_4^2-d_3^2}$ 或 $D=\sqrt{d_4^2+4d_2H-3.44rd_2}$
5	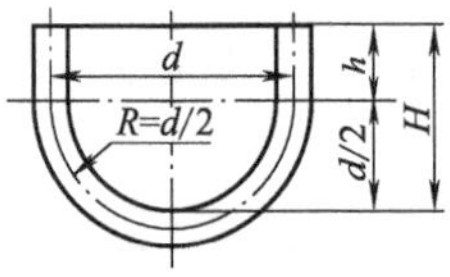	$D=1.414\sqrt{d_2+2dh}$ 或 $D=2\sqrt{dH}$
6	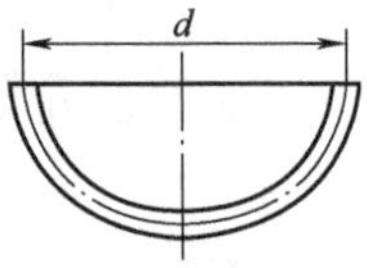	$D=\sqrt{2d^2}=1.414d$
7	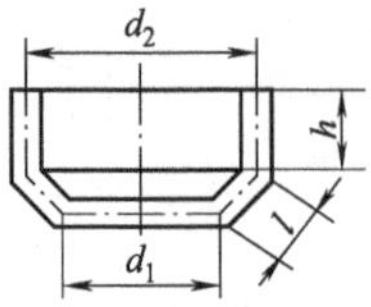	$D=\sqrt{d_1^2+2l(d_1+d_2)+4d_2h}$
8	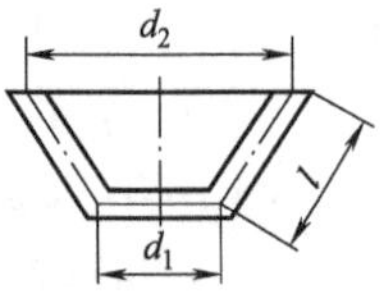	$D=\sqrt{d_1^2+2l(d_1+d_2)}$

（3）复杂旋转体拉深件坯料尺寸确定

复杂形状回转体拉深件板料直径计算的关键是确定回转体拉深件的表面积。任何回转体表面积都可用形心法（久里金法则）求得。形心法如图 3-9 所示，回转体表面积 A 等于外形曲线（母线）长度 L 与其形心绕轴旋转所得周长 $2\pi R_X$ 的乘积，即：

$$A = 2\pi R_X L \tag{3-2}$$

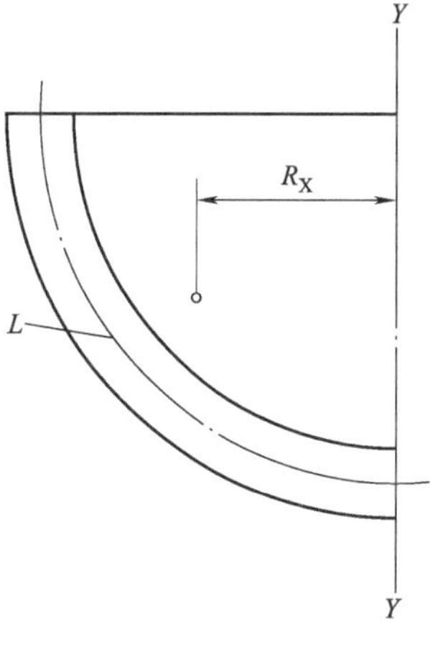

图 3-9　回转体表面积计算

按上述原则确定坯料尺寸时，求出的毛坯直径，都有一定的误差，使用时必须进行修正，最终得出准确的毛坯直径。复杂的拉深件不仅工艺复杂，拉深模具也很难设计，因此，拉深件不宜太复杂。

5. 圆筒形件的拉深工艺计算

由于拉深零件的高度与其直径的比值不同，有的零件可以用一道拉深工序制成；而有些高度大的零件，则需要进行多次拉深工序才能制成。在拉深工艺设计时，必须判断制件是否能一次拉深成形，或需要几道工序才能拉成。正确解决这个问题直接关系到拉深生产的经济性和拉深件的质量。在制定拉深件的工艺过程和设计拉深模时，为了用最少的拉深次数完成拉深，每次拉深时既要保证材料的应力不超过其强度极限，又要充分利用材料的塑性，达到最大可能的变形程度。

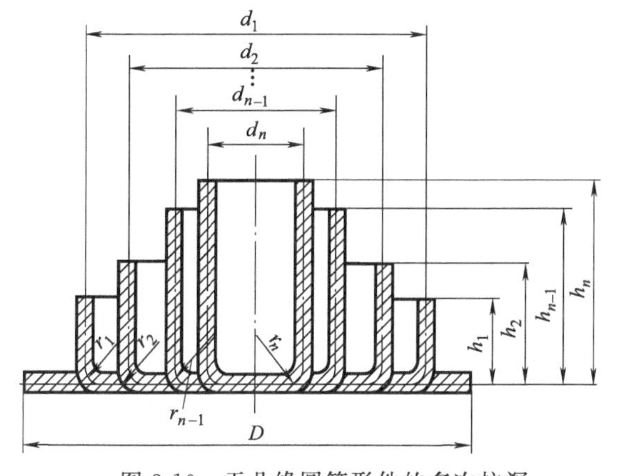

图 3-10　无凸缘圆筒形件的多次拉深

（1）拉深系数

拉深件变形程度用拉深系数来表示，故拉深系数是拉深工艺的基本参数。每次拉深后的筒形件直径与拉深前坯料（或前道工序件）的直径之比称为拉深系数，用符号 m 表示，如图 3-10 所示。即：

第一次拉深系数：$m_1 = d_1/D$

第二次拉深系数：$m_2 = d_2/d_1$

第 n 次拉深系数：$m_n = d_n/d_{n-1}$

式中　m_1，m_2，…，m_n——各次的拉深系数；

d_1，d_2，…，d_n——各次拉深后工件直径；

D——毛坯直径。

工件的直径 d_n 与毛坯直径 D 之比称为总拉深系数，即工件所需要的拉深系数：

$$m_{总} = d_n/D = m_1 m_2 m_3 \cdots m_n \tag{3-3}$$

生产上为了减少拉深次数，一般希望采用小的拉深系数。可是，如果拉深系数取得过小，则拉深变形程度就过大，会使拉深件局部严重变薄甚至断裂。因此拉深系数的减少应有一个限度，这个限度称之为极限拉深系数，也就是使拉深件不破裂的最小拉深系数。表 3-5 和表 3-6 为无凸缘筒形件用压边圈和不用压边圈时的极限拉深系数，表 3-7 为各种材料的拉深系数，表中 m_n 为以后各次拉深系数的平均值。

从表 3-5～表 3-7 可以看出，用压边圈首次极限拉深系数约为 0.5～0.6，以后各次拉深系数的平均值约为 0.75～0.85；由于冷作硬化，首次极限拉深系数最小，以后各次逐渐增大，但第二次以后的每次增量相对首次要小得多；不用压边圈的极限拉深系数要大于用压边

表 3-5 无凸缘筒形件用压边圈的极限拉深系数

拉深系数	毛坯相对厚度(t/D)/%					
	0.08～0.15	0.15～0.3	0.3～0.6	0.6～1.0	1.0～1.5	1.5～2.0
m_1	0.60～0.63	0.58～0.60	0.55～0.58	0.53～0.55	0.50～0.53	0.48～0.50
m_2	0.80～0.82	0.79～0.80	0.78～0.79	0.76～0.78	0.75～0.76	0.73～0.75
m_3	0.82～0.84	0.81～0.82	0.80～0.81	0.79～0.80	0.78～0.79	0.76～0.78
m_4	0.85～0.86	0.83～0.85	0.82～0.83	0.81～0.82	0.80～0.81	0.78～0.80
m_5	0.87～0.88	0.86～0.87	0.85～0.86	0.84～0.85	0.82～0.84	0.80～0.82

注：1. 表中数据适用于 08 钢、10 钢和 15Mn 等普通拉深钢及 H62。对拉深性能较差的材料 20 钢、25 钢、Q215、Q235 钢、硬铝等应比表中数值大 1.5%～2.0%；而对塑性更好的 05 钢、08 钢、10 钢及软铝应比表中数值小 1.5%～2.0%。

2. 表中数据运用于未经中间退火的拉深。若采用中间退火，可取较表中数值小 2%～3%。

3. 表中较小值适用于大的凹模圆角半径 $[r_d=(8\sim15)t]$，较大值适用于小的凹模圆角半径 $[r_d=(4\sim8)t]$。

表 3-6 无凸缘筒形件不用压边圈时的极限拉深系数

拉深系数	毛坯相对厚度(t/D)/%				
	1.5	2.0	2.5	3.0	>3
m_1	0.65	0.60	0.55	0.53	0.50
m_2	0.80	0.75	0.75	0.75	0.70
m_3	0.84	0.80	0.80	0.80	0.75
m_4	0.87	0.84	0.84	0.84	0.78
m_5	0.90	0.87	0.87	0.87	0.82
m_6	—	0.90	0.90	0.90	0.85

注：此表适用于 08 钢、10 钢及 15Mn 等材料；其余各项目同表 3-5 注。

圈的极限拉深系数。

表 3-8 是判定是否要用压边圈的条件。

影响拉深系数的因素如下所述。

① 材料的性能方面　材料的屈强比 σ_s/σ_b 小、组织均匀、方向性小，有利于降低极限拉深系数。材料的厚向异性系数 r 值大，说明板料在厚度方向变形困难，危险断面不易变薄、拉断，因而对拉深有利，拉深系数也可以减小。

② 毛坯的相对厚度 t/D　相对厚度越大对拉深越有利。因为 t/D 越大，抵抗凸缘处失稳起皱的能力越高，因而可以减少甚至不需要压边力，也就可减小摩擦阻力，使变形抗力相应地减少，有利于减小拉深系数。

③ 凸、凹模圆角半径　应设计合理的凸模圆角半径和凹模圆角半径以及选择合理的拉深间隙。因为过小的凸模圆角半径和过小的凹模圆角半径以及过小的拉深间隙会使拉深过程中摩擦阻力与弯曲阻力增加，危险断面的变薄加剧，而过大的凸模圆角半径和过大的凹模圆角半径以及过大的拉深间隙会减小有效压边面积，使板料的悬空部分增加，易于使板料失稳起皱。

采用压边圈并配以合理的压边力对拉深有利，可以减小拉深系数。

④ 润滑　良好的润滑可以减小拉深力，从而可以减小拉深系数。凹模（特别是其圆角入口处）与压边圈的工作表面应尽量光滑并采用润滑剂，以减小对板料变形流动的阻力，减小传力区危险断面的负担，可以减小拉深系数。对于凸模工作表面，则不必做得很光滑，也不需要润滑（但对矩形盒件的拉深例外），使其与板料之间有相当的摩擦力，有利于阻止危险断面变薄，因而有利于减小拉深系数。

表 3-7 为各种材料的拉深系数

材　　料	牌　　号	首次拉深 m_1	以后各次拉深 m_n
铝和铝合金	8A06M,1035M,3A21M	0.52～0.55	0.70～0.75
杜拉铝	2A11M、2A12M	0.56～0.58	0.75～0.80
黄铜	H62	0.52～0.54	0.70～0.72
	H68	0.50～0.52	0.68～0.72
纯铜	T2,T3,T4	0.50～0.55	0.72～0.80
无氧铜		0.52～0.58	0.75～0.82
镍、镁镍、硅镍		0.48～0.53	0.70～0.75
康铜(铜镍合金)		0.50～0.56	0.74～0.84
白铁皮		0.58～0.65	0.80～0.85
酸洗钢板		0.54～0.58	0.75～0.78
不锈钢、耐热钢及其合金	Cr13	0.52～0.56	0.75～0.78
	Cr18Ni	0.50～0.52	0.70～0.75
	1Cr18Ni9Ti	0.52～0.55	0.78～0.81
	Cr18Ni11Nb、Cr23Ni18	0.52～0.55	0.78～0.80
	Cr20Ni75Mo2AlTiNb	0.46	—
	Cr25Ni60W15Ti	0.48	—
	Cr22Ni38W3Ti	0.48～0.50	—
	Cr20Ni80Ti	0.54～0.59	0.78～0.84
钢	30CrMnSiA	0.62～0.70	0.80～0.84
可伐合金		0.65～0.67	0.85～0.90
钼铱合金		0.72～0.82	0.91～0.97
钽		0.65～0.67	0.84～0.87
铌		0.65～0.67	0.84～0.87
钛合金	工业钝钛	0.58～0.60	0.80～0.85
	TA5	0.60～0.65	0.80～0.85
锌		0.65～0.70	0.85～0.90

注：1. 凹模圆角半径 $R_{凹}<6t$ 时，拉深系数取大值；

2. 凹模圆角半径 $R_{凹}\geqslant(7\sim8)t$ 时，拉深系数取小值；

3. 材料的相对厚度 $(t/D)\geqslant0.6\%$，拉深系数取小值；

4. 材料的相对厚度 $(t/D)<0.6\%$时，拉深系数取大值。

表 3-8 采用或不采用压边圈的条件

拉 深 方 法	第一次拉深		以后各次拉深	
	$(t/D)/\%$	m_1	$(t/d_{n-1})/\%$	m_n
用压边圈	<1.5	<0.6	<1	<0.8
可用可不用	1.5～2.0	0.6	1～1.5	0.8
不用压边圈	>2.0	>0.6	>1.5	>0.8

(2) 拉深次数

当制件所需的拉深系数大于极限拉深系数时，即：

$$m_{总}=d_n/D\geqslant[m_1] \tag{3-4}$$

该制件可一次拉成，否则，就需多次拉深。

① 推算法确定拉深次数　多次拉深的拉深次数的确定方法很多，生产上经常用推算法进行计算，就是把毛坯直径依次乘以查出的极限拉深系数 m_1，m_2，…，m_n 得各次半成品的直径，即：

$$d_1=m_1D$$

$$d_2=m_2d_1$$

……

$$d_n = m_n d_{n-1} \tag{3-5}$$

直到计算出的直径 $d_n \leqslant d$ 为止（d 为工件的直径）。直径 d_n 中的 n 即表示拉深次数。

② 查表法确定拉深次数　拉深次数也可根据拉深件的相对高度 h/d（拉深件的高度 h 与直径 d 的比值），由表 3-9 查出拉深次数。也可根据总拉深系数 $m_{总}$ 查表 3-10 查取拉深次数。

表 3-9　无凸缘筒形件拉深相对高度 h/d 与拉深次数的关系（材料：08F，10F）

拉深次数	毛坯相对厚度(t/D)/%					
	0.08～0.15	0.15～0.3	0.3～0.6	0.6～1.0	1.0～1.5	1.5～2.0
1	0.38～0.46	0.45～0.52	0.5～0.62	0.57～0.71	0.65～0.84	0.77～0.94
2	0.7～0.9	0.83～0.96	0.94～1.13	1.1～1.36	1.32～1.60	1.54～1.88
3	1.1～1.3	1.3～1.6	1.5～1.9	1.8～2.3	2.2～2.8	2.7～3.5
4	1.5～2.0	2.0～2.4	2.4～2.9	2.9～3.6	3.5～4.3	4.3～5.6
5	2.0～2.7	2.7～3.3	3.3～4.1	4.1～5.2	5.1～6.6	6.6～8.9

注：1. 大的 h/d 适用于首次拉深工序的大凹模圆角 [$r_d \approx (8\sim15)t$]；

2. 小的 h/d 适用于首次拉深工序的小凹模圆角 [$r_d \approx (4\sim8)t$]；

3. 大的 h/d 值适用于首道拉深工序的大凹模圆角 [$R_{凹} \approx (8\sim15)t$]；小的 h/d 值适用于首道拉深工序的小凹模圆角 [$R_{凹} \approx (4\sim8t)$]。

表 3-10　总拉深系数 $m_{总}$ 与拉深次数的关系

拉深次数 n	毛坯相对厚度(t/D)/%				
	2～1.5	1.5～1.0	1.0～0.5	0.5～0.2	0.2～0.06
2	0.33～0.36	0.36～0.40	0.40～0.43	0.43～0.46	0.46～0.48
3	0.24～0.27	0.27～0.30	0.30～0.34	0.34～0.37	0.37～0.40
4	0.18～0.21	0.21～0.24	0.24～0.27	0.27～0.30	0.30～0.33
5	0.13～0.16	0.16～0.19	0.19～0.22	0.22～0.25	0.25～0.29

注：表中数值适用于 08 钢及 10 钢的圆筒形拉深件（用压边圈）。

(3) 各次拉深工序件尺寸计算

两次及以上拉深时，须计算各次工序件尺寸作为设计模具的依据。

① 无凸缘圆筒形拉深件的工序件尺寸计算

a. 工序件直径的确定。确定了圆筒形件拉深次数后，工序件直径可由各工序的拉深系数和前道工序的直径求得。

第一次拉深后工件直径　$d_1 = m_1 D$

第二次拉深后工件直径　$d_2 = m_2 d_1 = m_1 m_2 D$

第三次拉深后工件直径　$d_3 = m_3 d_2 = m_1 m_2 m_3 D$

……

第 n 次拉深后工件直径　$d_n = m_n d_{n-1} = m_1 m_2 m_3 \cdots m_n D$　(3-6)

式中　d_n——第 n 次工件拉深直径；

D——毛坯直径；

m_n——极限拉深系数，见表 3-5～表 3-7。

b. 工序件圆角的确定。确定各次工序件底部的内圆角半径 r（即凸模圆角半径）时，参照后文相应部分。

c. 工序件高度的确定。工序件的高度可根据工序件的面积与毛坯面积相等的原则求得，如图 3-11 所示。

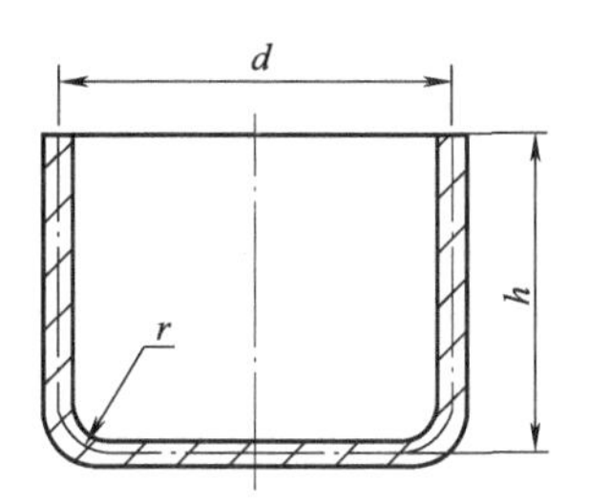

图 3-11　无凸缘圆筒形拉深件

查表 3-4 得，无凸缘圆筒形拉深件的毛坯直径为：

$$D=\sqrt{d^2+4dh-1.72rd-0.56r^2}$$

可以解得工序件高度：$h=\frac{1}{4d}(D^2-d^2+1.72rd+0.56r^2)$

由此可得圆筒形件第一次拉深高度：$h_1=\frac{1}{4d_1}(D^2-d_1^2+1.72r_1d_1+0.56r_1^2)$

第二次拉深高度：$h_2=\frac{1}{4d_2}(D^2-d_2^2+1.72r_2d_2+0.56r_2^2)$

……

第 n 次拉深高度：$h_n=\frac{1}{4d_n}(D^2-d_n^2+1.72r_nd_n+0.56r_n^2)$　　(3-7)

式中　D——毛坯直径；

d_n——第 n 次拉深工序的工序件直径；

r_n——第 n 次拉深工序的工序件底部圆角半径；

h_n——第 n 次拉深工序的工序件高度。

当材料厚度 $t\geqslant 1$mm 时，以上尺寸均为中间尺寸。

② 有凸缘圆筒形拉深件的工序件尺寸计算　有凸缘圆筒形拉深件的拉深变形原理与无凸缘圆筒形拉深件是相同的，只不过有凸缘零件在拉深中其毛坯不是全部拉入凹模，而是只拉深到毛坯外缘等于零件凸缘外径（加修边量）为止。但是有凸缘圆筒形拉深件的拉深过程和工艺计算方法与无凸缘圆筒形拉深件有一定的区别。由于凸缘的外缘部分只在首次拉深时参与变形，在以后的各次拉深中将不再发生变化。所以首次拉深的重点是确保凸缘外缘的尺寸达到所需尺寸、并确保拉入凹模的材料多于以后拉深所需的材料。

拉深系数和拉深次数如下所述。

如图 3-12 所示为有凸缘筒形拉深件，拉深系数：$m=d/D$　　(3-8)

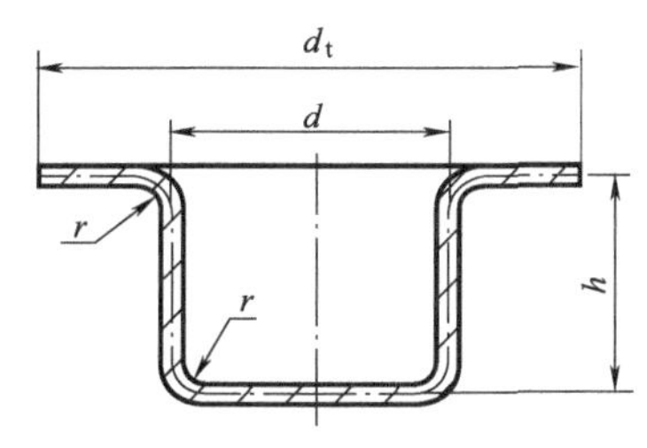

图 3-12　有凸缘圆筒形拉深件

拉深件的凸缘直径和高度都影响到拉深的实际变形程度，因此，用一般的拉深系数 $m=d/D$ 不能表达有凸缘筒形件拉深时各种不同凸缘直径和不同圆筒高度情况下的实际变形程度。当零件底部圆角半径与凸缘根部圆角相等，且均为 r 时，根据变形前后面积相等的原则，查表 3-4，有凸缘圆筒形拉深件毛坯直径为：

$$D=\sqrt{d_t^2+4dh-3.44dr}$$

则拉深系数：$m=\dfrac{d}{D}=\dfrac{d}{\sqrt{d_t^2+4dh-3.44dr}}=\dfrac{1}{\sqrt{\left(\dfrac{d_t}{d}\right)^2+4\left(\dfrac{h}{d}\right)-3.44\left(\dfrac{r}{d}\right)}}$ (3-9)

显然，带凸缘圆筒形件的拉深系数决定于 3 个因素：即相对直径（d_t/d）、相对高度（h/d）和相对圆角半径（r/d）。其中 d_t/d 和 h/d 值越大，表示拉深时毛坯变形区的宽度越大，拉深难度越大，极限拉深系数越小。

有凸缘圆筒形拉深件第一次拉深的极限拉深系数见表 3-11，有凸缘圆筒形拉深件第一次拉深的最大相对高度见表 3-12。

表 3-11　有凸缘圆筒形拉深件第一次拉深系数

凸缘相对直径 $\frac{d_t}{d}$	毛坯相对厚度 $\frac{t}{D}\times100$				
	>0.06～0.2	>0.2～0.5	>0.5～1	>1～1.5	>1.5
～1.1	0.59	0.57	0.55	0.53	0.50
>1.1～1.3	0.55	0.54	0.53	0.51	0.49
>1.3～1.5	0.52	0.51	0.50	0.49	0.47
>1.5～1.8	0.48	0.48	0.47	0.46	0.45
>1.8～2.0	0.45	0.45	0.44	0.43	0.42
>2.0～2.2	0.42	0.42	0.42	0.41	0.40
>2.2～2.5	0.38	0.38	0.38	0.38	0.37
>2.5～2.8	0.35	0.35	0.34	0.34	0.33
>2.8～3.0	0.33	0.33	0.32	0.32	0.31

表 3-12　有凸缘筒形拉深件的第一次拉深最大相对高度 h_1/d_1

凸缘相对直径 $\frac{d_t}{d}$	毛坯相对厚度 $\frac{t}{D}\times100$				
	>0.06～0.2	>0.2～0.5	>0.5～1	>1～1.5	>1.5
～1.1	0.45～0.52	0.50～0.62	0.57～0.70	0.60～0.80	0.75～0.90
>1.1～1.3	0.40～0.47	0.45～0.53	0.50～0.60	0.56～0.72	0.65～0.80
>1.3～1.5	0.35～0.42	0.40～0.48	0.45～0.53	0.50～0.63	0.58～0.70
>1.5～1.8	0.29～0.35	0.34～0.39	0.37～0.44	0.42～0.53	0.48～0.58
>1.8～2.0	0.25～0.30	0.29～0.34	0.32～0.38	0.36～0.46	0.42～0.51
>2.0～2.2	0.22～0.26	0.25～0.29	0.27～0.33	0.31～0.40	0.35～0.45
>2.2～2.5	0.17～0.21	0.20～0.23	0.22～0.27	0.25～0.32	0.28～0.35
>2.5～2.8	0.16～0.18	0.15～0.18	0.17～0.21	0.19～0.24	0.22～0.27
>2.8～3.0	0.10～0.13	0.12～0.15	0.14～0.17	0.16～0.20	0.18～0.22

注：1. 较大值相应于零件圆角半径较大情况，即 $r_凹$、$r_凸$ 为（10～20）t；

2. 较小值相应于零件圆角半径较小情况，即 $r_凹$、$r_凸$ 为（4～8）t。

当制件的相对高度（h/d）>（h_1/d_1）（表 3-12）时，该制件就不能一次拉深出来，而需要两次或多次才能拉出。其以后各次拉深与无凸缘的相同。可以取无凸缘筒形件极限拉深系数表中的最大值或略大些。

根据凸缘的相对直径 d_t/d 的比值不同，有凸缘筒形件可分为：窄凸缘筒形件和宽凸缘筒形件。

a. 窄凸缘筒形件的拉深。凸缘的相对直径 d_t/d=（1.1～1.4）之间的有凸缘筒形件称为窄凸缘件。对这类制件的拉深可在前面几次拉深中不留凸缘，先拉成筒形件，而在最后几次拉深中形成锥形凸缘，最后将其压平校正成水平凸缘，得到窄凸缘，如图 3-13 所示。显然其拉深系数的确定及拉深工艺计算与筒形件完全相同。

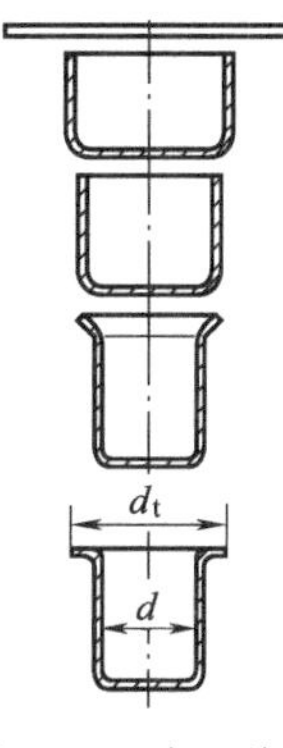

图 3-13 窄凸缘筒形件的拉深过程

b. 宽凸缘筒形件的拉深。凸缘的相对直径 $d_t/d>1.4$ 的有凸缘筒形件称为宽凸缘筒形件。宽凸缘筒形件拉深方法有两种，如图 3-14。图 3-14（a）第一次拉深到 d_f，以后各次由减小直径，来增加高度从而达到拉深件成形，适用于材料较薄、$d_t \leqslant 200$mm 的有凸缘筒形件；图 3-14（b）第一次拉深到 d_t 和接近拉深件高度 h，以后各次通过减小直径和拉深件圆角从而达到拉深件成形，适用于材料较厚，$d_t>200$mm 的有凸缘筒形件。宽凸缘筒形件多次拉深中除首次外，以后各次拉深与无凸缘筒形件后续各次拉深在本质上是一样的。但值得特别提出的是，其凸缘直径 d_t 是在首次拉深中拉成的，后续各次拉深中 d_t 不再变化，因为在后续各次拉深中 d_t 的微小减小都会引起很大的变形抗力，而使圆筒形底部危险断面处被拉裂。

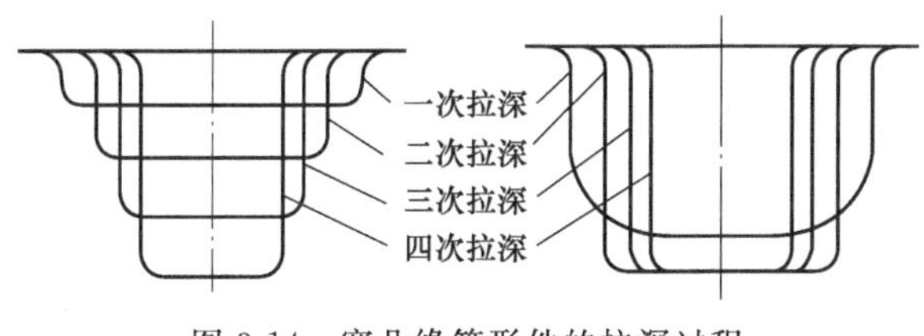

图 3-14 宽凸缘筒形件的拉深过程

有凸缘件的拉深次数仍可用推算法求出，具体的做法：先假定 d_t/d_1 的值，由相对料厚 t/D，从表 3-11 中查出第一次拉深系数 m_1，据此求出 d_1，进而求出 h_1，并根据表 3-12 的最大相对高度验算 m_1 的正确性，若验算满足，则以后各次拉深直径可以按无凸缘圆筒件多次拉深的方法，根据表 3-13 有凸缘件筒形件以后各次拉深时的极限拉深系数进行计算，即：

$$d_2=m_2d_1$$
$$d_3=m_3d_2$$
$$\cdots\cdots$$
$$d_n=m_nd_{n-1}$$

表 3-13 有凸缘筒形件以后各次拉深极限拉深系数

拉深系数 m	毛坯的相对厚度$(t/D)\times100$				
	2.0～0.5	1.5～1.0	1.0～0.6	0.6～0.3	0.3～0.15
m_2	0.73	0.75	0.76	0.78	0.80
m_3	0.75	0.78	0.79	0.80	0.82
m_4	0.78	0.80	0.82	0.83	0.84
m_5	0.80	0.82	0.84	0.85	0.86

有凸缘圆筒形拉深件毛坯直径（底部圆角半径和凸缘根部圆角半径相等）：

$$D=\sqrt{d_t^2+4dh-3.44rd}$$

可以解得工序件高度： $h=\dfrac{1}{4d}(D^2-d_t^2+3.44rd)$

由此可得第一次拉深高度：$h_1=\dfrac{1}{4d_1}(D_1^2-d_t^2+3.44r_1d_1)$

第二次拉深高度：$h_2=\frac{1}{4d_2}(D_2^2-d_t^2+3.44r_2d_2)$

……

第 n 次拉深高度：$h_n=\frac{1}{4d_n}(D_n^2-d_t^2+3.44r_nd_n)$ (3-10)

式中 D_1——第 1 次拉深时已修正过的毛坯直径，由拉入凹模的材料面积比零件拉深部分面积多拉入 3%～10%得到（拉深次数多时取上限值，少时取下限值），多拉入凹模的材料在以后各次拉深中，逐次将 1.5%的材料挤回到凸缘部分；

D_2——第 2 次拉深时已修正过的毛坯直径，由拉入凹模的材料比第 1 次多拉入量少 1.5%得到；

D_n——第 n 次拉深时已修正过的毛坯直径，由拉入凹模的材料比第 $n-1$ 次多拉入量少 1.5%得到；

d_n——第 n 次拉深工序的工序件直径；

r_n——第 n 次拉深工序的工序件底部圆角半径和凸缘根部圆角半径；

h_n——第 n 次拉深工序的工序件高度。

当材料厚度 $t\geqslant 1$mm 时，以上尺寸均为中间尺寸。当底部圆角半径和凸缘根部圆角半径不相等时，不能用式（3-10），须按相应毛坯计算公式重新推导。

6. 拉深力计算和设备选择

(1) 拉深力计算

圆筒形工件采用压边拉深时可用下式计算拉深力：

第一次拉深：$F_1=k_1\pi d_1t\sigma_b$ (3-11)

第二次以后：$F_n=k_n\pi d_nt\sigma_b$ (3-12)

式中 F——拉深力，N；

d——筒形件直径，mm；

t——板料厚度，mm；

σ_b——材料强度极限，MPa；

K——修正系数，见表 3-14，首次拉深用 K_1，后续各次拉深用 K_2。

表 3-14 修正系数 K_1、K_2 值

m_1	0.55	0.57	0.60	0.62	0.65	0.67	0.70	0.72	0.75	0.77	0.80	—	—	—
K_1	1.0	0.93	0.86	0.79	0.72	0.66	0.60	0.55	0.5	0.45	0.40	—	—	—
$m_2,m_3,\cdots,m_n$	—	—	—	—	—	—	0.70	0.72	0.75	0.77	0.80	0.85	0.90	0.95
K_2	—	—	—	—	—	—	1.0	0.95	0.90	0.85	0.80	0.70	0.60	0.50

(2) 压边力确定

压边力是为了防止毛坯在拉深变形过程中的起皱，压边力的大小对拉深工作的影响很大，压边力 Q 如果太大，会增加危险断面处的拉应力而导致破裂或严重变薄，压边力太小时防皱效果不好。

压边力为压边面积乘以单位压边力，即

$$Q=Sp \tag{3-13}$$

式中 Q——压边力，N；

S——在压边圈下坯料的投影面积，mm^2；

p——单位压边力，MPa，可按表 3-15 选取。

表 3-15　单位压边力 p

材料名称		单位压边力 p/MPa	材料名称	单位压边力 p/MPa
铝		0.8～1.2	镀锡钢板	2.5～3.0
纯铜、硬铝(已退火)		1.2～1.8	高合金钢 不锈钢	3.0～4.5
黄铜		1.5～2.0		
软钢	$t<0.5$mm	2.5～3.0	高温合金	2.8～3.5
	$t>0.5$mm	2.0～2.5		

对于筒形件，第一次拉深时的压边力：

$$Q_1=\frac{\pi}{4}[D^2-(d_1+2R_{凹1})^2]p \tag{3-14}$$

以后各次拉深时的压边力：

$$Q_n=\frac{\pi}{4}[d_{n-1}^2-(d_n+2R_{凹n})^2]p \tag{3-15}$$

式中　d_n——第 n 道拉深直径；

$R_{凹n}$——第 n 道拉深凹模圆角。

当式（3-15）中，$d_{n-1}\leqslant d_n+2R_{凹n}$，即出现压边装置未压住平面，压边在圆角处的情况，如图 3-15 所示，此时压边力按式（3-16）估算：

$$Q_n=\frac{\pi}{4}[d_{n-1}^2-(d_n+R_{凹n})^2]p \tag{3-16}$$

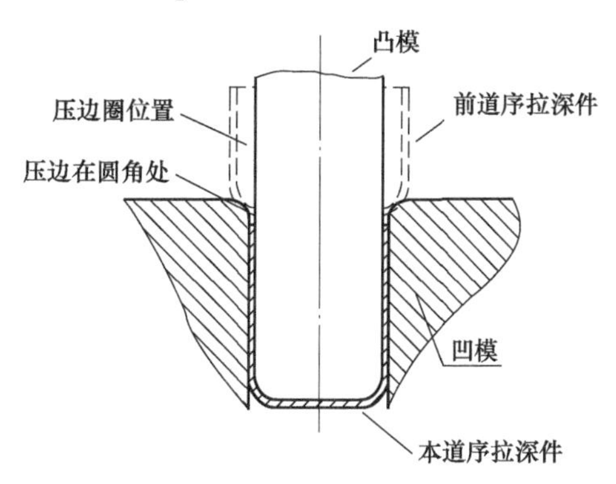

图 3-15　压边在圆角处的压边力计算

在实际生产中，常按以上压边力计算值作为弹性元件计算依据或模具调试初始值，实际压边力大小由试模决定。在设计压边装置时，尽可能考虑便于压边力可调。

（3）压边装置

设计压边装置时必须考虑便于调节压边力，生产中常用的压边装置分弹性和刚性两类。

① 弹性压边装置　弹性压边装置分弹簧垫、橡皮垫、气垫和液压垫等几类。弹簧垫和橡皮垫的压边力随行程增大而逐渐增大，对拉深不利，因而只适用于浅拉深。但这种装置结构较简单，使用较方便，因此在普通单动压力机上比较常用。气垫和液压垫的压边力基本不随行程变化，而且经过调节气压或液压能很方便地对压边力进行比较精确的调节，因此压边效果较好。弹性压边装置结构见图 3-16。

② 刚性压边装置　刚性压边装置用于双动压机上，压边圈的压边作用并不是靠调节压边力来保证的，而是通过调整压边圈与凹模平面之间的间隙（外滑块的下死点）来获得的，所以在拉深过程中具有压边平稳、压边力不随行程变化等特点，拉深效果好且模具结构简单，如图 3-17 所示。

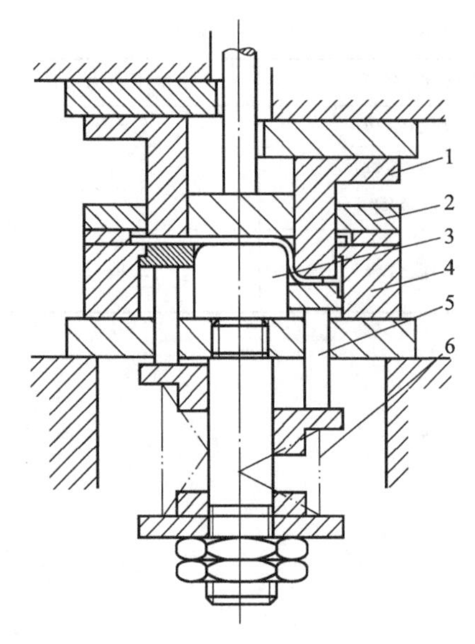

图 3-16 弹性压边装置示意图

1—落料凸模兼拉深凹模；2—卸料板；3—拉深凸模；4—落料凹模；5—顶杆；6—弹簧

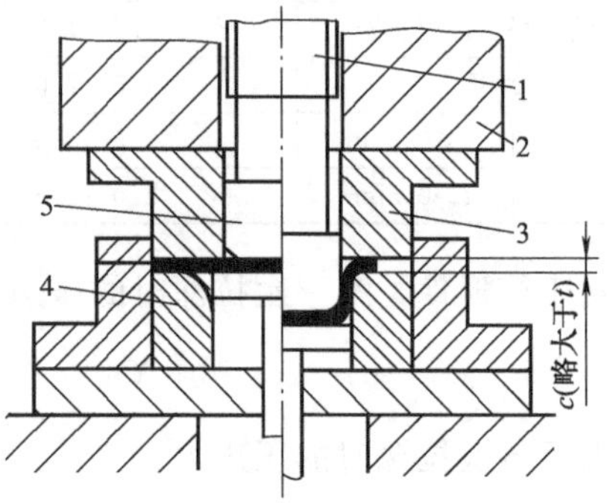

图 3-17 双动压力机上的刚性压边

1—内滑块；2—外滑块；3—压边圈；4—凹模；5—凸模

(4) 压力机吨位的确定

一般单动压力机拉深时，压边力（弹性压边装置）与拉深力是同时产生的，所以，压力机吨位的大小应根据拉深力和压边力的总和来选择，即

浅拉深时：
$$F_{压} \geqslant (1.25\sim1.4)\sum F \tag{3-17}$$

深拉深时：
$$F_{压} \geqslant (1.7\sim2)\sum F \tag{3-18}$$

式中 $F_{压}$——压力机的公称压力；

$\sum F$——拉深力、压边力及其他变形力总和。

(5) 拉深功计算

由于拉深成形的行程较长，消耗功较多，因此，对拉深成形除了计算拉深力外，还需要校核压力机的电动机功率。

拉深功可按下式计算：

第一次拉深功：
$$A_1 = \frac{\lambda_1 F_{1\max} h_1}{1000} \tag{3-19}$$

后续各次拉深功：
$$A_n = \frac{\lambda_n F_{n\max} h_n}{1000} \tag{3-20}$$

式中 A——拉深功，J；

$F_{\max}$——最大拉深力，N；

h——拉深深度，即凸模工作行程，mm。

λ——系数，$\lambda=0.6\sim0.8$。

拉深所需压力机的电动机功率为：

$$N = \frac{A\xi n}{60\times75\times\eta_1\eta_2\times1.36\times10}\ (\text{kW}) \tag{3-21}$$

式中 ξ——不均衡系数，取 1.2～1.4；

n——压力机每分钟行程次数；

η_1——压力机效率，取 0.6～0.8；

η_2——电动机效率，取 0.9～0.95。

7. 其他形状零件的拉深

(1) 阶梯圆筒形件的拉深

阶梯筒形件的拉深与筒形件的拉深基本相同，每一阶梯相当于相应的筒形件的拉深。虽然如此，但其冲压工艺过程和工序次数的确定、工序顺序的安排应根据制件的尺寸和形状区别对待。

首先仍然是判别能否一次拉出。如图 3-18 所示，其粗略的判别条件可用式 (3-22) 表示：

$$(h_1+h_2+\cdots+h_n)/d_n \leqslant h_1/d_1 \tag{3-22}$$

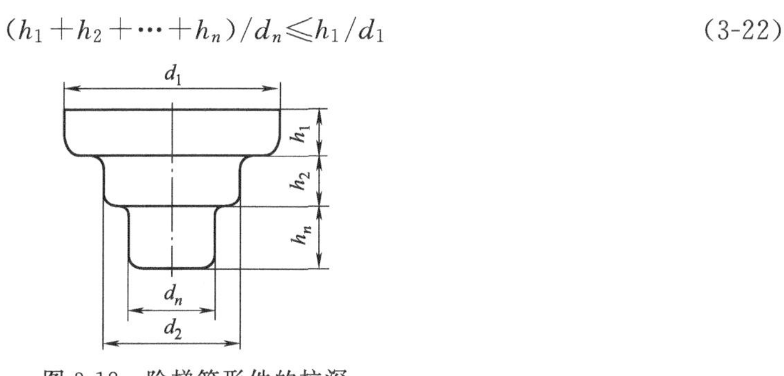

图 3-18 阶梯筒形件的拉深

① 拉深次数 阶梯圆筒件一次拉深的条件是：制件的总高度与最小直径之比不超过无凸缘圆筒形件首次拉深的允许相对高度，见表 3-9。不符合上述条件的阶梯圆筒拉深件则需采用多次拉深。

② 多次拉深工序的安排

a. 若拉深件任意相邻两个的直径比 d_n/d_{n-1} 都大于或等于相应圆筒形件的极限拉深系数时，其拉深方法是：由大直径到小直径逐次拉深，每次拉出一个台阶，见图 3-19。制件阶梯数与拉深次数相等。

b. 若阶梯件某相邻阶梯的直径比 d_n/d_{n-1} 小于相应圆筒形件的极限拉深系数时，应按有凸缘件的拉深方法进行，见图 3-20。

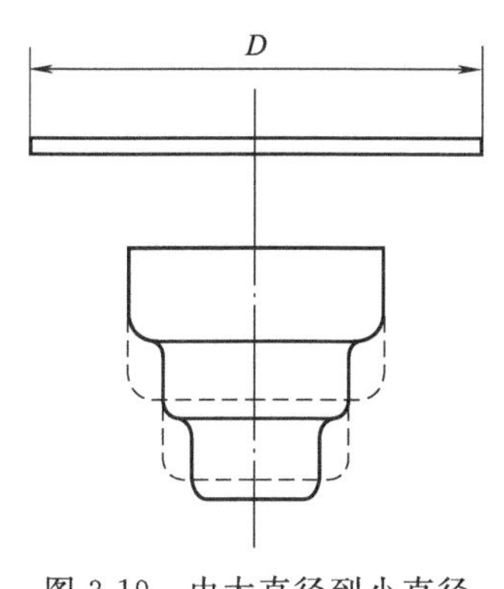

图 3-19 由大直径到小直径逐次拉深阶梯形件

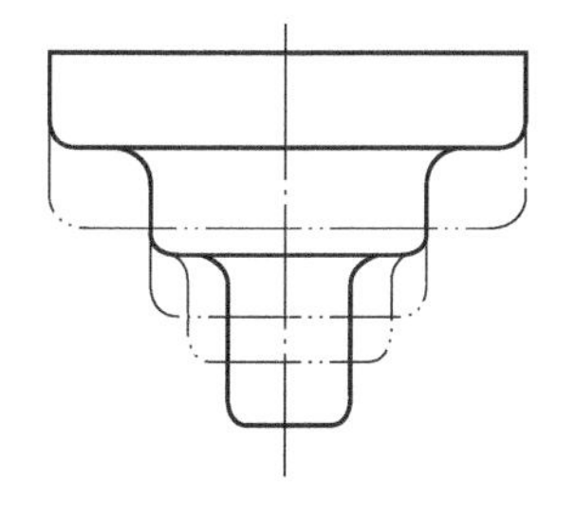

图 3-20 按有凸缘件拉深方法拉深阶梯形件

c. 具有大直径差的浅阶梯形拉深件在其不能一次拉深成形时，应考虑先拉深成球面形状，如图 3-21 (a) 虚线所示，或大圆角的筒形件形状，如图 3-21 (b) 虚线所示，然后再拉成所需的形状。而最后工序则具有整形的性质。

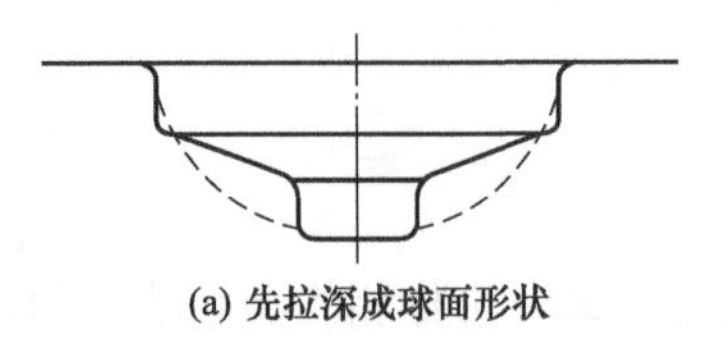
(a) 先拉深成球面形状

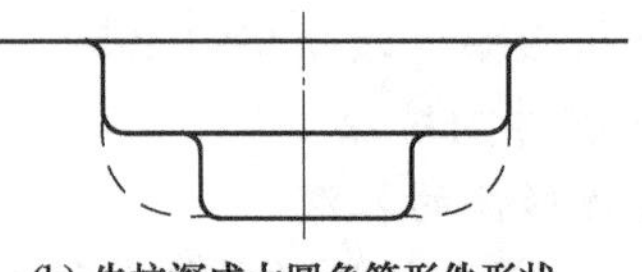
(b) 先拉深成大圆角筒形件形状

图 3-21 浅阶梯形拉深件拉深

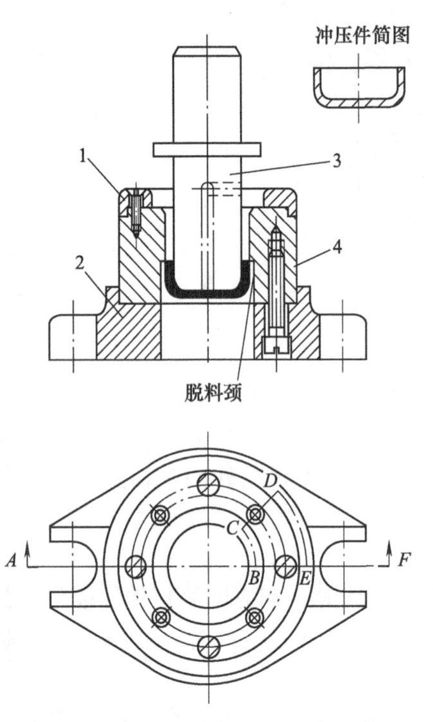

图 3-22 无压边装置的首次拉深模

1—定位板；2—下模板；3—拉深凸模；4—拉深凹模

8. 拉深模典型结构

受材料拉深系数的限制，有的拉深件要经过几次拉深才能成形，因此，有首次拉深模和以后各次拉深模。拉深可以和其他冲压工序组合成复合模或级进模，如落料、拉深和冲孔复合模等。

① 无压边装置的首次拉深模　图 3-22 为不用压边装置的首次拉深模，此模具结构简单，仅适用于拉深变形程度不大（浅拉深），材料相对厚度较大的零件。拉深后，工件的口部会产生弹性恢复，在凸模回程时，被凹模下底面刮落，达到卸料的目的。

② 有压边装置的首次拉深模　图 3-23 为倒装式有压边装置的首次拉深模，这种压边装置可装在上模部分即为上压边，也可装在下模部分即为下压边。下压边装置比上压边装置空间大，可使用较大的弹簧或橡胶，压边力大。

③ 无压边装置的以后各次拉深模　图 3-24为无压边装置的以后各次拉深模，工件按外形靠定位板定位后，再进一步拉深。此模具因无压边圈，适用于浅拉深。

④ 有压边装置的以后各次拉深模　图 3-25 为有压边装置的以后各次拉深模，工件靠前道拉深内径套入压边圈 3 定位后，上模下行，压边圈因橡胶压缩而压下，凸模进入凹模，进行拉深。

⑤ 落料首次拉深复合模　如图 3-26 所示，首先由凹模 1 和凸凹模 3 完成落料，紧接着由凸模 2 和凸凹模 3 进行拉深。拉深后回程时，由推板 4 将工件从凸凹模 3 内推出。一般采用条料为坯料，故需设置导料销 11 和挡料销 12。

9. 拉深模工作零件设计

拉深件的尺寸精度主要取决于拉深模工作部分的制造精度，合理的拉深系数也必须靠模具工作部分的尺寸来保证。拉深模凸、凹模间隙和凸、凹模圆角半径对起皱、拉裂等拉深件质量问

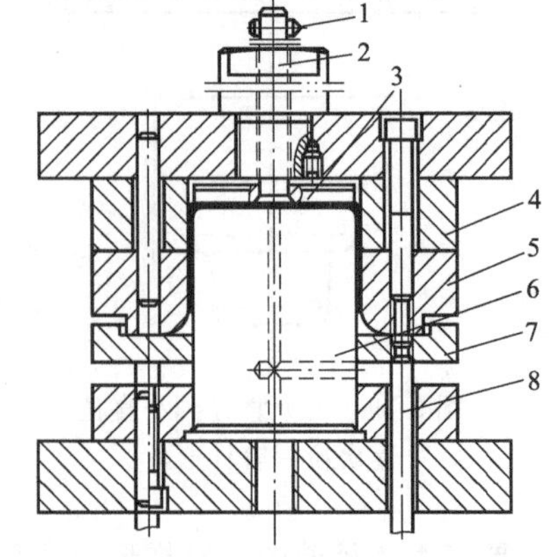

图 3-23 有压边装置的首次拉深模

1—挡销；2—打杆；3—推件块；4—垫块；5—凹模；6—凸模；7—压边圈；8—卸料螺钉

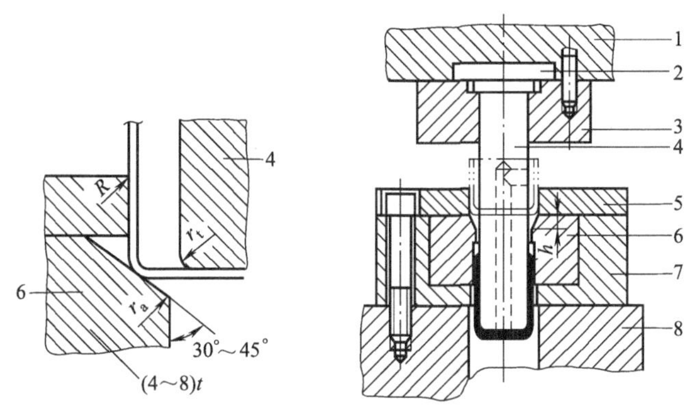

图 3-24　无压边装置的以后各次拉深模

1—上模座；2—垫板；3—凸模固定板；4—凸模；5—定位板；6—凹模；7—凹模固定板；8—下模座

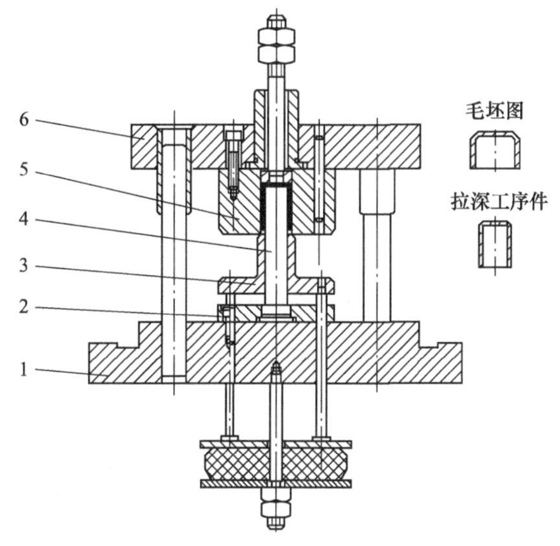

图 3-25　有压边装置的以后各次拉深模

1—下模座；2—凸模固定板；3—压边圈；4—凸模；5—凹模；6—上模板

题的产生都有直接的影响。因此，正确设计拉深模工作部分，是设计拉深模的重要内容。

(1) 凹模圆角半径和凸模圆角半径

① 凹模圆角半径 $r_{凹}$　凹模圆角半径 $r_{凹}$ 过小，摩擦力增大使得拉深力增大，拉深件的应力增大，容易造成局部变薄甚至破裂，降低拉深件的质量，也使模具寿命降低，但 $r_{凹}$ 太大，又会使压料面减小，容易产生起皱，所以 $r_{凹}$ 大小应合适。

筒形件首次拉深时的 $r_{凹}$ 可由下式确定：

$$r_{凹1}=0.8\sqrt{(D-d_1)t} \tag{3-23}$$

式中　$r_{凹1}$——首次拉深凹模圆角半径；

D——毛坯直径；

d_1——第 1 次拉深直径；

t——板料厚度。

首次拉深凹模圆角半径 $r_{凹}$ 的大小，也可按表 3-16 值选取。

以后各次拉深时，凹模圆角半径应逐步缩小，但不能小于 $2t$。一般按下式确定：

$$r_{凹n}=(0.6\sim0.8)r_{凹n-1} \tag{3-24}$$

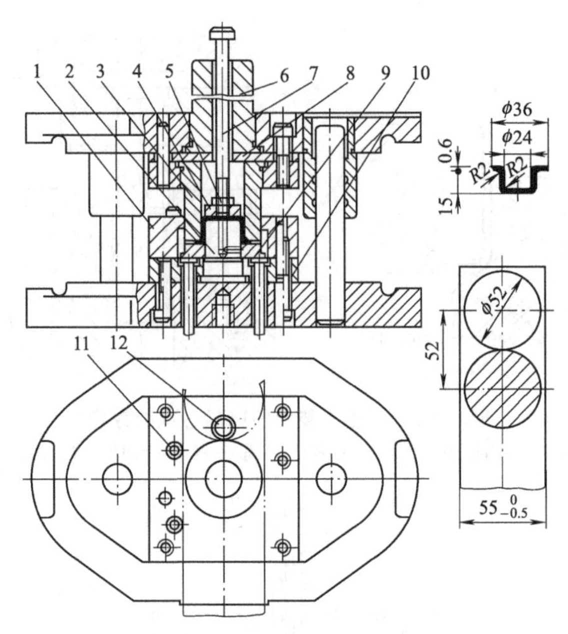

图 3-26　落料、拉深复合模

1—凹模；2—凸模；3—凸凹模；4—推板；5—止退螺母；6—模柄；7—打杆；
8—垫板；9—压边圈；10—凸模固定板；11—导料销；12—挡料销

表 3-16　首次拉深凹模的圆角半径

拉深件形式	毛坯相对厚度$(t/D)\times100$		
	2.0～1.0	＜1.0～0.3	＜0.3～0.1
无凸缘	$(4\sim6)t$	$(6\sim8)t$	$(8\sim12)t$
有凸缘	$(8\sim12)t$	$(12\sim15)t$	$(15\sim20)t$

注：1. 毛坯较薄时取较大值，较厚时取较小值；
2. 钢件取较大值，有色金属取较小值。

② 凸模圆角半径 $r_{凸}$　$r_{凸}$ 对拉深变形的影响不像 $r_{凹}$ 那样显著，但 $r_{凸}$ 过大或过小同样对防止起皱和拉裂及降低极限拉深系数不利。除最后一次应该取与制件底部圆角半径相等的数值外，其余各次可取相应于 $r_{凹}$ 相等或略小些的数值，即：

$$r_{凸i}=(0.7\sim1.0)r_{凹i} \tag{3-25}$$

式中　$r_{凸i}$——第 i 道拉深工序的凸模圆角半径；

$r_{凹i}$——第 i 道拉深工序的凹模圆角半径；

最后一次拉深时，$r_{凸n}$取等于零件的内圆角半径，即：

$$r_{凸n}\geqslant r_{零件} \tag{3-26}$$

但 $r_{凸n}$不得小于料厚，如必须获得较小的圆角半径时，则最后一次拉深时需取 $r_{凸n}>r_{零件}$，拉深结束后，再增加一道整形工序。

在实际设计工作中，拉深凸模圆角半径和凹模圆角半径应选取比计算值略小一点的数值，这样便于在试模调整时逐渐加大，直到拉出合格制件为止。

(2) 拉深间隙

拉深间隙是指单边间隙，即 $Z=(D_{凹}-D_{凸})/2$。间隙过小会增加摩擦阻力，使拉深件容易拉裂，且易擦伤制件表面，降低模具寿命；间隙过大则对坯料的校直作用小，影响制件尺寸精度。因此确定间隙的原则是，既要考虑板料厚度的公差，又要考虑筒形件口部的增厚现象，根据拉深时是否采用压边圈和制件尺寸精度、表面粗糙度要求合理确定。

① 不用压边圈　考虑起皱的可能性，不用压边圈的拉深间隙

$$Z=(1.0\sim1.1)t_{max} \tag{3-27}$$

式中　Z——单边间隙，末次拉深或精密拉深件取小值，中间拉深时取大值；

t_{max}——板料厚度的上限值。

② 采用压边圈　用压边圈的拉深间隙 Z 按表 3-17 选取。

表 3-17　有压边圈拉深时的单边间隙

总拉深次数	拉深工序	单边间隙 Z	总拉深次数	拉深工序	单边间隙 Z
1	第 1 次拉深	$(1.0\sim1.1)t$	4	第 1、2 次拉深 第 3 次拉深 第 4 次拉深	$1.2t$ $1.1t$ $(1.0\sim1.05)t$
2	第 1 次拉深 第 2 次拉深	$1.1t$ $(1.0\sim1.05)t$			
3	第 1 次拉深 第 2 次拉深 第 3 次拉深	$1.2t$ $1.1t$ $(1.0\sim1.05)t$	5	第 1、2、3 次拉深 第 4 次拉深 第 5 次拉深	$1.2t$ $1.1t$ $(1.0\sim1.05)t$

注：1. 板料厚度取允许偏差的中间值；

2. 当拉深精密制件时，末次拉深间隙 $Z=(0.9\sim1.0)t$。

(3) 凸模和凹模工作部分的尺寸及制件公差

对于末次拉深模，其凸模和凹模尺寸及公差应按制件的要求确定。

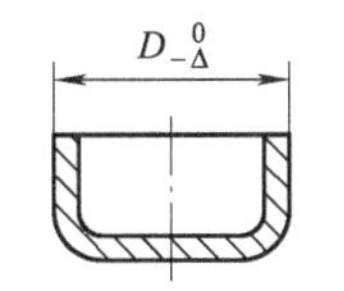

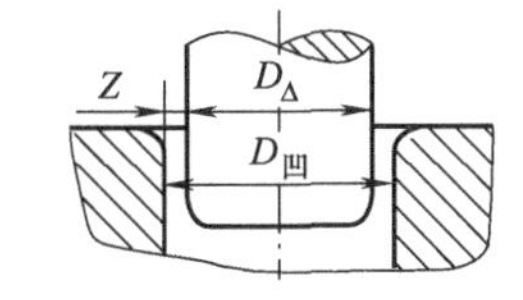

(a) 拉深件尺寸标注在外形

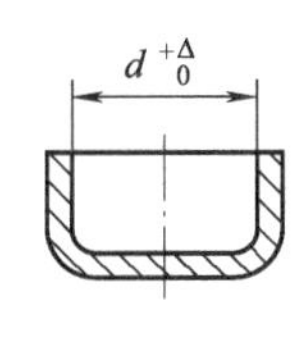

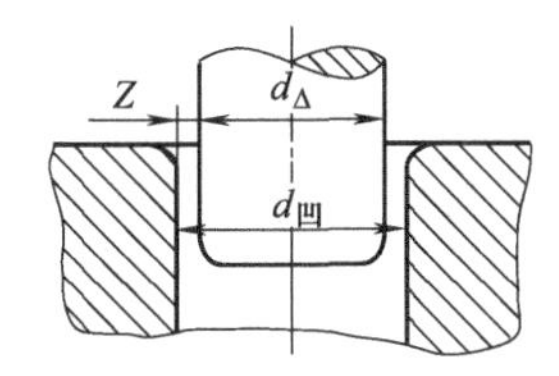

(b) 拉深件尺寸标注在内形

图 3-27　凸模和凹模尺寸确定

① 当制件要求外形尺寸时，如图 3-27 (a) 所示，以凹模尺寸为基准进行计算。即

凹模尺寸：
$$D_凹=(D_{max}-0.75\Delta)_0^{+\delta_凹} \tag{3-28}$$

凸模尺寸：
$$D_凸=(D_{max}-0.75\Delta-2Z)_{-\delta_凸}^{0} \tag{3-29}$$

② 当制件要求内形尺寸时，如图 3-27 (b) 所示，以凸模尺寸为基准进行计算。即

凸模尺寸：
$$d_凸=(d_{min}+0.4\Delta)_{-\delta_凹}^{0} \tag{3-30}$$

凹模尺寸：
$$d_凹=(d_{min}+0.4\Delta+2Z)_0^{+\delta_凹} \tag{3-31}$$

式中　$D_凹$，$d_凹$——凹模的基本尺寸；

$D_凸$，$d_凸$——凸模的基本尺寸；

D_{max}——拉深件外径的最大极限尺寸；

d_{min}——拉深件内径的最小极限尺寸；

Δ——拉深件公差，拉深件尺寸未注公差时按 IT14 考虑，并按入体原则标注；

$\delta_凸$，$\delta_凹$——凸、凹模的制造公差，见表 3-18。

Z——拉深模单边间隙。

③ 对于中间各道工序拉深模，由于中间工序件尺寸与公差没有必要予以控制，这时凸模和凹模尺寸只要取等于工序件尺寸即可。若以凹模为基准时，则

凹模尺寸：$$D_凹=D_0^{+\delta_凹} \quad (3\text{-}32)$$

凸模尺寸：$$D_凸=(D-2Z)_{-\delta_凸}^{0} \quad (3\text{-}33)$$

凸、凹模的制造公差 $\delta_凸$ 和 $\delta_凹$ 可按表 3-18 选取。

表 3-18　拉深凸模制造公差 $\delta_凸$ 和凹模制造公差 $\delta_凹$　　单位：mm

板料厚度 t	拉深件直径					
	≤20		>20～100		>100	
	$\delta_凹$	$\delta_凸$	$\delta_凹$	$\delta_凸$	$\delta_凹$	$\delta_凸$
≤0.5	0.02	0.01	0.03	0.02	—	—
>0.5～1.5	0.04	0.02	0.05	0.03	0.08	0.05
>1.5	0.06	0.04	0.08	0.05	0.10	0.06

注：$\delta_凸$、$\delta_凹$ 在必要时可提高至 IT6～IT8 级。若制件公差在 IT13 级以下，则制造公差可以采用 IT10 级。

【任务实施 1】 无凸缘筒形拉深模具设计

1. 工艺分析

如图 3-28 所示无凸缘拉深件，生产批量为大批量，材料 10 钢，板料厚度 2mm。该制件是典型的无凸缘筒形件，$\phi30_{-0.4}^{0}$尺寸精度为 IT13 级，要求不高，其余结构规则，形状简单，零件的底部圆角 $R3>t=2$mm，满足拉深工艺要求，综上分析零件拉深工艺性良好。

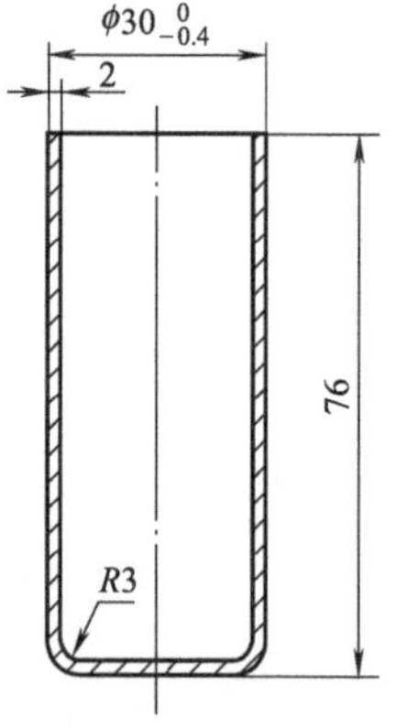

图 3-28　无凸缘拉深件

2. 工艺计算

(1) 毛坯尺寸计算

因 $t=2$mm>1，应按中间尺寸计算。

① 确定修边余量 δ，根据制件的相对高度 h/d，即：(76－1)/(30－2)＝2.7

查表 3-1 得 $\delta=6$mm。

② 确定毛坯尺寸，因为工件为无凸缘筒形件，查表 3-4 得：

$$D=\sqrt{d^2+4dH-1.72rd-0.56r^2}$$

将 $d=30-2=28$mm，$H=h+\delta=76-1+6=81$mm，$r=3+1=4$mm 代入上式，即得毛坯的直径为：

$$D=\sqrt{28^2+4\times28\times81-1.72\times4\times28-0.56\times4^2}=98.3\text{mm}$$

(2) 确定拉深次数

由式 (3-3)，总拉深系数：$m_总=d/D=28/98.3=0.285$

毛坯的相对厚度：$t/D=2/98.3=0.02$

由 $t/D\times100=2$，查表 3-5 得 $m_1=0.5$

因 $m_总=0.285<m_1=0.5$，故工件不能一次拉深。

由表 3-5 得：$m_2=0.75$；$m_3=0.78$；$m_4=0.8$；$m_5=0.82$

用推算法确定拉深次数，由式 (3-5) 得：

$$d_1=m_1D=0.5\times98.3=49.2\text{mm}$$

$$d_2=m_2d_1=0.75\times49.2=36.9\text{mm}$$
$$d_3=m_3d_2=0.78\times36.9=28.8\text{mm}$$
$$d_4=m_4d_3=0.8\times28.8=23\text{mm}$$

因为 $d_4=23\text{mm}<28\text{mm}$，所以应该用四次拉深。

(3) 工序件尺寸计算

① 各道序拉深直径　由推算法计算已知，用各次拉深极限可以拉深：$d_1=49.2\text{mm}$、$d_2=36.9\text{mm}$、$d_3=28.8\text{mm}$、$d_4=23\text{mm}$，但实际零件 $d_4=28\text{mm}$，最后一次拉深程度偏小，其余三次已接近极限，为了使每次拉深变形程度比较均匀，需对各次拉深系数进行放大调整。

为方便每次工序的拉深系数调整，引入拉深系数放大倍数 k：

$$k=\sqrt[n]{\frac{d_{件}}{d_n}}=\sqrt[4]{\frac{28}{23}}=1.05$$

则调整后每次工序的拉深系数为：

m_i	k	km_i
0.5	1.05	0.53
0.75	1.05	0.79
0.78	1.05	0.82
0.8	1.05	0.84

由此可计算出调整后每次工序的直径，为便于模具的制造，应尽可能对各工序的直径尺寸取整，即：

$$d_1=0.53\times98.3=51.6\approx52\text{mm}$$
$$d_2=0.79\times52=40.95\approx41\text{mm}$$
$$d_3=0.82\times41=33.6\approx34\text{mm}$$
$$d_4=0.84\times34=28.72\approx28\text{mm}$$

② 各道序凸、凹模圆角半径　首次拉深凹模的圆角半径，因毛坯的相对厚度 $(t/D)\%=(2/98.3)\%=2\%$，查表 3-16：$r_{凹1}=(3\sim6)t$

毛坯 $t=2\text{mm}$，中等厚度，故取系数为 5，则：$r_{凹1}=5\times2=10\text{mm}$。

以后各次拉深时，凹模圆角半径按式 (3-24)，$r_{凹i}=(0.6\sim0.8)r_{凹i-1}$

按式 (3-25)，凸模圆角半径为：$r_{凸i}=(0.7\sim1.0)r_{凹i}$

由此可得，各次拉深凸、凹模的圆角半径并化整，分别为：

$r_{凹1}=10\text{mm}$　　$r_{凸1}=9\text{mm}$

$r_{凹2}=8\text{mm}$　　$r_{凸2}=7\text{mm}$

$r_{凹3}=6\text{mm}$　　$r_{凸3}=5\text{mm}$

$r_{凹4}=4\text{mm}$　　$r_{凸4}=3\text{mm}$

③ 各道序拉深深度　按式 (3-7)，无凸缘筒形拉深件的各道序拉深深度为：

$$h_n=\frac{1}{4d_n}(D^2-d_n^2+1.72r_nd_n+0.56r_n^2)$$

插入电子表格：

d_i	D	r_i	h_i
52	98.3	10	38.0
41	98.3	8	52.3
34	98.3	6	65.3
28	98.3	4	81.1

计算得到：

$$h_1=38\text{mm},\ h_2=52.3\text{mm},\ h_3=65.3\text{mm},\ h_4=81\text{mm}$$

（4）凸模和凹模工作部分尺寸及制造公差确定

① 各道序单面拉深间隙　由于以上拉深极限均按采用压边圈计算。所以采用压边圈的单面拉深间隙 Z 按表 3-17 选取：

第 1、2 次拉深：$Z=1.2t=2.4\text{mm}$；

第 3 次拉深：$Z=1.1t=2.2\text{mm}$；

第 4 次拉深：$Z=(1.0\sim1.05)t=2\text{mm}$。

② 凸模和凹模工作部分尺寸及制造公差　因为制件要求外形尺寸，故以凹模尺寸为基准进行计算。模具公差按表 3-18 选取，则 $\delta_{凹}=0.08\text{mm}$、$\delta_{凸}=0.05\text{mm}$。

根据式（3-32）和式（3-33），第 1～3 次拉深时，工作部分尺寸为：

$$D_{凹}=D_0^{+\delta_{凹}}$$

$$D_{凸}=(D-2Z)_{-\delta_{凸}}^{0}$$

插入电子表格，可以得出第 1～3 次拉深时，工作部分尺寸：

工序	d_i	t	D_i	Z	$D_{凹}$	$D_{凸}$	$\delta_{凹}$	$\delta_{凸}$
1	52	2	54	2.4	54	49.2	0.08	0.05
2	41	2	43	2.4	43	38.2	0.08	0.05
3	34	2	36	2.2	36	31.6	0.08	0.05

第 4 次拉深即末次拉深，根据图 3-29，制件要求外形尺寸，以凹模尺寸为基准进行计算。按式（3-28）和式（3-29），凹模尺寸为：$D_{凹}=(D_{max}-0.75\Delta)_{0}^{+\delta_{凹}}$

凸模尺寸为：$D_{凸}=(D_{max}-0.75\Delta-2Z)_{-\delta_{凸}}^{0}$

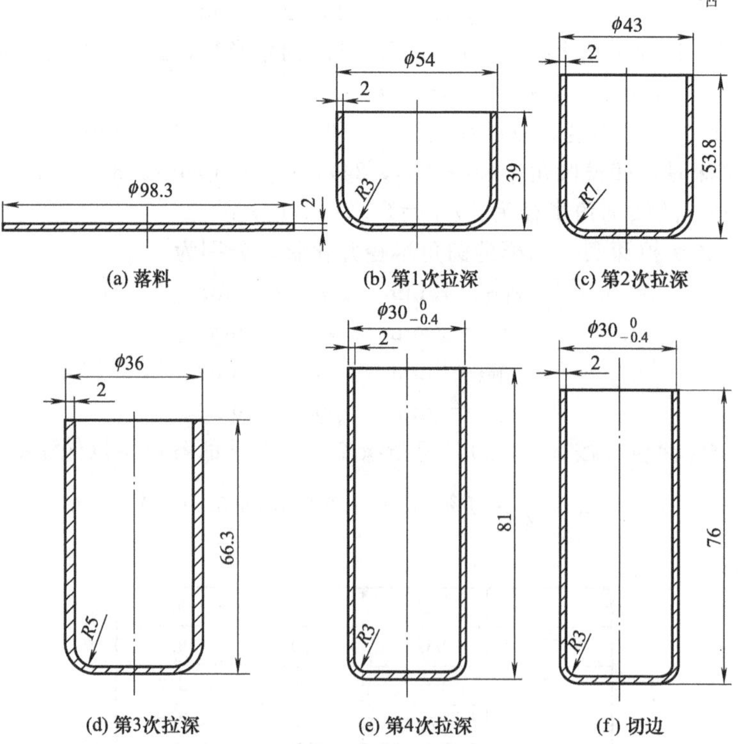

图 3-29　无凸缘筒形拉深件冲压基本工序

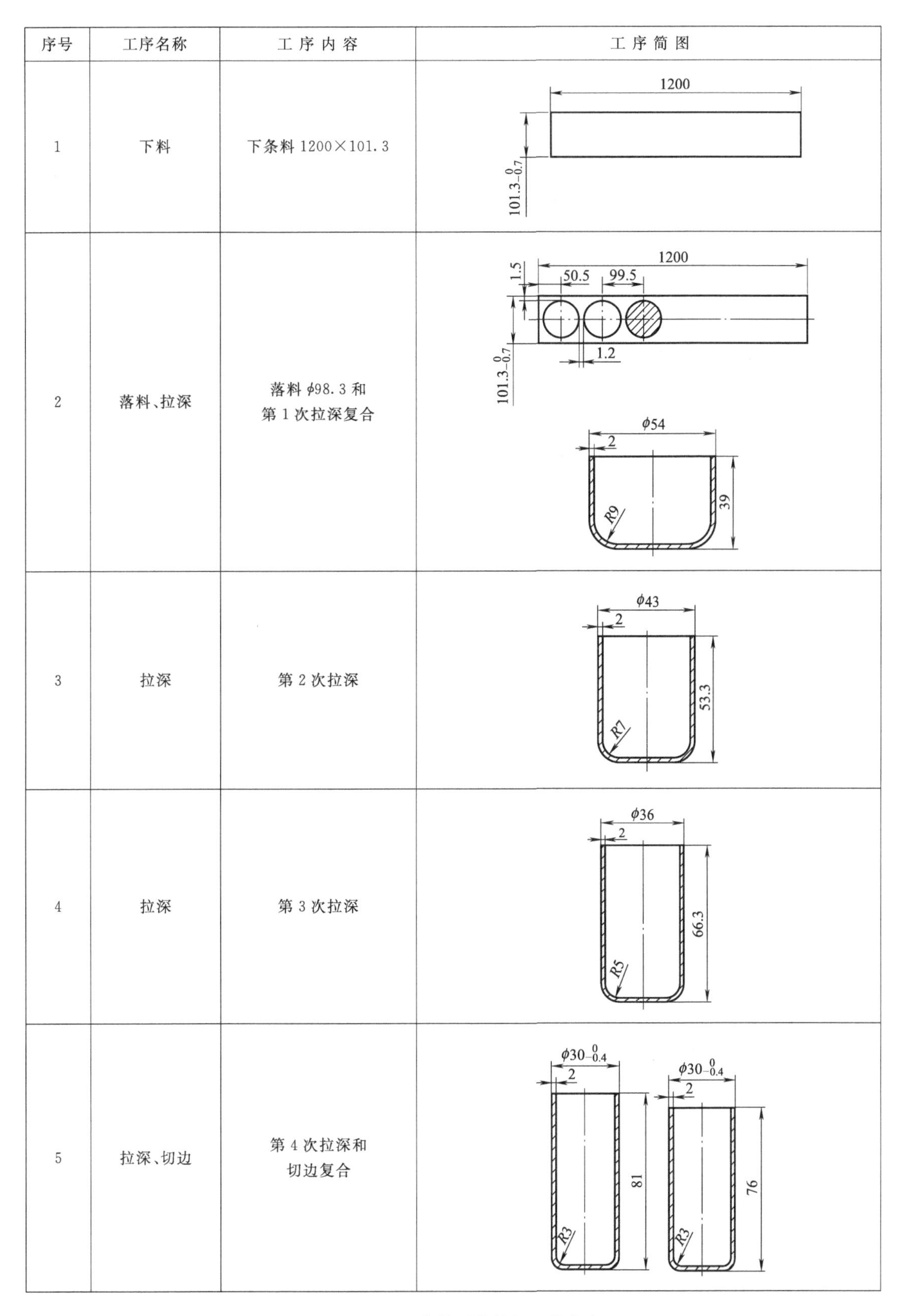

序号	工序名称	工 序 内 容	工 序 简 图
1	下料	下条料 1200×101.3	
2	落料、拉深	落料 φ98.3 和 第 1 次拉深复合	
3	拉深	第 2 次拉深	
4	拉深	第 3 次拉深	
5	拉深、切边	第 4 次拉深和 切边复合	

图 3-30　无凸缘筒形件拉深工艺方案

已知 D_{max}=30mm，Δ=0.4mm，Z=2mm，代入公式，则：

凹模尺寸：　　$D_凹=(30-0.75\times0.4)^{+0.08}_{0}=29.7^{+0.08}_{0}$(mm)

凸模尺寸：　　$D_凸=(29.7-2\times2)^{0}_{-0.05}=25.7^{0}_{-0.05}$(mm)

3. 确定拉深工艺方案

经过以上工艺计算，零件冲压基本工序如图 3-29 所示。

零件首先需要由条料落料，制成直径 D=98.3mm 的圆板，如图 3-29（a）所示，经过 4 次拉深，如图 3-29（b）～(e) 所示，因为末次拉深直径 $\phi30^{0}_{-0.4}$精度为 IT13，普通拉深可以实现，不需整形工艺。最后按 δ=6mm 进行修边，如图 3-29（f）所示。

考虑模具寿命、制造维修方便，以及拉深件的质量，确定拉深工艺方案如下，见图 3-30。

4. 选择模具结构类型——以第 2 次拉深模设计为例

由图 3-30 工序 3 可知，第 2 次拉深模为单工序以后各次拉深模。工序件及毛坯尺寸如图 3-31，工件按第 1 次拉深的内形尺寸 $\phi50$ 套入压边圈定位；因为工作行程 53.3mm 比较大，采用弹簧压边比较合适，工序件采用刚性出件；零件形状为旋转体，采用中间导柱模架。

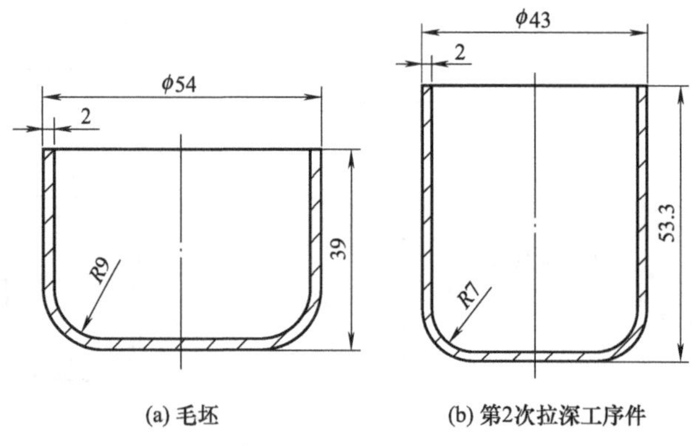

图 3-31　第 2 次拉深工序件及毛坯尺寸

5. 拉深力、压边力计算和设备初选

(1) 拉深力计算

由式（3-12），以后各次拉深力为：$F_n=k_n\pi d_n t\sigma_b$

已知：d_n=41mm，t=2mm，调整后的 m_2=0.79，查表 3-14，k_n=0.8，材料为 10 钢，查表 1-3，σ_b=430MPa，则第 2 次拉深力为：

$$F_2=0.8\times\pi\times41\times2\times430=88.6\text{kN}$$

(2) 压边力计算

因为 $d_{n-1}=d_1=52$mm，$d_n=d_2=41$mm，$R_{凹n}=R_{凹2}=8$mm，则 $d_{n-1}=52<d_n+2R_{凹n}=57$，出现压边在圆角处的情况，按式（3-16）估算压边力：$Q_n=\frac{\pi}{4}[d_{n-1}^2-(d_n+R_{凹n})^2]p$

查表 3-15，p=2.5MPa，则第 2 次拉深时的压边力为：$Q_n=\frac{\pi}{4}[52^2-(41+8)^2]\times2.5=595$N

(3) 初选压力机

第 2 次拉深深度为 53.3mm，属于深拉深，按式（3-18），压力机吨位为：

$$F_压\geqslant(1.7\sim2)\sum F=2\times(88.6+0.6)=178.4\text{kN}$$

初选压力机公称吨位为250kN的开式压力机，型号为J23-25，从表1-6得到，压力机的滑块行程为80mm，而第2次的拉深高度为53.3mm，为保证零件方便取出，需满足：

$$压力机的滑块行程\geqslant 2h=2\times 53.3=106.6\text{mm}$$

故从表1-6选取J23-63。

压力机主要工艺参数如下：

公称压力：630kN

滑块行程：120mm；

行程次数：70次/分；

最大闭合高度：360mm；

闭合高度调节量：90mm，（最小闭合高度：270mm）；

工作台尺寸：前后480mm，左右710mm；

模柄孔尺寸：直径50mm，深度70mm；

工作垫板：厚度90mm，直径ϕ230mm。

6. 第2次拉深模总装图和模具工作零件的设计

（1）第2次拉深模总装图

根据以上确定的模具结构类型，属单工序以后各次拉深模，模具总装图如图3-33所示。模具工作原理：把第1次拉深后的工序件如图3-32中毛坯图套入压边圈10，以工序件内形定位，上模下行，凹模5与毛坯首先接触，上模继续下行，凹模5通过毛坯材料使压边圈10下压，由于顶杆11和弹簧12压缩，压边圈和凹模间的材料被压紧并进行第2次拉深，直至毛坯全部进入凸模4和凹模5之间，完成第2次拉深。上模回程，弹簧12回复，压边圈将工件顶出凸模，因为顶杆11限位，压边圈上平面顶至与凸模上平面平齐为止。上模回到压机上止点，压机的刚性打料机构通过模具的打料杆和打料块9将第2次拉深后的工序件

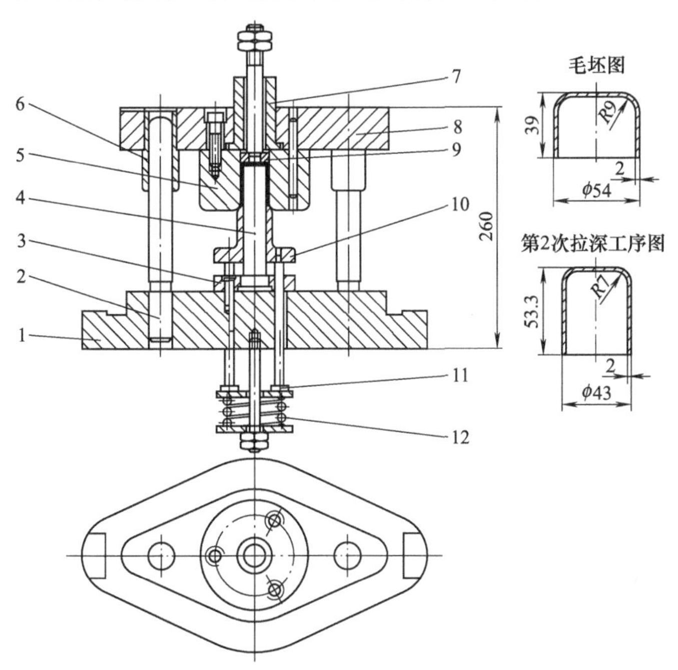

图3-32　第2次拉深模总装图

1—下模板；2—导柱；3—凸模固定板；4—凸模；5—凹模；6—导套；7—模柄；8—上模板；9—打料块；10—压边圈；11—顶杆；12—弹簧

推出凹模 5。由于初选 J23-63 压机下止点（即模具封闭状态，见图 3-33）到上止点的距离（即压机滑块行程 120mm），大于 2 倍第 2 次拉深零件高度（2×53.3=106.6mm），零件可以方便的从上、下模之间取出。

（2）凸模

根据以上凸模和凹模工作部分尺寸及制造公差确定，$D_{凸2}=\phi 38.2_{-0.05}^{0}$，从图 3-33 总装图可得凸模高度为：

$$\begin{aligned}H_{凸2}&=h_2+R_{凹2}+(1\sim3)+h_1+r_2+(1\sim3)+15+(5\sim10)+15\\&=51.3+8+(1\sim3)+37+3+(1\sim3)+15+5+15=140\text{mm}\end{aligned}$$

凸模零件图见图 3-33。

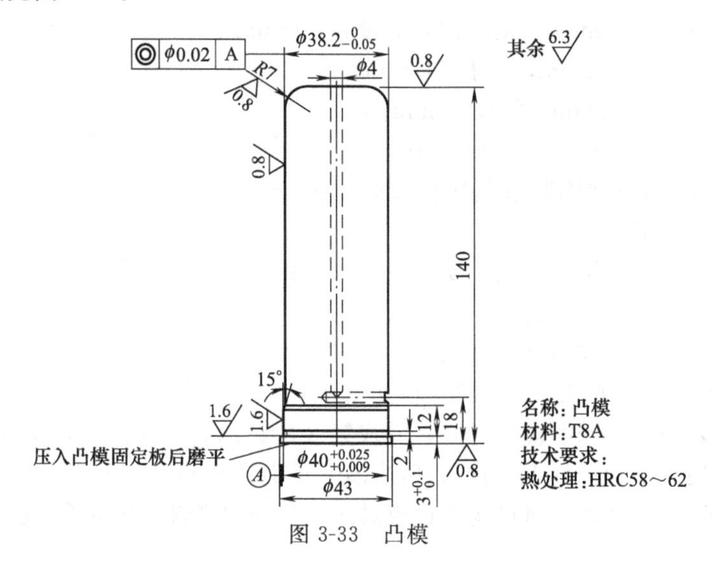

图 3-33 凸模

（3）凹模

已知 $D_{凹2}=\phi 43_{0}^{+0.08}$，从图 3-32 总装图可得凹模高度为：

$$H_{凹2}=h_2+R_{凹2}+h_{打}+(2\sim5)=53.3+8+15+(2\sim5)=80\text{mm}$$

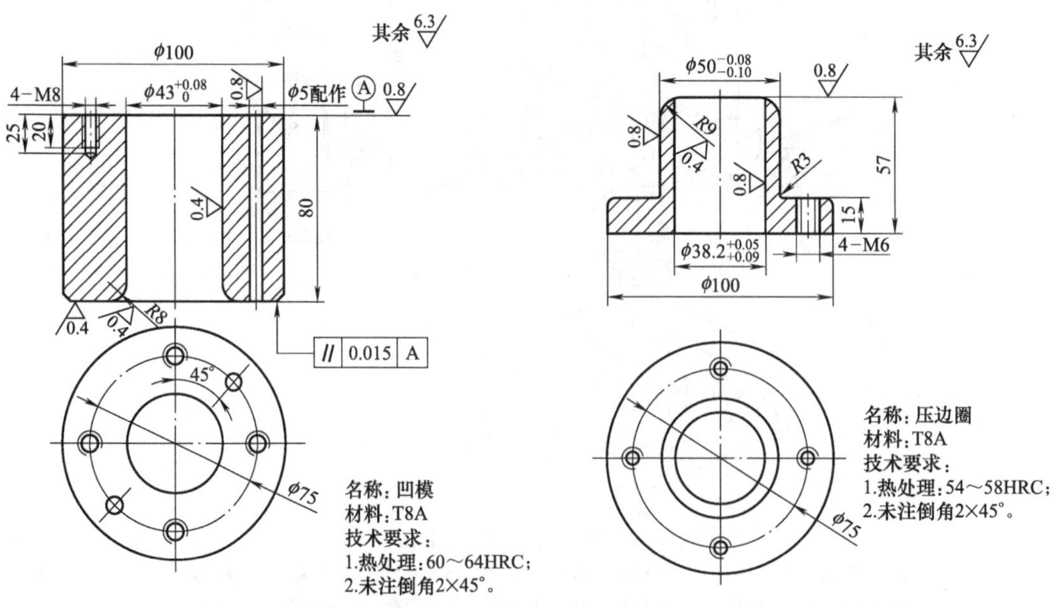

图 3-34 凹模　　　　图 3-35 压边圈

凹模零件图见图 3-34。

(4) 压边圈

从图 3-32 可得压边圈高度为：

$$H_{压2}=h_1+r_2+(1\sim3)+15=37+3+(1\sim3)+15=57\text{mm}$$

压边圈内孔配合公差取 $\phi38.2E8$，与第 2 次拉深凸模有较松的配合。压边圈外形配合公差取 $\phi50d7$，便于零件定位套入。压边圈零件见图 3-35。

(5) 模架

根据图 3-32，模架中安装零件最大外形尺寸 $\phi100$，查附表 10，选周界为 $\phi100$ 的中间导柱模架可以满足模具要求，但是根据初选 J23-63 压机的工作垫板孔径为 $\phi230$，$\phi100$ 的中间导柱模架不能满足装模要求，故选标准模架 250×(190～230)。

模具的闭合高度与压力机的装模高度关系：

$$H_{max}-H_1-5\geqslant H_{模}\geqslant H_{min}-H_1+10$$

已知：$H_{max}=360\text{mm}$，$H_{min}=270\text{mm}$，$H_1=90\text{mm}$

模具闭合高度应为：$265\geqslant H_{模}\geqslant190$

由图 3-33，实际模具闭合高度：

$H_{模}=H_{上}+H_{下}+H_{打}+H_{凸}+t+2=45+55+15+140+3+2=260\text{mm}$

因为 $265>H_{模}=260>190$，满足装模高度要求。

(6) 模柄

根据压机模柄孔 $\phi50$，上模座厚度 45mm，需要打料孔，查附表 10，选用模柄 B50×105。

【任务实施 2】 有凸缘筒形拉深模具设计

1. 工艺分析

如图 3-36 所示有凸缘拉深件，生产批量为 10 万件，材料 08 钢，板料厚度 1mm。该零件尺寸公差均未注，按 IT14 级考虑。其余结构规则，形状简单，零件的底部圆角 $R2>t=1\text{mm}$，满足拉深工艺要求，综上分析零件拉深工艺性良好。

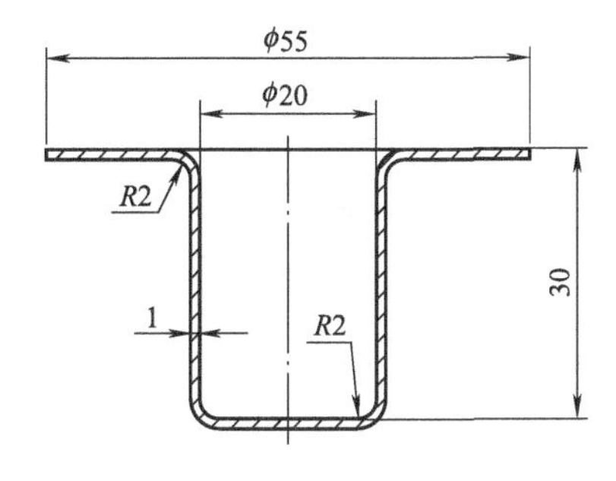

图 3-36 有凸缘拉深件

2. 工艺计算

(1) 毛坯尺寸计算

因 $t=1\text{mm}$，应按中间尺寸计算。

① 确定修边余量 ΔR，根据制件的凸缘相对直径 d_t/d，即：$55/(20+1)=2.6$

查表 3-2 得 $\Delta R=2.2\text{mm}$

② 确定毛坯尺寸，因为工件为有凸缘筒形件，且 $r_1=r_2$，查表 3-4 得：

$$D=\sqrt{d_t^2+4dh-3.44rd}$$

将 $d=20+1=21\text{mm}$，$h=30\text{mm}$，$r=2+0.5=2.5\text{mm}$，$d_f=55+4.4=59.4\text{mm}$ 代入上式，即得毛坯的直径为：

$$D=\sqrt{59.4^2+4\times21\times30-3.44\times2.5\times21}=76.6\text{mm}$$

（2）确定拉深次数

① 判定1次是否可以拉出　零件的最大相对高度 $h/d=30/21=1.43$

已知 $d_t/d=2.6$，$t/D\times100=(1/76.6)\times100=1.31$，查表3-12，$[h_1/d_1]=0.19\sim0.24$

因为 $h/d=1.43>[h_1/d_1]=0.19\sim0.24$ 所以零件不能1次拉深。

② 确定 d_1、$R_{凹1}$、$r_{凸1}$、h_1　由于 $d_t/d=2.6>1.4$，零件属于宽凸缘拉深件，需按宽凸缘拉深方法进行计算。材料厚度 $t=1\text{mm}$，$d_t=59.4\leqslant200\text{mm}$，采用直径减小，高度增加方法拉深。

用逼近法求出第1次拉深直径 d_1 和高度 h_1，假设 $d_t/d=1.3$，已知 $t/D\times100=1.31$ 查表3-11得 $m_1=0.51$，$d_1=m_1D=0.51\times76.6=39\text{mm}$。

为确保凸缘的外缘部分只在首次拉深时参与变形，在以后的各次拉深中不再发生变化，拉入凹模的材料需多于以后拉深所需的材料，根据式（3-10），第一次拉深高度：

$$h_1=\frac{1}{4d_1}(D_1^2-d_t^2+3.44r_1d_1)$$

其中 D_1 表示第1次拉深时已修正过的毛坯直径，由拉入凹模的材料面积比零件拉深部分面积多拉入3%～10%得到，取多拉入5%。由图3-36可得图3-37（加修边余量），拉深部分的面积（涂黑部分）等于零件总面积减去圆环部分的面积（未涂黑部分），则拉深部分的面积为：

$$S_{拉深}=\frac{\pi}{4}D^2-\frac{\pi}{4}(59.4^2-26^2)=\frac{\pi}{4}\times76.6^2-\frac{\pi}{4}(59.4^2-26^2)=\frac{\pi}{4}\times3015\text{mm}^2$$

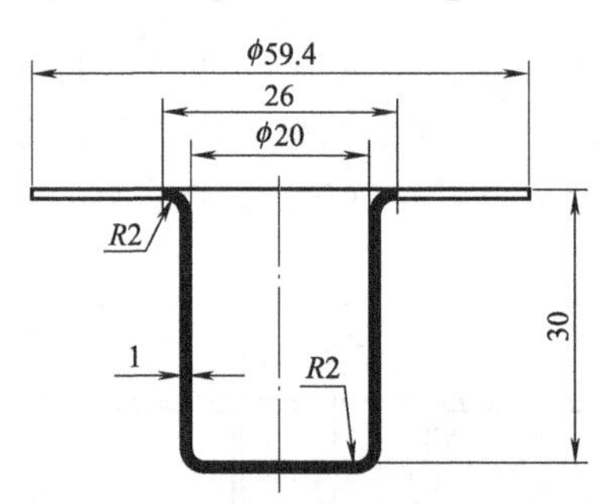

图3-37　拉深部分面积计算

则：$\frac{\pi}{4}D_1^2=\frac{\pi}{4}(59.4^2-26^2)+\frac{\pi}{4}\times3015\times1.05=\frac{\pi}{4}(2852.4+3015\times1.05)$

由此可得第1次拉深时修正后的毛坯直径为：

$$D_1=\sqrt{2852.4+3015\times1.05}=77.6\text{mm}^2$$

第1次拉深时的凹模圆角 $R_{凹1}$ 和凸模圆角 $r_{凸1}$，由表3-16查得：$R_{凹1}=(8\sim12)t$，取系数为10，得到 $R_{凹1}=10t=10\text{mm}$；

由式（3-25），$r_{凸i}=(0.7\sim1.0)r_{凹i}$，取系数为1，则：$r_{凸i}=r_{凹i}=10\text{mm}$。

第1次拉深高度：

$$h_1=\frac{1}{4d_1}(D_1^2-d_t^2+3.44r_1d_1)$$

已知 $d_1=39\text{mm}$，$D_1=77.6\text{mm}$，$d_t=59.4\text{mm}$，$r_1=10+0.5=10.5\text{mm}$

$$h_1=\frac{1}{4\times39}(77.6^2-59.4^2+3.44\times10.5\times39)=25\text{mm}$$

③ 验算 h_1/d_1 是否小于许用值 $[h_1/d_1]$　第 1 次拉深工序件的最大相对高度 $h_1/d_1=25/39=0.64$；已知 $d_t/d_1=59.4/39=1.52$，$t/D_1\times100=(1/77.6)\times100=1.29$，查表 3-12，$[h_1/d_1]=0.42\sim0.53$

因为 $h_1/d_1=0.64>[h_1/d_1]=0.42\sim0.53$，不能 1 次拉深，所以假设 d_1 偏小即 $d_t/d=1.3$ 偏大，重新调整假设 $d_t/d=1.1$，查表 3-11 得 $m_1=0.53$，$d_1=m_1D=0.53\times76.6=41\text{mm}$

因 D_1、$R_{凹1}$、$r_{凸1}$不变，不需重新计算，则调整后第 1 次拉深工序件的高度为：

$$h_1=\frac{1}{4\times41}(77.6^2-59.4^2+3.44\times10.5\times41)=24.2\text{mm}$$

调整后第 1 次拉深工序件的最大相对高度 $h_1/d_1=24.2/41=0.59$

已知 $d_t/d_1=59.4/41=1.45$，$t/D_1\times100=(1/77.6)\times100=1.29$，查表 3-12，$[h_1/d_1]=0.50\sim0.63$，因为 $h_1/d_1=0.59<[h_1/d_1]=0.63$，在允许拉深范围，所以经调整后的第 1 次拉深直径比较合理。

如果 $h_1/d_1\ll[h_1/d_1]$，二者数值相差较大，说明第 1 次拉深变形程度不够，没有充分发挥材料的塑性，此时应将 d_1 调小即将 d_t/d 调大。第 1 次拉深的工序件尺寸如图 3-38 所示。

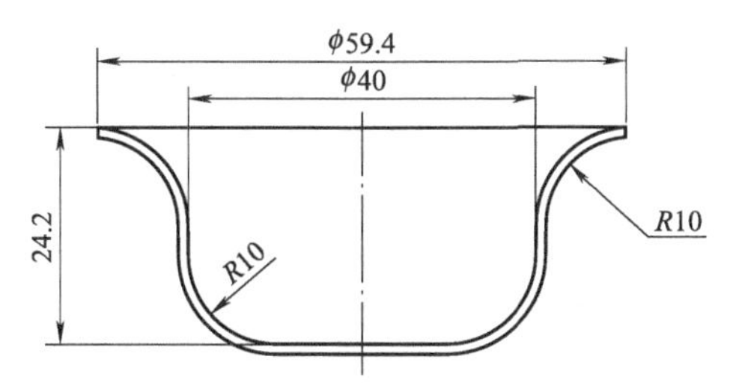

图 3-38　第 1 次拉深的工序件尺寸

用推算法确定拉深次数，已知 $t/D_1\times100=(1/77.6)\times100=1.29$，由表 3-13 得：$[m_2]=0.75$，$[m_3]=0.78$，$[m_4]=0.80$，$[m_5]=0.82$

$$d_2=m_2d_1=0.75\times41=31\text{mm}$$
$$d_3=m_3d_2=0.78\times31=25\text{mm}$$
$$d_4=m_4d_3=0.8\times25=20<d_{件}=21\text{mm}$$

因为 $d_4=20\text{mm}<d_{件}=21\text{mm}$，所以应该用四次拉深。

(3) 工序件尺寸计算

① 各道序拉深直径　由推算法计算已知，用各次拉深极限可以拉深：$d_2=31\text{mm}$、$d_3=25\text{mm}$、$d_4=20\text{mm}$，实际零件 $d_{件}=21\text{mm}$，d_4 与 $d_{件}$ 比较接近，说明每次拉深变形程度接近极限，所以对各次拉深系数不再调整。

如果 d_n 与 $d_{件}$ 相差较大，说明第 n 次拉深程度偏小，其余已接近极限，为了使每次拉深变形程度比较均匀，需对各次拉深系数进行放大调整，但是第 1 次的拉深尺寸不能调整，所以有凸缘拉深系数放大倍数 k 为：

$$k=\sqrt[n-1]{\frac{d_{件}}{d_n}}$$

② 各道序凸、凹模圆角半径　已知首次拉深凹模圆角半径 $r_{凹1}=10\text{mm}$，凸模圆角半径 $r_{凸1}=10\text{mm}$。

以后各次拉深时，凹模圆角半径按式 (3-24)，$r_{凹i}=(0.6\sim0.8)r_{凹i-1}$。

凸模圆角半径按式（3-25），$r_{凸i}=(0.7\sim1.0)r_{凹i}$。

由此可得，各次拉深凸、凹模的圆角半径并化整，分别为：

$$r_{凹2}=7\text{mm}\qquad r_{凸2}=7\text{mm}$$

$$r_{凹3}=4\text{mm}\qquad r_{凸3}=4\text{mm}$$

$$r_{凹4}=2\text{mm}\qquad r_{凸4}=2\text{mm}$$

③ 各道序拉深深度　按式（3-10），有凸缘筒形拉深件的各道序拉深深度为：

$$h_n=\frac{1}{4d_n}(D_n^2-d_t^2+3.44r_nd_n)$$

根据以上计算，毛坯修正公式为：$D_i=\sqrt{2852.4+3015\times i}$

由电子表格计算：

工序号	$S_{环}\times(4/\pi)$	$S_{拉深}\times(4/\pi)$	多拉面积系数	$D_i^2\times(4/\pi)$	D_i
2	2852.4	3015	1.035	5972.9	77.3
3	2852.4	3015	1.02	5927.7	77.0

各道序拉深深度由电子表格计算：

工序	d_i	D_i	r_i	d_T	h_i
2	31	77.3	7.5	59.4	26.2
3	25	77	4.5	59.4	27.9
4	21		2.5		30.0

（4）凸模和凹模工作部分尺寸及制造公差确定

① 各道序单面拉深间隙　各道序采用压边圈拉深，所以单面拉深间隙 Z 按表 3-17 选取：

第 1、2 次拉深：$Z=1.2t=1.2\text{mm}$；

第 3 次拉深：$Z=1.1t=1.1\text{mm}$；

第 4 次拉深：$Z=(1.0\sim1.05)t=1\text{mm}$

② 凸模和凹模工作部分尺寸及制造公差　因为制件要求内形尺寸，故以凸模尺寸为基准进行计算。模具公差按表 3-18 选取，则 $\delta_{凹}=0.05\text{mm}$、$\delta_{凸}=0.03\text{mm}$。

根据式（3-32）和式（3-33），第 1～3 次拉深时，工作部分尺寸为：

$$d_{凸}=d^{0}_{-\delta_{凹}}$$

$$d_{凹}=(d+2Z)_{0}^{+\delta_{凹}}$$

插入电子表格，可以得出第 1～3 次拉深时，工作部分尺寸：

工序	d_i	t	$d_{凸i}$	Z	$d_{凸}$	$d_{凹}$	$\delta_{凹}$	$\delta_{凸}$
1	41	1	40	1.2	40	42.4	0.05	0.03
2	31	1	30	1.2	30	27.6	0.05	0.03
3	25	1	24	1.1	24	21.8	0.05	0.03

第 4 次拉深即末次拉深，按式（3-30）和式（3-31）

凸模尺寸：$d_{凸}=(d_{\min}+0.4\Delta)^{0}_{-\delta_{凸}}$

凹模尺寸：$d_{凹}=(d_{\min}+0.4\Delta+2Z)_{0}^{+\delta_{凹}}$

已知 $d_{\min}=20\text{mm}$，$\Delta=0.52\text{mm}$（未注公差按 IT14 级考虑），$Z=1\text{mm}$，代入公

式，则：

凸模尺寸：　　$d_{凸}=(20+0.4\times 0.52)_{-0.03}^{\ 0}=20.21_{-0.03}^{\ 0}$ (mm)

凹模尺寸：　　$d_{凹}=(20.21+2\times 1)_{0}^{+0.05}=22.21_{0}^{+0.05}$ (mm)

3. 确定拉深工艺方案

经过以上工艺计算，零件冲压基本工序如图 3-39 所示。

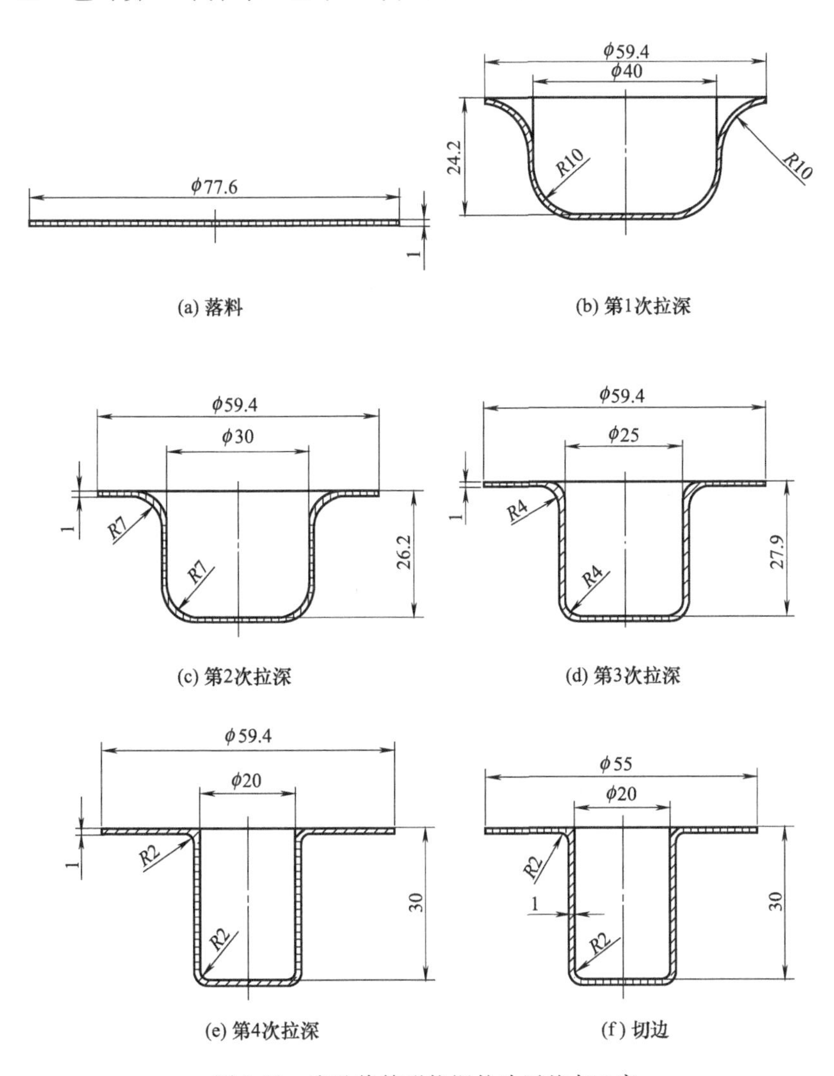

(a) 落料　(b) 第1次拉深　(c) 第2次拉深　(d) 第3次拉深　(e) 第4次拉深　(f) 切边

图 3-39　有凸缘筒形拉深件冲压基本工序

零件首先需要由条料落料，制成直径 $D=77.6$mm 的圆板，如图 3-40 (a) 所示，经过 4 次拉深，如图 3-39 (b)、(c)、(d)、(e) 所示，因为末次拉深直径 $\phi 20$，未注公差，精度按 IT14 考虑，普通拉深可以实现，不需整形工艺。最后按 $\Delta R=2.2$mm 进行切边，如图 3-40 (f) 所示。

考虑模具寿命、制造维修方便以及拉深件的质量，确定拉深工艺方案如下，见图 3-41。

4. 选择模具结构类型——以落料和第 1 次拉深模设计为例

由图 3-40 工序 2 可知，落料和第 1 次拉深模为落料和首道拉深复合模。模具结构采用材料由导料销定边距，挡料销定步距；橡胶压边、卸料和出件；条料横向送料，为方便操作，采用后侧导柱模架。

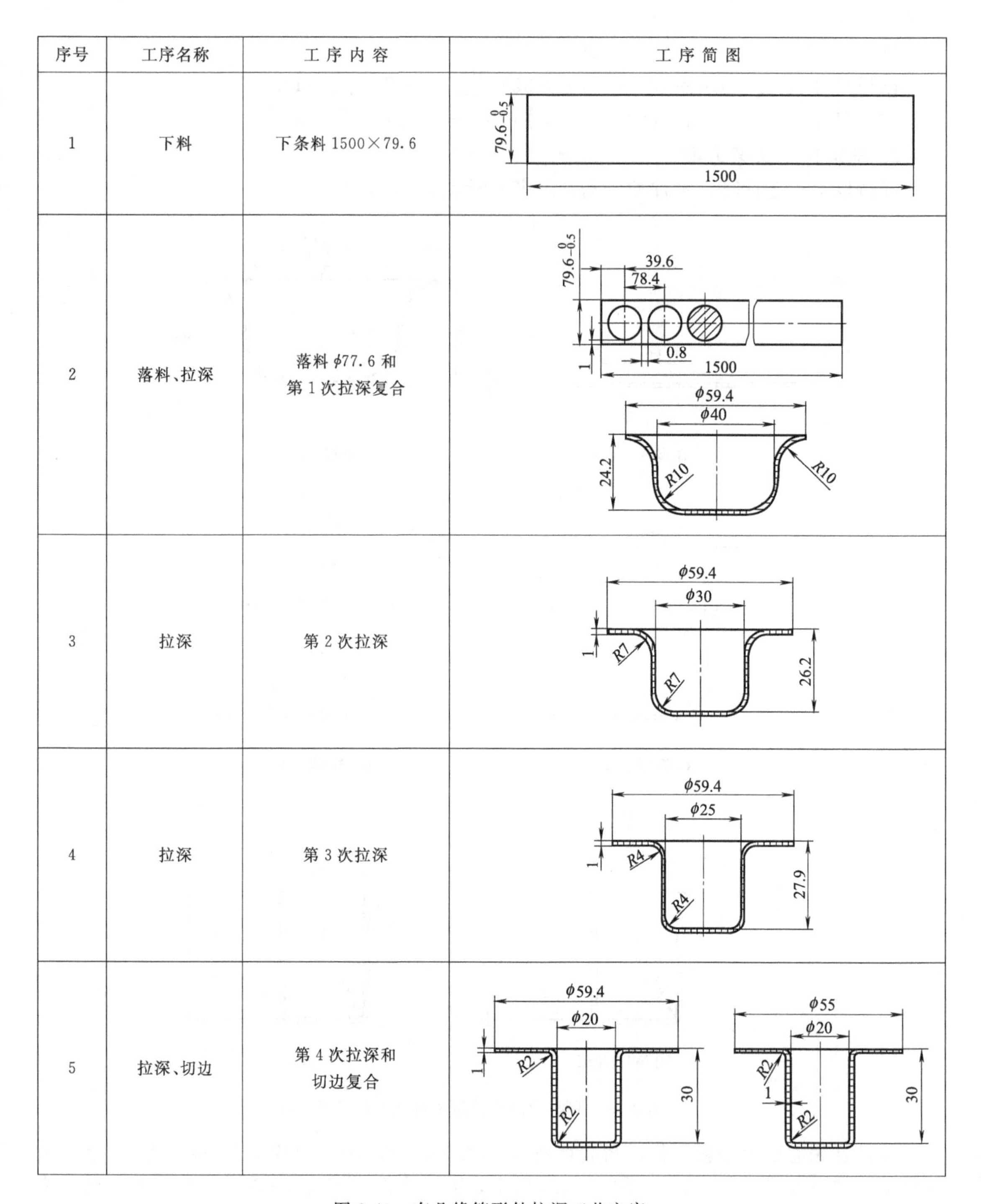

序号	工序名称	工序内容	工序简图
1	下料	下条料 1500×79.6	
2	落料、拉深	落料 ϕ77.6 和第 1 次拉深复合	
3	拉深	第 2 次拉深	
4	拉深	第 3 次拉深	
5	拉深、切边	第 4 次拉深和切边复合	

图 3-40　有凸缘筒形件拉深工艺方案

5. 冲压力、压边力计算和设备初选

(1) 冲压力计算

① 拉深力计算，由式 (3-11)，首次拉深力为：$F_1 = k_1 \pi d_1 t \sigma_b$

已知：$d_1 = 41$mm，$t = 1$mm，$m_1 = 0.53$，查表 3-14，$k_1 = 1$，材料为 08 钢，查表 1-3，$\sigma_b = 440$MPa，则首次拉深力为：

$$F_1 = 1 \times \pi \times 41 \times 1 \times 440 = 56.7\text{kN}$$

② 冲裁力计算，由式（1-24），落料时的冲裁力为：

$$F_{落}=Lt\sigma_b=\pi D_1 t\sigma_b=\pi\times 77.6\times 1\times 440=107.3\text{kN}$$

由式（1-25），卸料力为：$F_X=K_X F=0.05\times 107.3=5.37\text{kN}$

$$F_{\Sigma落}=F_{落}+F_X=107.3+5.37=113\text{kN}$$

③ 冲压力：

$$F=F_1+F_{\Sigma落}=56.7+113=170\text{kN}$$

（2）压边力计算

由式（3-14），首次拉深时压边力为：$Q_1=\frac{\pi}{4}[D^2-(d_1+2R_{凹1})^2]p$

已知 $D=D_1=77.6\text{mm}$，$d_1=41\text{mm}$，$R_{凹1}=10\text{mm}$，查表 3-15，$p=2.5\text{MPa}$，则首次拉深时的压边力为：$Q_1=\frac{\pi}{4}[77.6^2-(41+2\times 10)^2]\times 2.5=452\text{N}$

（3）初定压力机

按式（3-18），压力机吨位计算公式：

$$F_{压}\geqslant(1.7\sim 2)\sum F$$

首次拉深深度为 24.2mm，属于中等拉深，但先落料吨位较大，故取系数为 2，所以压力机吨位为：$F_{压}\geqslant 2\sum F=2\times(170+0.5)=341\text{kN}$

初选压力机公称吨位为 400kN，型号为 J23-40，从表 1-6 得到，压力机主要工艺参数如下：

公称压力：400kN；

滑块行程：100mm；

行程次数：80 次/分；

最大闭合高度：300mm；

闭合高度调节量：80mm（最小闭合高度：220mm）；

工作台尺寸：前后 420mm，左右 630mm；

模柄孔尺寸：直径 50mm，深度 70mm；

工作垫板：厚度 80mm，直径 ϕ200mm。

6. 落料和第 1 次拉深模总装图和模具工作零件的设计

（1）落料和第 1 次拉深模总装图

根据以上确定的模具结构类型，属落料和第 1 次拉深复合模，模具总装图如图 3-42 所示。模具工作原理：材料从右侧送入，以挡料销 5 定步距，导料销（与挡料销 5 相同）定边距。上模下行，卸料板 6 与条料接触，在弹簧作用下，条料被压紧，上模继续下行，凸凹模 7 进入落料凹模 4 使材料切断，随着凸凹模 7 下行，与顶件板 16 压紧落料毛坯进行拉深，由模具封闭高度控制完成第 1 次拉深高度。上模回程，压机顶出机构中下弹簧回复，通过顶杆 18 和顶件板 16 将工序件推出拉深凸模 17。上模继续回程，打料杆碰到压机的打料横梁，使打料块 15 将第 1 次拉深后的工序件推出凸凹模 7。由于初选 J23-40 压机下止点即模具封闭状态（如图 3-41）到上止点的距离即压机滑块行程 100mm，大于 2 倍第 1 次拉深零件高度（2×24.3=48.6mm），零件可以方便的从上、下模之间取出。

（2）拉深凸模

根据以上凸模和凹模工作部分尺寸及制造公差确定，已知 $d_{凸1}=\phi 40_{-0.03}^{\ 0}$，从图 3-42 总装图可得凸模高度为：

$$H_{凸1}=h_1+5+h_1+2t+5+5+15=24.3+5+24.3+2+5+5+15=80.6\text{mm}$$

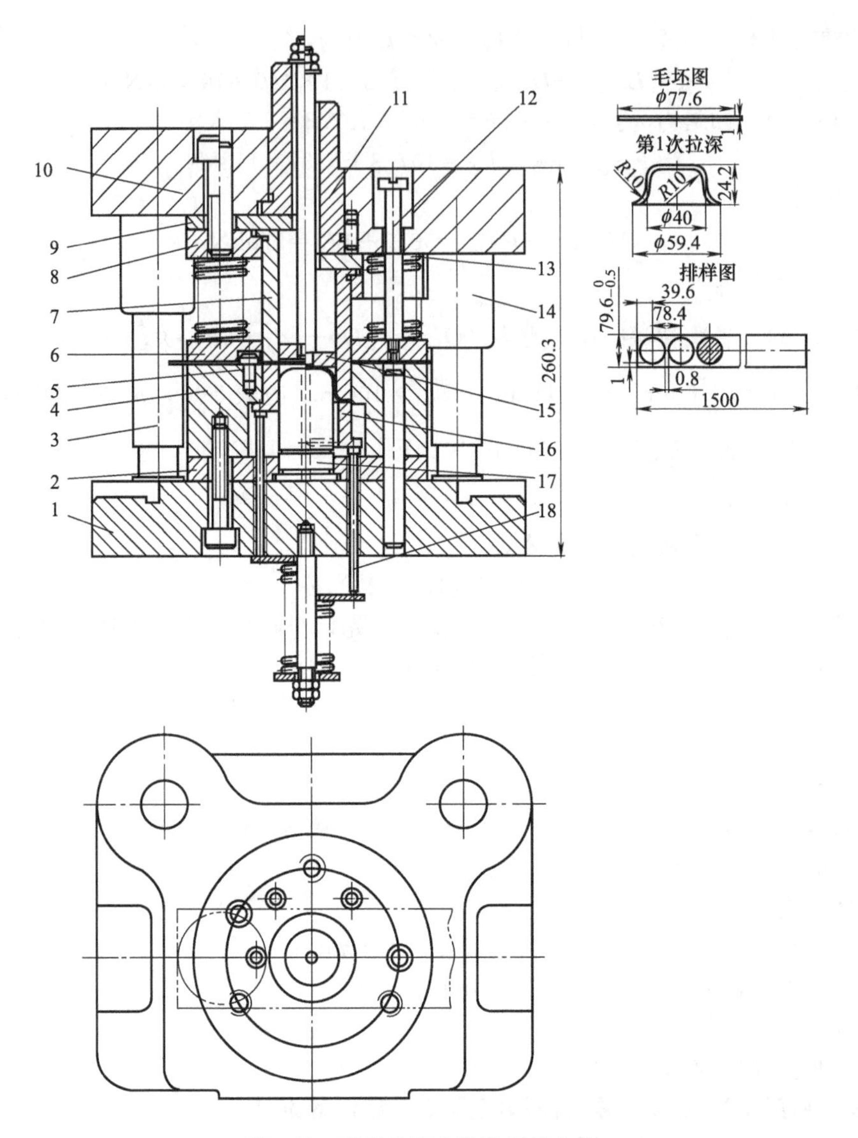

图 3-41　落料和第 1 次拉深复合模

1—下模板；2—凸模固定板；3—导柱；4—落料凹模；5—挡料销；6—卸料板；7—凸凹模；8—凸凹模固定板；9—垫板；凸模；10—上模板；11—模柄；12—卸料螺钉；13—弹簧；14—导套；15—打料块；16—顶件板；17—拉伸凸模；18—顶杆

凸模零件图见图 3-42。

(3) 凸凹模

已知拉深凹模的工作部分尺寸为：$d_{凹1}=\phi42^{+0.05}_{0}$，因为落料尺寸即毛坯，精度没有要求，故取：$d_{凹落}=\phi77.6^{+\delta_{凹}}_{0}=\phi77.6^{+\Delta/4}_{0}=\phi77.6^{+0.19}_{0}$

弹簧高度计算，已知 $F_x=5370\text{N}$，取 8 个弹簧，则每个弹簧承担卸料力为：

$$F_y=F_x/8=5370/4=671\text{N}$$

按式 (1-50)，$F_j=(1.5\sim2)F_y=1.5\times671=1007\text{N}$

查附表 8，选用矩形弹簧：15×30×90，$F_j=1210\text{N}$，选弹簧寿命 30 万次，则 $h_j=36\text{mm}$。

由式 (1-51)，
$$h_y=\frac{F_y}{F_j}h_j=\frac{671}{11210}\times36=20\text{mm}$$

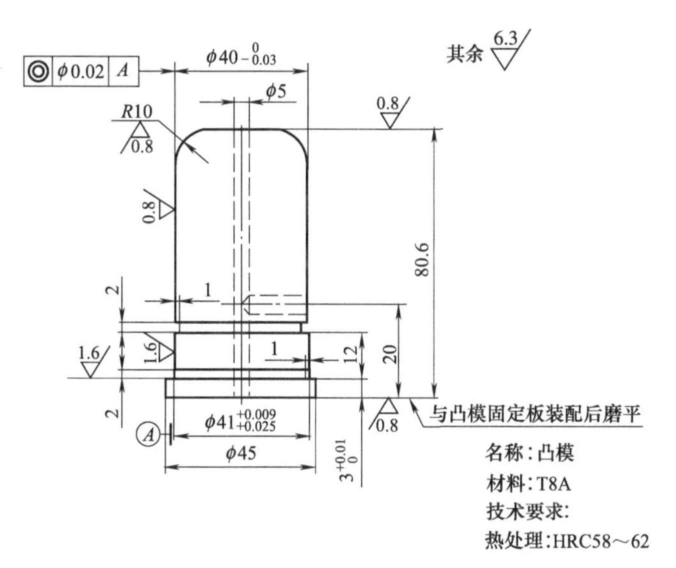

图 3-42　凸模

由式（1-52），弹簧极限压缩量须大于工作压缩量，即：$h_j \geqslant h = h_y + h_x + h_m$

由于落料、拉深时工作行程较大 $h_x = 24.3 + 2t = 26.3\text{mm}$，考虑 $h_m = 5\text{mm}$，则取 $h_y = 4\text{mm}$，满足弹簧工作时极限压缩量要求。实际上，当拉深完毕，弹簧压缩量为 30～35mm（刃磨前后），由以上计算可知，此时弹簧力大于卸料力，可以使条料从凸凹模上卸下。

从图 3-41 总装图可得凸凹模高度为：

$$H_{凸凹} = h_{卸} + h_{弹} - h_{垫} - h_{窝} = 15 + 86 - 8 - 7 = 86\text{mm}$$

凸凹模零件见图 3-43。

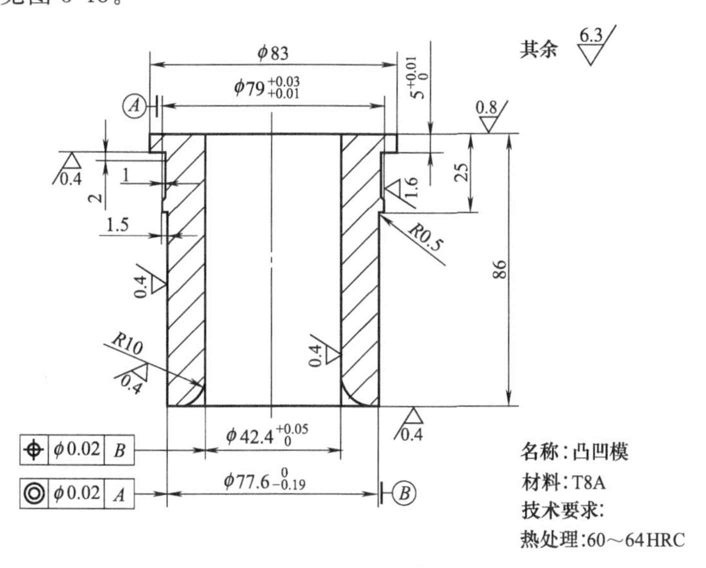

图 3-43　凸凹模

（4）模架

根据图 3-41，模架中安装零件外形尺寸最大的为凸凹模固定板，其外形尺寸为 ϕ200，选周界为 ϕ200 的后侧导柱模架可以满足模具要求。根据初选 J23-40 压机的工作垫板孔径为 ϕ200，ϕ200 的模架也能满足装模要求，查附表 10，故选标准模架 200×200×(220～265)。

模具的闭合高度与压力机的装模高度关系：

$$H_{max}-H_1-5 \geqslant H_{模} \geqslant H_{min}-H_1+10$$

已知：$H_{max}=300\text{mm}$，$H_{min}=220\text{mm}$，$H_1=80\text{mm}$

模具闭合高度应为：$265 \geqslant H_{模} \geqslant 150$

由图 3-41，实际模具闭合高度：

$$H_{模}=h_{上}+h_{下}+h_{垫}+h_{凸凹}+h_{凸}-h_1=50+60+8+86+80.6-24.3=260.3\text{mm}$$

因为 $265>H_{模}=260.3>190$，满足装模高度要求。

(5) 模柄

根据压机模柄孔 $\phi 50$，上模座厚度 50mm，需要打料孔，查附表 11 选用模柄 B50×110。

【学习小结】

1. 重点

(1) 拉深工艺分析。

(2) 拉深件毛坯计算。

(3) 拉深工艺计算。

(4) 拉深模结构。

(5) 拉深模设计步骤。

2. 难点

(1) 拉深工艺计算。

(2) 拉深模结构。

3. 思考与练习题

(1) 何谓拉深？根据应力应变状态的不同，拉深毛坯划分为哪 5 个区域？危险截面在何处？

(2) 试简述起皱、拉裂等拉深件质量问题的成因及防止措施。

(3) 什么叫拉深系数？什么是极限拉深系数？影响拉深系数的因素有哪些？

(4) 有凸缘件的拉深常用哪两种方法？

(5) 如何计算拉深力、压边力？如何选择拉深时的压力机？

(6) 圆筒件拉深时凸、凹模圆角半径如何选择？间隙怎样确定？

(7) 凸、凹模工作部分尺寸及公差怎样确定？

(8) 计算图 1 所示无凸缘筒形拉深件的坯料尺寸、拉深次数及各次拉深半成品尺寸，并用工序图表示出来。材料为 10 钢，料厚 2mm。

(9) 计算图 2 所示有凸缘筒形拉深件的坯料尺寸、拉深次数及各次拉深工序件尺寸，并用工序图表示出来。材料为 08 钢，料厚 1mm。

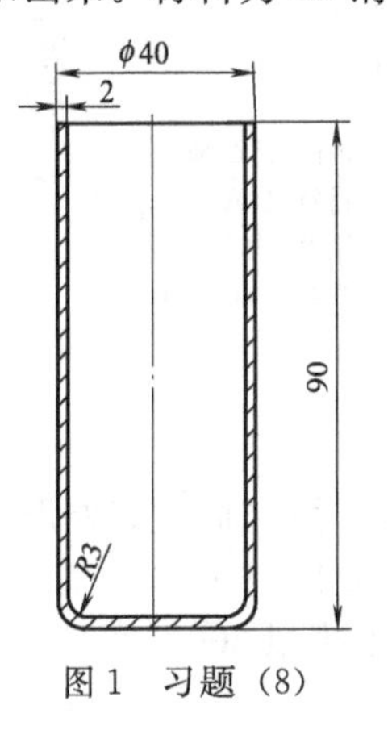

图 1 习题 (8)

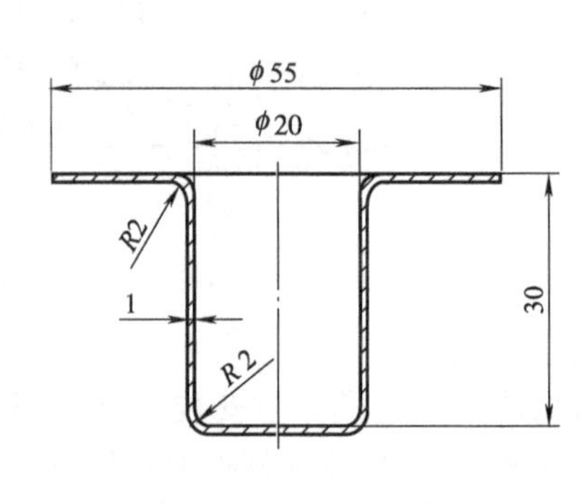

图 2 习题 (9)

学习情境4
成形模具设计

能够掌握胀形、翻孔、翻边、缩口模具工作过程，变形程度分析，成形力计算，成形模结构。能进行胀形、翻孔、翻边、缩口工艺分析，制定工艺方案，设计模具总装配图及零件图。

任务 4.1 胀形模具设计

【任务描述】

设计图 4-1 所示球头盖零件的外形成形模具。生产批量：中批量，零件材料 10 钢，料厚 1mm。

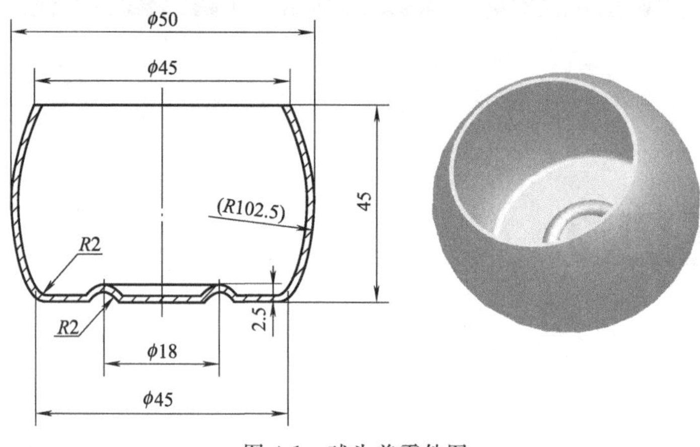

图 4-1 球头盖零件图

【任务分析】

由球头盖零件图（图 4-1）可知，其外形侧壁是由筒形件径向向外扩张形成，底部是筒形件底面局部凸起形成，所以球头盖外形成形即为筒形件的侧壁凸肚胀形和底部起伏成形两种同时成形。

【知识准备】

1. 胀形工艺特点

将平板坯料的局部凸起成形或空心毛坯沿径向局部向外扩张成形工序称为胀形。图 4-2 所示为几种胀形件实例。

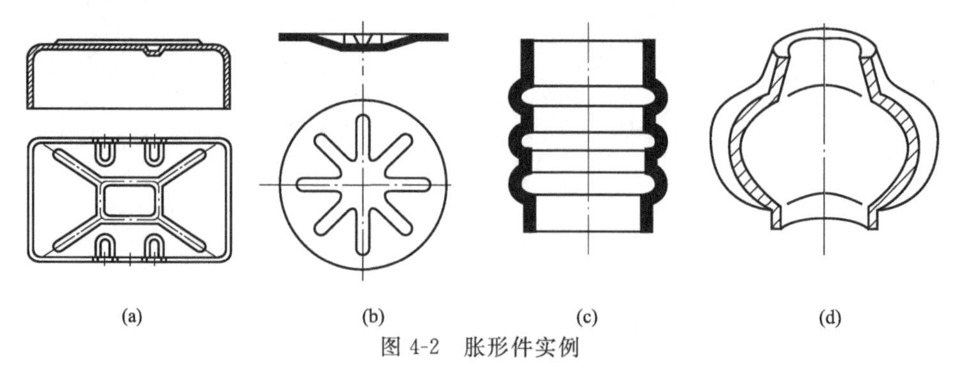

图 4-2 胀形件实例

图 4-3 是平板坯料胀形的示意图。平板坯料 D 在模具作用下，发生塑性变形。一般来说，当 $D/d<3$ 时，平面部分坯料（图 4-3 中未涂黑部分坯料）产生塑性变形所需力最小，

从而使平面部分的材料流入凹模，发生拉深变形。当 $D/d>3$ 时，凹模上部坯料（图 4-3 中涂黑部分坯料）产生塑性变形所需力最小，发生胀形变形。此时，凹模上部变形区材料受径向拉应力和切向拉应力作用，厚度变薄，表面积增大，形成需要的零件形状。

图 4-4 是空心坯料胀形的示意图。在胀形过程中，变形区材料受轴向和切向双向拉应力作用和轴向收缩来成形零件。

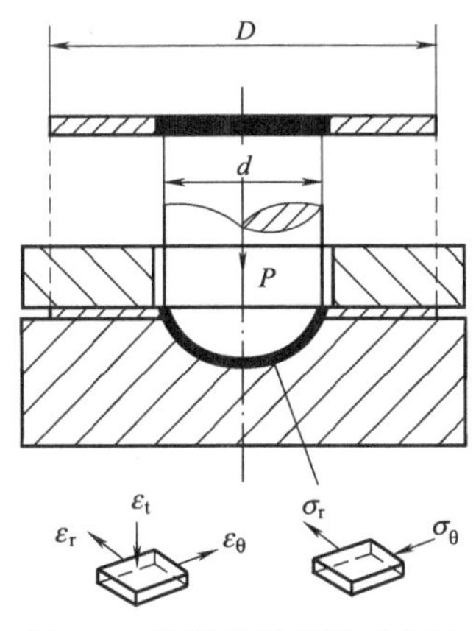

图 4-3 平板坯料胀形示意图

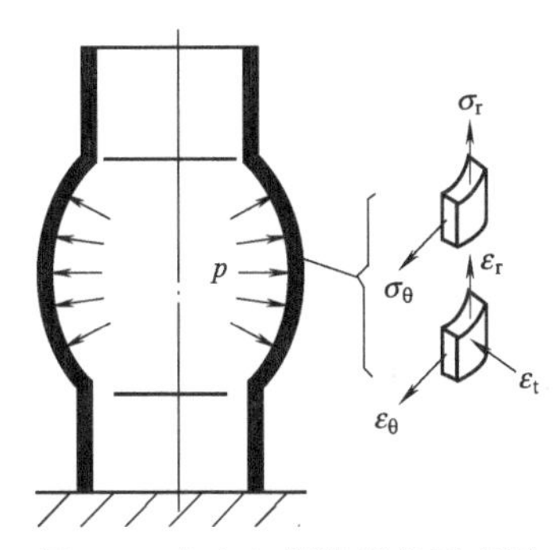

图 4-4 空心坯料胀形的示意图

从以上分析可知胀形工艺具有以下特点：

(1) 胀形时，坯料的塑性变形主要在变形区；

(2) 变形区材料受两向拉应力作用，材料厚度变薄，表面积增大，过大的变形，会使材料严重变薄，导致胀裂；

(3) 因受拉应力作用，变形区材料不会失稳起皱，零件表面质量较好；

(4) 胀形过程中，变形区材料沿厚度方向拉应力分布比较均匀，使零件胀形后回弹小，尺寸精度较高。

因此采用胀形工艺时，需考虑以下工艺性：

(1) 零件材料应有良好的塑性，防止胀裂；

(2) 零件形状应尽可能简单、对称，避免外形轮廓急剧变化；

(3) 胀形形状要限制高径比 h/d 或高宽比 h/b，见图 4-5；当 $h/d \geqslant 0.5$ 或 $h/b \geqslant 0.3$ 时，要增加预成形工序，如图 4-6；通过预先聚料，使胀形时变形区材料均匀变形，以防胀裂；

(4) 过渡圆角 $r_1 \geqslant (1\sim2)t$，$r_2 \geqslant (1\sim1.5)\ t$，见图 4-6，有利于变形区附近材料补充及圆角处材料厚度不严重减薄，防止胀裂发生；

(5) 胀形成形的零件壁厚减薄严重，最薄处只有 $0.7t$，且变形区应力应变状态不同，胀形后壁厚不均匀。

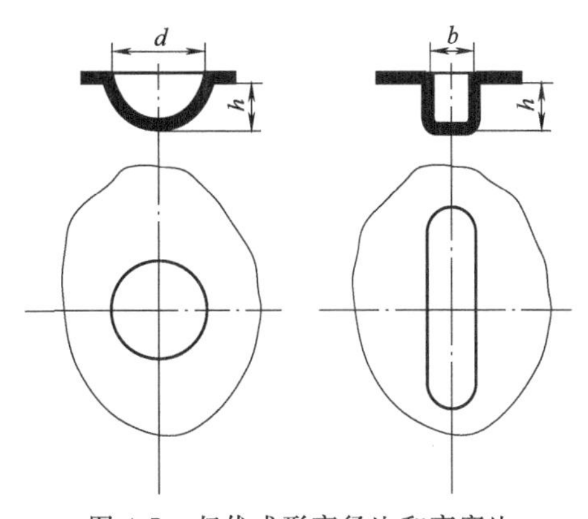

图 4-5 起伏成形高径比和高宽比

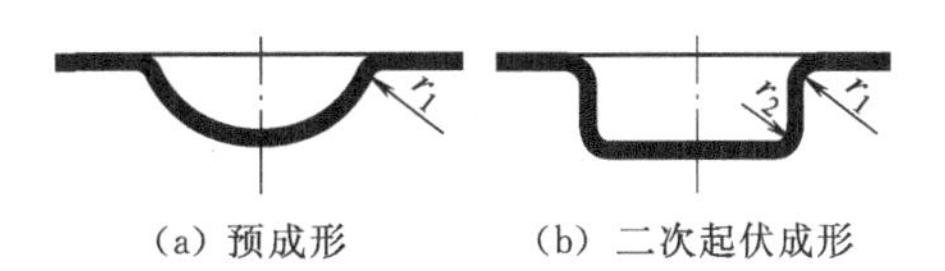

图 4-6 二次起伏成形和过渡圆角

2. 平板坯料胀形

平板坯料胀形又称起伏成形，能在平板上压制出棱、筋、凸台及它们所组成的图案，如图 4-7 所示。起伏成形不仅对零件起到装饰作用，还由于

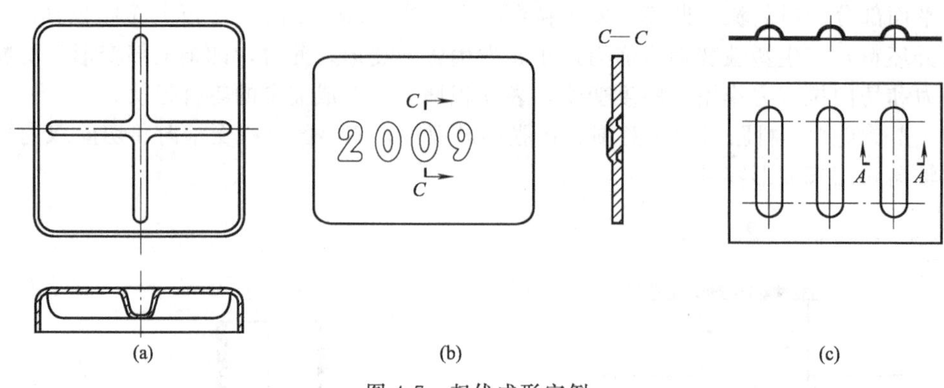

图 4-7　起伏成形实例

零件惯性矩的改变和材料的冷作硬化，增加零件的强度和刚度，因而在生产中被广泛应用。

（1）极限变形程度的确定

起伏成形的极限变形程度受材料的塑性、凸模形状以及润滑条件等因素影响。通常按材料的单向拉深变形近似确定极限变形量，即：

$$\varepsilon_p=\frac{L_1-L_0}{L_0}100\%<(0.7\sim0.75)\delta \quad (4\text{-}1)$$

式中　ε_p——起伏成形的极限变形程度；

L_0、L_1——坯料变形前、后的长度，见图 4-8；

δ——材料伸长率

0.7～0.75——系数，球形筋取 0.75，梯形筋取 0.7。

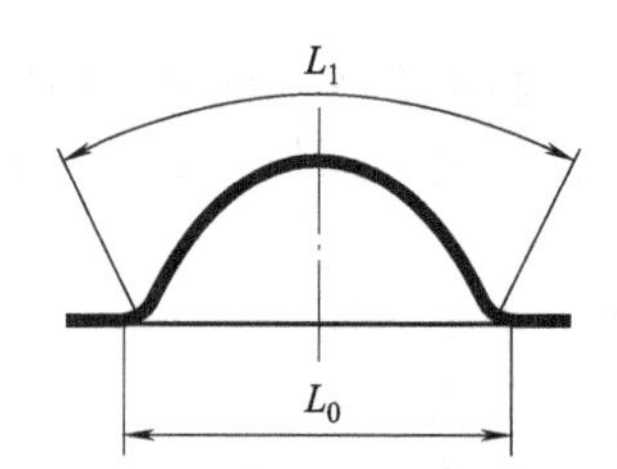

图 4-8　坯料变形前、后的长度

设计起伏成形零件时，一次可胀形凸台和加强筋的形状和尺寸可参考表 4-1，凸台间距离及与边缘距离可参考表 4-2。

表 4-1　加强筋的形状和尺寸

名称	图　例	R	h	D 或 B	r	α
球形筋		$(3\sim4)t$	$(2\sim3)t$	$(7\sim10)t$	$(1\sim2)t$	—
梯形筋		—	$(1.5\sim2)t$	$\geqslant3h$	$(0.5\sim1.5)t$	15°～30°

表 4-2　胀形凸台的极限高度和凸台间距离及与边缘距离

图　例	D	L	l
	6.5	10	6
	8.5	13	7.5
	10.5	15	9
	13	18	11
	15	22	13
	18	26	16
	24	34	20
	31	44	26
	36	51	30
	43	60	35
	48	68	40
	55	78	45

当凸台或加强筋与边缘距离小于 $5t$ 时，起伏成形中材料会向内收缩，此时应预留修边余量，胀形后切除，见图 4-9。

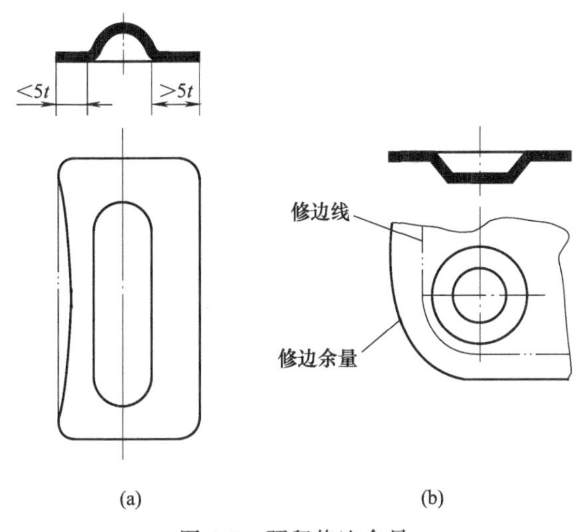

图 4-9　预留修边余量

(2) 胀形力计算

胀形时冲压力按下式估算：

$$F=(0.7\sim1)Lt\sigma_b \text{ (N)} \quad (4\text{-}2)$$

式中　L——胀形区周长，mm；

t——材料厚度，mm；

σ_b——材料抗拉强度，MPa；

0.7～1——系数，加强筋深而窄取 1，浅而宽取 0.7。

3. 空心坯料胀形

空心坯料上胀形俗称凸肚，如图 4-10 所示。能使空心毛坯制成所需的凸起曲面，形成各种用途的零件。

(1) 极限变形程度的确定

空心坯料胀形主要靠材料沿切方向拉伸形成，所以极限变形程度受材料的伸长率限制。空心坯料胀形变形程度通常用胀形系数 K 表示：

$$K=\frac{d_{max}}{D}\leqslant[K] \tag{4-3}$$

式中 d_{max}——胀形后零件最大处直径，mm；

D——空心坯料的原始直径，mm，见图 4-11。

L_0——空心坯料的原始高度，mm，

$[K]$ ——许用极限胀形系数，见表 4-3。

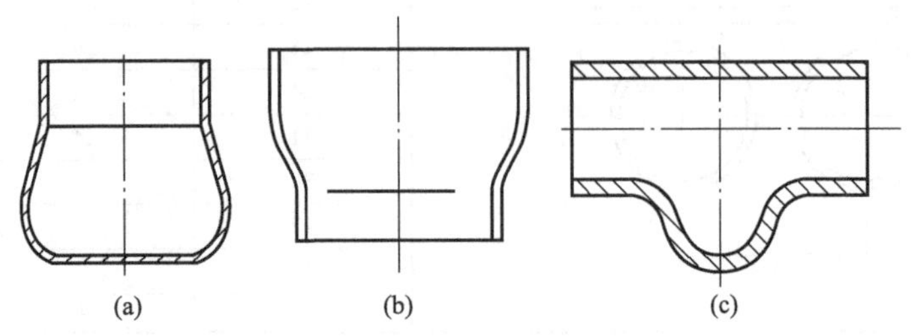

图 4-10　空心毛坯胀形

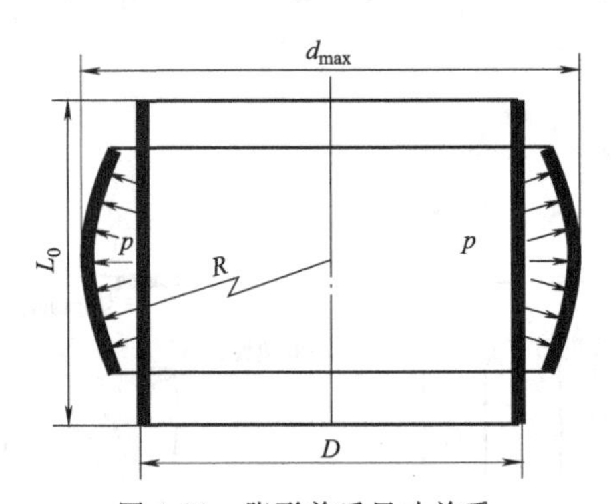

图 4-11　胀形前后尺寸关系

表 4-3　许用极限胀形系数 [K]

材　料	厚度 t/mm	许用极限胀形系数$[K]$
铝合金 3A21M(LF21-M)	0.5	1.25
纯铝 1070A、1060(L1、L2)；1050A、1035(L3、L4)； 1200、8A06(L5、L6)	1.0	1.28
	1.5	1.32
	2.0	1.32
黄铜 H62、H68	0.5～1.0	1.35
	1.5～2.0	1.40
低碳钢 08F、10、20	0.5	1.20
	1.0	1.24
不锈钢 1Cr18Ni9Ti	0.5	1.26
	1.0	1.28

胀形系数 K 与材料切向伸长率关系为：

$$\delta=\frac{L-L_0}{L_0}=\frac{\pi d_{max}-\pi D}{\pi D}=\frac{d_{max}}{D}-\frac{D}{D}=K-1$$

或
$$K=\delta+1 \tag{4-4}$$

式 (4-4) 表明，只要知道材料的切向伸长率便可求出相应的许用极限胀形系数。如果式 (4-3) 条件不满足，可以采取以下胀形方式，增加胀形程度。

① 对空心坯料轴向加压和三向加压　如图 4-12 所示，有利于材料塑性变形。

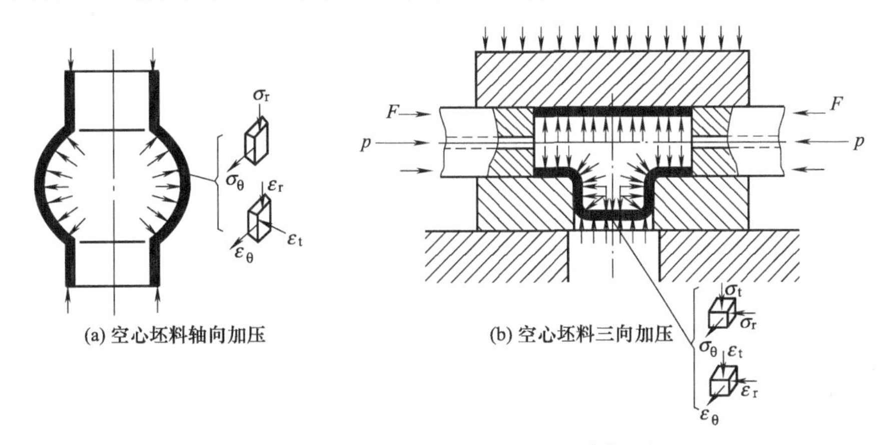

图 4-12　空心坯料轴向加压和三向加压

② 局部加热胀形　空心坯料的极限变形程度不仅受材料的塑性影响，还与凸模形状、模具结构、胀形方式以及润滑条件等有关。表 4-4 为铝管坯料用不同胀形方法试验得到的极限胀形系数 [K]。

表 4-4　铝管坯料试验极限胀形系数 [K]

胀 形 方 法	极限胀形系数[K]	胀 形 方 法	极限胀形系数[K]
橡胶简单胀形	1.2～1.25	局部加热至 200～250℃时胀形	2.0～2.1
橡胶并轴向加压胀形	1.6～1.7	加热至 300℃时用锥形凸模扩口胀形	～3.0

(2) 空心坯料胀形的毛坯尺寸计算

空心坯料一般为空心管坯或拉深件。由式 (4-3) 可知：

坯料直径 D 为：

$$D=\frac{d_{max}}{[K]} \quad (4\text{-}5)$$

坯料长度 L 为：

$$L=l[1+(0.3\sim0.4)\delta]+\Delta h \quad (4\text{-}6)$$

式中　[K]——许用极限胀形系数，查表 4-3 和表 4-4；

d_{max}——工件最大处直径，mm；

l——工件的母线长度，mm；

δ——工件材料切向最大伸长率；

Δh——修边余量，一般取 5～15mm。

(3) 胀形力计算

空心坯料胀形时的冲压力 F 按下式估算：

$$F=2.3\sigma_b A\frac{t}{d_{max}}\ (\text{N}) \quad (4\text{-}7)$$

式中　σ_b——材料抗拉强度，MPa；

A——胀形面积，mm^2；

t——材料厚度，mm；

d_{max}——工件最大处直径，mm。

4. 胀形模具典型结构

(1) 平板起伏成形模结构

① 刚性模具胀形　刚性模具胀形，常用于一般

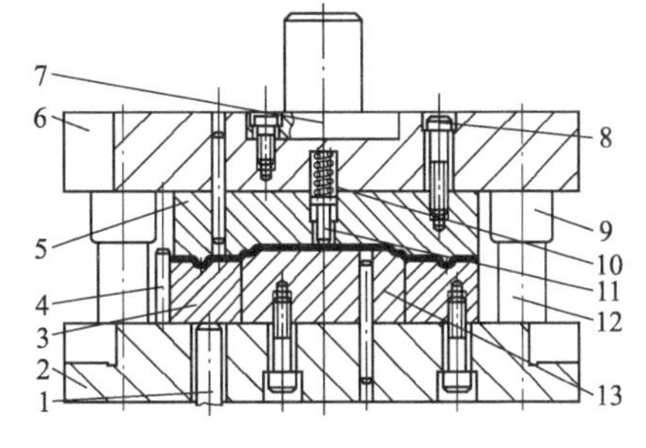

图 4-13　加强板刚性胀形模

1—顶杆；2—下模板；3—顶件板；4—挡料销；5—凹模；6—上模板；7—模柄；8—固定螺钉；9—导套；10—卸料弹簧；11—推销；12—导柱；13—凸模

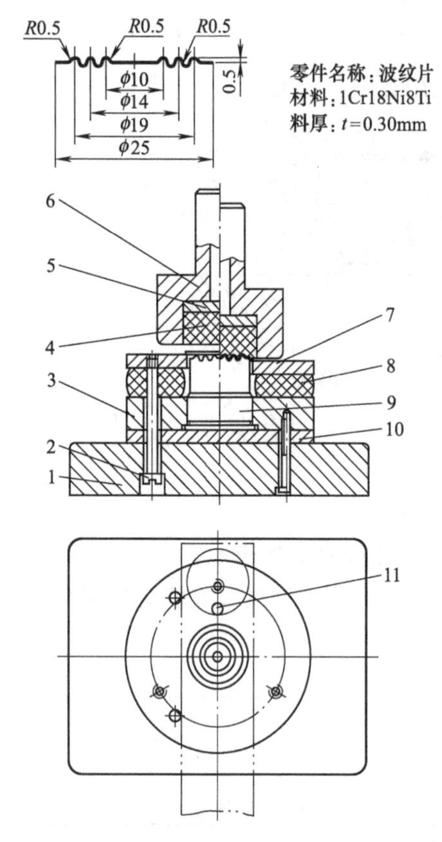

图 4-14　波纹片聚氨酯橡胶落料胀形复合模
1—下模板；2—卸料螺钉；3—凸凹模固定板；4—聚氨酯橡胶成形模；5—上垫板；6—上模座；7,8—卸料板；9—凸凹模；10—下垫板；11—定位销

要求零件的胀形。如图 4-13 所示为加强板刚性胀形模。模具工作原理：当模具处于上极限待工作位置时，将坯料放置在顶件板 3 上，挡料销 4 定位，模具工作时，上模随冲床滑块下行，首先凹模 5 与顶件板 3 接触，压紧坯料，随着冲床滑块的继续下行，凹模 5 与凸模 13 及顶件板 3 进行起伏成形，凹模 5 到达下死点时，工件的起伏成形结束。上模部分随冲床滑块向上运动，顶杆 1 推动顶件板 3 将工件从凸模 13 上顶出；推销 11 将工件从凹模 5 中推下。

② 柔性模具胀形　柔性模具胀形，常用于材料薄、精度要求高的胀形零件。如图 4-14 所示为波纹片聚氨酯橡胶胀形模。波纹片材料厚度为 0.30mm，凸模与凹模之间成形间隙很小，如果用刚性凸模和凹模，给制造带来极大困难。

图 4-14 模具工作原理：当模具处于上极限待工作位置时，将坯料放置在卸料板 7 上，材料由三个定位销 11 定位，模具工作时，上模随冲床滑块下行，首先聚氨酯橡胶模 4 与卸料板 8 接触，压紧坯料，随着冲床滑块继续下行，聚氨酯橡胶 4 与凸凹模 9 开始起伏成形，上模继续下行，凸凹模 9 刃口与聚氨酯橡胶 4 对材料进行冲裁。上模随冲床滑块回程时，聚氨酯橡胶 4 回复，将工件顶出，卸料板 7 将条料从凸凹模 9 上卸下。

(2) 空心坯料胀形模结构

① 刚性胀形模具　刚性胀形模具，适用于精度要求较低零件的胀形。通常采用分瓣凸模，利用锥形芯块使凸模径向分开胀形，如图 4-15。这种模具结构复杂，所以特殊情况下，采用图4-16 无凸模的刚性胀形模。模具工作原理：筒形件毛坯放置在顶件板 5 上，利用下凹模 4 定位，模具工作时，上模随冲床滑块下行，首先上模芯 2 插入筒形件中，并对筒壁轴向加压，使筒壁材料沿凹模凸起。上模回程，顶杆 6 推动顶件板 5，将工件从凹模 3 中顶出，上模用刚性打料机构将工件从上凹模 1 中推下。

② 柔性胀形模具　柔性胀形模具常采用聚氨酯、高压气体或液体等代替刚性凸模，结构简单，取件方便。如图 4-17 所示为轴管聚氨酯橡胶胀形模。模具工作原理：管坯塞入聚氨酯橡胶 12 后，放入下凹模 1 定位，模具工作时，上模随冲床滑块下行，首先上凹模 2 套入管坯，保护不需变形部分，同时压块 11 对聚氨酯橡胶施压，滑块继续下行，上凹模 2 通过斜面导向，与下凹模 1 对正、贴合形成凹模，此时固定板 10 与管坯接触，对管坯轴向加压，弹簧 4 压缩，直至轴管胀形完成。上模

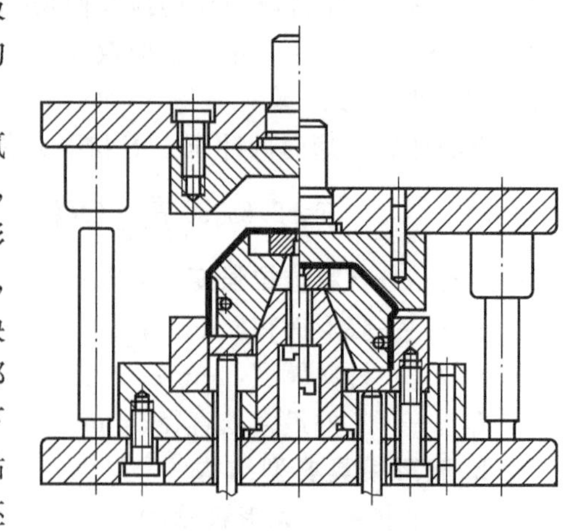

图 4-15　分瓣凸模刚性胀形模具

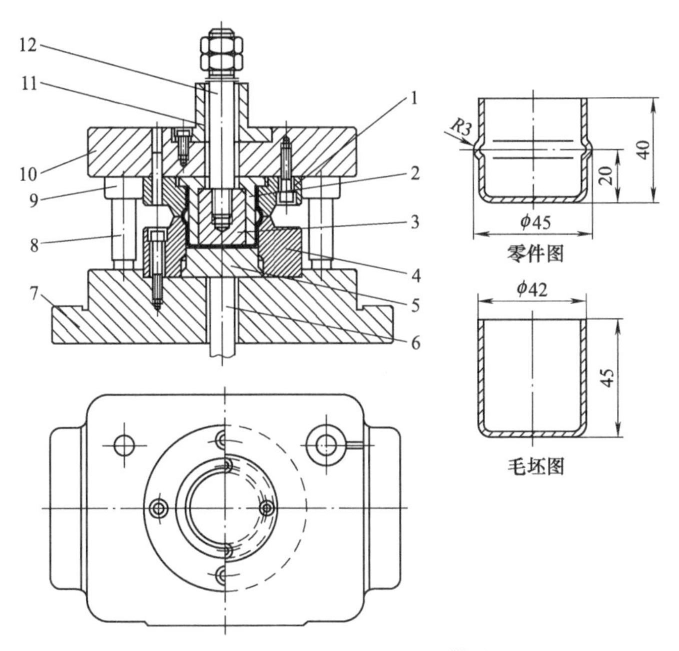

图 4-16　无凸模刚性胀形模具

1—上凹模；2—上模芯；3—凹模；4—下凹模；5—顶件板；6—顶杆；7—下模板；
8—导柱；9—导套；10—上模板；11—模柄；12—打料杆

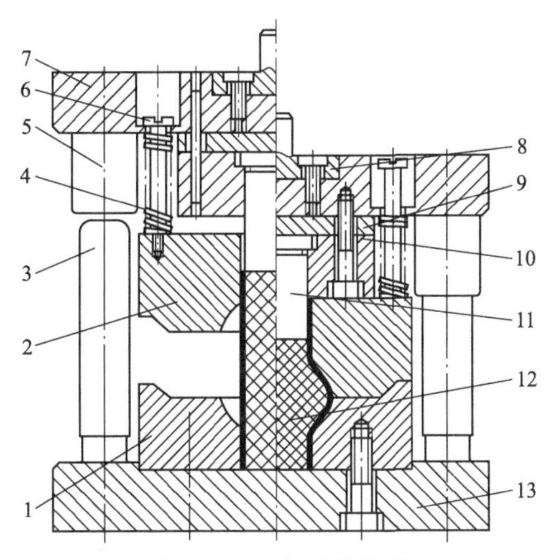

图 4-17　柔性模具胀形

1—下凹模；2—上凹模；3—导柱；4—弹簧；5—导套；6—卸料螺钉；7—上模板；
8—模柄；9—垫板；10—固定板；11—压块；12—聚氨酯橡胶；13—下模板

随冲床滑块向上运动脱离轴管，手工取出零件。

【任务实施】

1. 胀形件工艺分析

球头罩零件如图 4-18 所示，生产批量：中批量，零件材料 10 钢，料厚 1mm。

由零件图可知，球头罩零件可由筒形件通过外形侧壁凸起和底部加强筋胀形成形。外形侧壁凸起是空心毛坯的胀形，底部加强筋是平板坯料胀形，所以球头罩成形时拉伸变形为主要变形，为了不胀破，需限制最大拉应变不超过零件材料的许用伸长率 [δ]。零件材料 10

钢，由表 1-3 查得许用伸长率 $[\delta]=29\%$，相对较高，利于零件胀形。

由于胀形为伸长类成形，零件表面光滑，尺寸精度较高。从零件图可知，所有尺寸均未注公差，按 IT14 级考虑；零件对壁厚变化没有要求，满足胀形工艺的要求。

2. 工艺计算

(1) 毛坯直径计算

按公式 (4-5)，可得胀形毛坯直径为：$D=\frac{d_{max}}{[K]}$

已知：$d_{max}=50mm$，

从表 4-3 查得：$[K]=1.24$

所以：

$$D=\frac{d_{max}}{[K]}=\frac{50}{1.24}=40.32mm$$

从图 4-18 可知，零件最小直径为 45mm，故取毛坯直径 $D=45mm$

(2) 胀形系数计算

① 按公式 (4-3)，空心坯料胀形系数：$K=\frac{d_{max}}{D}=\frac{50}{45}=1.11<[K]=1.24$

所以外形侧壁凸起可以一次胀形。

② 按公式 (4-1)，平板坯料胀形系数：$\varepsilon_p=\frac{L_1-L_0}{L_0}<(0.7\sim0.75)\delta$

已知：$[\delta]=26\%$，因为球形筋，系数取 0.75。

从图 4-19 得：$L_0=4mm$，$L_1=4.6mm$，

$$\varepsilon_p=\frac{L_1-L_0}{L_0}100\%=\frac{4.6-4}{4}100\%=15\%<0.75\delta=0.75\times26\%=19.5\%$$

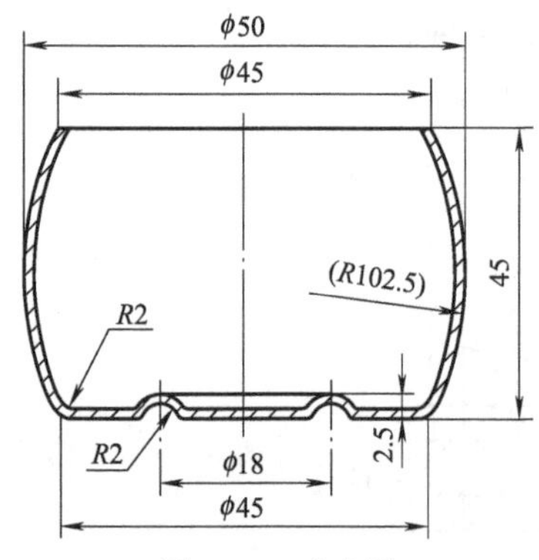

图 4-18 球头罩

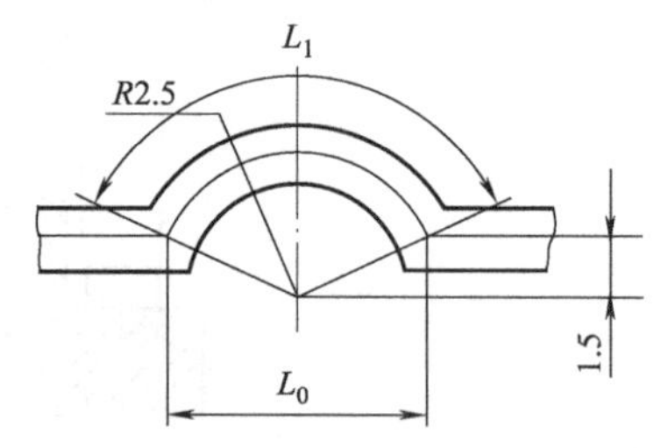

图 4-19 L_0 和 L_1 计算图

所以底部加强筋可以一次胀形。

(3) 毛坯高度计算

按公式 (4-6)，毛坯高度为：$L=l[1+(0.3\sim0.4)\delta]+\Delta h$

由图 4-18，工件的母线长度：$l=45.5mm$

按公式 (4-4)，工件材料切向最大伸长率：$\delta=k-1=1.11-1=0.11mm$

取修边余量 $\Delta h=5mm$，取系数中间值 0.35，则毛坯高度为：

$$L=l[1+(0.3\sim0.4)\delta]+\Delta h=45.5(1+0.35\times0.11)+5=52mm$$

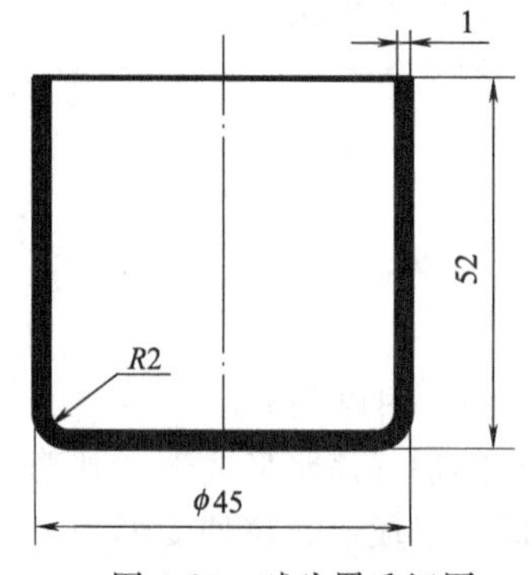

图 4-20 球头罩毛坯图

球头罩毛坯图见图 4-20。

(4) 胀形力计算

① 侧壁凸起的胀形力：

按公式 (4-7)：$F=2.3\sigma_b A\frac{t}{d_{max}}$

已知：$t=1mm$，$d_{max}=50mm$

由表 1-3 查到 10 钢抗拉强度为：$\sigma_b=400MPa$

胀形面积 $A=\pi d_{max}h$

则侧壁凸起的胀形力为：

$$F_{空}=2.3\sigma_b A\frac{t}{d_{max}}=2.3\times400\times\pi\times50\times50\times\frac{1}{50}=144513N$$

② 底部加强筋的胀形力：

按公式 (4-2)：$F=(0.7\sim1)Lt\sigma_b$

由图 4-18 可知，胀形区周长：

$L=2\pi(11.5+6.5)=113mm$

材料厚度：$t=1mm$；加强筋深度 2.5mm，较浅，取系数 0.7；则底部加强筋的胀形力为：

$$F_{平}=0.7Lt\sigma_b=0.7\times113\times1\times400=31640N$$

③ 总胀形力：

$$F=F_{空}+F_{平}=144513+31640=176153N\approx176kN$$

(5) 设备选择

根据总胀形力 $F=176kN$，零件高度（含修边余量）$h=50mm$，选用压机的滑块行程须大于 2 倍零件高度即 100mm，模具封闭高度 $H_{闭}=175mm$（详见图 4-21），查表 1-6 选用压机 J23-63。

3. 胀形模具设计

(1) 绘制总装图

采用聚氨酯凸模柔性模具胀形，可以使结构简单；凹模在直径最大处分为上、下二部分，方便取件。球头罩总装图如图 4-21 所示。模具工作原理：将球头罩毛坯（图 4-20）放入下凹模 2 中，由定位杆 19 三点定位。模具工作时，上模随冲床滑块下行，首先上凹模 3 止口通过圆角导入下凹模 2 并对正；滑块继续下行，弹簧 12 压缩，底部加强筋胀形

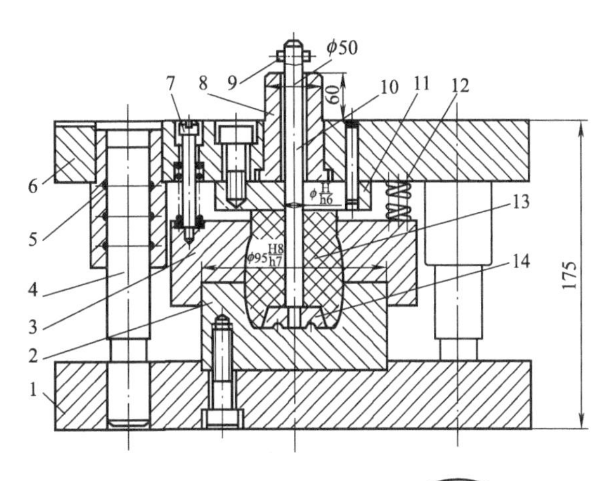

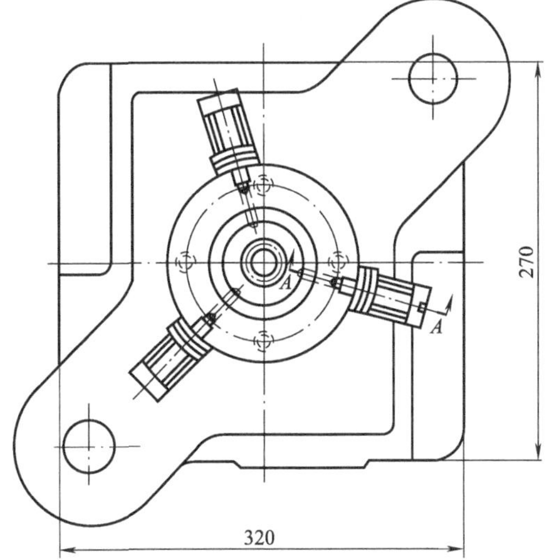

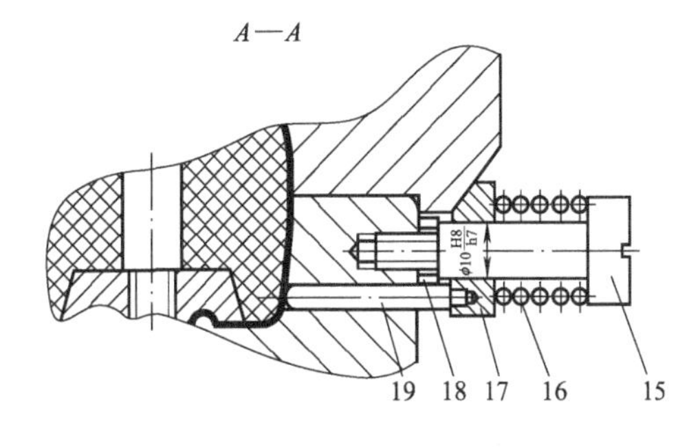

图 4-21 球头罩胀形模

1—下模板；2—下凹模；3—上凹模；4—导柱；5—导套；6—上模板；7—阶形螺钉；8—模柄；9—横销；10—打料杆；11—上垫板；12—弹簧；13—聚氨酯橡胶；14—底部加强筋胀形凹模；15—定位系统螺钉；16—定位系统弹簧；17—定位滑板；18—垫圈；19—定位杆

凹模 14 与毛坯底部接触，开始对聚氨酯橡胶 13 施压，使聚氨酯橡胶 13 压缩胀开，侧向力成形零件的侧壁凸起，轴向力通过底部加强筋胀形凹模 14 成形底部加强筋；在滑块下行的同时，上凹模 3 上的滑块机构与定位滑板 17 接触，利用斜楔将定位滑板 17 径向向外移动，使装配在其上的定位杆 19 移出下凹模 3 的工作面，见图 4-21 中 *A*—*A* 剖视图。由于零件的精度要求不高，定位杆接近下底面，此处几乎没有胀形，且定位杆直径 ϕ4mm 比较小，所以三处定位杆孔不会导致形成凸包。如果模具调试中零件在此处不平整，可以修磨定位杆，使其与凹模面相配。胀形完成，上模随冲床滑块向上运动，由打料杆 10 推动底部加强筋胀形凹模 14 将工件从上凹模 3 中推出。定位系统弹簧 16 复位，推动定位滑板 17 和定位杆 19 进入下凹模，准备下一冲程定位。

(2) 绘制主要工作零件图

① 凸凹模　从零件图 4-18 可知，零件尺寸标注外侧，则以凸凹模为基准，所有尺寸均未注公差，按 IT14 级考虑，根据磨损规律，工作部分尺寸计算公式为：$D_{凹}=(D-0.75\Delta)^{+\Delta/4}_{0}$

$$\phi 50_{-0.62}^{\ 0}: D_{凹1}=(50-0.75\times 0.62)^{+0.62/4}_{0}=49.5^{+0.16}_{0}\text{mm}$$

$$\phi 45_{-0.62}^{\ 0}\ D_{凹2}=(45-0.75\times 0.62)^{+0.62/4}_{0}=44.5^{+0.16}_{0}\text{mm}$$

*R*2 为底部加强筋成形凸模，因为尺寸小，且加强筋仅起底部的刚性作用，精度要求不高，故不考虑磨损规律和制造公差。

外形 $\phi 95_{-0.035}^{\ 0}$ 与上凹模有导向对正要求，按 $\phi 95\ \dfrac{H8}{h7}$ 滑动配合。

凸凹模零件见图 4-22。

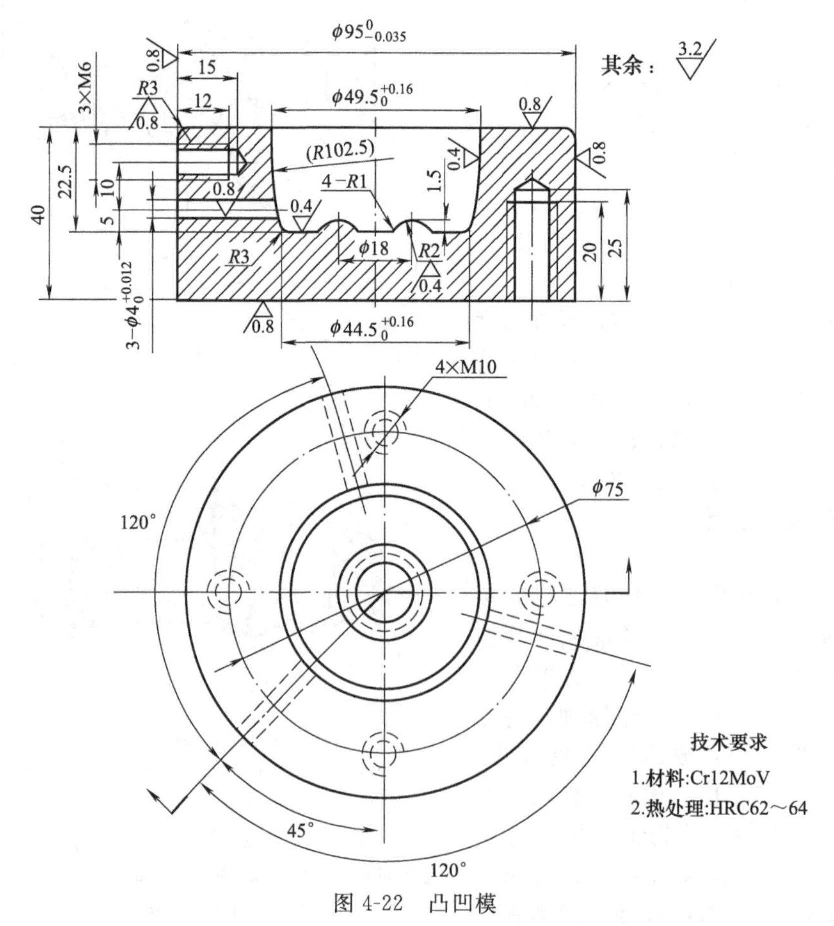

图 4-22　凸凹模

② 上凹模　上凹模工作部分尺寸与凸凹模相同为 $D_{凹1}=49.5_{0}^{+0.16}$mm 外形 $\phi95_{0}^{+0.054}$ 与凸凹模有导向对正要求，按 $\phi95\ \dfrac{H8}{h7}$ 滑动配合。

上凹模零件见图 4-23。

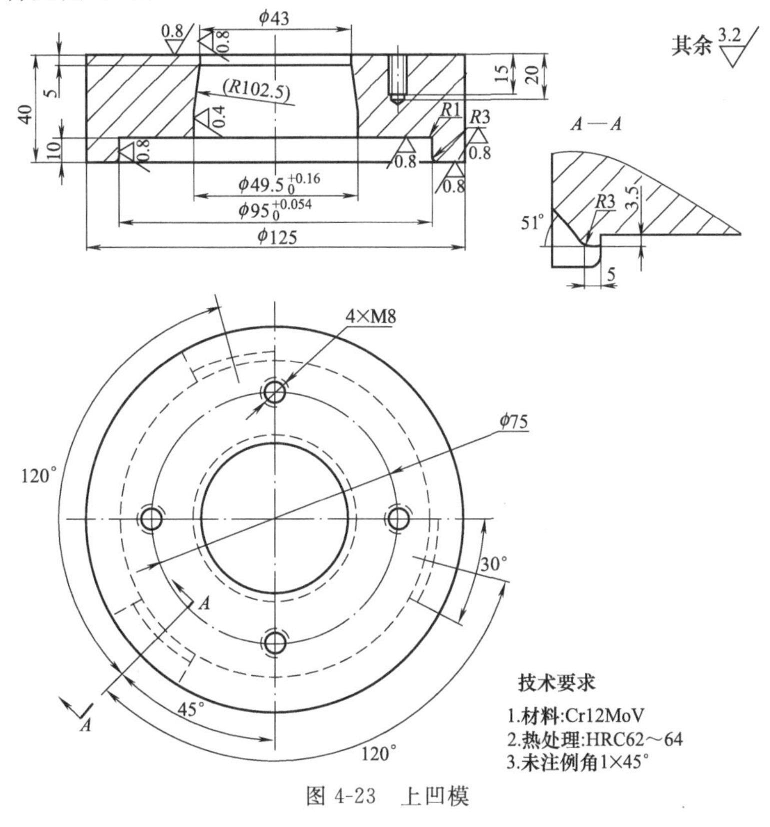

图 4-23　上凹模

任务 4.2　翻孔模具设计

【任务描述】

设计图 4-24 所示轴盖零件 $\phi30_{0}^{+0.21}$ 翻孔成形模具。生产批量：中批量，零件材料 1Cr18Ni9，料厚 1.2mm。

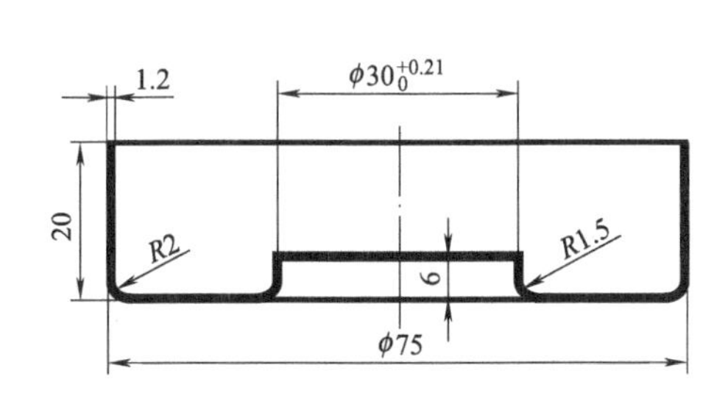

图 4-24　轴盖零件

【任务分析】

由轴盖零件图 4-24 可知，用无凸缘筒形件毛坯预冲孔后翻孔可以成形该零件。本任务要完成预冲孔直径的计算和翻孔模的设计。

【知识准备】

1. 圆孔翻孔工艺特点

沿工序件预制孔的边缘翻起直立竖边的成形方法称为翻孔，也称为内缘翻边。图 4-25 为几种翻孔零件实例。用翻孔方法可以代替拉深切底工艺，加工无底的空心零件。

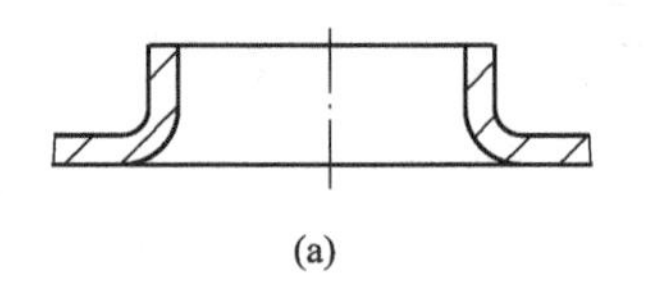
(a)

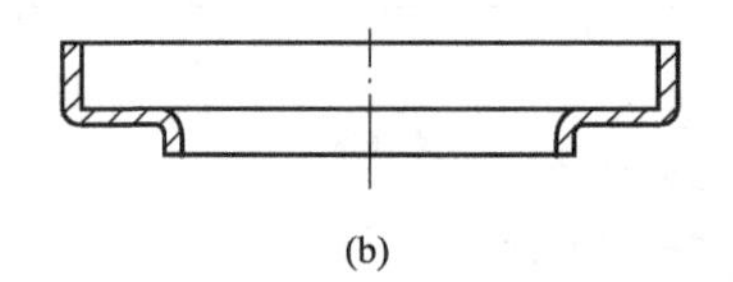
(b)

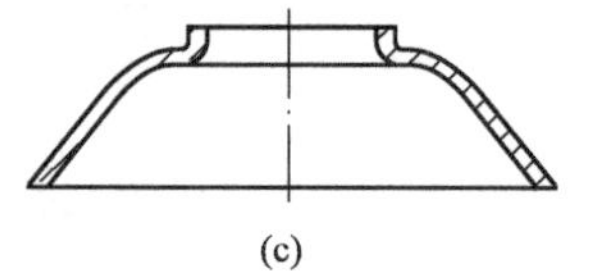
(c)

图 4-25　翻孔零件实例

如图 4-26 所示，在有圆孔的平板毛坯上，画出与圆孔同心且等距及若干等分辐射线形成的坐标网格，翻孔后可以观察到：坐标网格由扇形变成了矩形，各同心圆距离无明显变化。由此可知：

① 材料沿切向伸长，径向几乎不变。越靠近孔口，材料伸长量越大、变薄越严重。因此，翻孔成形时，变形量超过材料极限时会出现孔口破裂。

② 材料的变形区域在 d 和 D_1 环形区，受切向拉应力和径向拉应力作用。

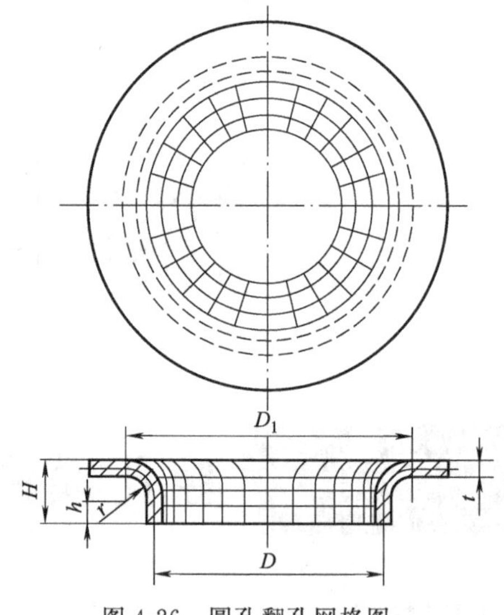

图 4-26　圆孔翻孔网格图

2. 圆孔翻孔工艺计算

(1) 翻孔系数计算

为了防止孔口破裂，必须限制翻孔变形程度。通常用翻孔系数 K 来表示翻孔的变形程度：

$$K=\frac{d}{D}\geqslant[K] \tag{4-8}$$

式中　d——预制孔直径，mm；

D——翻孔后直径，mm，见图 4-27。

$[K]$——许用极限翻孔系数，见表 4-5，表 4-6。

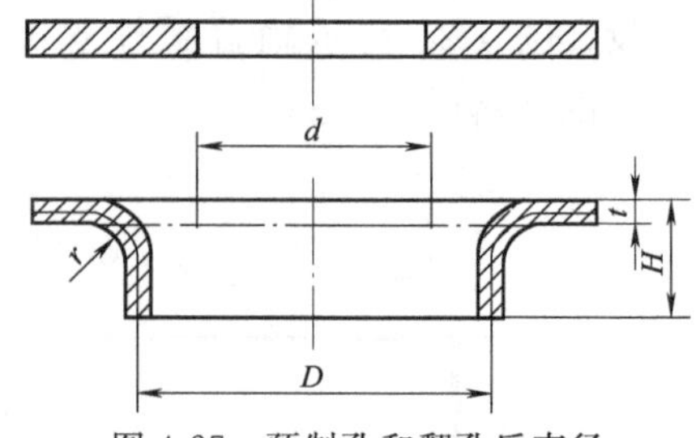

图 4-27　预制孔和翻孔后直径

如果式 (4-8) 不能满足，零件不能一次翻孔。此时可以采用加热翻孔、多次翻孔、先拉深后冲预制孔再翻孔（见学习情境 5 任务 1）。

多次翻孔时，翻孔后应进行退火，才能进行下一次翻孔。以后的极限翻孔系数 $[K']$ 为：

$$[K']=(1.15\sim1.20)[K] \tag{4-9}$$

表 4-5　各种材料的翻孔系数 [K]

经退火的毛坯材料		翻孔系数		经退火的毛坯材料	翻孔系数	
		[K]	[K_{min}]		[K]	[K_{min}]
镀锌钢板(白铁皮)		0.70	0.65	软铝　t=0.5～5.0mm	0.70	0.64
软钢	t=0.25～2.0mm	0.72	0.68	硬铝合金	0.89	0.80
	t=3.0～6.0mm	0.78	0.75	钛合金 TA1(冷态)	0.64～0.68	0.55
合金结构钢		0.80～0.87	0.70～0.77	TA1 加热(300～400℃)	0.40～0.50	0.40
镍铬合金钢		0.65～0.69	0.57～0.61	钛合金 TA5(冷态)	0.85～0.90	0.75
黄铜 H62　t=0.5～6.0mm		0.68	0.62	TA5 加热(500～600℃)	0.70～0.75	0.65
紫铜		0.72	0.63～0.69	不锈钢、高温合金	0.69～0.65	0.61～0.57

注：按表中 [K_{min}] 翻孔，孔口会有不大裂痕，若工件孔口不允许有裂痕，应采用表中 [K] 值。

极限翻孔系数不仅与材料性能有关，还与孔口状况、翻边凸模形状和材料厚度等有关，表 4-6 为低碳钢考虑以上因素的极限翻孔系数。

表 4-6　低碳钢极限翻孔系数 [K]

翻边凸模形状		球形凸模		圆柱形平底凸模	
预制孔的加工方法		钻孔后去毛刺	冲孔模冲孔	钻孔后去毛刺	冲孔模冲孔
相对直径 d/t	100	0.70	0.75	0.80	0.85
	50	0.60	0.65	0.70	0.75
	35	0.52	0.57	0.60	0.65
	20	0.45	0.52	0.50	0.60
	15	0.40	0.48	0.45	0.55
	10	0.36	0.45	0.42	0.52
	8	0.33	0.44	0.40	0.50
	6.5	0.31	0.43	0.37	0.50
	5	0.30	0.42	0.35	0.48
	3	0.25	0.42	0.30	0.47
	1	0.20		0.25	

注：按表中极限翻孔系数 [K] 翻孔，孔口会有不大裂痕，若工件孔口不允许有裂痕，表中 [K] 值应加大 (10～15)%。

(2) 预制孔直径计算

由于圆孔翻孔时径向尺寸几乎不变，靠材料切向伸长实现翻孔成形，所以预制孔的直径 d 按弯曲展开求得，见图 4-28。

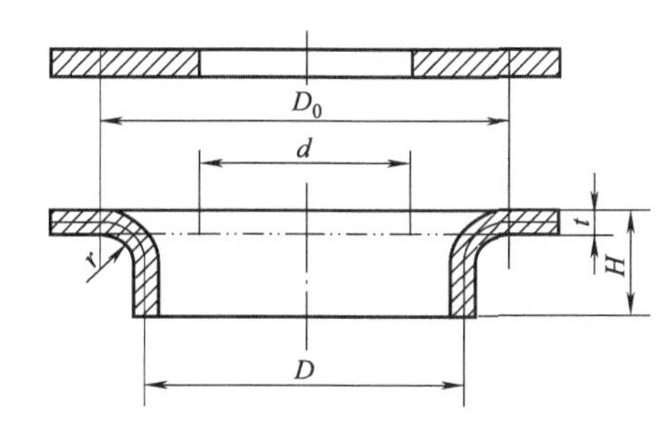

图 4-28　预制孔直径计算

从图 4-28 可得：

$$D_0=d+2(H-t-r)+2\left[\frac{\pi}{2}\left(r+\frac{t}{2}\right)\right]$$

又可得：
$$D_0=D+2\left(r+\frac{t}{2}\right)$$

两式右边相等可得平板坯料圆孔翻孔时预制孔直径为：
$$d=D-2(H-0.43r-0.72t) \tag{4-10}$$

(3) 极限翻孔高度计算

由式（4-10）可得：
$$H=\frac{D-d}{2}+0.43r+0.72t=\frac{D}{2}(1-K)+0.43r+0.72t$$

把极限翻孔系数［K］代入上式，可得一次翻孔的极限翻孔高度 H_{max} 为：
$$H_{max}=\frac{D}{2}(1-[K])+0.43r+0.72t \tag{4-11}$$

当零件的翻孔高度 $H>H_{max}$ 时，不能一次翻孔。

式（4-8）和式（4-11）都可以用来判断零件是否可以一次翻孔，只要满足其一即可。

(4) 翻孔力计算

用圆柱形平底凸模翻孔时，可用下式计算冲压力：
$$F=1.1\pi(D-d)t\sigma_S(\mathrm{N}) \tag{4-12}$$

式中 D——翻孔后直径，mm；

d——预制孔直径，mm；

t——材料厚度，mm；

σ_S——材料屈服强度，MPa。

用锥形或球形凸模翻孔时，冲压力比式（4-12）计算值可减小 20%～30%。

3. 非圆孔翻孔工艺特点

图 4-29 所示为非圆孔翻孔，将翻孔曲线沿切点进行分段，可得三种不同变形区。Ⅰ区为凹圆弧，与翻孔变形相同，材料发生切向拉伸；Ⅱ区为直边，与弯曲变形相同，材料无切向拉伸；Ⅲ区为凸圆弧，与拉深变形相同，材料发生切向压缩。由于Ⅰ区与Ⅲ区或Ⅰ区与Ⅱ区是一个整体，使得Ⅰ区的切向拉伸变形可以扩展到Ⅲ区或Ⅱ区，使拉伸变形程度减轻。因此，非圆孔翻孔系数 K_f 小于圆孔翻孔系数 K，两者关系为：
$$K_f=(0.85\sim0.95)K \tag{4-13}$$

上式适用于圆弧段的圆心角 $\alpha\leqslant180°$，圆心角 α 小，取 0.85，圆心角 α 大，取 0.95。当 $\alpha>180°$ 时，不同变形区的互补影响已不明显，此时：$K_f=K$。

非圆孔翻孔坯料的预制孔形状和尺寸，如图 4-29 中双点划线所示，Ⅰ区按圆孔翻孔，Ⅱ区按弯曲，Ⅲ区按拉深分别展开，然后在交接处光滑连接得到。

4. 翻孔模典型结构

(1) 平板圆孔翻孔模

图 4-30 为有预制孔的平板毛坯圆孔翻孔模。模具工作原理：平板毛坯放置在顶件板 6 上，将预制孔套入定位销 14 定位，模具工作时，上模随冲床滑块下行，凹模 7 与顶件板 6 压紧材料，随着滑块继续下行，聚氨酯橡胶 4 压缩，凸模 5 进入凹模完成翻孔。上模回程，刚性打料杆 12 推动打料块 13，将工件从凹模 7 中推出。

(2) 成形件圆孔翻孔模

图 4-31 为有预制孔的成形件圆孔翻孔模。模具工作原理：成形件放置在顶件板 4 上，将预制孔套入定位销 12 定位，模具工作时，上模随冲床滑块下行，凹模 5 与顶件板 4 压紧工件，随着滑块继续下行，聚氨酯橡胶 16 压缩，凸模 3 进入凹模完成翻孔。上模回程，刚性打料杆 10 推动打料块 8，将工件从凹模 5 中推出。

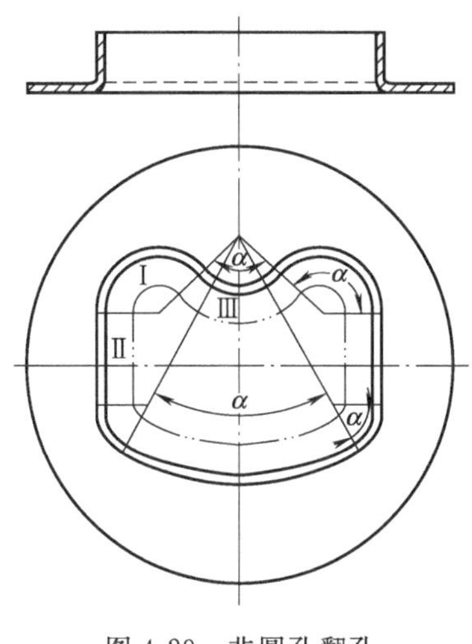

图 4-29　非圆孔翻孔

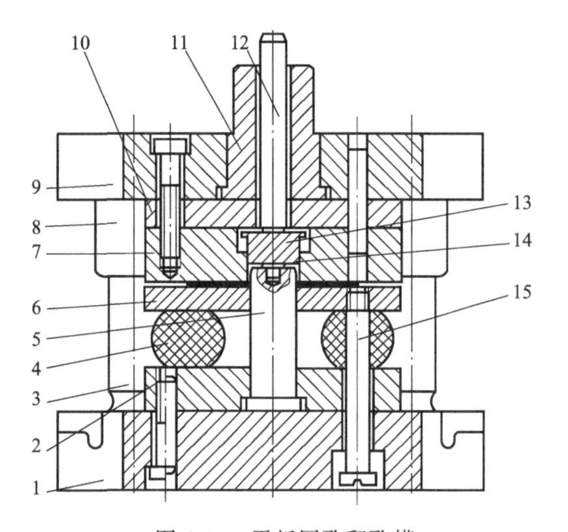

图 4-30　平板圆孔翻孔模

1—下模板；2—凸模固定板；3—导柱；4—聚氨酯橡胶；5—凸模；6—顶件板；7—凹模；8—导套；9—上模板；10—垫板；11—模柄；12—刚性打料杆；13—打料块；14—定位销；15—卸料螺钉

(3) 冲孔翻孔复合模

图 4-32 为无预制孔的平板毛坯冲孔翻孔复合模。模具工作原理：平板毛坯放置在顶件板 4 上，由定位销 14 边定位，模具工作时，上模随冲床滑块下行，凹模 5 与顶件板 4 压紧材料，随着滑块继续下行，聚氨酯橡胶 3 压缩，冲孔凸模 15 与凸凹模 16 进行冲孔。滑块继续下行，凸凹模 16 进入凹模 5 完成翻孔。上模回程，聚氨酯橡胶 3 回复，推动顶件板 4 将工件从凸凹模上卸下；刚性打料杆 11 推动推板 12 和推杆 9，用推件块 13 将工件从凹模 5 中推出。冲孔废料由冲孔凸模 15 将其从凹模孔推出，通过工作台板漏下。

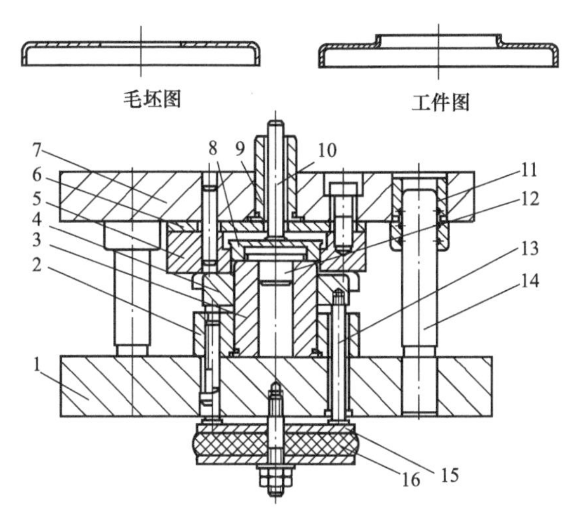

图 4-31　成形件圆孔翻孔模

1—下模板；2—凸模固定板；3—凸模；4—顶件板；5—凹模；6—垫板；7—上模板；8—打料块；9—模柄；10—刚性打料杆；11—导套；12—定位销；13—卸料螺钉；14—导柱；15—橡胶垫板；16—聚氨酯橡胶

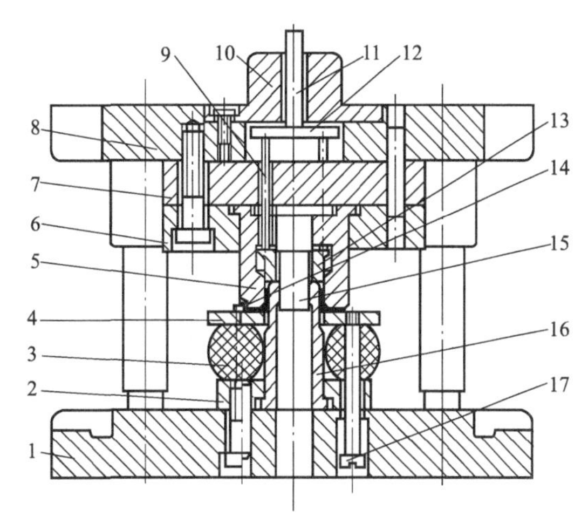

图 4-32　冲孔翻孔复合模

1—下模板；2—凸模固定板；3—聚氨酯橡胶；4—顶件板；5—凹模；6—凹模固定板；7—垫板；8—上模板；9—推杆；10—模柄；11—刚性打料杆；12—推板；13—推件块；14—定位销；15—冲孔凸模；16—凸凹模；17—卸料螺钉

【任务实施】

1. 翻孔件工艺分析

轴盖零件如图 4-33，生产批量：中批量，零件材料 1Cr18Ni9，料厚 1.2mm。

由轴盖零件图可知，用无凸缘筒形件毛坯预冲孔后翻孔即可以成形零件。由于翻孔为伸长类成形，翻孔过程中易导致孔口开裂。为了不翻裂，需限制翻孔系数。零件材料为不锈钢 1Cr18Ni9，有较高的延伸率，利于零件翻孔。

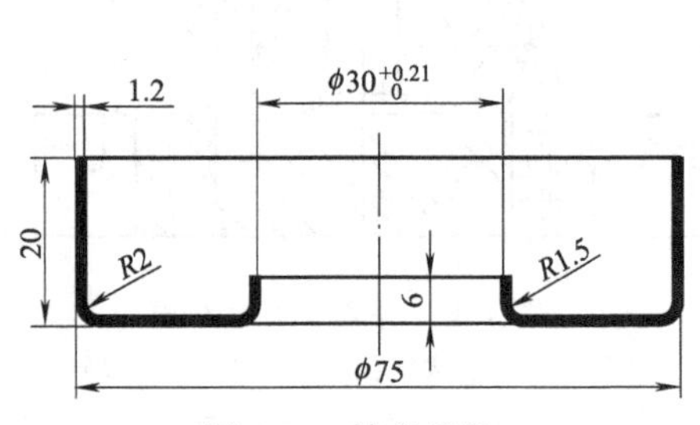

图 4-33 轴盖零件

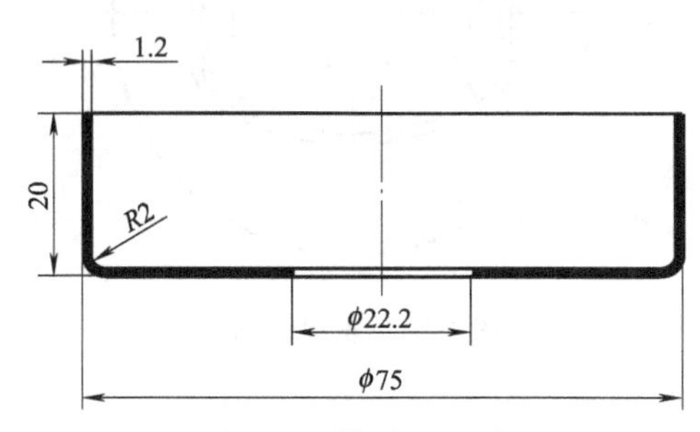

图 4-34 轴盖毛坯图

零件图中除翻孔尺寸 $\phi30^{+0.21}_{0}$ 为 IT12 级外，其余所有尺寸均未注公差，按 IT14 级考虑；零件对翻孔壁厚变化没有要求，满足翻孔工艺的要求。

2. 翻孔件工艺计算

(1) 极限翻孔高度计算

由式 (4-11)，一次翻孔的极限翻孔高度 H_{max} 为：$H_{max}=\frac{D}{2}(1-[K])+0.43r+0.72t$

已知：$D=31.2$mm，$r=1.5$mm，$t=1.2$mm，查表 4-5，按孔口不允许有裂痕得：$[K]=0.69$ 一次翻孔的极限翻孔高度：$H_{max}=\frac{31.2}{2}(1-0.69)+0.43\times1.5+0.72\times1.2=6.345$mm 因为 $H=6<H_{max}=6.345$，所以能够一次翻孔。

(2) 翻孔预制孔直径计算

由式 (4-10) 得翻孔预制孔直径为：

$$d=D-2(H-0.43r-0.72t)$$

已知：$H=6$mm，则：

$$d=31.2-2(6-0.43\times1.5-0.72\times1.2)$$
$$=22.2\text{mm}$$

轴盖的毛坯图见图 4-34。

(3) 翻孔系数计算

由式 (4-8)，翻孔系数 K 为：$K=\frac{d}{D}=\frac{22.2}{31.2}=0.71>[K]=0.69$

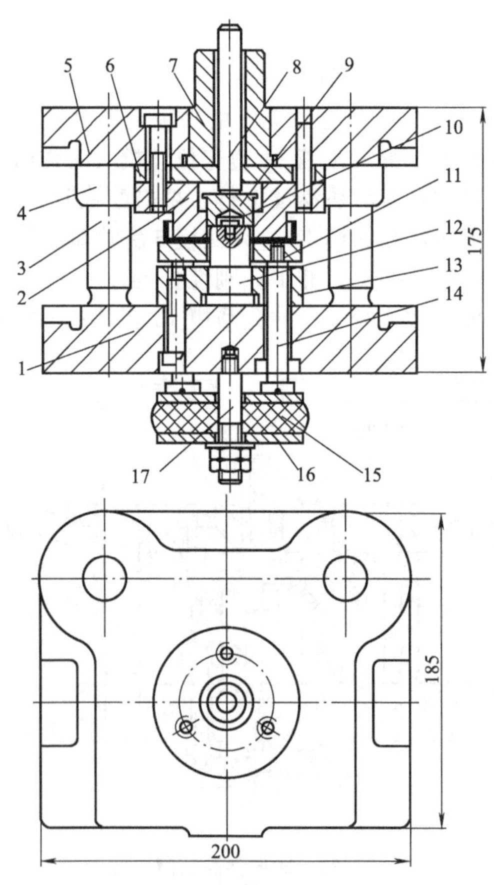

图 4-35 轴盖翻孔模

1—下模板；2—凹模；3—导柱；4—导套；5—上模板；6—垫板；7—模柄；8—刚性打料杆；9—推件块；10—定位销；11—顶件板；12—凸模；13—凸模固定板；14—顶杆；15—聚氨酯橡胶；16—橡胶垫板；17—卸料螺钉

满足一次翻孔条件。

(4) 翻孔力计算

由式 (4-12)，翻孔力为：$F=1.1\pi(D-d)\ t\sigma_S$ (N)

由表 1-3 查到不锈钢 1Cr18Ni9 屈服强度为：$\sigma_S=200\text{MPa}$

则：$$F=1.1\pi(31.2-22.2)\times1.2\times200=7461(\text{N})$$

(5) 设备选择

根据翻孔力 $F=7461\text{N}$，模具封闭高度 $H_{闭}=176\text{mm}$（详见图 4-35），查表 1-6 选用压机 J23-25。

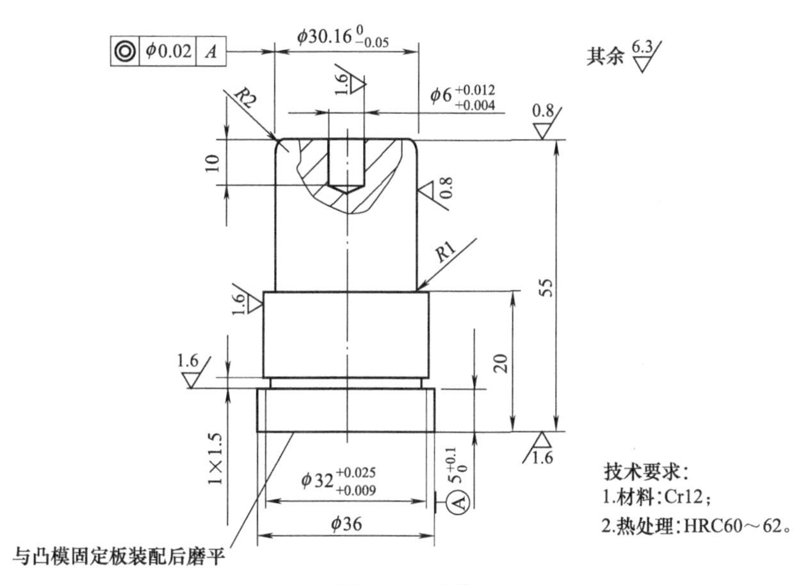

图 4-36 凸模

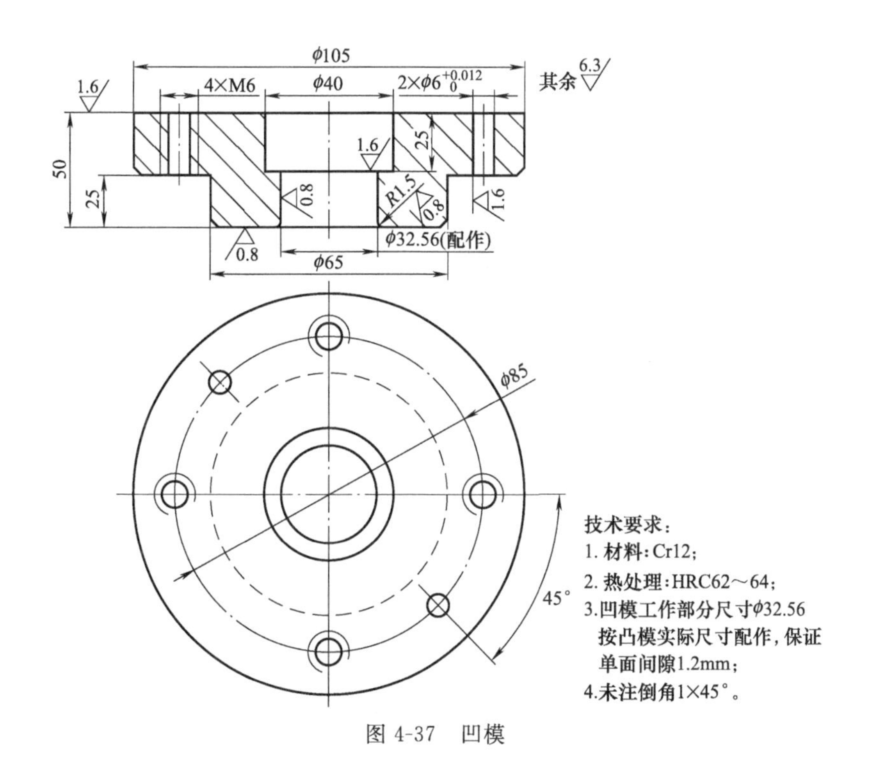

图 4-37 凹模

3. 翻孔模具设计

（1）绘制总装图

轴盖翻孔模如图 4-35。模具工作原理：将筒形件毛坯放置在顶件板 11 上，将预制孔套入定位销 10 定位，模具工作时，上模随冲床滑块下行，凹模 2 与顶件板 11 压紧工件，随着滑块继续下行，聚氨酯橡胶 15 压缩，凸模 12 进入凹模 2 完成翻孔。上模回程，聚氨酯橡胶 15 回复，推动顶件板 11，使工件从凸模 12 上卸下；刚性打料杆 8 推动推件块 9，将工件从凹模 2 中推出。

（2）绘制零件图

① 凸模　从零件图 4-33 可见，翻孔尺寸标注在内侧即凸模侧，故以凸模为基准，凹模配作。凸模零件见图 4-36。考虑磨损规律，凸模工作部分尺寸为：

$$d_{凸}=(d+0.75\Delta)_{-\Delta/4}^{\ 0}=(30+0.75\times 0.21)_{-0.21/4}^{\ 0}=30.16_{-0.05}^{\ 0}\text{mm}$$

② 凹模　凹模见图 4-37，工作部分尺寸按凸模配作，即：$d_{凹}=d_{凸}+2Z$；翻孔凸、凹模之间间隙取：$Z=(1\sim1.1)t$；材料厚度 $t=1.2$mm，一次翻孔即成形零件，且翻孔尺寸精度为 IT12 级，所以取间隙系数为 1，则：$Z=t=1.2$mm；凹模工作部分尺寸为：$d_{凹}=d_{凸}+2Z=30.16+2\times1.2=32.56$mm（配作）。

凹模工作部分尺寸精度按凸模实际尺寸配作，保证单面间隙 1.2mm。

任务 4.3　翻边模具设计

【任务描述】

设计图 4-38 所示空气滤清器壳 $\phi100_{-0.22}^{\ 0}$ 翻边成形模具。生产批量：大批量，零件材料 10 钢，料厚 1.5mm。

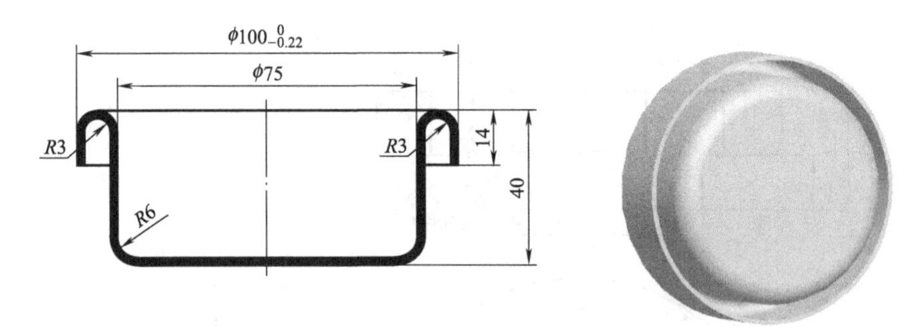

图 4-38　空气滤清器壳零件

【任务分析】

由空气滤清器壳零件图 4-38 可知，用有凸缘筒形件毛坯翻边可以成形该零件。本任务要完成翻边工艺计算和翻边模的设计。

【知识准备】

1. 翻边工艺特点

沿坯料外缘翻起直立竖边的成形方法称为翻边。图 4-39 为几种翻边零件实例。

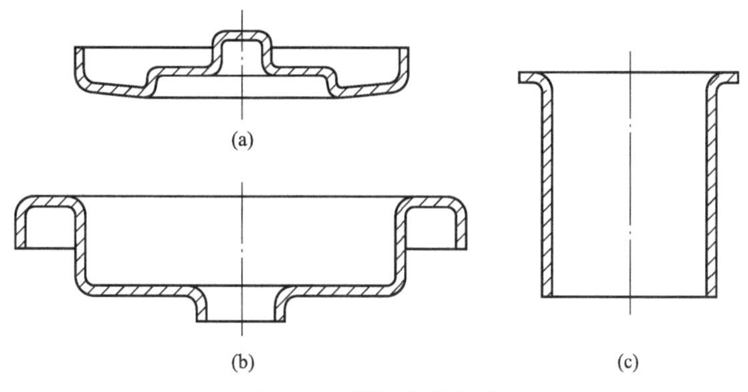

图 4-39　翻边零件实例

按变形性质不同，翻边可分为伸长类翻边和压缩类翻边。伸长类翻边是指沿内凹曲线进行的平面或曲面翻边，材料在翻边过程中受拉应力而伸长，如图 4-40。压缩类翻边是指沿外凸曲线进行的平面或曲面翻边，材料在翻边过程中受压应力而缩短，如图 4-41。在图4-39翻边零件实例中，(a)、(b) 属压缩类翻边，(c) 属伸长类翻边。

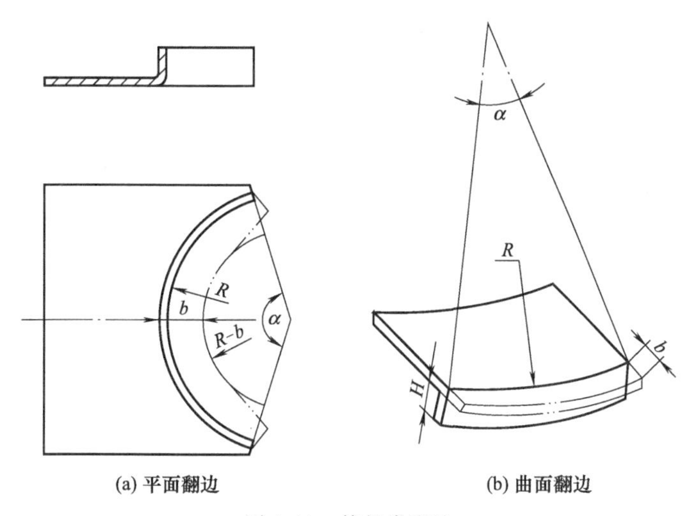

图 4-40　伸长类翻边

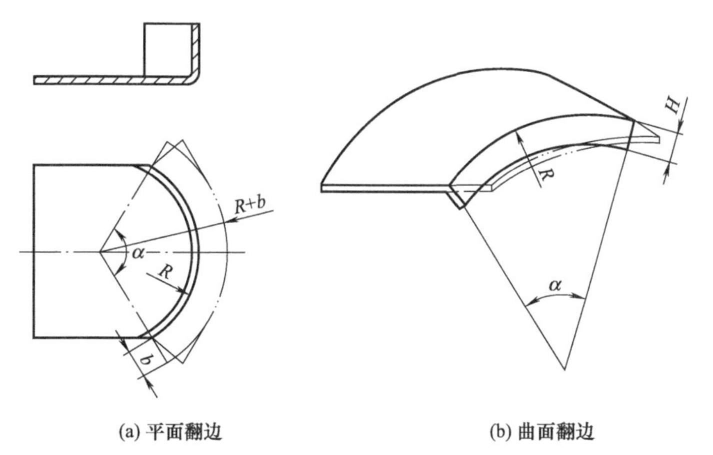

图 4-41　压缩类翻边

2. 翻边工艺计算

(1) 极限变形程度确定

由图 4-39 和图 4-40 可知，伸长类翻边类似圆孔翻孔。坯料变形区主要在切向拉应力作用下产生切向伸长变形，孔口边缘容易拉裂。压缩类翻边类似浅拉深，坯料变形区主要在切向压应力作用下产生压缩变形，材料容易起皱。

为了防止翻边过程中拉裂和起皱，必须限制翻边变形程度。通常用 $\varepsilon_{伸}$ 和 $\varepsilon_{压}$ 来表示翻边的变形程度：

$$\varepsilon_{伸}=\frac{b}{R-b}\leqslant[\varepsilon_{伸}] \tag{4-14}$$

$$\varepsilon_{压}=\frac{b}{R+b}\leqslant[\varepsilon_{压}] \tag{4-15}$$

式中　b——翻边曲率半径至毛坯边缘展开宽度，mm；

R——翻边曲率半径，$t\geqslant1$ 时按中间尺寸计算 mm；

$[\varepsilon_{伸}]$，$[\varepsilon_{压}]$——翻边许用极限变形程度，见表 4-7。

表 4-7　翻边许用极限变形程度 $[\varepsilon_{伸}]$、$[\varepsilon_{压}]$

材料名称及代号		$[\varepsilon_{压}]$/%		$[\varepsilon_{伸}]$/%		材料名称及代号		$[\varepsilon_{压}]$/%		$[\varepsilon_{伸}]$/%	
		橡胶成形	模具成形	橡胶成形	模具成形			橡胶成形	模具成形	橡胶成形	模具成形
铝合金	L4 软	25	30	6	40	黄铜	H62 软	30	40	8	45
	L4 硬	5	8	3	12		H62 半硬	10	14	4	16
	LF21 软	23	30	6	40		H68 软	35	45	8	55
	LF21 硬	5	8	3	12		H68 半硬	10	14	4	16
	LF2 软	20	25	6	35	钢	10	—	38	—	10
	LF2 硬	5	8	3	12		20	—	22	—	10
	LY12 软	14	20	6	30		1Cr18Ni 软	—	15	—	10
	LY12 硬	6	8	5	9		1Cr18Ni 硬	—	40	—	10
	LY11 软	14	20	4	30		2Cr18Ni9	—	40	—	10
	LY11 硬	5	6	—	—						

(2) 坯料形状与尺寸

对于伸长类翻边，坯料形状和尺寸按圆孔翻孔的方法确定。对于压缩类翻边，坯料形状和尺寸按浅拉深的方法确定。对不封闭的圆弧翻边如图 4-40 和图 4-41 所示，由于材料变形区内应力应变分布不均匀，中间变形最大，如果采用计算得到的毛坯宽度 b，则会使得翻边后高度不一致。为了得到平齐的翻边高度，应对坯料的轮廓线进行修正。如图 4-40 为伸长类翻边，两端材料会被“拉入”，使翻边高度中间低两端高，两端竖边向里斜，所以需在毛坯两端切向增加材料，径向减少材料，得到虚线所示修正后的毛坯外形。同样图 4-41 为压缩类翻边，两端材料会被“挤出”，使翻边高度中间高两端低，两端竖边向外斜，所以需在毛坯两端切向减少材料，径向增加材料，得到虚线所示修正后的毛坯外形。

(3) 翻边力计算

翻边力可用下式计算：

$$F=cLt\sigma_{b} \tag{4-16}$$

式中　F——翻边力，N；

c——系数，0.5～0.8；

L——翻边长度，mm；

t——材料厚度，mm；

σ_b——材料抗拉强度，MPa。

3. 翻边模典型结构

（1）筒形件翻边模

图 4-42 为筒形件翻边模。模具工作原理：将筒形件放置在顶件板 4 上，由定位销 5 定位，模具工作时，上模随冲床滑块下行，凸模 6 与顶件板 4 压紧材料，随着滑块继续下行，凸模 6 进入凹模 3，并推动顶件板 4 和顶杆 1，使顶出装置（图中省略）压缩，由模具封闭高度控制完成筒形件翻边。上模回程，顶出装置弹起，使顶杆 1 推动顶件板 4 将工件推出凹模 3，刚性打料杆 11 推动推件块 9 将工件从凸模 6 上卸下。

（2）翻孔翻边复合模

图 4-43 为翻孔翻边复合模。模具工作原理：将筒形件坯料底面翻孔预置孔套入定位销 15 中定位，模具工作时，上模随冲床滑块下行，凸凹模 4 与卸料块 13 压紧材料，随着滑块继续下行，矩形弹簧 8 压缩，凸模 5 进入凸凹模 4 完成翻孔，同时凹模 6 与凸凹模 4 完成翻边。上模回程，下顶出装置中聚氨酯橡胶 17 弹起，使顶杆 2 推动顶件板 3 将工件推出凸凹模 4。同时上模回程，矩形弹簧 8 恢复，推动卸料块 13 将工件从凸模 5 和凹模 6 上卸下。

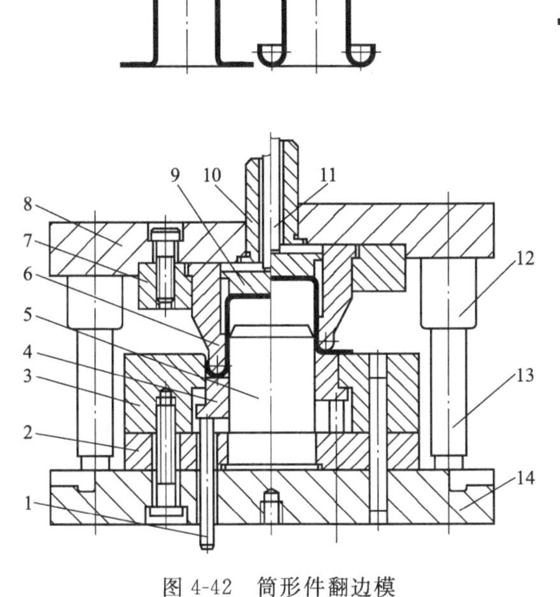

图 4-42　筒形件翻边模

1—顶杆；2—定位销固定板；3—凹模；4—顶件板；5—定位销；6—凸模；7—凸模固定板；8—上模板；9—推件块；10—模柄；11—刚性打料杆；12—导套；13—导柱；14—下模板

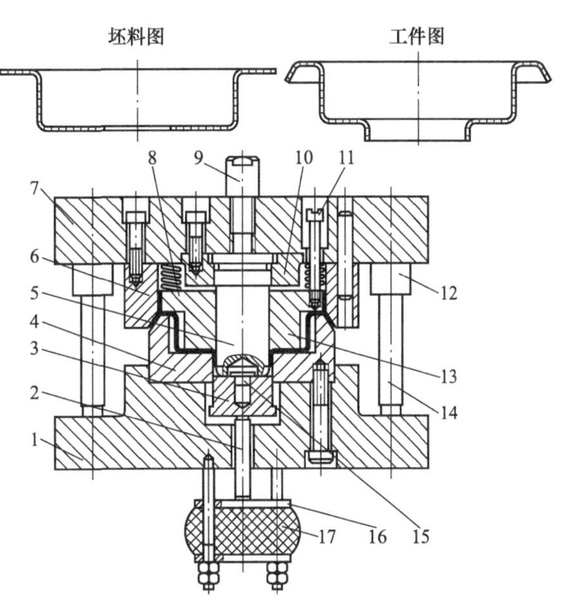

图 4-43　翻孔翻边复合模

1—下模座；2—顶杆；3—顶件板；4—凸凹模；5—凸模；6—凹模；7—上模板；8—矩形弹簧；9—模柄；10—凸模固定板；11—卸料螺钉；12—导套；13—卸料块；14—导柱；15—定位销；16—橡胶垫板；17—聚氨酯橡胶

【任务实施】

1. 翻边件工艺分析

空气滤清器壳零件如图 4-44 所示。生产批量：大批量，零件材料 10 钢，料厚 1.5mm。

由空气滤清器壳零件图可知，用有凸缘筒形件毛坯翻边即可以成形该零件。由于该零件翻边时毛坯受压应力，属压缩类翻边，易导致起皱。为了防止起皱，需限制翻边极限程

度 $\varepsilon_{压}$。

零件图中除翻边尺寸 $\phi100_{-0.22}^{\ 0}$ 为 IT12 级外，其余所有尺寸均为未注公差，按 IT14 级考虑；零件对翻边壁厚增加没有要求，满足翻边工艺的要求。

2. 翻边件工艺计算

(1) 翻边毛坯尺寸确定

零件属封闭压缩类翻边，按浅拉深计算翻边毛坯尺寸，见图 4-45。

由无凸缘毛坯计算公式得：

$$D=\sqrt{d^2+4dH-1.72rd-0.56r^2}$$

已知：$d=98.5$mm，$H=13.25$mm，$r=3.75$mm

$$D=\sqrt{98.5^2+4\times98.5\times13.25-1.72\times3.75\times98.5-0.56\times3.75^2}=119.5\text{mm}$$

空气滤清器壳翻边毛坯图见图 4-46。

(2) 翻边极限变形程度计算

由式 (4-15)，翻边极限变形程度为：

$$\varepsilon_{压}=\frac{b}{R+b}\leqslant[\varepsilon_{压}]$$

从图 4-45 可知：$b=[D-(100-1.5)]/2=[119.5-(100-1.5)]/2=10.5$mm；

$$R=(100-1.5)/2=49.25\text{mm}$$

从表 4-7 查得：10 钢的许用极限翻边程度 $[\varepsilon_{压}]=38\%$。则：$\varepsilon_{压}=\dfrac{b}{R+b}=\dfrac{10.5}{49.25+10.5}=17.6\%<[\varepsilon_{压}]=38\%$因此，可以一次翻边成形。

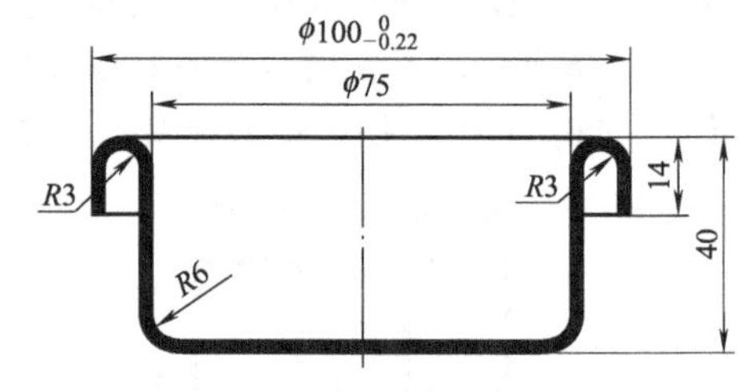

图 4-44　空气滤清器壳零件

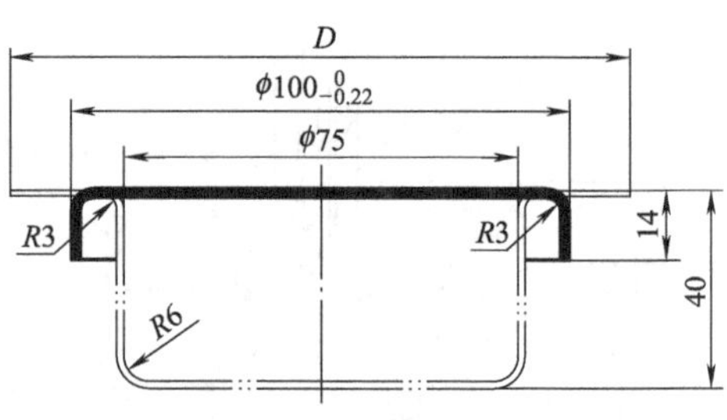

图 4-45　翻边毛坯尺寸计算

(3) 翻边力计算

由式 (4-16)，翻边力为：$F=cLt\sigma_b$ 已知 $L=2\pi R=2\times\pi\times49.25=310$mm，$t=1.5$mm，由表1-3查到 10 钢抗拉强度为：$\sigma_b=430$MPa 取系数 $c=0.7$ 则：$F=0.7\times310\times1.5\times430=139965(N)\approx140$kN

(4) 设备选择

根据翻边力 $F=140$kN，模具封闭高度 $H_{闭}=176$mm（详见图 4-47），查表 1-6 选用压机 J23-25。

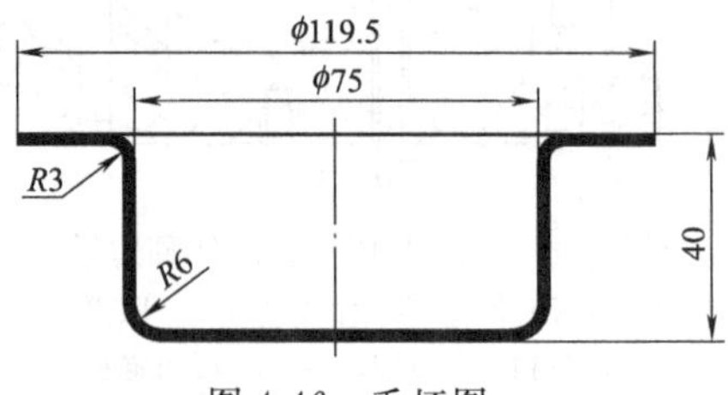

图 4-46　毛坯图

3. 翻边模具设计

(1) 绘制总装图

空气滤清器壳翻边模如图 4-47。模具工作原理：将有凸缘筒形件毛坯放置在顶件板 10 上，利用毛坯外形在凸模 2 内孔上定位，模具工作时，上模随冲床滑块下行，推件板 3 与毛坯底部接触，由推件聚氨酯橡胶 7 较大的弹性力推动顶件板 10，顶件聚氨酯橡胶 13 压缩，使筒形件的凸缘与翻边凸模上平面接触，如图 4-47 主视图中左边视图。随着滑块继续下行，凸模 2 进入凹模 5 进行翻边，推件聚氨酯橡胶 7 压缩，直至翻边完成。上模回程，推件聚氨酯橡胶 7 回复，推动推件板 3，使工件从凹模 5 上卸下；顶件聚氨酯橡胶 13 回复，推动顶件板 10，使工件从凸模 2 上卸下。

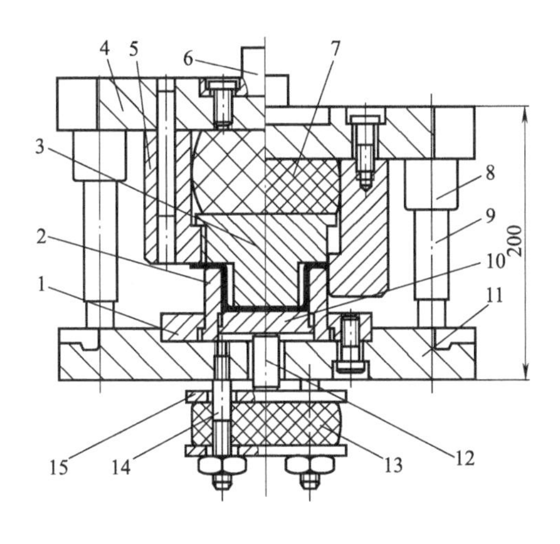

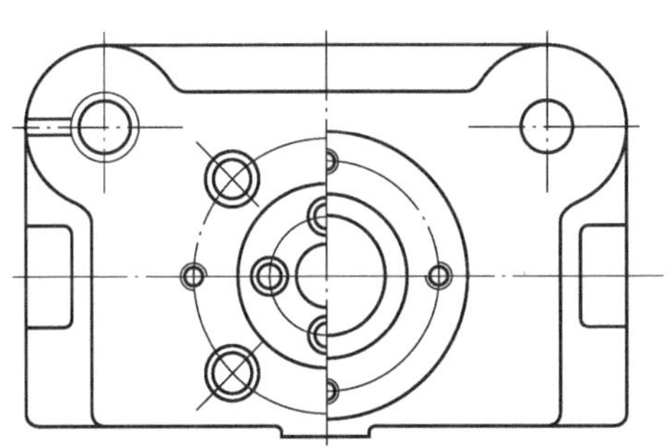

图 4-47　空气滤清器壳翻边模

1—凸模固定板；2—凸模；3—推件板；4—上模板；5—凹模；6—模柄；7—推件聚氨酯橡胶；8—导套；9—导柱；10—顶件板；11—下模座；12—顶杆；13—顶件聚氨酯橡胶；14—卸料螺钉；15—橡胶垫板

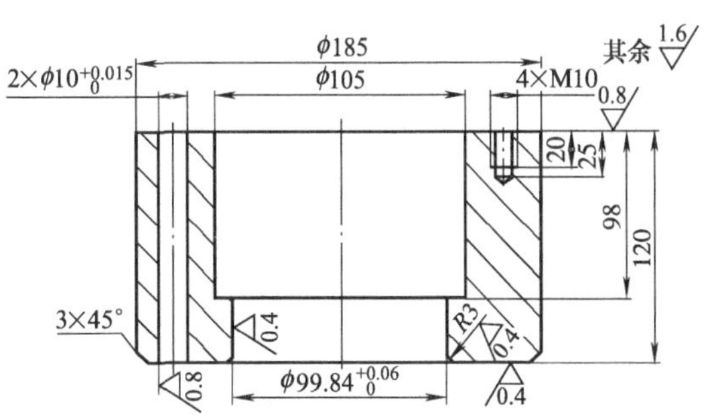

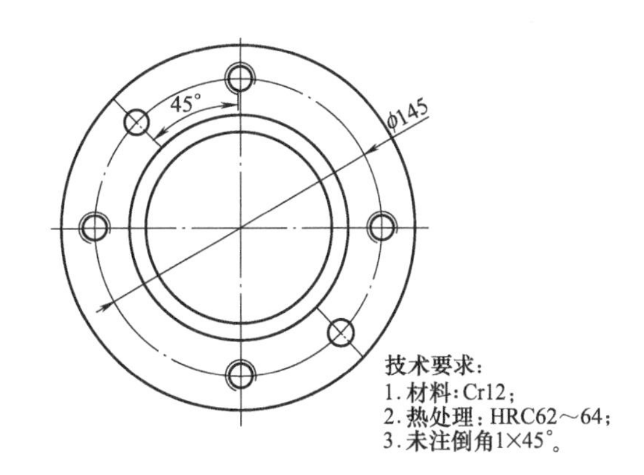

图 4-48　凹模

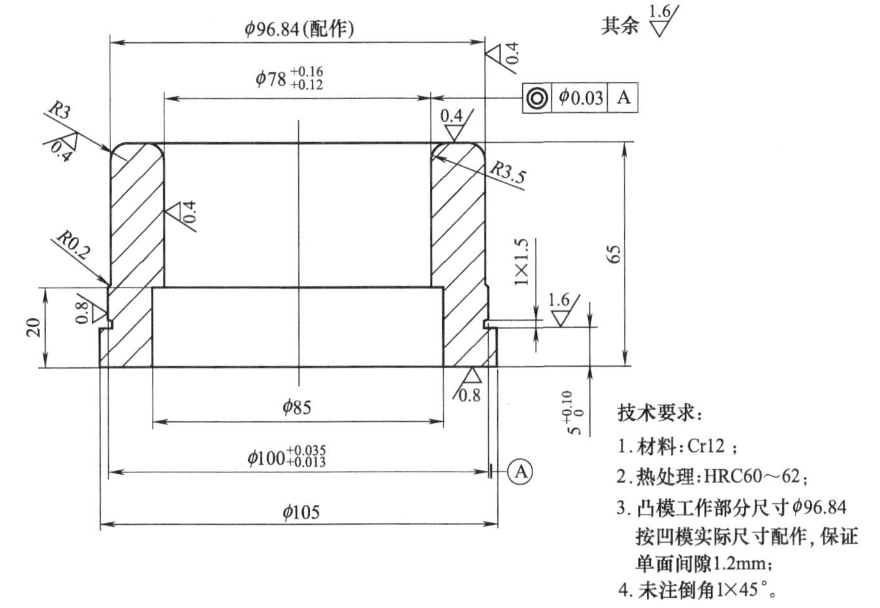

图 4-49　凸模

(2) 绘制零件图

① 凹模　从零件图 4-44 可见，翻孔尺寸标注在外侧即凹模侧，故以凹模为基准，凸模配作。考虑磨损规律，凹模（图 4-48）工作部分尺寸为：

$$d_{凹}=(d-0.75\Delta)^{+\Delta/4}_{0}=(100-0.75\times0.22)^{+0.22/4}_{0}=99.84^{+0.06}_{0}\text{mm}$$

② 凸模　凸模如图 4-49 所示，工作部分尺寸按凹模配作，即：$d_{凸}=d_{凹}-2Z$；翻边凸、凹模之间间隙取：$Z=(1\sim1.1)t$；材料厚度 $t=1.5$mm，一次翻边即成形零件，且翻边尺寸精度为 IT12 级，所以取间隙系数为 1，则：$Z=t=1.5$mm。凸模工作部分尺寸为：$d_{凸}=d_{凹}-2Z=99.84-2\times1.5=96.84$mm（配作）。凸模工作部分尺寸精度按凹模实际尺寸配作，保证单面间隙 1.5mm。

任务 4.4 缩口模具设计

【任务描述】

设计图 4-50 所示护套零件成形模具。生产批量：大批量，零件材料 08 钢，料厚 1mm。

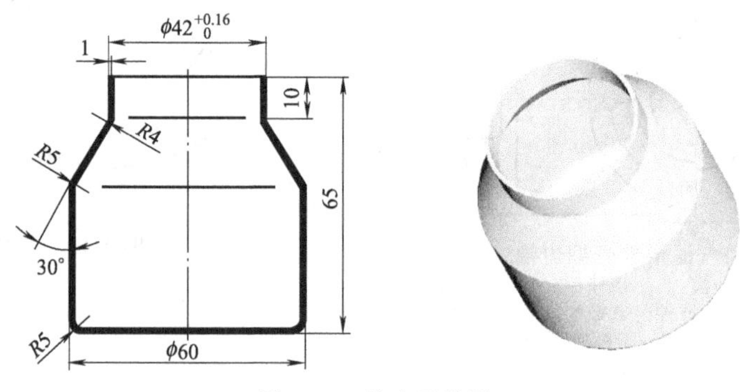

图 4-50　护套零件图

【任务分析】

由护套零件图可知，其外形通过拉深后进行口部缩口，从而实现将板料加工成所需形状的目的。

【知识准备】

1. 缩口工艺特点

将圆筒形件或空心管件的口部直径缩小的成形方法称为缩口。图 4-51 为几种缩口零件实例。

缩口变形时工艺特点如图 4-52 所示。在压力 F 的作用下，缩口凹模压迫坯料的口部，使此处材料受到轴向 σ_1 和切向 σ_3 的压应力作用，其中切向压应力 σ_3 为最大主应力，使坯料直径减小，即负应变 ε_3，高度和壁厚有所增加，即正应变 ε_1 和 ε_2。因此切向压缩主应力 σ_3 可能使变形区材料产生切向失稳起皱。同时，在非变形区的筒壁，由于受轴向压缩应力 σ_1 作用，可能使材料产生轴向失稳弯曲。所以防止失稳起皱和弯曲是缩口工艺要解决的主要问题。

2. 缩口工艺计算

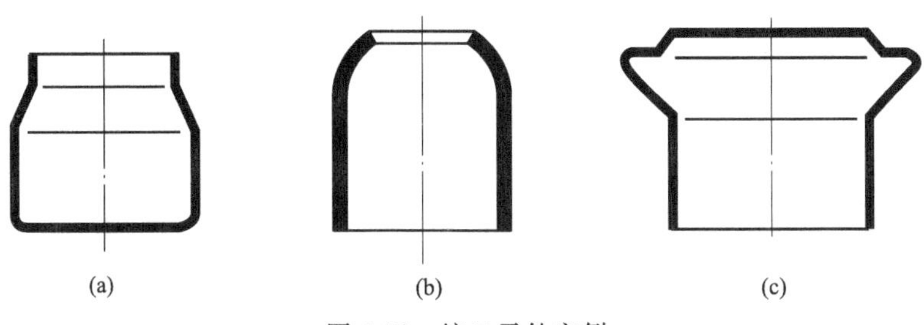

图 4-51　缩口零件实例

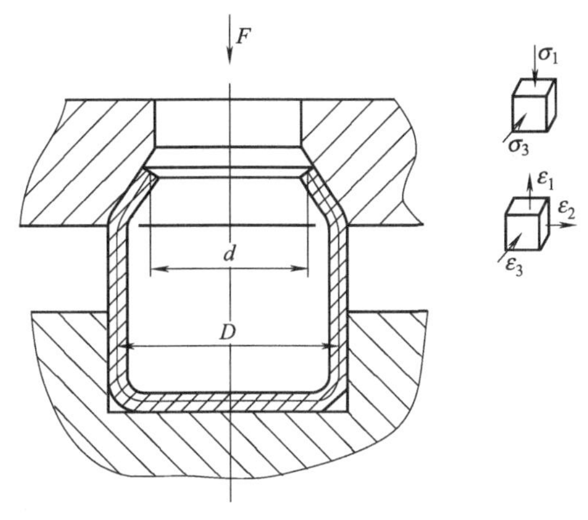

图 4-52　缩口变形时应力应变

(1) 缩口系数计算

缩口的变形程度用缩口系数 m 表示：

$$m=\frac{d}{D}\geqslant[m] \tag{4-17}$$

式中　d——缩口后直径，mm；

D——缩口前直径，mm，见图 4-52；

$[m]$——许用极限缩口系数，见表 4-8 和表 4-9。

缩口系数 m 越小，变形程度越大。材料塑性好、厚度大、模具对筒壁的支承刚性好，许用极限缩口系数就小。此外，许用极限缩口系数还与模具工作部分的表面形状和粗糙度、坯料表面状况及润滑有关。不同材料和厚度的许用极限平均缩口系数 $[m_0]$ 见表 4-8。

表 4-8　许用极限平均缩口系数 $[m_0]$

材　　料	材料厚度/mm		
	～0.5	>0.5～1.0	～1.0
黄铜	0.85	0.8～0.7	0.7～0.65
钢	0.85	0.75	0.7～0.65

缩口模具对筒壁通常有三种支承方式，如图 4-53 (a) 所示为无支承方式，模具结构简单，缩口时坯料稳定性差，许用极限缩口系数 $[m]$ 较大；图 4-53 (b) 所示为外支承方式，模具结构较复杂，缩口时坯料稳定性较好，许用极限缩口系数 $[m]$ 较小；图 4-53 (c) 所示为内外支承方式，模具结构最复杂，缩口时坯料稳定性最好，许用极限缩口系数 $[m]$ 最小。不同支承方式第一次缩口的许用极限缩口系数 $[m]$ 见表 4-9。

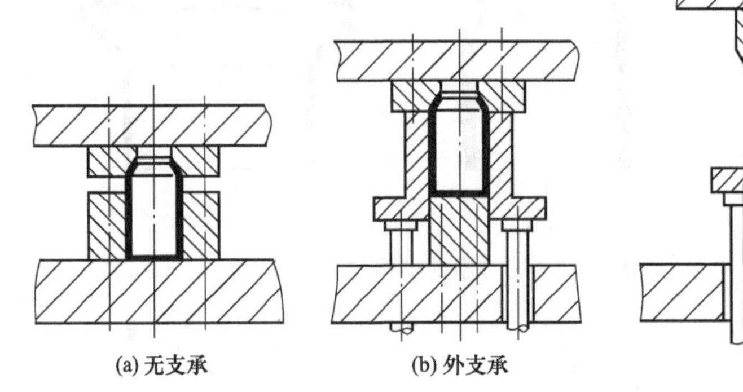

图 4-53　缩口模具三种支承方式

表 4-9　不同支承方式的许用极限缩口系数 [m]

材　　料	支承方式		
	无支承	外支承	内外支承
软钢	0.70～0.75	0.55～0.60	0.30～0.35
黄铜(H62,H68)	0.65～0.70	0.50～0.55	0.27～0.32
铝	0.68～0.72	0.53～0.57	0.27～0.32
硬铝(退火)	0.73～0.80	0.60～0.63	0.35～0.40
硬铝(淬火)	0.75～0.80	0.68～0.72	0.40～0.43

(2) 缩口次数计算

当式 (4-17) 不满足时，需多次缩口。缩口次数 n 可按下式估算：

$$n=\frac{\ln d-\ln D}{\ln[m_0]} \tag{4-18}$$

式中　d——缩口后直径，mm；

D——缩口前直径，mm，见图 4-52；

$[m_0]$——许用极限平均缩口系数，见表 4-8。

多次缩口时，首次缩口系数 $m_1=0.9m_0$，以后各次缩口系数 $m_n=(1.05\sim1.1)m_0$，零件总缩口系数 $m=m_1\times m_2\times\cdots\cdots\times m_n\approx m_0^n$。每次缩口工序后要进行一次中间退火。

(3) 各次缩口直径计算

$$d_1=m_1D$$
$$d_2=m_nd_1=m_1m_nD$$
$$d_3=m_nd_2=m_1m_n^2D$$
$$\vdots$$
$$d_n=m_nd_2=m_1m_n^{n-1}D \tag{4-19}$$

d_n 为工件缩口直径。缩口后，由于回弹，工件要比模具尺寸增大 0.5%～0.8%。

工件缩口后，口部略有变厚，可按下式估算：

$$t_1=t\sqrt{\frac{D}{d_1}} \tag{4-20}$$

$$t_n=t_{n-1}\sqrt{\frac{d_{n-1}}{d_n}} \tag{4-21}$$

式中　t——缩口前材料厚度，mm；

D——缩口前直径，mm；

d_1——第一次缩口后直径，mm；

t_n——第 n 次缩口后的口部材料厚度（$n=1$，2，…），mm；

d_n——第 n 次缩口后的直径，mm。

（4）缩口坯料高度计算

缩口前坯料高度 H 根据变形前后体积不变的原则计算。常见三种形状缩口工件如图 4-54 所示，其缩口前坯料高度 H 可按以下公式计算：

图 4-54（a）所示工件：

$$H=1.05\left[h_1+\frac{D^2-d^2}{8D\sin\alpha}\left(1+\sqrt{\frac{D}{d}}\right)\right] \tag{4-22}$$

图 4-54（b）所示工件：

$$H=1.05\left[h_1+h_2\sqrt{\frac{d}{D}}+\frac{D^2-d^2}{8D\sin\alpha}\left(1+\sqrt{\frac{D}{d}}\right)\right] \tag{4-23}$$

图 4-54（c）所示工件：

$$H=h_1+\frac{1}{4}\left(1+\sqrt{\frac{D}{d}}\right)\sqrt{D^2-d^2} \tag{4-24}$$

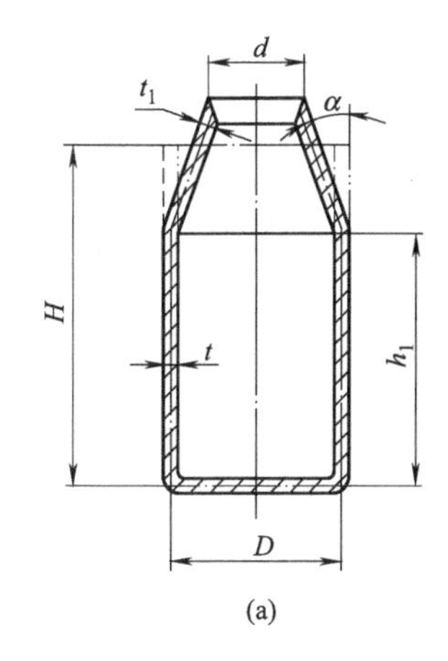

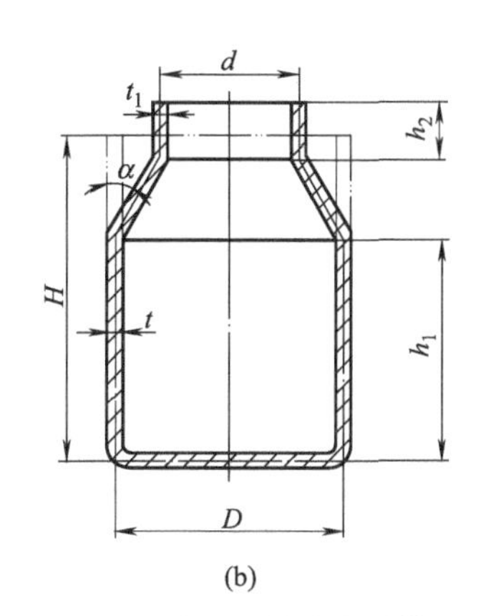

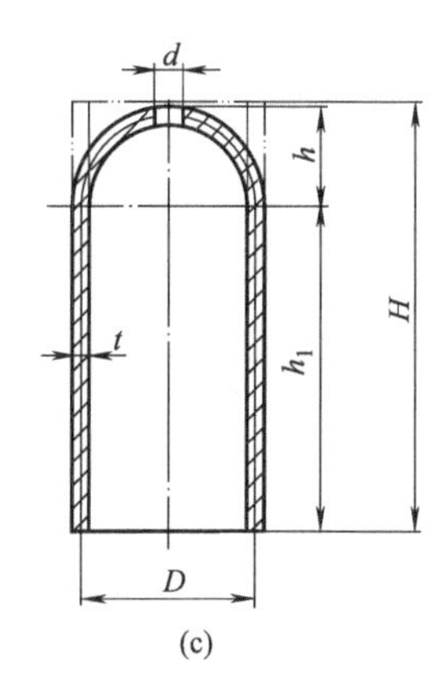

图 4-54　缩口坯料高度计算

（5）缩口力计算

缩口力与缩口件形状、变形程度、冲压设备、润滑及模具结构形式等有关，通常按下式估算：

$$P=K\left[1.1\pi Dt\sigma_b\left(1-\frac{d}{D}\right)\left(1+\mu\frac{1}{\tan\alpha}\right)\frac{1}{\cos\alpha}\right]\ (\mathrm{N}) \tag{4-25}$$

式中　σ_b——材料抗拉强度，MPa；

μ——凹模与坯料之间的摩擦系数；

α——凹模圆锥孔的半锥角，（°）；

D——缩口前直径，mm；

d——缩口后直径，mm；

K——速度系数，曲柄压机 $K=1.15$。

3. 缩口模典型结构

（1）无支承缩口模

图 4-55 为无支承缩口模。模具工作原理：将筒形件坯料放置在定位座 9 中，利用筒形件

外形定位，模具工作时，上模随冲床滑块下行，凹模 8 接触坯料并使其缩口成形，聚氨酯橡胶 6 压缩，直至完成缩口。上模回程，聚氨酯橡胶 6 弹起，使推件板 7 将工件推出凹模 8。

(2) 外支承缩口模

图 4-56 为外支承缩口模。模具工作原理：将空心件坯料放置在凹模 8 中，利用毛坯外形定位，模具工作时，上模随冲床滑块下行，凸模 6 进入毛坯内孔，接着由凸模台阶对空心件管壁施加压力，使其通过凹模 8 进行缩口成形，在缩口过程中，凹模 8 始终对管壁起外支承作用。缩口完成，上模回程，顶杆 10 将工件顶起，手工取出工件。

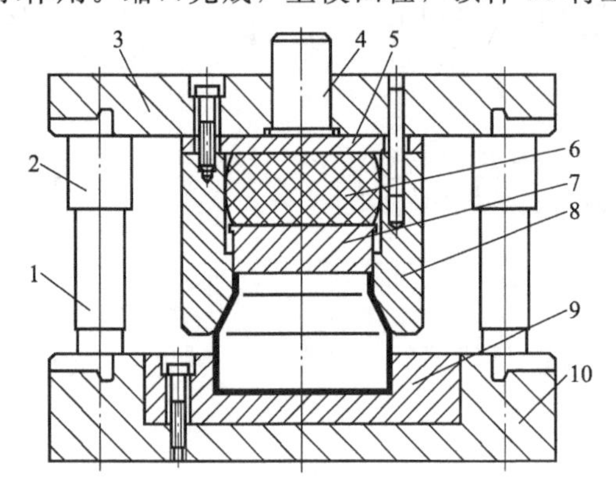

图 4-55 无支承缩口模

1—导柱；2—导套；3—上模板；4—模柄；5—垫板；6—聚氨酯橡胶；7—推件板；8—凹模；9—定位座；10—下模座；

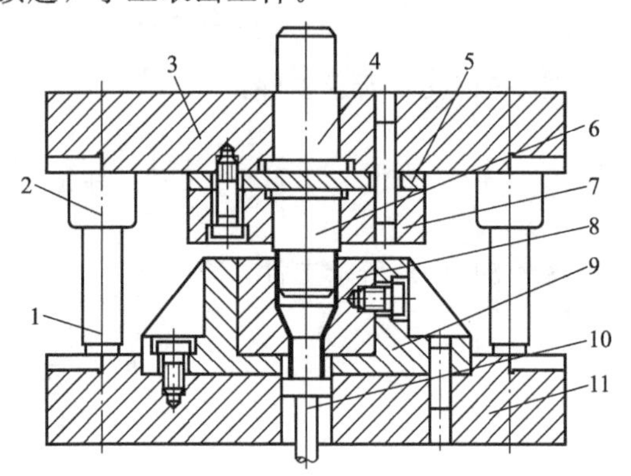

图 4-56 外支承缩口模

1—导柱；2—导套；3—上模板；4—模柄；5—垫板；6—凸模；7—凸模固定板；8—凹模；9—定位座；10—顶杆；11—下模座；

【任务实施】

1. 缩口件工艺分析

护套零件如图 4-57 所示，生产批量：大批量，零件材料 08 钢，料厚 1mm。

由零件图可知，外形由筒形件口部缩口而成，所以护套零件成形时压缩变形为主要变形，为了防止缩口时失稳起皱，需限制缩口的变形程度。

零件图中，所有尺寸均未注公差，按 IT14 级考虑；零件对壁厚变化没有要求，满足缩口工艺的要求。

2. 缩口件工艺计算

(1) 缩口系数计算

按公式 (4-17)，缩口系数 m 为：$m=\dfrac{d}{D}\geqslant[m]$

已知：$d=41\text{mm}$，$D=59\text{mm}$。

$$m=\frac{d}{D}=\frac{41}{59}=0.695$$

查表 4-9：08 钢属软钢，采用外支承缩口方式时，查得许用缩口系数 $[m]=0.55\sim0.60$，满足 $m=0.695\geqslant[m]=0.55\sim0.60$，可以一次缩口成形。

(2) 缩口毛坯尺寸确定

根据零件图 4-57，按公式 (4-22) 确定缩口毛坯尺寸：

$$H=1.05\left[h_1+h_2\sqrt{\frac{d}{D}}+\frac{D^2-d^2}{8D\sin\alpha}\left(1+\sqrt{\frac{D}{d}}\right)\right]$$

已知：$h_1=39.4\text{mm}$，$h_2=10\text{mm}$，$\alpha=30°$

缩口毛坯尺寸为：

$$H=1.05\left[39.4+10\sqrt{\frac{41}{59}}+\frac{59^2-41^2}{8\times59\sin30}\left(1+\sqrt{\frac{59}{41}}\right)\right]=67.7\text{mm}$$

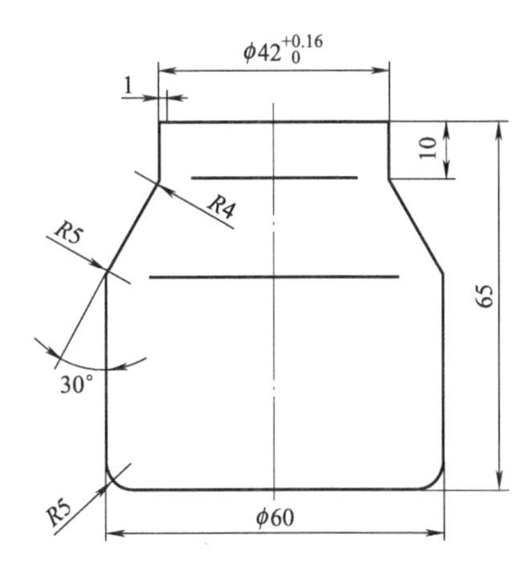

图 4-57　护套

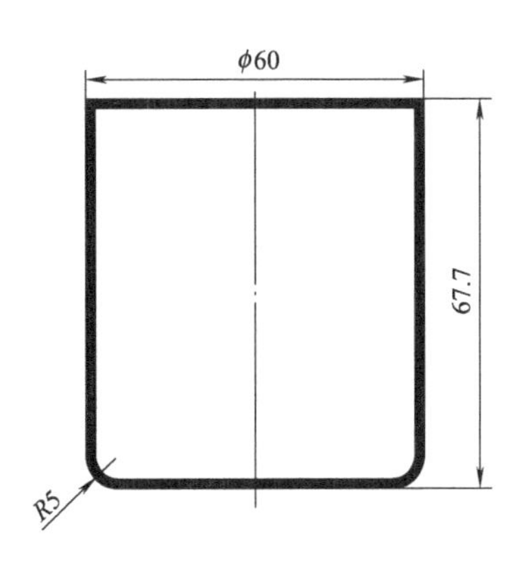

图 4-58　缩口毛坯图

缩口毛坯图见图 4-58。

(3) 缩口力计算

缩口力按公式 (4-25) 估算：

$$P=K\left[1.1\pi Dt\sigma_b\left(1-\frac{d}{D}\right)\left(1+\mu\frac{1}{\tan\alpha}\right)\frac{1}{\cos\alpha}\right]$$

由表 1-3 查到 10 钢抗拉强度为：$\sigma_b=420\text{MPa}$；

速度系数 $K=1.15$；

凹模与坯料之间的摩擦系数 $\mu=0.1$

则缩口力为：$P=1.15\times[1.1\times\pi\times59\times1\times420\times\left(1-\frac{41}{59}\right)\times\left(1+0.1\times\frac{1}{\tan30}\right)\times\frac{1}{\cos30}]=40701\text{N}\approx41\text{kN}$

(4) 设备选择

根据缩口力 $P=41\text{kN}$，缩口毛坯高度 $h=67.7\text{mm}$，选用压机的滑块行程须大于缩口毛坯高度即 80mm，模具封闭高度 $H_闭=230\text{mm}$（详见图 4-59)，查表 1-6，选用压机 J23-63。

3. 缩口模具设计

(1) 绘制总装图

根据以上缩口系数计算，护套缩口模具应采用外支承缩口方式才能保证零件的缩口质量。模具总装图如图 4-59 所示。模具工作原理：将毛坯（图 4-58）放入支承圈 10 中，由毛坯外形定位。模具工作时，上模随冲床滑块下行，首先凹模 7 与支承圈 10 接触并开始施压，支承圈 10 通过顶杆 16 使聚氨酯橡胶 14 压缩后向下移动，凹模 7 也向下移动，完成零件的缩口。在缩口过程中，支承圈 10

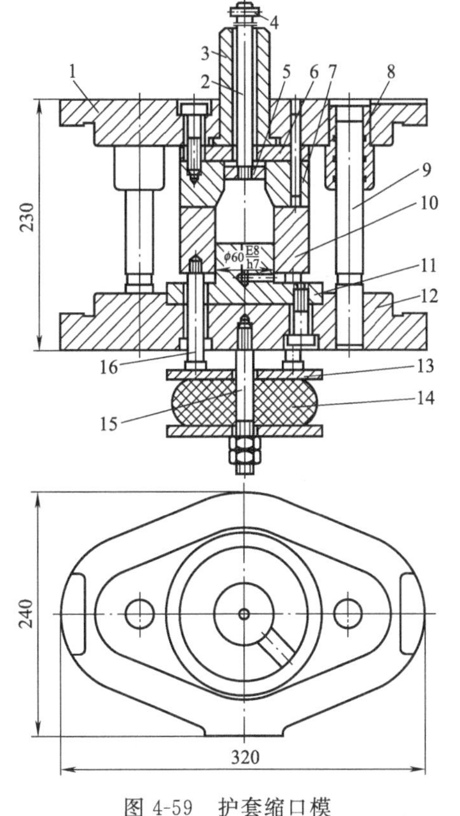

图 4-59　护套缩口模

1—上模板；2—打料杆；3—模柄；4—横销；5—打料块；6—上垫板；7—凹模；8—导套；9—导柱；10—支承圈；11—下垫块；12—下模板；13—垫板；14—聚氨酯橡胶；15—阶形螺钉；16—顶杆

始终使坯料起到外支承作用。缩口完成，上模随冲床滑块向上运动，由打料杆 2 推动打料块 5 将工件从凹模 7 中推出。在支承圈 10 上开有 $R10$ 的槽，便于手工将毛坯放入支承圈和零件从支承圈中取出。

（2）绘制主要工作零件图

① 支承圈　支承圈内孔既要使毛坯定位可靠、方便，又要与下垫块有导向精度要求，故取 $\phi60E8$。在支承圈上平面开有 $R10$ 的槽，便于毛坯放入和零件取出。支承圈由顶杆限位，确保不脱离下垫块，如图 4-60 所示。

② 凹模　从零件图 4-57 可知，所有尺寸均未注公差，按 IT14 级考虑，根据磨损规律，工作部分尺寸计算公式为：

$$\phi60_{-0.75}^{\ 0}: D_{凹1}=(60-0.75\times0.74)_{\ 0}^{+0.74/4}=59.45_{\ 0}^{+0.18}\text{mm}$$

为了保证缩口角度 30°和缩口部位高度 15.6mm，上口部取 $\phi41.45_{\ 0}^{+0.16}$。凹模零件见图 4-61 所示。

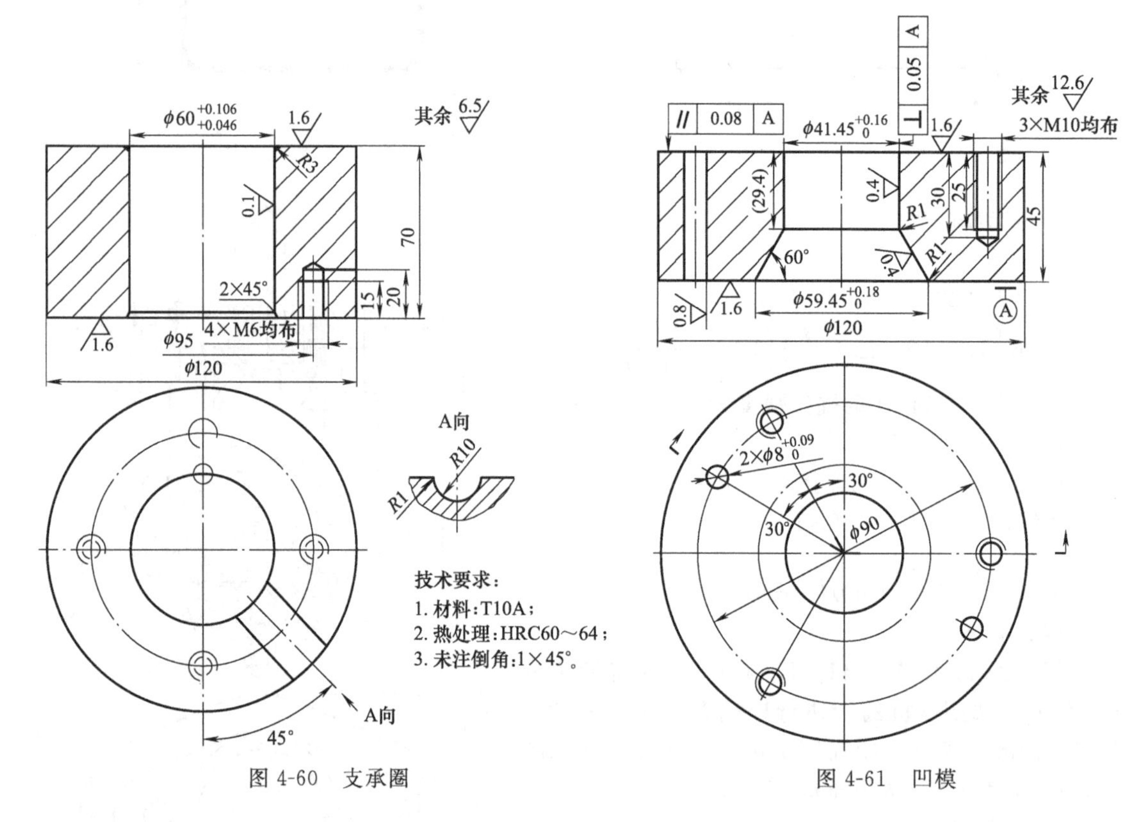

图 4-60　支承圈　　　图 4-61　凹模

【学习小结】

1. 重点

（1）胀形变形程度与模具设计。

（2）翻孔、翻边变形程度与模具设计。

（3）缩口变形程度与模具设计。

2. 难点

胀形、翻孔、翻边、缩口模具设计。

3. 思考与练习题

（1）极限翻孔系数与哪些因素有关？

（2）如果工件要求的翻孔高度大于极限翻孔高度时，应采用什么方法？

（3）外凸翻边与内凹翻边变形区的应力应变状态有何区别？各会产生什么质量问题？

（4）试分析缩口变形区的应力应变状态，会产生什么质量问题？

（5）已知材料的极限翻孔系数［K］=0.65，有一预制孔直径为25mm的平板翻孔，最大翻孔直径是多少？

（6）胀形零件如图1所示，材料为黄铜，料厚1mm。试确定是否可一次胀形。

（7）缩口零件如图2所示，材料为08钢，料厚1mm。试确定是否可一次缩口。

（8）翻孔零件如图3所示，材料为10钢，料厚2mm。试计算：

① 能否一次翻孔成形；

② 预制孔直径；

③ 将高度25mm改为35mm，能否一次翻孔成形。

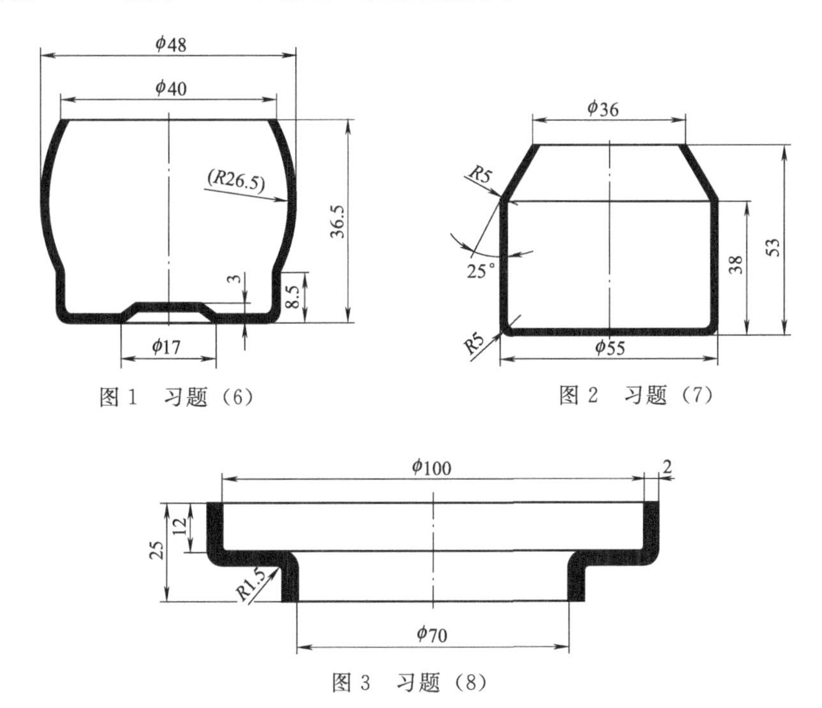

图1　习题（6）

图2　习题（7）

图3　习题（8）

学习情境5

汽车内挡油环冲模设计

学习目标

能够综合运用冲压模具设计的基础知识对中等难度的冲压件进行冲压工艺分析、制定冲压工艺方案、进行模具设计。

任务 5.1 汽车内挡油环冲压工艺方案的制定

【任务描述】

如图 5-1 所示汽车中间传动轴支承内挡油环零件图。生产批量：10 万，零件材料 10 钢，料厚 1.2mm。

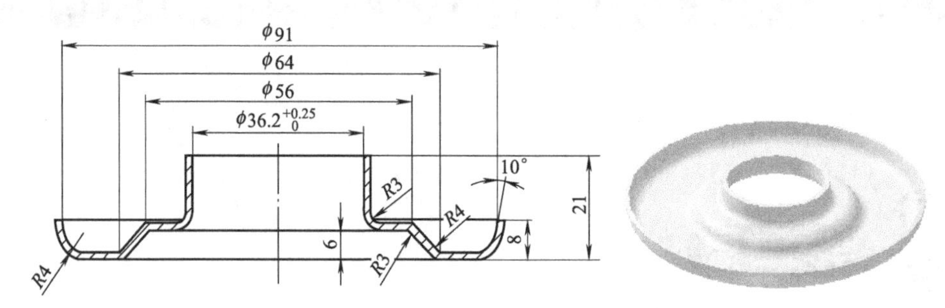

图 5-1 汽车中间传动轴支承内挡油环零件图

【任务分析】

内挡油环零件是安装在汽车传动轴末端的内挡传动轴上，通过内挡油环的内孔由螺母锁紧，使双列圆锥滚子轴承的内圈不致轴向窜动，再在挡油环上套上油封，以免传动轴上润滑油进入轴承，稀释轴承上黄油，导致轴承寿命下降。

由内挡油环零件图可知，其外形为旋转体拉深件，内缘有翻孔，外缘有翻边，需对其进行工艺分析，制定工艺方案，编制冲压工艺卡，进行各道序模具的总装图设计。

【任务实施】

1. 工艺分析

零件形状特点：内挡油环有外缘翻边，高度为 8mm，翻边高度不高容易达到；拉延形状为 6mm 深度的浅拉深，容易实现；内缘翻孔高度 15mm，要经过计算，是否可以一次翻成，如不能则需先拉深，再翻孔。所以内挡油环成形时除内缘翻孔和筒壁拉深为拉伸变形外，还有外缘翻边和拉深凸缘为压缩变形，需要材料有良好的塑性和防失稳能力，零件材料为 10 钢，由表 1-3 查得，许用伸长率 $[\delta]=29\%$，弹性模量 $E=194\text{MPa}$，相对较高，利于零件拉深、翻孔和翻边。

内挡油环零件上除 $\phi 36.2$ 孔直接与传动轴接触，其尺寸精度要求为 IT12 级外，其他均为未注公差，按 IT14 级考虑，零件精度低于 IT12 级，普通精度模具可以达到要求，不需整形工序。

2. 工艺计算

(1) 极限翻孔高度计算

为了计算零件毛坯尺寸，首先要确定拉深制件形状。因为零件内孔翻孔高度为 $H=21-6=15\text{mm}$，比较高，需计算能否 1 次翻孔。

由式 (4-11)，翻孔极限高度： $H_{\max}=\dfrac{D}{2}(1-[K])+0.43r+0.72t$

从表 4-5 查得：［K］=0.7，$t=1.2$，$r=3$，$D=36.2+1.2=37.4$

$$H_{max}=\frac{37.4}{2}(1-0.7)+0.43\times3+0.72\times1.2=7.7\text{mm}$$

$$H=15>H_{max}=7.7$$

因此内孔翻孔不能一次翻成，需经拉深后再翻孔。

(2) 拉深高度计算

翻孔时，材料主要发生切向伸长，径向变化很小，因此按弯曲计算预制孔直径 d。先拉深后翻孔如图 5-2 所示，最大翻孔高度为：

$$h_{max}=\frac{D-2(R+0.5t)-d}{2}+\frac{\pi}{2}(R+0.5t)=\frac{D}{2}-R-0.5t-\frac{d}{2}+\frac{\pi R}{2}+\frac{\pi t}{4}$$

$$=\frac{D}{2}\left(1-\frac{d}{D}\right)+\left(\frac{\pi}{2}-1\right)R+\left(\frac{\pi}{4}-0.5\right)t=\frac{D}{2}(1-[K])+0.57R+0.29t$$

已知：$D=37.4\text{mm}$，［K］=0.7，$t=1.2\text{mm}$，设 $R=3\text{mm}$，则有：

$$h_{max}=\frac{37.4}{2}(1-0.7)+0.57\times3+0.29\times1.2=7.7\text{mm}$$

求得拉深高度为：　$H=15-h_{max}+3+1.2=15-7.7+3+1.2=11.5\text{mm}$

得出翻孔前拉深制件如图 5-3 所示。

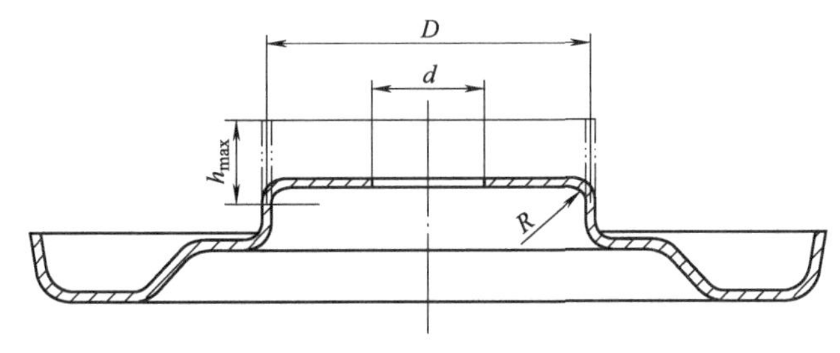

图 5-2　先拉深后翻孔尺寸计算

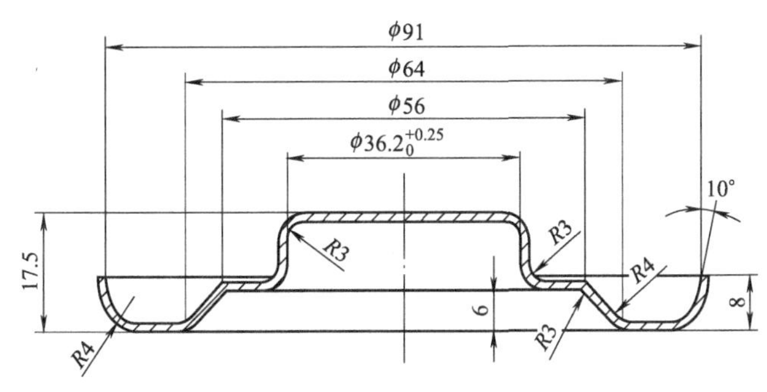

图 5-3　翻孔前拉深制件

(3) 外缘翻边展开尺寸计算

外缘翻边展开尺寸可按浅拉深计算，形状可简化为图 5-4 粗实线所示。

由式 (3-2)，应用久里金法则：$A=2\pi R_X L$

从图 5-4 可见，此处可看作三部分面积组成。

圆面积：　$A_1=\frac{\pi}{4}\times81.8^2=1672.8\pi\ (\text{mm}^2)$

凹圆弧面积：　$A_2=2\pi\times43.6\times\frac{\pi\times4.6\times80}{180}=560\pi\ (\text{mm}^2)$

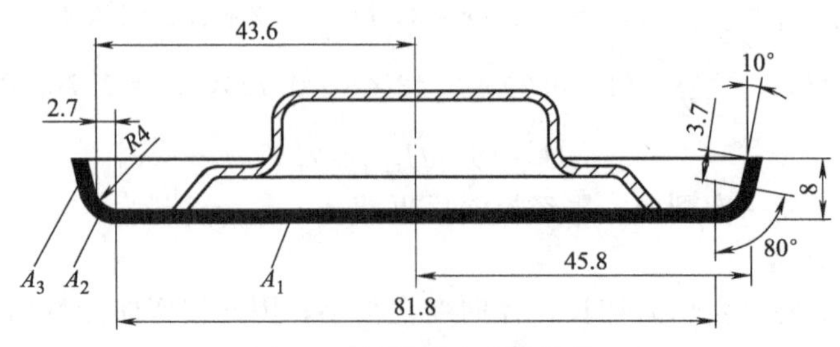

图 5-4　外缘翻边形状简化

圆台面积：　　　　　　$A_3=2\pi\times45.8\times3.7=338.9\pi\ (mm^2)$

直线段的重心在直线中点上，可在图中直接量出；圆弧段的重心可按图 5-5 和以下公式求出：

$$M=\frac{180\sin\alpha}{\pi\alpha}R$$

$$N=\frac{180(1-\cos\alpha)}{\pi\alpha}R$$

式中　M，N——圆弧重心到圆心位置 y 轴的距离，mm；

R——圆弧半径，mm；

α——圆弧所对的圆心角，(°)。

从图 5-4 可知，凹圆弧应按图 5-5（b）算出：

$$N=\frac{180(1-\cos\alpha)}{\pi\alpha}R=\frac{180(1-\cos80)}{\pi\times80}\times4.6=2.7mm$$

外缘翻边直径：　　　　$\frac{\pi}{4}D^2_{外缘}=A_1+A_2+A_3$

$$D_{外缘}=\sqrt{\frac{4}{\pi}(A_1+A_2+A_3)}=\sqrt{4(1672.8+560+338.9)}=101.4mm$$

翻边前，拉深后的制件如图 5-6 所示。

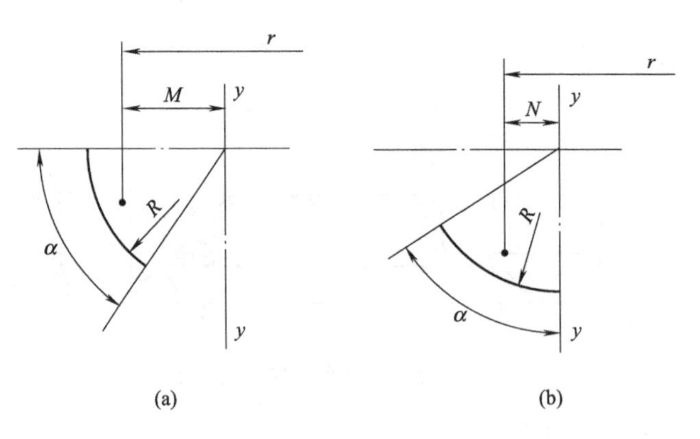

图 5-5　圆弧重心位置计算

（4）零件展开尺寸计算

计算零件展开尺寸即求出图 5-6 所示的拉深制件的毛坯尺寸。拉深件 $\frac{d_T}{d}=\frac{101.4}{64}=1.6>1.4$，属宽凸缘阶梯拉深件，查表 3-2 得：$\Delta R=3.6mm$，则拉深件如图 5-7 所示。

因为拉深件形状比较复杂，无法直接套用公式。现将拉深件分成 5 部分，从 CAD 图中直接量取切点位置和重心位置尺寸，见图 5-7。

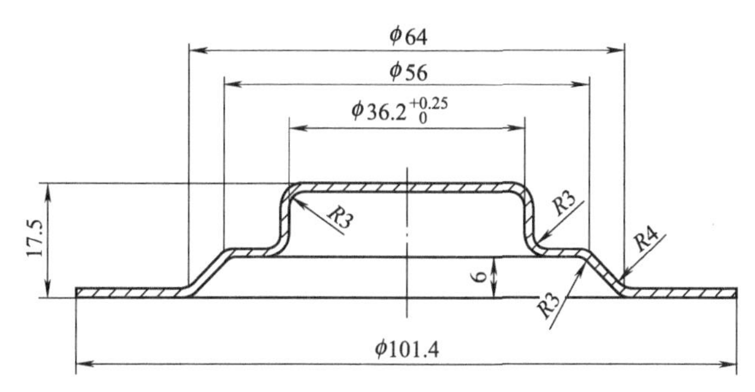

图 5-6　翻边前拉深制件

A_1 为有凸缘拉深件，由表 3-4 查得，其面积：

$$A_1=\frac{\pi}{4}(52.2^2+4\times37.4\times10.3-3.44\times37.4\times3.6)=950.6\pi(\text{mm}^2)$$

A_2 为圆心角为 48°的圆弧，其重心：

$$N=\frac{180(1-\cos\alpha)}{\pi\alpha}R=\frac{180(1-\cos48)}{\pi\times48}\times3.6=1.4\ (\text{mm})$$

A_2 面积：$$A_2=2\pi\times27.5\times\frac{\pi\times3.6\times48}{180}=165.9\pi\ (\text{mm}^2)$$

A_3 为圆台，其面积：$A_3=2\pi\times30.2\times4.5=271.8\pi\ (\text{mm}^2)$

A_4 为圆心角为 47°的圆弧，其重心：

$$N=\frac{180(1-\cos\alpha)}{\pi\alpha}R=\frac{180(1-\cos47)}{\pi\times47}\times4.6=1.8\ (\text{mm})$$

A_4 面积：$A_4=2\pi\times33.5\times\frac{\pi\times4.6\times47}{180}=252.8\pi\ (\text{mm}^2)$

A_5 为圆环，其面积：$A5=\frac{\pi}{4}(108.6^2-70.4^2)=1709.5\pi(\text{mm}^2)$

由此可得毛坯面积：$$\frac{\pi}{4}D^2=A_1+A_2+A_3+A_4+A_5$$

毛坯直径：

$$D=\sqrt{\frac{4}{\pi}(A_1+A_2+A_3+A_4+A_5)}=\sqrt{4(950.6+165.9+271.8+252.8+1709.5)}=115.8\ (\text{mm})$$

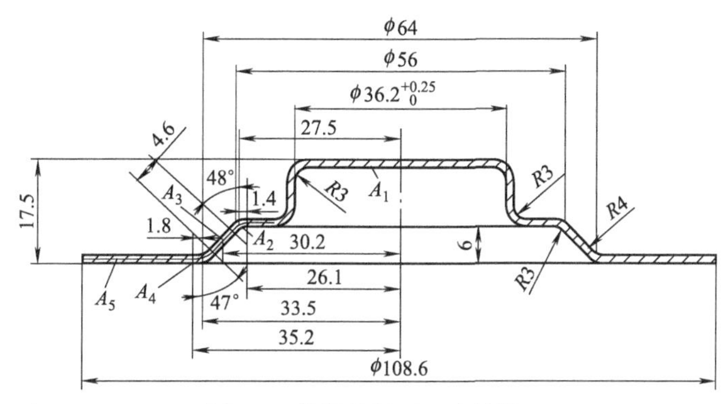

图 5-7　拉深件展开尺寸计算

(5) 拉深次数确定

$t/D=1.2/115.8=0.01$，$d_t/d=108.6/37.4=2.9$，查表 3-12，$[h_1/d_1]=0.16\sim0.20$

实际：$h/d=16.3/37.4=0.44>[h_1/d_1]=0.16\sim0.20$，不能1次拉深。

$h_1/d_1=6/56=0.11<[h_1/d_1]=0.16\sim0.20$，可以1次拉出，且比较富裕，因实际拉深时 h_1 要稍大于6，但也不会有问题。

第2次拉深实际拉深系数：$m_2=d_2/d_1=37.4/56=0.67$，从表3-13查得 $[m_2]=0.76$，因为 $m_2=0.67<[m_2]=0.76$，所以不能拉出，但第2次拉深是为了翻孔准备，可以利用中间部位冲孔，使金属从里往外流动，可以实现第2次拉深成形。

3. 工艺方案确定

经过以上工艺计算，基本冲压工序为：落料、第1次拉深、冲工艺孔、第2次拉深、切边、翻边、冲翻孔预制孔、内缘翻孔。根据基本冲压工序可以有以下几种工艺方案。

方案1：落料→第1次拉深→冲工艺孔→第2次拉深→切边→冲预制孔→内缘翻孔→外缘翻边。

方案1工艺特点：共需模具4副，每一工序的模具结构都相对比较合理，模具的制造周期短、成本低、工序较集中、半成品的中间周期减少、生产效率高，而且各道工序的定位可靠、工件的精度也较高，只有底面较差，但也不影响其使用要求，模具的维修、调整都比较方便。

方案2：落料→第1拉深→冲工艺孔→第2次拉深→冲预制孔→切边→翻边、翻孔。

工艺特点：共需模具7副，半成品的中间周期较长、生产效率低、模具数多、模具的制造成本高。

方案3：落料→第1拉深→冲工艺孔→第2拉深→冲预制孔→切边→内缘翻孔→外缘翻边。

工艺特点：共需模具8副，此方案工序分散，每一道的模具结构简单、制造简单，维修、安装、调整、操作方便，但工序数目多、占地面积大、所使用的设备和人员多。模具数目多，所需的制造成本高，工件的中间周期次数多，而且重复定位次数多，工件的质量难以保证。

结论：通过对以上三个方案的分析，方案1比较符合冲压工艺性的要求，所以选择方案1为内挡油环的冲压工艺方案。即：工序1——落料、第1次拉深和冲工艺孔；工序2——第2次拉深；工序3——切边、冲预制孔；工序4——内缘翻孔、外缘翻边。如图5-8所示。

通过CAD绘图测量，并考虑第2次拉深时工艺孔作用，第1次拉深深度取7.2mm，工艺孔取 $\phi11$，以上数据需模具调试中修正。

翻孔预制孔尺寸计算：　　$d=[K]D$

已知 $D=37.4$mm，查表4-5，$[K]=0.7$，则：$d=0.7\times37.4=26.2$mm

4. 材料利用率计算

从表5-1查得，选用板料规格：1800×900×1.2。

排样图如图5-9所示。从表1-21得到：侧搭边值 $a=2.5$mm，工件间搭边值 $a_1=2$mm，进距 $h=D+a_1=115.8+2=117.8$mm，条料宽度 $b=D+2a=(115.8+2\times2.5)_{-\Delta}^{0}=120.8_{-0.7}^{0}\approx121_{-0.7}^{0}$mm，其中 Δ 为条料宽度剪切公差，由表1-22查得。

材料利用率：采用纵裁时，如图5-10所示。

条数 $n_1=900/121=7$ 余53mm；

每条个数 $n_2=(1800-2)/117.8=15$ 余31mm；

总个数 $n=n_1\times n_2=7\times15=105$。

材料利用率

$$\eta=\frac{105\times\frac{\pi}{4}\times115.8^2}{900\times1800}\times100\%=68.3\%$$

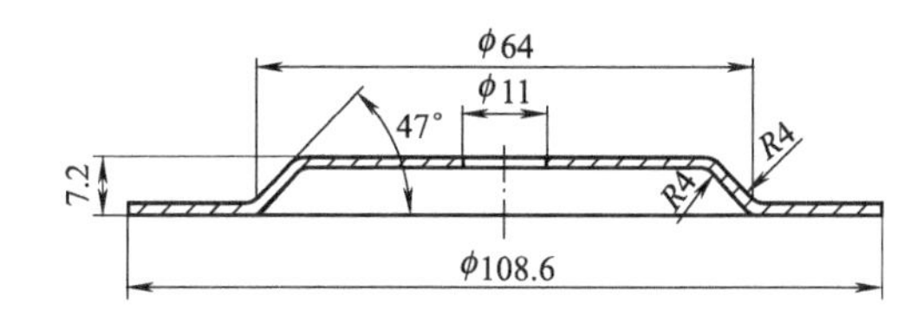

(a) 工序1：落料、第1次拉深和冲工艺孔

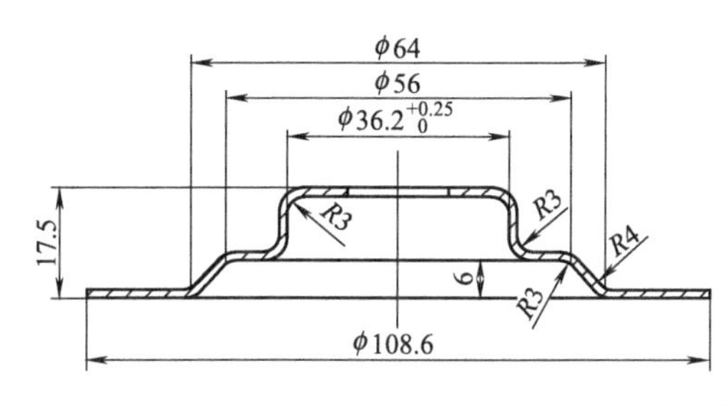

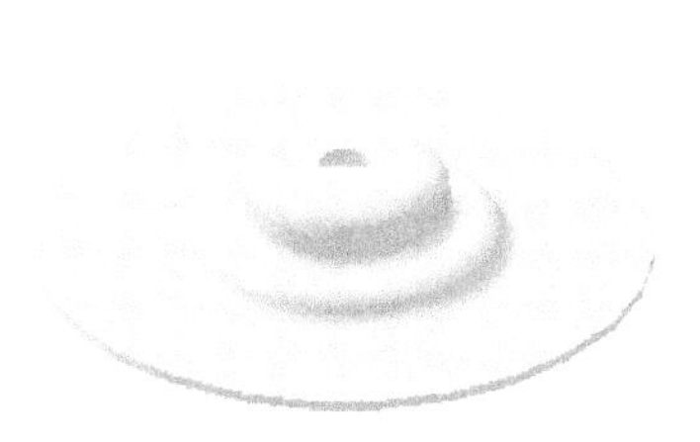

(b) 工序2：第2次拉深

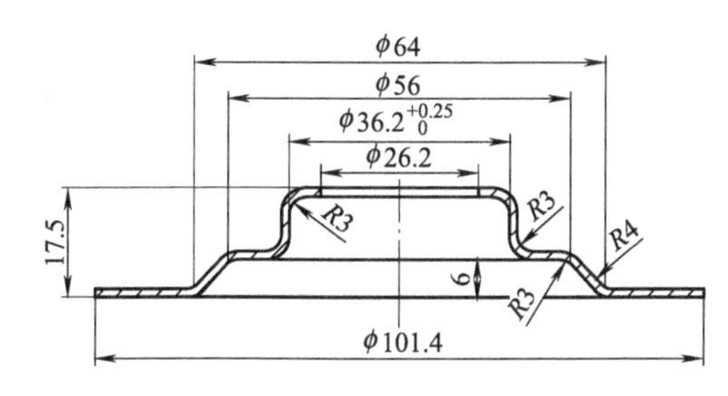

(c) 工序3：切边、冲预制孔

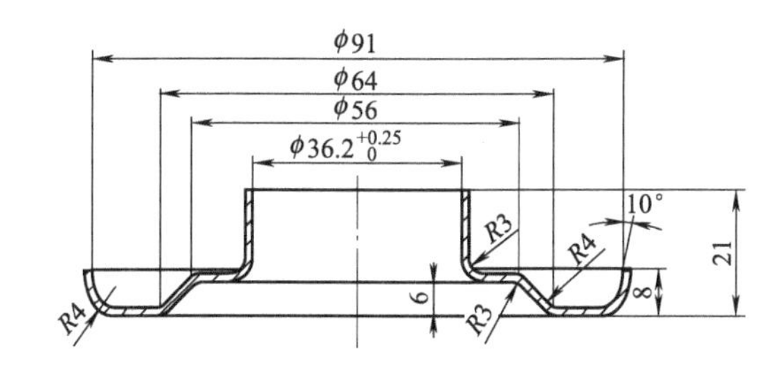

(d) 工序4：内缘翻孔、外缘翻边

图 5-8　内挡油环制件的冲压工艺方案

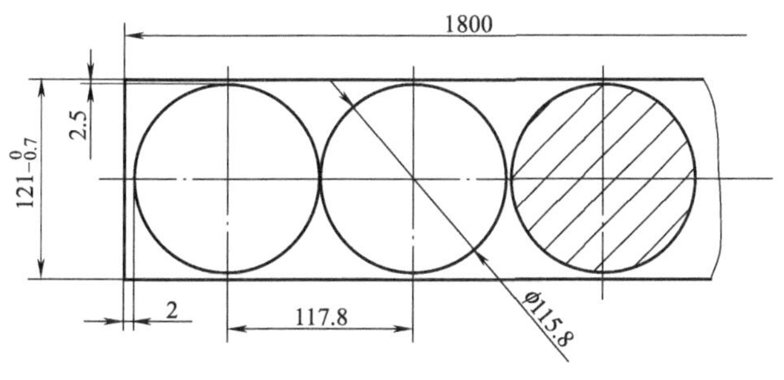

图 5-9　排样图

表 5-1　板料规格

（厂名）		冲压工艺卡	零部件名称	中间传动轴支承内挡油环	零部件号	121-22-2-44-B
			产品型号			总工时　（分）
材料牌号及规格		坯料尺寸	1.2×121×1800		毛坯重量	废料利用情况
08 钢 1.2×1800×900		每毛坯可制件数	15		2kg	
工序	工序名称	工序内容	加工草图	设备	模具	工时
0	下料	剪板机下料 121×1800	900 1600 121 53	Q11-6×2500		
1	落料、第 1 次拉深、冲孔	落 ϕ121 外形，第 1 次拉深直径 ϕ64，冲孔 ϕ11	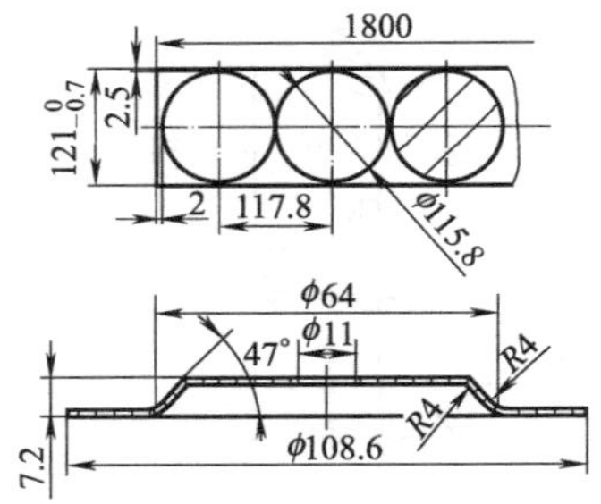 1800 $121_{-0.7}^{0}$ 2.5 2 117.8 ϕ115.8 ϕ64 ϕ11 47° R4 R4 7.2 ϕ108.6	J23-63	落料、拉深、冲孔复合模	
2	第 2 次拉深	第 2 次拉深直径 $\phi 36.2^{+0.25}_{0}$	ϕ64 ϕ56 $\phi 36.2^{+0.25}_{0}$ 17.5 R3 R3 R4 6 R3 ϕ108.6	J23-63	拉深模	

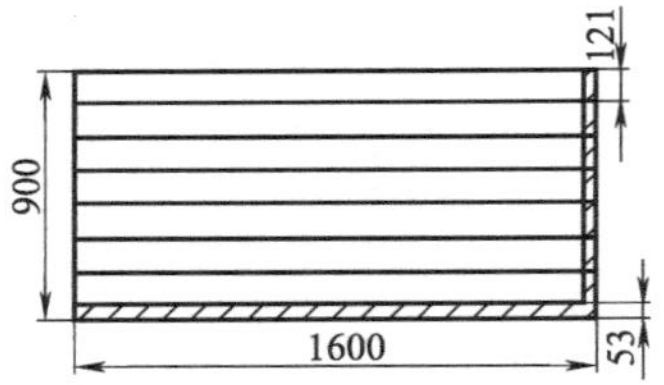

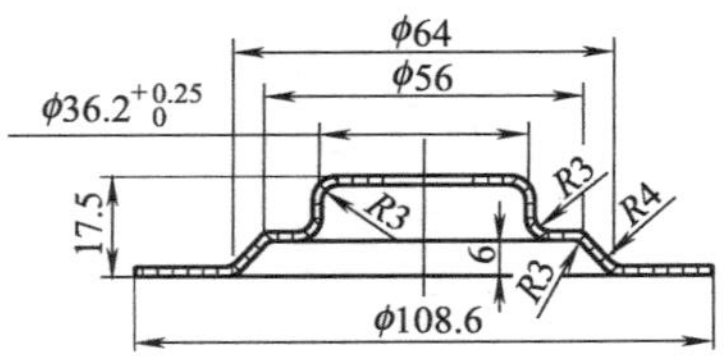

续表

<table>
<tr><td colspan="2" rowspan="2">（厂名）</td><td rowspan="2">冲压工艺卡</td><td>零部件名称</td><td>中间传动轴支承内挡油环</td><td>零部件号</td><td colspan="2">121-22-2-44-B</td></tr>
<tr><td>产品型号</td><td></td><td></td><td>总工时</td><td>（分）</td></tr>
<tr><td colspan="2">材料牌号及规格</td><td>坯料尺寸</td><td colspan="2">1.2×121×1800</td><td>毛坯重量</td><td rowspan="2">废料利用情况</td><td rowspan="2"></td></tr>
<tr><td colspan="2">08 钢 1.2×1800×900</td><td>每毛坯可制件数</td><td colspan="2">15</td><td>2kg</td></tr>
<tr><td>工序</td><td>工序名称</td><td>工序内容</td><td colspan="2">加工草图</td><td>设备</td><td>模具</td><td>工时</td></tr>
<tr><td>3</td><td>切边、冲孔</td><td>冲预制孔 $\phi26.2$，切边 $\phi101.4$</td><td colspan="2"> 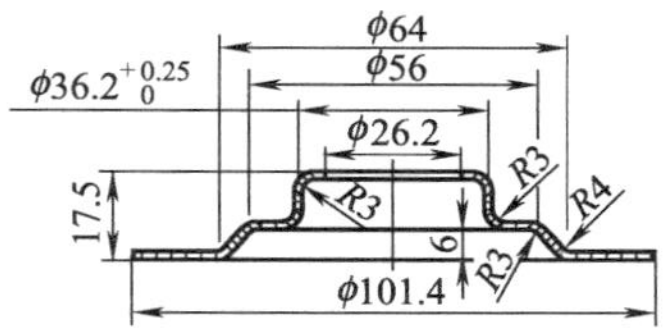</td><td>JB23-63</td><td>切边、冲孔复合模</td><td></td></tr>
<tr><td>4</td><td>翻孔、翻边</td><td>翻孔 $\phi36.2_{0}^{+0.25}$ 和翻边 $\phi91$</td><td colspan="2"> 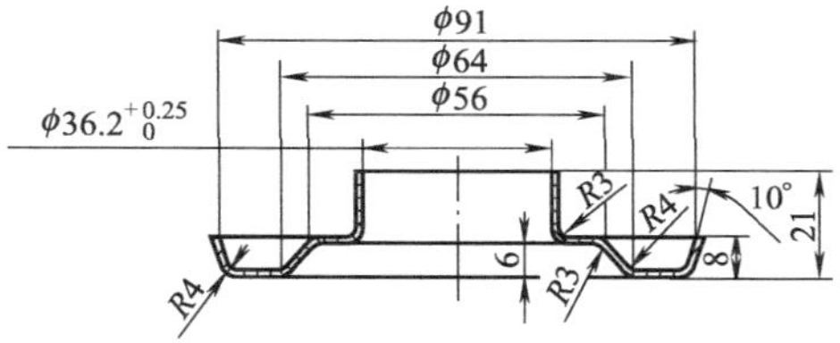</td><td>JB23-63</td><td>翻孔、翻边复合模</td><td></td></tr>
<tr><td>5</td><td>检验</td><td>按图纸尺寸检验</td><td colspan="2"> 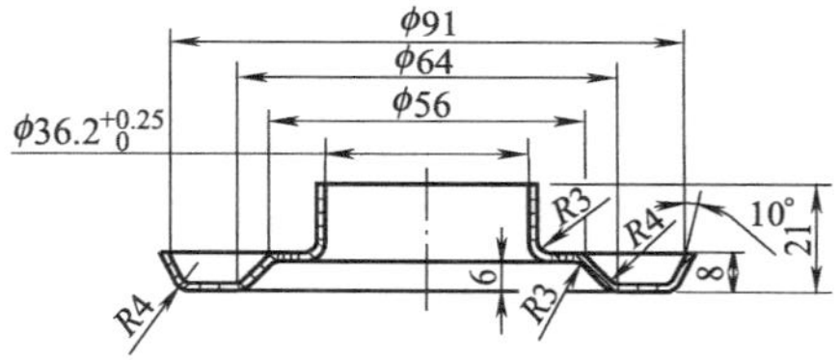</td><td></td><td></td><td></td></tr>
</table>

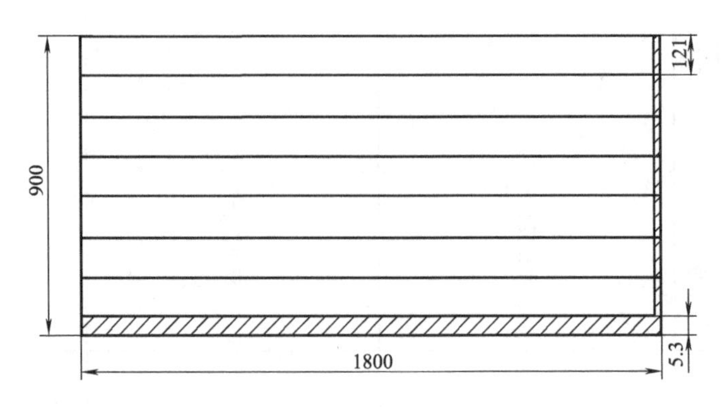

图 5-10　材料的合理利用

从计算结果可知，采用直排材料利用率较低。

5. 冲压工艺卡编制

任务 5.2　内挡油环落料、拉深、冲孔复合模具设计

【任务描述】

针对汽车中间传动轴支承内挡油环的落料、第 1 次拉深和冲孔复合工序进行模具设计。冲压件尺寸如图 5-11 所示。需要完成落料（ϕ121mm）、冲孔（ϕ11mm）、拉延（高度 7.2mm）任务。落料 ϕ121 外形，首次拉深直径 ϕ64，冲孔 ϕ11。

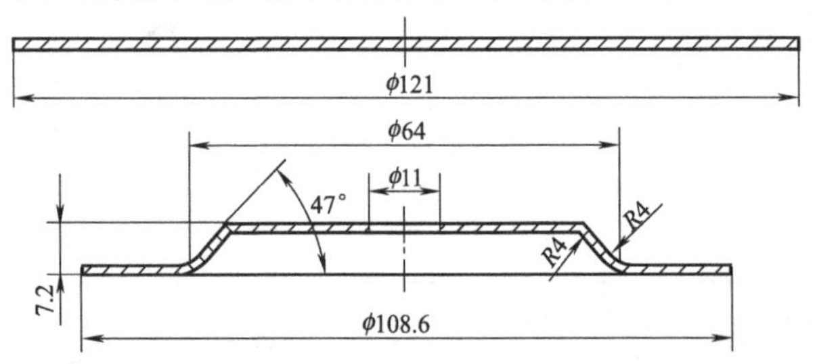

图 5-11　内挡油环的落料、拉延和冲孔复合工序图

【任务分析】

在复合模的冲压工作过程中，先进行落料，冲裁尺寸 ϕ121mm，再进行拉深，深度为 7.2mm，最后进行冲孔 ϕ11mm。孔 ϕ11mm 为工艺孔，是为了在二次拉深时，便于材料的流动，以防拉裂。此孔尺寸精度不高。在此工序中，对于拉深深度 7.2mm 要进行拉深工艺计算，判断其是否可以一次拉出。冲压机床的选择由总冲压力以及模具结构来确定。

【任务实施】

1. 落料工艺计算

（1）落料凸、凹模刃口尺寸计算

凸、凹模刃口采用配合加工比较合理。落料工序是以凹模为基准件，凸模为配制件。因

后工序要切边，在此不需考虑凸、凹模刃口的磨损。

由于落料尺寸精度要求不高，查表 1-18，得到冲裁间隙 $Z_{max}=0.180$mm，$Z_{min}=0.126$mm，落料尺寸精度按 IT14 级考虑，$\Delta=1.0$mm，则有：

凹模刃口尺寸为： $D_{凹}=D^{+\Delta/4}_{0}=121^{+1/4}_{0}=121^{+0.25}_{0}$

凸模刃口尺寸按凹模实际尺寸配作，保证均匀双面间隙 0.126～0.180mm。

(2) 落料力的计算

从表 1-3 查得：10 钢的抗拉强度 $\sigma_b=400$MPa

冲裁力为：

$$\begin{aligned}P_{落}&=Lt\sigma_b\\&=\pi Dt\sigma_b\\&=\pi\times121\times1.2\times400\\&=182464\text{N}\approx183\ (\text{kN})\end{aligned}$$

(3) 卸料力的计算

由式 (1-25)，卸料力系数 $K_{卸}=0.04$

卸料力

$$\begin{aligned}Q_{卸}&=K_{卸}\times P_{落}\\&=0.04\times183\\&=7.32\ (\text{kN})\end{aligned}$$

2. 冲孔工艺计算

(1) 冲孔凸、凹模刃口尺寸计算

冲孔工序是以凸模为基准件，凹模为配制件。此孔仅为后续拉深用，冲孔精度按 IT14 考虑，$\Delta=0.43$mm，则有：

凸模刃口尺寸为： $d_{凸}=d^{\ 0}_{-\Delta/4}=11^{\ 0}_{-0.43/4}=11^{\ 0}_{-0.11}$

凹模刃口尺寸按凸模实际尺寸配作，保证均匀双面间隙 0.126～0.180mm。

(2) 冲孔力的计算

冲孔力

$$\begin{aligned}P_{冲}&=Lt\sigma_b\\&=\pi Dt\sigma_b\\&=\pi\times11\times1.2\times400\\&=16588\text{N}\approx16.6\ (\text{kN})\end{aligned}$$

(3) 推件力计算

由表 1-26，取凹模刃口形状为直筒形，刃口高度为 7mm，卡在刃口的废料数为：$n=7/1.2=6$ 从式 (1-26)，推件力系数 $K_{推}=0.055$

推件力 $Q_{推}=K_{推}\times P_{冲}\times n=0.055\times16.6\times6=5.5$ (kN)

3. 第 1 次拉深工艺计算

(1) 第 1 次拉深尺寸如图 5-12 所示。

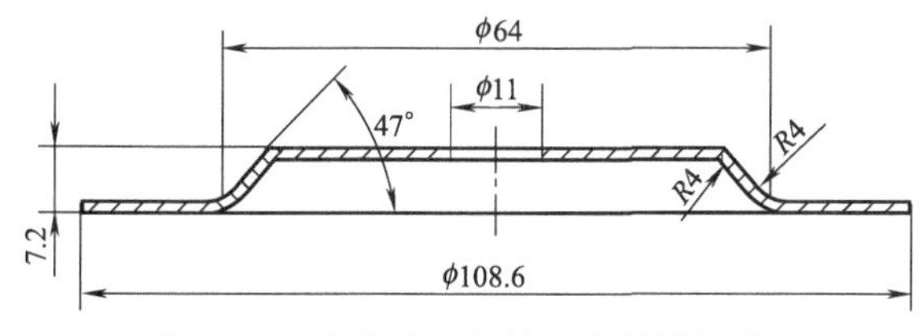

图 5-12 内挡油环的第 1 次拉深尺寸

从图可知，$\frac{d_T}{d}=1.7$，所以制件属宽凸缘拉深件。从表 3-12 得到，第一次拉深的许可

相对高度 $h_1/d_1=0.37\sim0.44$，制件的实际相对高度 $h_{制}/d_1=6/64=0.094<0.4$。

因此可得出结论：斜壁可以一次拉出。

（2）拉延凸、凹模工作部分尺寸

由于制件尺寸标在外形上，所以以凹模为基准件。根据式（3-28），凹模尺寸计算公式为：

$$D_{凹}=(D_{max}-0.75\Delta)^{+\delta_{凹}}_{0}$$

制件未注公差，按 IT14 考虑，$\Delta=0.74$，第 1 次拉深尺寸为 $\phi62^{0}_{-0.74}$，从表 3-38 查得：$\delta_{凹}=0.05$mm

则有：$$D_{凹}=(64-0.75\times0.74)^{+\delta_{凹}}_{0}=63.445^{+0.05}_{0}\ (\text{mm})$$

凸模按凹模配作，从表 3-17 可得，凸、凹模之间单面间隙为：

$$z=1.1t=1.1\times1.2=1.32\ (\text{mm})$$

凸模工作部分尺寸按凹模相应实际工作部分尺寸配作，单面均匀间隙为 1.32mm。

（3）拉深力的计算

由式（3-11），第 1 次拉深力为：$F_1=k_1\pi d_1 t\sigma_b$

已知，材料的极限强度 $\sigma_b=400$MPa，第 1 次拉深系数 $m=\dfrac{d}{D}=\dfrac{64}{121}=0.53$，从表 3-14 得修正系数 $K_1=1$，第 1 次拉深力为：

$$\begin{aligned}P_{拉}&=\pi dt\sigma_b\\&=\pi\times64\times1.2\times400\\&=96510\text{N}\approx97\ (\text{kN})\end{aligned}$$

（4）压边力计算

由式（3-14），压边力为：$Q_1=\dfrac{\pi}{4}[D^2-(d_1+2R_{凹1})^2]p$

从表 3-15 查得，材料单位压边力 $p=2.5$MPa，则压边力为：

$$Q_1=\frac{\pi}{4}[D^2-(d_1+2R_{凹1})^2]p=\frac{\pi}{4}[121^2-(64+2\times4)^2]\times2.5=18569\text{N}\approx18.6\ (\text{kN})$$

4. 冲压设备选择

总冲压力
$$\begin{aligned}P_{总}&=P_{落}+Q_{卸}+P_{冲}+Q_{推}+P_{拉}+Q_{压}\\&=183+7.32+16.6+5.5+97+18.6\\&\approx328\ (\text{kN})\end{aligned}$$

应选择的冲压设备公称压力：$P_{机}\geqslant1.3P_{总}=1.3\times328\approx426.4$ (kN)

在冲压过程中，复合工序的诸力不是同时产生的。当然若用各力相加之和来选择冲床吨位，更安全，计算也简单。如果在实际生产中受到冲床设备吨位的限制，则应根据复合工序中实际产生的最大力来选择冲压设备的吨位。

所需压力机公称吨位为 430kN，根据表 1-6，初选设备型号为 J23-63，从表 1-6 得到，压力机主要工艺参数如下：

公称压力：630kN；

滑块行程：120mm；

行程次数：70 次/分；

最大闭合高度：360mm；

闭合高度调节量：90mm（最小闭合高度：270mm）；

工作台尺寸：前后 480mm，左右 710mm；

模柄孔尺寸：直径 50mm，深度 70mm；

工作垫板：厚度 90mm，直径 ϕ230mm。

5. 落料、第 1 次拉深、冲孔复合模具总装图

落料、第 1 次拉深、冲孔复合模具总装图如图 5-13 所示。工作时，板料以挡料销定位，滑块下行，凸凹模 9 与落料凹模 1 进行落料；滑块继续下行，凸凹模 9 和凸凹模 13 的共同作用，将坯料拉深成形，弹性压料装置 15 的力通过顶杆 14 传递给压料版 11，并对坯料施加压料力。当拉深至 5.5mm 时，由冲孔凸模 3 和凸凹模 13 进行冲孔。拉深工作结束，滑块回程，卸料板 2 将卡在凸凹模 9 上的条料卸下；弹性压料装置 15 回复，顶出工件，刚性打料机构将工件从凸凹模 9 中推出；冲孔废料通过压机台板孔漏出。

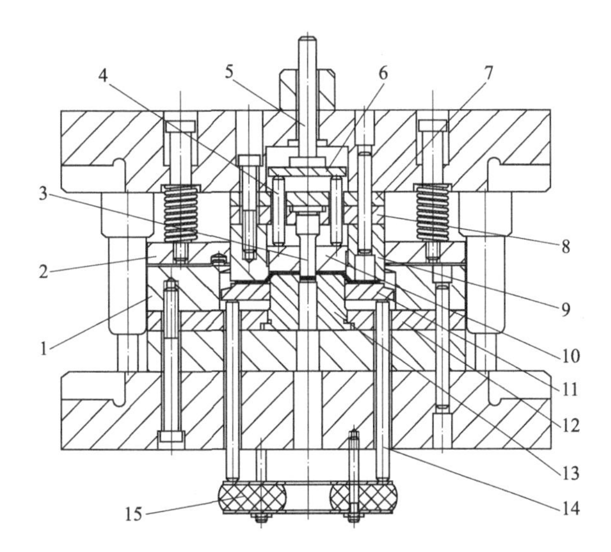

图 5-13　落料、第 1 次拉深、冲孔复合模具

1—落料凹模；2—卸料板；3—冲孔凸模；4—连接推杆；5—打杆；6—推板；7—垫板；8—凸模固定板；9,13—凸凹模；10—顶件块；11—压料板；12—凸凹模固定板；14—顶杆；15—弹性压料装置

任务 5.3　内挡油环 2 次拉深模具设计

【任务描述】

根据工艺，设计汽车中间传动轴支承内挡油环的 2 次拉深模具，工序件尺寸如图 5-14 所示。

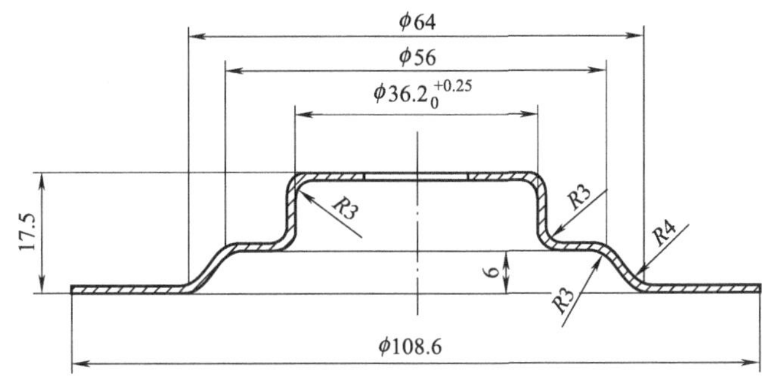

图 5-14　内挡油环的 2 次拉深工序图

【任务分析】

此工序是为内孔翻边做预先拉深，根据制件尺寸确定拉延凸、凹模的刃口尺寸；冲压机

床的选择由拉延力和压边力以及模具结构来确定。

【任务实施】

1. 拉深工艺计算

(1) 拉深凸、凹模刃口尺寸计算

如图 5-15 所示，模具采用压边装置，由表 3-17 查，有压边圈拉深时的拉深间隙 $Z=(1\sim1.05)t$。其中 $t=1.2$mm，制件精度要求不高，取系数 1.05，因此拉延凸模和凹模的单边间隙为：

$$Z=1.05\times1.2=1.26\ (\text{mm})$$

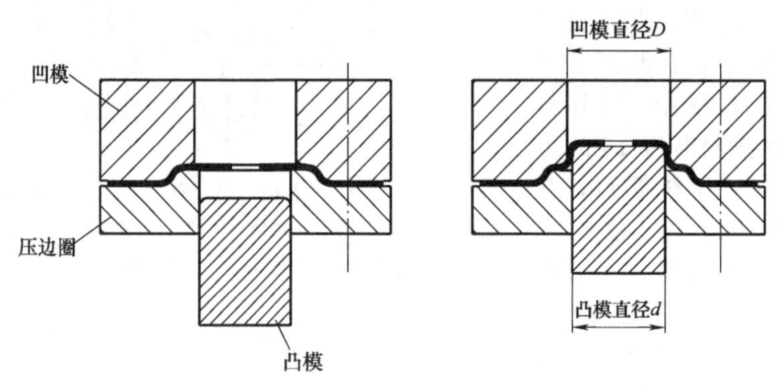

图 5-15　工件拉深过程示意图

从图 5-14 可见，制件尺寸标在内形，则以凸模为基准。根据式 (3-30)：$d_{凸}=(d_{\min}+0.4\Delta)_{-\delta_{凸}}^{\ 0}$

拉深件尺寸公差 $\Delta=0.25$mm，从表 3-18 查得：$\delta_{凸}=0.03$mm，$\delta_{凹}=0.05$mm。

凸模工作部分尺寸为：$d_{凸}=(d_{\min}+0.4\Delta)_{-\delta_{凸}}^{\ 0}=(36.2+0.4\times0.25)_{-0.03}^{\ 0}=36.3_{-0.03}^{\ 0}$

凹模工作部分尺寸为：$d_{凹}=(d_{凸}+2Z)_{0}^{+\delta_{凹}}=(36.3+2\times1.26)_{0}^{+0.05}=38.82_{0}^{+0.05}$

(2) 拉深力计算

由式 (3-12)，第 2 次拉深力为：　$F_2=K_2\pi d_2 t\sigma_b$

已知，材料的极限强度 $\sigma_b=400$MPa，第 2 次拉深系数 $m=\dfrac{d_2}{d_1}=\dfrac{37.4}{56}=0.7$，从表 3-14 得修正系数 $K_2=1$，第 2 次拉深力为：

$$\begin{aligned}P_{拉}&=\pi d_2 t\sigma_b\\&=\pi\times37.4\times1.2\times400=56398\text{N}\approx56.4\ (\text{kN})\end{aligned}$$

(3) 压边力计算

由式 (3-15)，第 2 次拉深时的压边力为：$Q_n=\dfrac{\pi}{4}[d_{n-1}^2-(d_n+2R_{凹n})^2]p$

从表 3-15 查得，材料单位压边力 $p=2.5$MPa，则第 2 次拉深时压边力为：

$$Q_{压}=\frac{\pi}{4}[d_1{}^2-(d_2+2R_{凹2})^2]p=\frac{\pi}{4}[56^2-(36.2+2\times3)^2]\times2.5=2661\text{N}\approx2.66\ (\text{kN})$$

(4) 冲压设备选择

总冲压力

$$\begin{aligned}P_{总}&=P_{拉}+Q_{压}\\&=56.4+2.7=59.1\ (\text{kN})\end{aligned}$$

应选择的压力机公称压力：$P_{机} \geqslant 1.3P_{总} \approx 76.8$（kN）

所需压力机公称吨位为 76.8kN，根据表 1-6，初选设备型号为 J23-10，从表 1-6 得到，压力机主要工艺参数如下：

公称压力：100kN；

滑块行程：60mm；

行程次数：135 次/分；

最大闭合高度：180mm；

闭合高度调节量：50mm（最小闭合高度：130mm）；

工作台尺寸：前后 240mm，左右 360mm；

模柄孔尺寸：直径 30mm，深度 50mm；

工作垫板：厚度 50mm，直径 ϕ130mm。

从以上参数可见，压机封闭高度较小，不适合进行 2 次拉深。如果成流水线冲压，第 2 次拉深可以选用与第 1 次冲压相同的设备，即选用压机型号 J23-63。如果非流水线冲压，可以选用现有冲压设备，保证公称压力大于 100kN，同时需满足封闭高度要求。

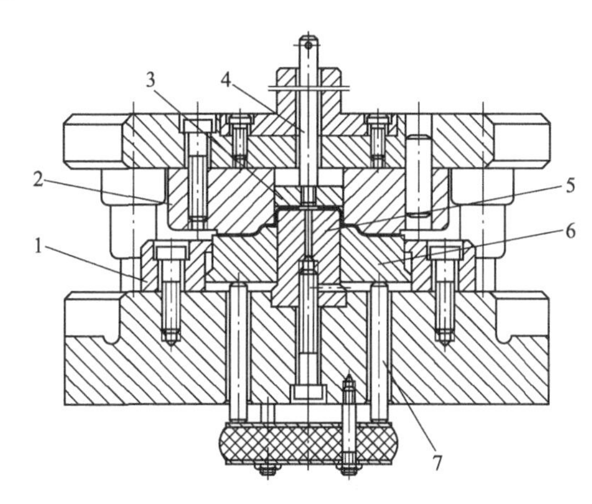

图 5-16 第 2 次拉深模具

1—固定板；2—拉深凹模；3—推件块；4—打杆；5—拉深凸模；6—压料圈；7—顶杆

2. 第 2 次拉深模具总装图

第 2 次拉深模具总装图如图 5-16 所示。此模具为压料倒装式拉深模。工作时，将第 1 次冲压工序件凸台套入压料圈 6 定位，滑块下行，拉深凹模 2 与压料圈 6 压紧凸缘材料后，拉深凸模 5 和拉深凹模 2 进行拉深。上模回程，压料圈 6 顶起套在拉深凸模 5 上制件，上模继续回程，推件块 3 将制件推出凹模。

任务 5.4 内挡油环切边冲孔复合模具设计

【任务描述】

根据工艺对汽车中间传动轴支承内挡油环进行切边和冲预制孔，切边直径为 ϕ101.4mm，冲预制孔直径为 ϕ26.2mm，制件尺寸如图 5-17 所示。

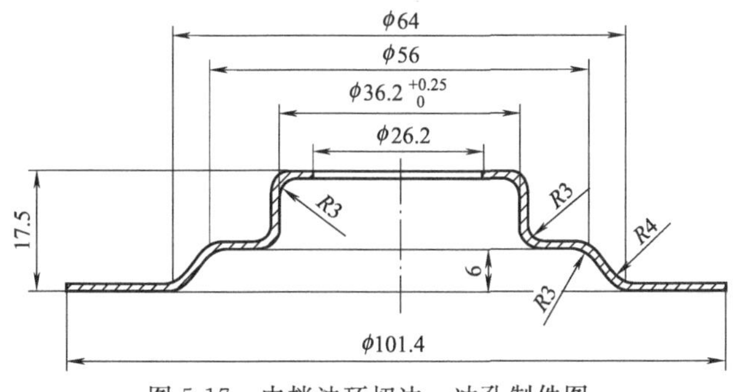

图 5-17 内挡油环切边、冲孔制件图

【任务分析】

内孔翻孔可将预先加工好的孔扩大为具有直壁的孔，翻边前的冲孔应与翻边的方向相反，以使毛刺的一边受到较小的拉伸，避免产生孔口裂纹。根据制件尺寸确定凸、凹模工作部分尺寸以及模具结构总图。

【任务实施】

1. 冲孔工艺计算

(1) 冲孔凸、凹模刃口尺寸计算

为便于制作，采用配作加工方法。冲孔工序是以凸模为基准件，凹模为配制件。工件精度为IT14，则零件的制造公差 $\Delta=0.52$mm，冲孔直径 $d_{冲}=26.2_{0}^{+0.52}$mm。

由式（1-11），凸模刃口尺寸为：$d_{凸}=(d+x\Delta)_{-\delta_{凸}}^{0}$

查表1-18知：冲裁模冲裁间隙 $Z_{max}=0.180$mm，$Z_{min}=0.126$mm。由于冲孔精度要求不高，取凸模制作公差为零件公差的1/4，则：$\delta_{凸}=-0.52/4=-0.13$mm。查表1-19，磨损系数 $x=0.5$，则得冲孔凸模刃口尺寸为：

$$d_{凸}=(d+x\Delta)_{-\delta}^{0}=(26.2+0.5\times0.52)_{-0.13}^{0}=26.46_{-0.13}^{0}\text{mm}$$

冲孔凹模刃口尺寸按凸模实际刃口尺寸配作，保证凸、凹模之间均匀间隙为0.126～0.180mm。

(2) 冲孔力计算

冲孔力　　$P_{冲}=\pi dt\sigma_b=\pi\times26.2\times1.2\times400=39508\text{N}\approx40$ (kN)

(3) 推件力计算

由式（1-26），推件力 $F_T=nK_TF_{冲}$

取推件力系数 $K_T=0.05$，$n=6$，推件力为：

$$F_T=6\times0.05\times40=12 \text{ (kN)}$$

2. 切边工艺计算

(1) 切边凸、凹模刃口尺寸计算

切边工序是以凹模为基准件，凸模为配制件。

工件精度为IT14，则零件的制造公差 $\Delta=0.87$mm，切边直径 $d=101.4_{-0.87}^{0}$mm。

由式（1-10），凹模刃口尺寸为　$D_{凹}=(D-x\Delta)_{0}^{+\delta_{凹}}$。

查表1-18，冲裁模冲裁间隙 $Z_{max}=0.126$mm，$Z_{min}=0.180$mm，

冲裁模凸、凹模制作公差 $\delta_{凹}=\Delta/4=0.22$mm，磨损系数 $x=0.5$

则将已知和查得的数据代入公式，即得切边凹模的直径尺寸如下：

$D_{凹}=(D-x\Delta)_{0}^{+\delta_{凹}}=(101.4-0.5\times0.87)_{0}^{+0.22}=100.97^{+0.22}$ (mm)

(2) 切边力的计算

　　切边力 $P_{切}=\pi dt\sigma_b=\pi\times101.4\times1.2\times400=152907.6\text{N}\approx153$ (kN)

(3) 卸料力的计算

由式（1-25），卸料力 $F_{卸}=K_{卸}F$

取卸料力系数 $K_{卸}=0.04$

$$P_{卸}=P_{切}K_{卸}=153\times0.04=6.12 \text{ (kN)}$$

3. 选择冲压机床

总冲压力 $P_{总}=P_{切}+P_{卸}+P_{冲}+P_{推}=153+6.12+40+12=211.12$ (kN)

应选择的压力机公称压力：$P_{机}\geqslant1.3P_{总}\approx275$ (kN)

所需压力机公称吨位为275kN，根据表1-6，初选设备型号为J23-40，从表1-6得到，

压力机主要工艺参数如下：

公称压力：400kN；

滑块行程：100mm；

行程次数：80 次/分；

最大闭合高度：300mm；

闭合高度调节量：80mm（最小闭合高度：220mm）；

工作台尺寸：前后 420mm，左右 630mm；

模柄孔尺寸：直径 50mm，深度 70mm；

工作垫板：厚度 80mm，直径 ϕ220mm。

如果成流水线冲压，可以选用与前道序相同的设备，即选用压机型号 J23-63。如果非流水线冲压，可以选用现有冲压设备，保证公称压力大于 275kN，同时需满足封闭高度要求。

4. 切边、冲孔复合模具总装图

切边冲孔复合模如图 5-18 所示。此模具为倒装式复合模。该模具的凸凹模 10 装在下模，切边凹模 3 和冲孔凸模 8 装在上模。工作时，将制件套入凸凹模 10 定位，上模下行，在切边凹模 3 与凸凹模 10、冲孔凸模 8 与凸凹模 10 作用下，对坯料进行切边和冲孔。上模回程时，切边废料由卸料板 2 顶出凸凹模 10；冲孔废料直接由凸凹模内孔推下；卡在切边凹模 3 内的冲压件由刚性推件装置推下。

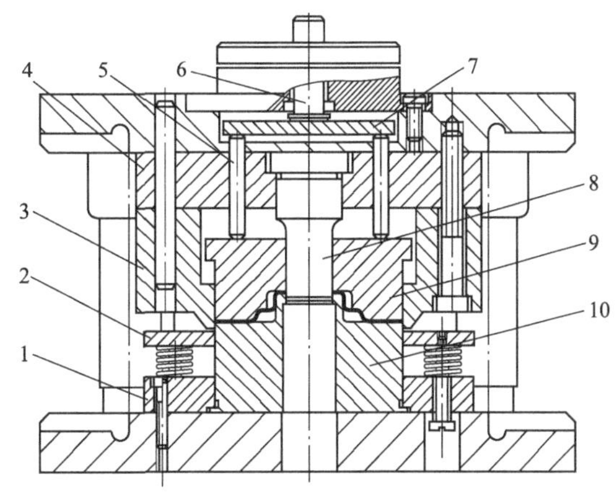

图 5-18　切边冲孔复合模

1—固定板；2—卸料板；3—切边凹模；4—凸模固定板；5—连接推杆；6—打杆；7—推板；8—冲孔凸模；9—推件块；10—凸凹模

任务 5.5　内挡油环内缘翻孔外缘翻边模具设计

【任务描述】

对汽车中间传动轴支承内挡油环进行外缘翻边和内缘翻孔，内缘翻孔高度 $H_{内}=15\text{mm}$，翻边直径 $d=36.2^{+0.25}_{0}$；外缘翻边高度 $H_{外}=8\text{mm}$，翻边直径 $d=91\text{mm}$。需对此复合工序进行工艺计算和模具设计。制件尺寸如图 5-19 所示。

【任务分析】

外缘翻边属压缩累翻边，易产生起皱，但零件翻边尺寸为未注公差，要求不高，容易实现；内缘翻孔为伸长变形，易在孔口破裂，采用圆柱形锥形凸模进行翻孔。冲压机床的选择由翻边力和顶出力以及模具结构来确定。

【任务实施】

1. 外缘翻边

(1) 翻边凸、凹模工作部分尺寸计算

翻边工艺与浅拉深类似，凸、凹模工作部分尺寸计算与拉深相同。因翻边尺寸 ϕ91 标注

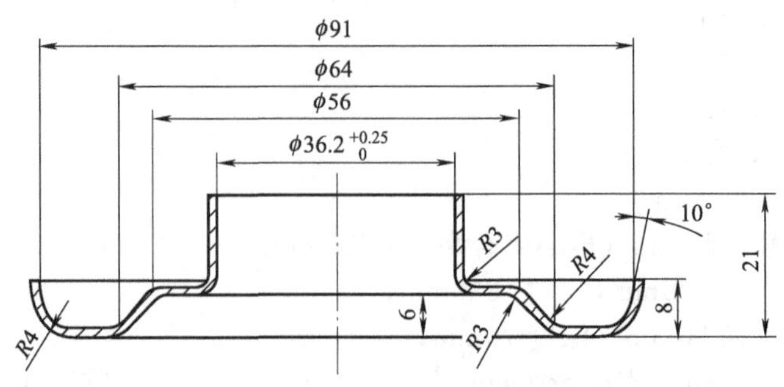

图 5-19 内挡油环外缘翻边内缘翻孔制件图

于内形，则以凸模为基准。由式（3-30）：

$$d_{凸}=(d_{\min}+0.4\Delta)_{-\delta_{凸}}^{0}$$

$\phi91$ 精度按 IT14 考虑，则有：$\phi91_{0}^{+0.87}$，查表 3-18，$\delta_{凸}=0.03$mm，凸模工作部分尺寸为：

$$d_{凸}=(d_{\min}+0.4\Delta)_{-\delta_{凸}}^{0}$$

取翻边单向间隙 $Z=t=1.2$mm

则凸模工作部分尺寸：$d_{凸}=(d_{\min}+0.4\Delta)_{-\delta_{凸}}^{0}=(91+0.4\times0.87)_{-0.03}^{0}=91.35_{-0.03}^{0}$mm

凹模工作部分尺寸按凸模实际尺寸配作，保证单边均匀间隙 1.2mm。

（2）翻边力的计算

按式（4-16），外缘翻边时翻边力为：$F=cLt\sigma_b$

取系数 $c=0.7$，$L=\pi d$，材料的抗拉极限强度 $\sigma_b=400$MPa，翻边力为：

$$F_{翻边}=0.7\times\pi\times91\times1.2\times400=96057\text{N}$$

顶出力 $Q=0.1F_{翻}=9606$N

2. 内缘翻孔

（1）内缘翻孔凸、凹模工作部分尺寸计算

内缘翻孔凸、凹模工作部分尺寸可参照拉深计算。

翻孔尺寸为 $36.2_{0}^{+0.25}$，因尺寸标注在内形，则以凸模为基准，按式（3-30）：

$$d_{凸}=(d_{\min}+0.4\Delta)_{-\delta_{凸}}^{0}$$

查表 3-18，$\delta_{凸}=0.03$mm，凸模工作部分尺寸为：

$$d_{凸}=(36.2+0.4\times0.25)_{-0.03}^{0}=36.3_{-0.03}^{0}$$

取翻边单向间隙 $Z=t=1.2$mm

凹模工作部分尺寸按凸模实际尺寸配作，保证单边均匀间隙 1.2mm

（2）翻孔力计算

由式（4-12），翻孔力为：

$F_{翻孔}=1.1\pi(D-d)t\sigma_S$（N）

查表材料屈服极限 $\sigma_S=200$MPa

$$F_{翻孔}=1.1\pi t\sigma_S(D-d)=1.1\times\pi\times1.2\times200\times(37.4-26.2)=9289\text{N}$$

3. 冲压机床选择

总冲压力

$$P_{总}=F_{翻边}+Q+F_{翻孔}=96057+9606+9289=114952\text{N}$$

$$\approx 115\text{kN}$$

应选择的压力机公称压力：$P_{机} \geqslant 1.5 P_{总} \approx 172.5\text{kN}$

所需压力机公称吨位为 172.5kN，根据表 1-6，初选设备型号为 J23-25。

4. 内缘翻孔外缘翻边复合模具总装图

内缘翻孔外缘翻边复合模具总装图如图 5-20 所示。制件放入凸凹模 2 定位，上模下行，凸模 9 与推件块 5 压住制件保证定位准确；上模继续下行，凸模 9 与凸凹模 2 进行翻孔，凹模 3 与凸凹模 2 进行翻边。上模回程，下模中的顶出装置弹起顶件块 1 将工件从凸凹模 2 中顶出，上模中的打料装置推动推件块 5 将工件从凸模 9 上卸下。

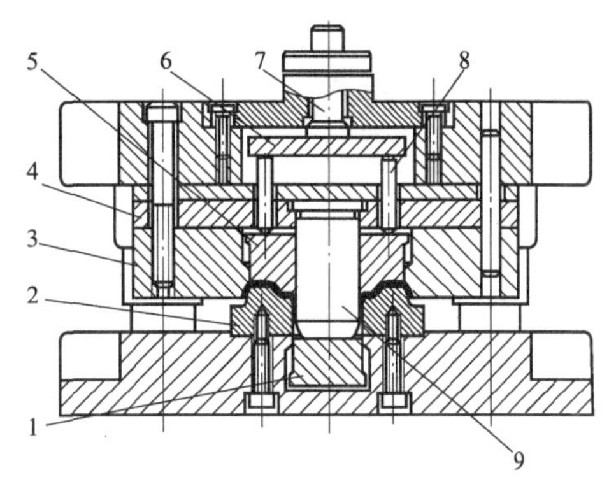

图 5-20　内缘翻孔外缘翻边复合模
1—顶件块；2—凸凹模；3—凹模；4—上固定板；5—推件块；6—打板；7—打杆；8—连接推杆；9—凸模

【学习小结】

1. 重点

(1) 冷冲压工艺编制。

(2) 冷冲压模具设计过程。

2. 难点

(1) 确定工艺方案。

(2) 编制冷冲压工艺。

3. 思考与练习题

(1) 钢球活座套零件如图 1 所示，材料 08F，料厚 1.5mm，大批量生产。试确定其工艺方案，并编制工艺卡；选择冲压设备；计算凸、凹模工作部分尺寸；绘制模具总装图。

(2) 衬套零件如图 2 所示，材料为 08F，料厚 1.2mm，中批量生产。试确定其工艺方案，并编制工艺卡；选择冲压设备；计算凸、凹模工作部分尺寸；绘制模具总装图。

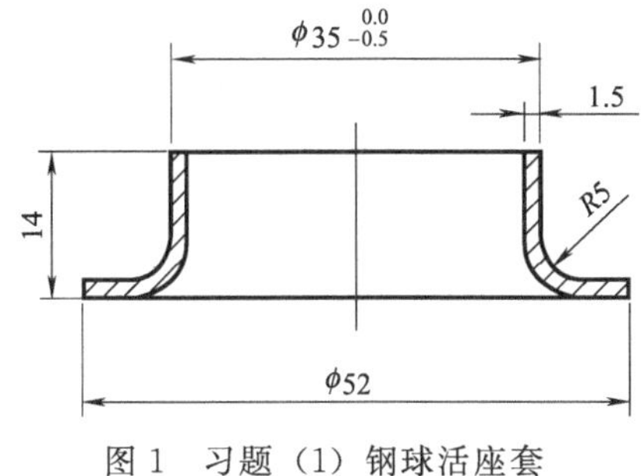

图 1　习题 (1) 钢球活座套

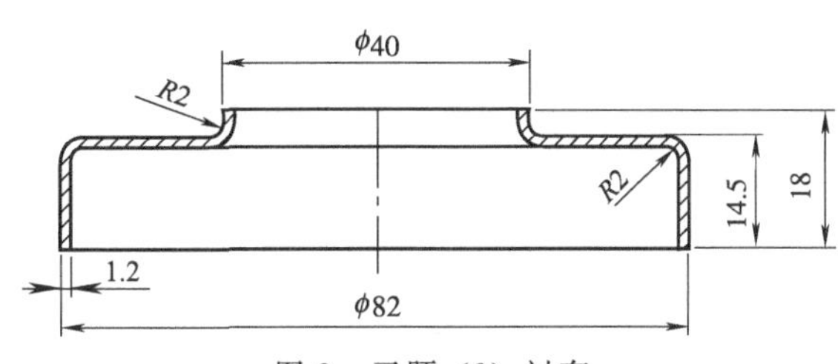

图 2　习题 (2) 衬套

附录

附录1　轧制薄钢板的厚度、宽度和长度尺寸（GB/T 708—2006）

单位：mm

钢板厚度	钢板宽度												
	500	600	710	750	800	850	900	950	1000	1100	1250	1400	1500
	冷轧钢板的长度												
0.2,0.25,0.3,0.4	1200	1420	1500	1500	1500								
	1000	1800	1800	1800	1800	1800	1500	1500					
	1500	2000	2000	2000	2000	2000	1800	2000					
0.5,0.55,0.6		1200	1420	1500	1500	1500							
	1000	1800	1800	1800	1800	1800	1500	1500					
	1500	2000	2000	2000	2000	2000	1800	2000					
0.7,0.75		1200	1420	1500	1500	1500							
	1000	1800	1800	1800	1800	1800	1500	1500					
	1500	2000	2000	2000	2000	2000	1800	2000					
0.8,0.9		1200	1420	1500	1500	1500	1500						
	1000	1800	1800	1800	1800	1800	1800	1500	2000	2000			
	1500	2000	2000	2000	2000	2000	2000	2000	2200	2500			
1.0,1.1,1.2,1.4 1.5,1.6,1.8,2.0	1000	1200	1420	1500	1500	1500					2800	2800	
	1500	1800	1800	1800	1800	1800	1800		2000	2000	3000	3000	
	2000	2000	2000	2000	2000	2000	2000	2000	2200	2500	3500	3500	
2.2,2.5,2.8,3.0 3.2,3.5,3.8,4.0	500	600											
	1000	1200	1420	1500	1500	1500							
	1500	1800	1800	1800	1800	1800	1800	2000					
	2000	2000	2000	2000	2000	2000							
	热轧钢板的长度												
0.35,0.4,0.45,0.5 0.55,0.6,0.7,0.75		1200		1000									
	1000	1500	1000	1500	1500		1500	1500					
	1500	1800	1420	1800	1600	1700	1800	1900	1500				
	2000	2000	2000	2000	2000	2000	2000	2000	2000				
0.8,0.9				1500	1500	1500	1500	1500					
	1000	1200	1420	1800	1600	1700	1800	1900	1500				
	1500	1420	2000	2000	2000	2000	2000	2000	2000				
1.0,1.1,1.2,1.25 1.4,1.5,1.6,1.8				1000			1000						
	1000	1200	1000	1500	1500	1500	1500	1500					
	1500	1420	1420	1800	1600	1700	1800	1900	1500				
	2000	2000	2000	2000	2000	2000	2000	2000	2000				
2.0,2.2,2.5,2.8							1000						
	500	600	1000	1500	1500	1500	1500	1500	1500	2200	2500	2800	
	1000	1200	1420	1800	1600	1700	1800	1900	2000	3000	3000	3000	3000
	1500	1500	2000	2000	2000	2000	2000	2000	3000	4000	4000	4000	4000
3.0,3.2,3.5,3.8,4.0				1000			1000						
				1500	1500	1500	1500	1500	2000	2200	2500	3000	3000
	500	600	1420	1800	1600	1700	1800	1900	3000	3000	3000	3500	3500
	1000	1200	1200	2000	2000	2000	2000	4000	4000	4000	4000	4000	4000

附录 2　轧制厚钢板的厚度、宽度和长度尺寸（GB/T 709—2006）

单位：mm

厚度	宽度									
	600～1200	1200～1500	1500～1600	1600～1700	1700～1800	1800～2000	2000～2200	2200～2500	2500～2800	2800～3000
	最大长度									
4.5～5.5	12000	12000	12000	12000	12000	6000	—	—	—	—
6～7	12000	12000	12000	12000	12000	10000	—	—	—	—

附表 3　轧制钢板的厚度允许偏差

单位：mm

钢板厚度	A	B	C	
	高级精度	较高精度	普通精度	
	冷轧优质钢板	普通和优质钢板		
		冷轧和热轧	热轧	
	全部宽度		宽度＜1000	宽度≥1000
0.2～0.4	±0.03	±0.04	±0.06	±0.06
0.45～0.5	±0.04	±0.05	±0.07	±0.07
0.55～0.60	±0.05	±0.06	±0.08	±0.08
0.70～0.75	±0.06	±0.07	±0.09	±0.09
1.0～1.1	±0.07	±0.09	±0.12	±0.12
1.2～1.25	±0.09	±0.11	±0.13	±0.13
1.4	±0.10	±0.12	±0.15	±0.15
1.5	±0.11	±0.12	±0.15	±0.15
1.6～1.8	±0.12	±0.14	±0.16	±0.16
2.0	±0.13	±0.15	+0.15 −0.18	±0.18
2.2	±0.14	±0.16	+0.15 −0.19	±0.19
2.5	±0.15	±0.17	+0.16 −0.20	±0.20
2.8～3.0	±0.16	±0.18	+0.17 −0.22	±0.22

附录 4　深拉深冷轧钢板的厚度允许偏差

单位：mm

公称厚度	厚度允许偏差		公称厚度	厚度允许偏差	
	A 级精度	B 级精度		A 级精度	B 级精度
0.50	±0.03	±0.04	1.40	±0.08	±0.10
0.55～0.60	±0.04	±0.05	1.50	±0.09	±0.11
0.70～0.75	±0.05	±0.06	1.60～1.80	±0.09	±0.12
0.80～0.90	±0.05	±0.06	2.00	±0.10	±0.13
1.00～1.10	±0.06	±0.07	2.20	±0.11	±0.14
1.20	±0.07	±0.09	2.50	±0.12	±0.15
1.30	±0.08	±0.10	2.80～3.00	±0.14	±0.16

附录 5　通用锻压设备类别代号

类别	机械压力机	液压机	线材成形自动机	锤	锻机	剪切机	弯曲校正机	其他
字母代号	J	Y	Z	C	D	Q	W	T

附录 6　压力机的列别、组别代号

列别	名称	组别 1	组别 2	组别 3	组别 4	组别 5	组别 6	组别 7	组别 8	组别 9
1	单柱偏心压力机	单柱固定台压力机	单柱活动台压力机	单柱柱形台压力机	单柱台式压力机					
2	开式双柱压力机	开式双柱固定台压力机	开式双柱活动台压力机	开式双柱可倾式压力机	开式双柱转台式压力机	开式双柱双点压力机				
3	闭式曲轴压力机	闭式单点压力机	闭式侧滑块压力机			闭式双点压力机			闭式四点压力机	
4	拉深压力机	闭式单动拉深压力机		开式双动拉深压力机	底传动双动拉深压力机	闭式双动拉深压力机	闭式双点双动拉深压力机	闭式四点双动拉深压力机	闭式三动拉深压力机	
5	摩擦压力机	无盘摩擦压力机	单盘摩擦压力机	双盘摩擦压力机	三盘摩擦压力机	上移摩擦压力机				
6	粉末制品压力机	单面冲压粉末制品压力机	双面冲压粉末制品压力机	轮转式粉末制品压力机						
7	—									
8	模锻、精压、挤压机			精压压力机		热模锻压力机	曲轴式金属挤压机	肘杆式金属挤压机		
9	专用压力机	分度台压力机	冲模回转头压力机	摩擦式制砖压力机						
10	其他									

附录 7　常用剪板机的技术参数

技术参数 型号	剪板尺寸(厚/mm×宽/mm)	剪切角度	行程次数 次/min	板材强度 MPa	后挡料装置调节范围 mm	喉口深度 mm	电动机功率 kW	重量 t	外形尺寸(长/mm×宽/mm×高/mm)
Q11-1×1000A	1×1000	1°	100	≤500	420		1.1	0.55	1553×1128×1040
Q11-2.5×1600	2.5×1600	1°30″	55	≤500	500		3.0	1.64	2355×1300×1200
Q11-3×1200	3×1200	2°25″	55	≤500	350		3.0	1.38	2015×1505×1300
Q11-3×1800	3×1800	2°20″	38	≤400	600		5.5	2.9	2980×1900×1600
Q11-4×2000	4×2000	1°30″	45	≤500	20～500		5.5	2.9	3100×1590×1280
Q11-6×1200	6×1200	2°	50	≤500	500		7.5	4	2250×1650×1602
Q11-6×2500	6×2500	2°30″	36	≤500	460	210	7.5	6.5	3610×2260×2120
Q11-6×3200	6×3200	1°30″	45	≤500	630		10	8	4455×2170×1720

续表

技术参数 / 型号	剪板尺寸（厚/mm×宽/mm）	剪切角度	行程次数 次/min	板材强度 MPa	后挡料装置调节范围 mm	喉口深度 mm	电动机功率 kW	重量 t	外形尺寸（长/mm×宽/mm×高/mm）
Q11-6.3×2000	6.3×2000	2°	40		600		7.5	4.8	3175×1765×1530
Q11-6.3×2500A	6.3×2500	1°30″	50		630		7.5	6.2	3710×2288×1560
Q11-7×2000A	7×2000	1°30″	20	≤500	0～500		10	5.3	3160×1843×1535
Q11-8×2000	8×2000	2°	40	≤500	20～500		10	5.5	3270×1765×1530
Q11-10×2500	10×2500	2°30″	16	≤500	0～460		15	8	3420×1720×2030
Q11-12×2000	12×2000	2°	40	≤500	5～800		17	8.5	2100×3140×2358
Q11-12×2000	12×2000	2°	40	≤500	5～800	230	17	8.5	2100×3140×2358
Q11-13×2000	13×2000	2°	40	≤500	800		18.5	10	2100×3640×2558
Q11-13×2000	13×2000	3°	28	≤450	700	250	13	13.3	3720×2565×2450
Q11-13×2500	13×2500	3°	28	≤500	460	250	15	13.3	3595×2160×2240
Q11-20×2000	20×2000	4°15″	18	≤470	60～750		30	20	4180×2930×3240
Q11×25×3800	25×3800	4°7″	6		50	16	70	85	6790×4920×5110
Q11Y-6×2500	6×2500	1°30″	13	≤500	～750		7.5	5.6	3427×2201×1610
Q11Y-7×7000	7×7000	1°30″	7	≤500	～700		22	34	7584×2600×2600
Q11Y-12×3200	12×3200	2°	12	≤500	～750		18.5	14.5	3685×2600×2430
Q11Y-16×2500B	16×2500	0.5～2.5	8	≤500	5～1000	300	18.5	15	3230×3300×2560
Q11Y-20×2500	20×2500	0.5～3.5	10	≤500	～1000		40	20	3650×3040×2540

附录 8　圆柱螺旋压缩弹簧

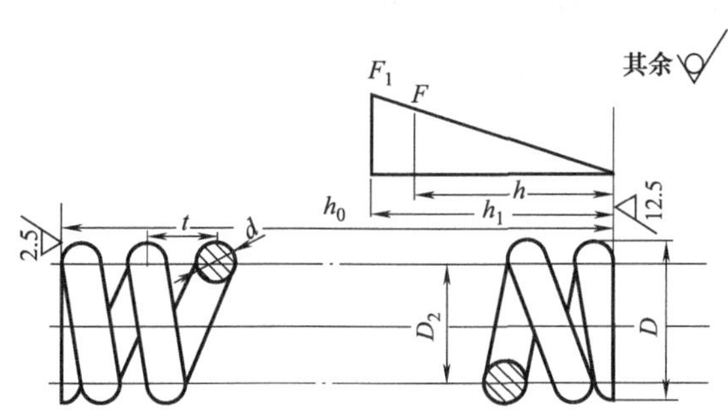

D_2—弹簧中径；d—材料直径；t—节距；F_j—工作极限负荷；h_0—自由高度；L—展开长度；n—有效圈数；h_j—工作极限负荷下变形量；f—单圈弹簧极限压缩量

标记示例：$d=1.6$；$D_2=22$；$h_0=72$ 的圆柱螺旋压缩弹簧；

弹簧 1.6×22×72　GB 2089—1980

序号	D /mm	d /mm	h_0 /mm	t /mm	h_j /mm	f /mm	F_j/N	n	序号	D /mm	d /mm	h_0 /mm	t /mm	h_j /mm	f /mm	F_j/N	n
1	10	1	20	3.5	8.6	1.59	22	5.4	13	20	4	45	5.3	9.4	1.23	780	7.7
2			30		13.2			8.3	14			55		11.8			9.6
3	12	2	25	3.3	6.6	0.98	156	7	15			65		14.1			11.5
4			35		9.8			10	16			70		15.2			12.4
5	15	3	45	4.1	9.4	0.94	440	10	17	22	4	45	5.7	11.4	1.59	700	7.2
6			50		10.3			11	18			55		14.4			8.9
7			55		11.8			12.7	19			65		17			10.7
8			65		14.1			15	20			75		18.2			11.5
9			75		16.4			17.5	21	25	4	45	6.4	13.8	2.16	590	6.4
10	18	2	55	5.7	23.2	2.5	98	9.3	22			55		17			7.9
11			65		27.5			11	23			65		20.5			9.5
12			75		32			12.8	24			75		23.7			11

续表

序号	D /mm	d /mm	h_0 /mm	t /mm	h_j /mm	f /mm	F_j/N	n
25	25	5	55	6.6	11.7	1.57	1200	7.5
26			65		14.7			9
27			75		16.6			10.6
28			80		17.7			11.3
29	30	4	85	8.0	33.9	3.32	480	10.1
30			100		39.8			12
31			120		48.1			14.5
32			140		56.4			17
33	30	5	50	7.6	14.4	2.45	950	5.9
34			60		17.6			7.2
35			70		20.8			8.5

序号	D /mm	d /mm	h_0 /mm	t /mm	h_j /mm	f /mm	F_j/N	n
36	30	6	60	7.8	13.1	1.88	1700	7
37			70		15.4			8.2
38			80		17.9			9.5
39	35	5	60	8.9	18.2	2.94	800	6.2
40			70		21.4			7.3
41			80		24.7			8.4
42			100		31.2			10.6
43	40	6	60	9.9	20.1	3.79	1200	6.4
44			70		24.2			6.4
45			80		28			7.4
46			110		39.8			10.5
47			170		62.5			16.5

附录 9 矩形弹簧

表 9-1 矩形弹簧使用次数和压缩比的关系

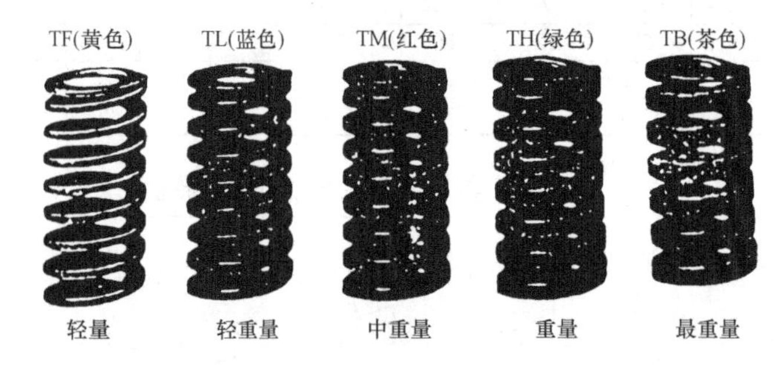

种类 \ 使用次数	100 万次	50 万次	30 万次	最大压缩量
轻少载荷 TF	自由长的 40%	自由长的 45%	自由长的 50%	自由长的 58%
轻载荷 TL	自由长的 32%	自由长的 36%	自由长的 40%	自由长的 48%
中载荷 TM	自由长的 25.6%	自由长的 28.8%	自由长的 32%	自由长的 38%
重载荷 TH	自由长的 19.2%	自由长的 21.6%	自由长的 24%	自由长的 28%
极重载荷 TB	自由长的 16%	自由长的 18%	自由长的 20%	自由长的 24%

表 9-2 矩形弹簧规格

标记示例：

外径为 16mm，内径为 8mm，自由长度为 65mm 的中重量矩形弹簧。

TM(红)16×8×65

外径 /mm	内径 /mm	类别	载荷/N	自由状态长度/mm																	
				20	25	30	35	40	45	50	55	60	65	70	75	80	90	100	125	150	175
10	5	TM 红	160～200	*	*	*	*	*	*	*	*	*									
		TH 绿	240～300	*	*	*	*	*	*	*	*	*									
12	6	TM 红	230～290	*	*	*	*	*	*	*	*	*									
		TH 绿	340～430	*	*	*	*	*	*	*	*	*									
14	7	TM 红	310～390		*	*	*	*	*	*	*	*	*								
		TH 绿	470～590		*	*	*	*	*	*	*	*	*								
16	8	TM 红	410～510		*	*	*	*	*	*	*	*	*								
		TH 绿	620～770		*	*	*	*	*	*	*	*	*	*	*	*					

外径/mm	内径/mm	类别	载荷/N	自由状态长度/mm																	
				20	25	30	35	40	45	50	55	60	65	70	75	80	90	100	125	150	175
18	9	TM 红	520～650		*	*	*	*	*	*	*	*	*	*	*	*	*				
		TH 绿	780～970		*	*	*	*	*	*	*	*	*	*	*	*	*				
20	(11) 10	TF 黄	260～320			*	*	*	*	*	*	*	*	*	*	*	*	*	*	*	*
		TL 兰	430～540			*	*	*	*	*	*	*	*	*	*	*	*	*			
		TM 红	640～800			*	*	*	*	*	*	*	*	*	*	*	*	*			
		TH 绿	960～1200			*	*	*	*	*	*	*	*	*	*	*	*	*			

外径/mm	内径/mm	类别	载荷/N	自由状态长度/mm																	
				25	30	35	40	45	50	55	60	65	70	75	80	90	100	125	150	175	200
22	11	TF 黄	320～400	*	*	*	*	*	*	*	*	*	*	*	*	*	*	*	*		
		TM 红	780～970	*	*	*	*	*	*	*	*	*	*	*	*	*	*	*			
		TH 绿	1160～1450	*	*	*	*	*	*	*	*	*	*	*	*	*	*	*			
25	(13.5) 12.5	TF 黄	400～500	*	*	*	*	*	*	*	*	*	*	*	*	*	*	*	*	*	
		TL 兰	670～840		*	*	*	*	*	*	*	*	*	*	*	*	*	*			
		TH 红	1000～1250	*	*	*	*	*	*	*	*	*	*	*	*	*	*	*			
		TH 绿	1500～1870	*	*	*	*	*	*	*	*	*	*	*	*	*	*	*			
		TB 茶	1960～2450	*	*	*	*	*	*	*	*	*	*	*	*	*	*	*			
27	13.5	TF 黄	480～600		*	*	*	*	*	*	*	*	*	*	*	*	*	*	*	*	
		TM 红	1170～1460		*	*	*	*	*	*	*	*	*	*	*	*	*	*			
		TH 绿	1750～2190		*	*	*	*	*	*	*	*	*	*	*	*	*	*			
		TB 茶	2320～2900	*	*	*	*	*	*	*	*	*	*	*	*	*	*	*	*		
30	(16) 15	TF 黄	580～720	*	*	*	*	*	*	*	*	*	*	*	*	*	*	*	*	*	*
		TL 兰	970～1210		*	*	*	*	*	*	*	*	*	*	*	*	*	*	*		
		TM 红	1440～1800		*	*	*	*	*	*	*	*	*	*	*	*	*	*	*		
		TH 绿	2160～2700		*	*	*	*	*	*	*	*	*	*	*	*	*	*	*		
		TB 茶	2880～3600		*	*	*	*	*	*	*	*	*	*	*	*	*	*	*		
35	(19) 17.5	TF 黄	780～980			*	*	*	*	*	*	*	*	*	*	*	*	*	*	*	*
		TL 兰	1320～1650				*	*	*	*	*	*	*	*	*	*	*	*	*	*	
		TM 红	1950～2450				*	*	*	*	*	*	*	*	*	*	*	*	*	*	
		TH 绿	2930～3670				*	*	*	*	*	*	*	*	*	*	*	*	*	*	
		TB 茶	3920～4900				*	*	*	*	*	*	*	*	*	*	*	*	*	*	
40	(20) 20	TF 黄	1020～1280			*	*	*	*	*	*	*	*	*	*	*	*	*	*	*	*
		TL 兰	1730～2160						*	*	*	*	*	*	*	*	*	*	*	*	*
		TM 红	2560～3200						*	*	*	*	*	*	*	*	*	*	*	*	*
		TH 绿	3840～4800						*	*	*	*	*	*	*	*	*	*	*	*	*
		TB 茶	5120～6400						*	*	*	*	*	*	*	*	*	*	*	*	*
50	(27.5) 25	TF 黄	1600～2000						*	*	*	*	*	*	*	*	*	*	*	*	*
		TL 兰	2700～3380								*	*	*	*	*	*	*	*	*	*	*
		TM 红	4000～5000								*	*	*	*	*	*	*	*	*	*	*
		TH 绿	6000～7500								*	*	*	*	*	*	*	*	*	*	*
		TB 茶	8000～10000								*	*	*	*	*	*	*	*	*	*	*
60	33	TF 黄	2300～2880								*	*	*	*	*	*	*	*	*	*	*

注：*为建议优先采用尺寸。

附录

附录 10 模　　架

表 10-1 滑动导向对角导柱模架规格

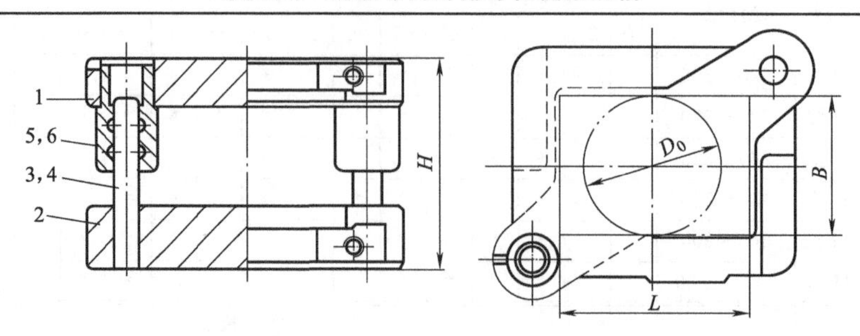

标记示例：

凹模周界 $L=200\text{mm}$，$B=125\text{mm}$，闭合高度 $H=170\sim205\text{mm}$，Ⅰ级精度的对角导柱模架；

模架 200×125×170～205 Ⅰ GB/T 2851.1—1990

凹模周界		闭合高度（参考）H		零件件号，名称及标准编号									
				1	2	3		4		5		6	
				上模座 GB/T 2855.1—1990	下模座 GB/T 2855.2—1990	导柱 GB/T 2861.1—1990				导套 GB/T 2861.6—1990			
				数量									
L	B	最小	最大	1	1	1		1		1		1	
				规格									
63	50	100	115	63×50×20	63×50×25		90		90		60×18		60×18
		110	125				100		100				
		110	130	63×50×25	63×50×30		100		100		65×23		65×23
		120	140				110		110				
63	63	100	115	63×63×20	63×63×25		90		90		60×18		60×18
		110	125			16×	100	18×	100	16×		18×	
		110	130	63×63×25	63×63×30		100		100		65×23		65×23
		120	140				110		110				
80		110	130	80×63×25	80×63×30		100		100		65×23		65×23
		130	150				120		120				
		120	145	80×63×30	80×63×40		110		110		70×28		70×28
		140	165				130		130				
100		110	130	100×63×25	100×63×30		100		110		65×23		65×23
		130	150				120		120				
		120	145	100×63×30	100×63×40		110		110		70×28		70×28
		140	165			18×	130	20×	130	18×		20×	
80	80	110	130	80×80×25	80×80×30		100		100		65×23		65×23
		130	150				120		120				
		120	145	80×80×30	80×80×40		110		110		70×28		70×28
		140	165				130		130				
100		110	130	100×80×25	100×80×30		100		100		65×23		65×23
		130	150				120		120				
		120	145	100×80×30	100×80×40		110		110		70×28		70×28
		140	165			20×	130	20×	130	20×		22×	
125		110	130	125×80×25	125×80×30		100		100		65×23		65×23
		130	150				120		120				
		120	145	125×80×30	125×80×40		110		110		70×28		70×28
		140	165				130		130				

续表

凹模周界		闭合高度（参考）H		零件件号，名称及标准编号					
				1	2	3	4	5	6
				上模座 GB/T 2855.1—1990	下模座 GB/T 2855.2—1990	导柱 GB/T 2861.1—1990		导套 GB/T 2861.6—1990	
				数量					
				1	1	1	1	1	1
L	*B*	最小	最大	规格					
100	100	110	130	100×100×25	100×100×30	20×100	20×100	20×65×23	22×65×23
		130	150			120	120		
		120	145	100×100×30	100×100×40	110	110	70×28	70×28
		140	165			130	130		
125		120	150	125×100×30	125×100×35	22×110	25×110	22×80×28	25×80×28
		140	165			130	130		
		140	170	125×100×35	125×100×45	130	130	80×33	80×33
		160	190			150	150		
160	100	140	170	160×100×35	160×100×40	25×130	28×130	25×85×33	28×85×33
		160	190			150	150		
		160	195	160×100×40	160×100×50	150	150	90×38	90×38
		190	225			180	180		
63	50	100	115	63×50×20	63×50×25	16×90	18×90	16×60×18	18×60×18
		110	125			100	100		
		110	130	63×50×25	63×50×30	100	100	65×23	65×23
		120	140			110	110		
63	63	100	115	63×63×20	63×63×25	90	90	60×18	60×18
		110	125			100	100		
		110	130	63×63×25	63×63×30	100	100	65×23	65×23
		120	140			110	110		
80		110	130	80×63×25	80×63×30	100	100	65×23	65×23
		130	150			120	120		
		120	145	80×63×30	80×63×40	110	110	70×28	70×28
		140	165			130	130		
100		110	130	100×63×25	100×63×30	18×100	20×100	18×65×23	20×65×23
		130	150			120	120		
		120	145	100×63×30	100×63×40	110	110	70×28	70×28
		140	165			130	130		
80	80	110	130	80×80×25	80×80×30	100	100	65×23	65×23
		130	150			120	120		
		120	145	80×80×30	80×80×40	110	110	70×28	70×28
		140	165			130	130		
100		110	130	100×80×25	100×80×30	20×100	20×100	20×65×23	22×65×23
		130	150			120	120		
		120	145	100×80×30	100×80×40	110	110	70×28	70×28
		140	165			130	130		
125		110	130	125×80×25	125×80×30	100	100	65×23	65×23
		130	150			120	120		
		120	145	125×80×30	125×80×40	110	110	70×28	70×28
		140	165			130	130		

续表

凹模周界		闭合高度（参考）H		零件件号，名称及标准编号									
				1	2	3		4		5		6	
				上模座 GB/T 2855.1—1990	下模座 GB/T 2855.2—1990	导柱 GB/T 2861.1—1990				导套 GB/T 2861.6—1990			
				数量									
L	B	最小	最大	1	1	1		1		1		1	
				规格									
100	100	110	130	100×100×25	100×100×30	20×	100	20×	100	20×	65×23	22×	65×23
		130	150				120		120				
		120	145	100×100×30	100×100×40		110		110		70×28		70×28
		140	165				130		130				
125		120	150	125×100×30	125×100×35	22×	110	25×	110	22×	80×28	25×	80×28
		140	165				130		130				
		140	170	125×100×35	125×100×45		130		130		80×33		80×33
		160	190				150		150				
160	100	140	170	160×100×35	160×100×40	25×	130	28×	130	25×	85×33	28×	85×33
		160	190				150		150				
		160	195	160×100×40	160×100×50		150		150		90×38		90×38
		190	225				180		180				
200		140	170	200×100×35	200×100×40		130		130		85×38		85×38
		160	190				150		150				
		160	195	200×100×40	200×100×50		150		150		90×38		90×38
		190	225				180		180				
125	125	120	150	125×125×30	125×125×35	22×	110	25×	110	22×	80×28	25×	80×28
		140	165				130		130				
		140	170	125×125×35	125×125×45		130		130		85×33		85×33
		160	190				150		150				
160		140	170	160×125×35	160×125×40	25×	130	28×	130	25×	85×33	28×	85×33
		160	190				150		150				
		170	205	160×125×40	160×125×50		160		160		95×38		95×38
		190	225				180		180				
200		140	170	200×125×35	200×125×40		130		130		85×33		85×33
		160	190				150		150				
		170	205	200×125×40	200×125×50		160		160		95×38		95×38
		190	225				180		180				
250		160	200	250×125×40	250×125×45	28×	150	32×	150	28×	100×38	32×	100×38
		180	220				170		170				
		190	235	250×125×45	250×125×55		180		180		110×43		110×43
		210	255				200		200				
160	160	160	200	160×160×40	160×160×45	28×	150	32×	150	28×	100×38	32×	100×38
		180	220				170		170				
		190	235	160×160×45	160×160×55		180		180		110×43		110×43
		210	255				200		200				
200		160	200	200×160×40	200×160×45		150		150		100×38		100×38
		180	220				170		170				
		190	235	200×160×45	200×160×55		180		180		110×43		110×43
		210	255				200		200				
250		170	210	250×160×45	250×160×55	32×	160	35×	160	32×	105×43	35×	105×43
		200	240				190		190				
		200	245	250×160×50	250×160×60		190		190		115×48		115×48
		220	265				210		210				

凹模周界		闭合高度(参考)H		零件件号,名称及标准编号									
				1	2	3		4		5		6	
				上模座 GB/T 2855.1—1990	下模座 GB/T 2855.2—1990	导柱 GB/T 2861.1—1990				导套 GB/T 2861.6—1990			
				数量									
L	B	最小	最大	1	1	1		1		1		1	
				规格									
200	200	170	210	200×200×45	200×200×50	32×	160	35×	160	30×	105×43	35×	105×43
		200	240				190		190				
		200	245	200×200×50	200×200×60		190		190		115×48		115×48
		220	265				210		210				
250		170	210	250×200×45	250×200×50		160		160		105×43		105×43
		200	240				190		190				
		200	245	250×200×50	250×200×60		190		190		115×48		115×48
		220	265				210		210				
315		190	230	315×200×45	315×200×55	35×	180	40×	180	35×	115×43	40×	115×43
		220	260				210		210				
		210	255	315×200×50	315×200×65		200		200		125×48		125×48
		240	285				230		230				
250	250	190	230	250×250×45	250×250×55		180		180		115×43		115×43
		220	260				210		210				
		270	255	250×250×50	250×250×65		200		200		125×48		125×48
		240	285				230		230				
315		215	250	315×250×50	315×250×60	40×	200	45×	200	40×	125×48	45×	125×48
		245	280				230		230				
		245	290	315×250×55	315×250×70		230		230		140×53		140×53
		275	320				260		260				
400		215	250	400×250×50	400×250×60		200		200		125×48		125×48
		245	280				230		230				
		245	290	400×250×55	400×250×70		230		230		140×53		140×53
		275	320				260		260				
315	315	215	250	315×315×50	315×315×60	45×	200	50×	200	45×	125×48	50×	125×48
		245	280				230		230				
		245	290	315×315×55	315×315×70		230		230		140×53		140×53
		275	320				260		260				
400		245	290	400×315×55	400×315×65		230		230		140×58		140×58
		275	315				260		260				
		275	320	400×315×60	400×315×75		260		260		150×58		150×58
		305	350				290		290				
500		245	290	500×315×55	500×315×65		230		230		140×53		140×53
		275	315				260		260				
		275	320	500×315×60	500×315×75		260		260		150×58		150×58
		305	350				290		290				
400	400	245	290	400×400×55	400×400×65		230		230		140×53		140×53
		275	315				260		260				
		275	320	400×400×60	400×400×75		260		260		150×58		150×58
		305	350				290		290				
630		240	280	630×400×55	630×400×65	50×	220	55×	220	50×	150×53	55×	150×53
		270	305				250		250				
		270	310	630×400×65	630×400×80		250		250		160×63		160×63
		300	340				280		280				
500	500	260	300	500×500×55	500×500×65		240		240		150×53		150×53
		290	325				270		270				
		290	330	500×500×65	500×500×80		270		270		160×63		160×63
		320	360				300		300				

表 10-2 滑动导向后侧导柱模架规格

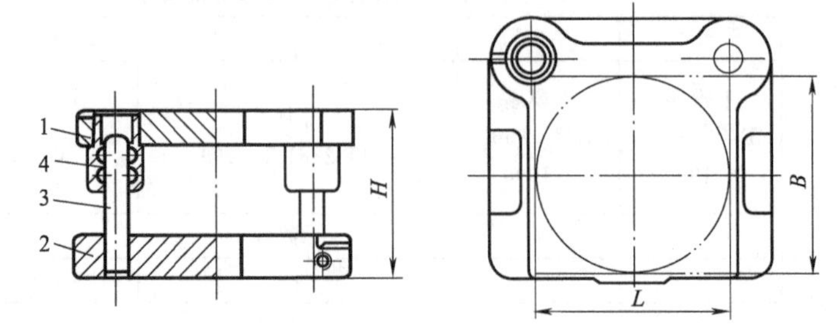

标记示例：

凹模周界 L=200mm，B=125mm，闭合高度 H=170～205mm。Ⅰ级精度的后侧导柱模架；

模架 200×125×170～205Ⅰ GB/T 2851.3—1990

凹模周界		闭合高度（参考）H		零件件号、名称及标准编号					
				1	2	3		4	
				上模座 GB/T 2855.5—1990	下模座 GB/T 2855.6—1990	导柱 GB/T 2861.1—1990		导套 GB/T 2861.6—1990	
				数量					
L	B	最小	最大	1	1	2		2	
				规格					
63	50	100	115	63×50×20	63×50×25	16×	90	16×	60×18
		110	125				100		
		110	130	63×50×25	63×50×30		100		65×23
		120	140				110		
63	63	100	115	63×63×20	63×63×25		90		60×18
		110	125				100		
		110	130	63×63×25	63×63×30		100		65×23
		120	140				110		
80		110	130	80×63×25	80×63×30	18×	100	18×	65×23
		130	150				120		
		120	145	80×63×30	80×63×40		110		70×28
		140	165				130		
100		110	130	100×63×25	100×63×30		100		65×23
		130	150				120		
		120	145	100×63×30	100×63×40		110		70×28
		140	165				130		
80	80	110	130	80×80×25	80×80×30	20×	100	20×	65×23
		130	150				120		
		120	145	80×80×30	80×80×40		110		70×28
		140	165				130		
100		110	130	100×80×25	100×80×30		100		65×23
		130	150				120		
		120	145	100×80×30	100×80×40		110		70×28
		140	165				130		
125		110	130	125×80×25	125×80×30		100		65×23
		130	150				120		
		120	145	125×80×30	125×80×40		110		70×28
		140	165				130		

续表

凹模周界		闭合高度（参考）*H*		零件件号、名称及标准编号					
				1	2	3		4	
				上模座 GB/T 2855.5—1990	下模座 GB/T 2855.6—1990	导柱 GB/T 2861.1—1990		导套 GB/T 2861.6—1990	
				数　量					
L	*B*	最小	最大	1	1	2		2	
				规格					
100	100	110	130	100×100×25	100×100×30	20×	100	20×	65×23
		130	150				120		
		120	145	100×100×30	100×100×40		110		70×28
		140	165				130		
125		120	150	125×100×30	125×100×35	22×	110	22×	80×28
		140	165				130		
		140	170	125×100×35	125×100×45		130		80×33
		160	190				150		
160		140	170	160×100×35	160×100×40	25×	130	25×	85×33
		160	190				150		
		160	195	160×100×40	160×100×50		150		90×38
		190	225				180		
200		140	170	200×100×35	200×100×40		130		85×33
		160	190				150		
		160	195	200×100×40	200×100×50		150		90×38
		190	225				180		
125	125	120	150	125×125×30	125×125×35	22×	100	22×	80×28
		140	165				130		
		140	170	125×125×35	125×125×45		130		85×33
		160	190				150		
160		140	170	160×125×35	160×125×40	25×	130	25×	85×33
		160	190				150		
		170	205	160×125×40	160×125×50		160		95×38
		190	225				180		
200		140	170	200×125×35	200×125×40		130		85×33
		160	190				150		
		170	205	200×125×40	200×125×50		160		95×38
		190	225				180		
250		160	200	250×125×40	250×125×45	28×	150	28×	100×38
		180	220				170		
		190	235	250×125×45	250×125×55		180		110×43
		210	255				200		
160	160	160	200	160×160×40	160×160×45		150		100×38
		180	220				170		
		190	235	160×160×45	160×160×55		180		110×43
		210	255				200		
200		160	200	200×160×40	200×160×45	28×	150	28×	100×38
		180	220				170		
		190	235	200×160×45	200×160×55		180		110×43
		210	255				200		
250		170	210	250×160×45	200×160×50	32×	160	32×	105×43
		200	240				190		

续表

凹模周界		闭合高度(参考)H		零件件号、名称及标准编号					
				1	2	3		4	
				上模座 GB/T 2855.5—1990	下模座 GB/T 2855.6—1990	导柱 GB/T 2861.1—1990		导套 GB/T 2861.6—1990	
				数量					
L	B	最小	最大	1	1	2		2	
				规格					
250	160	200	245	250×160×50	250×160×60	32×	190	32×	115×48
		220	265				210		
200	200	170	210	200×200×45	200×200×50		160		105×43
		200	240				190		
		200	245	200×200×50	200×200×60		190		115×48
		220	265				210		
250		170	210	250×200×45	250×200×50		160		105×43
		200	240				190		
		200	245	250×200×50	250×200×60		190		115×48
		220	265				210		
315		190	230	315×200×45	315×200×55	35×	180	35×	115×43
		220	260				210		
		210	255	315×200×50	315×200×65		200		125×48
		240	285				230		
250	250	190	230	250×250×45	250×250×55	35×	180	35×	115×43
		220	260				210		
		210	255	250×250×50	250×250×65		200		125×48
		240	285				230		
315		215	250	315×250×50	315×250×60	40×	200	40×	125×48
		245	280				230		
		245	290	315×250×55	315×250×70		230		140×53
		275	320				260		
400		215	250	400×250×50	400×250×60		200		125×48
		245	280				230		
		245	290	400×250×55	400×250×70		230		140×53
		275	320				260		

表 10-3　滑动导向中间导柱模架规格

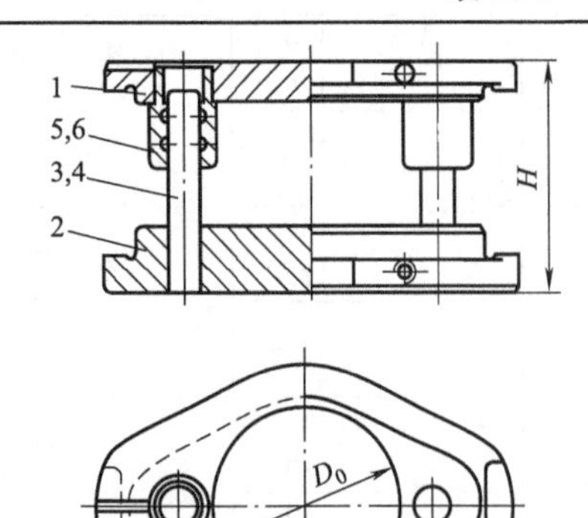

标记示例：

凹模周界　D_0 = 200mm，闭合高度　H = 200～245mm，Ⅰ级精度的中间导柱圆形模架

模架　200×200～245 Ⅰ GB/T 2851.6—1990

续表

凹模周界	闭合高度(参考)H		零件件号、名称及标准编号									
			1	2	3		4		5		6	
			上模座 GB/T 2855.11—1990	下模座 GB/T 2855.12—1990	导柱 GB/T 2861.1—1990				导套 GB/T 2861.6—1990			
			数量									
D_0	最小	最大	1	1	1		1		1		1	
			规格									
63	100	115	63×20	63×25	16×	90	18×	90	16×	60×18	18×	60×18
	110	125				100		100				
	110	130	63×25	63×30		100		100		65×23		65×23
	120	140				110		110				
80	110	130	80×25	80×30	20×	100	22×	100	20×	65×23	22×	65×23
	130	150				120		120				
	120	145	80×30	80×40		110		110		70×28		70×28
	140	165				130		130				
100	110	130	100×25	100×30		100		100		65×23		65×23
	130	150				120		120				
	120	145	100×30	100×40		110		110		70×28		70×28
	140	165				130		130				
125	120	150	125×30	125×35	22×	110	25×	110	22×	80×28	25×	80×28
	140	165				130		130				
	140	170	125×35	125×45		130		130		85×33		85×33
	160	190				150		150				
160	160	200	160×40	160×45	28×	150	32×	150	28×	100×38	32×	100×38
	180	220				170		170				
	190	235	160×45	160×55		180		180		110×43		110×43
	210	255				200		200				
200	170	210	200×45	200×50	32×	160	35×	160	32×	105×43	35×	105×43
	200	240				190		190				
	200	245	200×50	200×60		190		190		115×48		115×48
	220	265				210		210				
250	190	230	250×45	250×55	35×	180	40×	180	35×	115×43	40×	115×43
	220	260				210		210				
	210	255	250×50	250×65		200		200		125×48		125×48
	240	280				230		230				
315	215	250	315×50	315×60	45×	200	50×	200	45×	125×48	50×	125×48
	245	280				230		230				
	245	290	315×55	315×70		230		230		140×53		140×53
	275	320				260		260				
400	245	290	400×55	400×65		230		230		140×53		140×53
	275	315				260		260				
	275	320	400×60	400×75		260		260		150×58		150×58
	305	350				290		290				
500	260	300	500×55	500×65	50×	240	55×	240	50×	150×53	55×	150×53
	290	325				270		270				
	290	330	500×65	500×80		270		270		160×63		160×63
	320	360				300		300				
630	270	310	630×60	630×70	55×	250	60×	250	55×	160×58	60×	160×58
	300	340				280		280				
	310	350	630×75	630×90		290		290		170×73		170×73
	340	380				320		320				

表 10-4　滑动导向四导柱模架规格

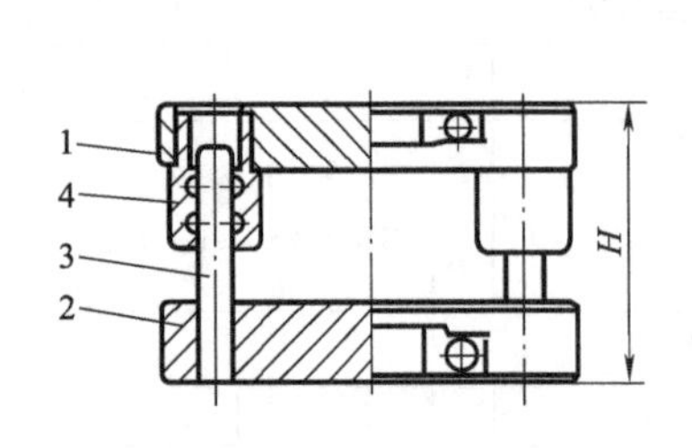

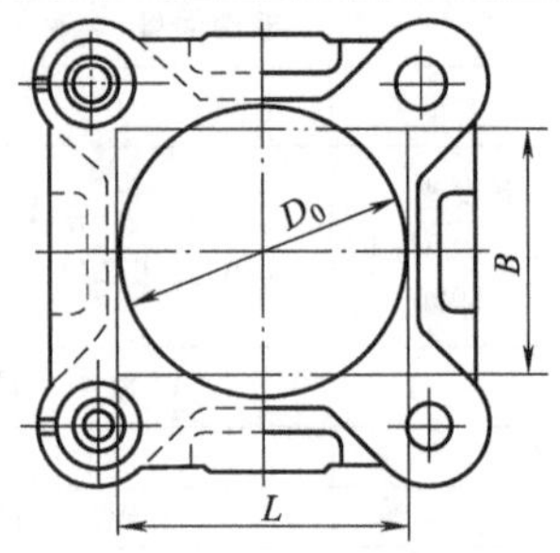

标记示例：

凹模周界 $L=250$mm，$B=200$mm，闭合高度 $H=200\sim245$mm，Ⅰ级精度的四导柱模架：

模架　250×200×200～245 Ⅰ GB/T 2851.7—1990

凹模周界		闭合高度（参考）H			零件件号、名称及标准编号					
					1	2	3		4	
					上模座 GB/T 2855.13—1990	下模座 GB/T 2855.14—1990	导柱 GB/T 2861.1—1990		导套 GB/T 2861.6—1990	
					数量					
L	B	D_0	最小	最大	1	1	4		4	
					规格					
160	125	160	140	170	160×120×35	160×125×40	25×	130	25×	85×33
			160	190				150		
			170	205	160×125×40	160×125×50		160		95×38
			190	225				180		
200	160	200	160	200	200×160×40	200×160×45	28×	150	28×	100×38
			180	220				170		
			190	235	200×160×45	200×160×55		180		110×43
			210	255				200		
250		—	170	210	250×160×45	250×160×50	32×	160	32×	105×43
			200	240				190		
			200	245	250×160×50	250×160×60		190		115×48
			220	265				210		
250	200	250	170	210	250×200×45	250×200×50		160		105×43
			200	240				190		
			200	245	250×200×50	250×200×60		190		115×48
			220	265				210		
315		—	190	230	315×200×45	315×200×55	35×	180	35×	115×43
			220	260				210		
			210	255	315×200×50	315×200×65		200		125×48
			240	285				230		
315	250	—	215	250	315×250×50	315×250×60	40×	200	40×	125×48
			245	280				230		
			245	290	315×250×55	315×250×70		230		140×53
			275	320				260		
400			215	250	400×250×50	400×250×60		200		125×48
			245	280				230		
			245	290	400×250×55	400×250×70		230		140×53
			275	320				260		
400	315	—	245	290	400×315×55	400×315×65	45×	230	45×	140×53
			275	315				260		
			275	320	400×315×60	400×315×75		260		150×58
			305	350				290		

凹模周界			闭合高度（参考）H		零件件号、名称及标准编号			
					1	2	3	4
					上模座 GB/T 2855.13—1990	下模座 GB/T 2855.14—1990	导柱 GB/T 2861.1—1990	导套 GB/T 2861.6—1990
					数量			
L	B	D_0	最小	最大	1	1	4	4
					规格			
500	315	—	245	290	500×315×55	500×315×65	45×230	45×140×53
			275	315			45×260	
			275	320	500×315×60	500×315×75	45×260	45×150×58
			305	350			45×290	
630			260	300	630×315×55	630×315×65	50×240	50×150×53
			290	325			50×270	
			290	330	630×315×65	630×315×80	50×270	50×160×63
			320	360			50×300	
500	400	—	260	300	500×400×55	500×400×65	50×240	50×150×53
			290	325			50×270	
			290	330	500×400×65	500×400×80	50×270	50×160×63
			320	360			50×300	
630			260	300	630×400×55	630×400×65	50×240	50×150×53
			290	325			50×270	
			290	330	630×400×65	630×400×80	50×270	50×160×63
			320	360			50×300	

附录 11 模　　柄

表 11-1 压入式模柄

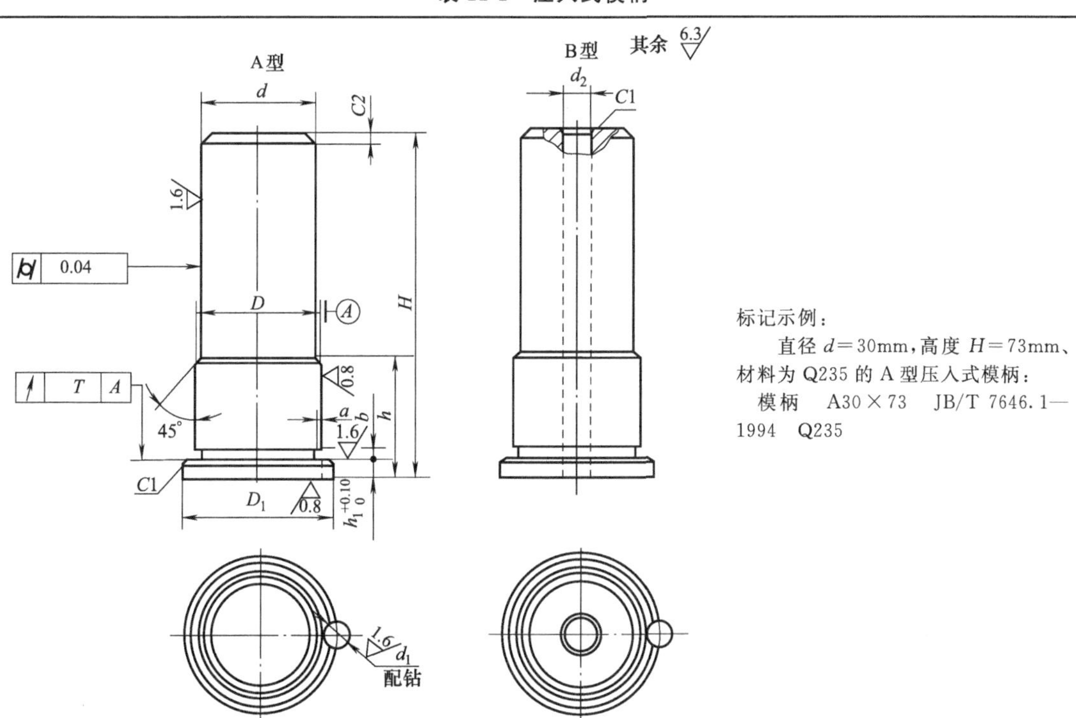

标记示例：

直径 $d=30$mm，高度 $H=73$mm、材料为 Q235 的 A 型压入式模柄：

模柄 A30×73 JB/T 7646.1—1994 Q235

续表

d(d11)		D(m6)		D_1	H	h	h_1	b	a	d_1(H7)		d_2
基本尺寸	偏差	基本尺寸	偏差							基本尺寸	偏差	
20	−0.065 −0.195	22	+0.021 +0.008	29	68	20	4	2	0.5	6	+0.012 0	7
					73	25						
					78	30						
25		26		33	68	20						
					73	25						
					78	30						
					83	35						
30		32	+0.025 +0.009	39	73	25	5					11
					78	30						
					83	35						
					88	40						
32	−0.080 −0.240	34		42	73	25		3	1			
					78	30						
					83	35						
					88	40						
35		38	+0.025 +0.009	46	85	25	6					13
					90	30						
					95	35						
					100	40						
					105	45						
38		40		48	90	30						
					95	35						
					100	40						
					105	45						
					110	50						
*40		42		50	90	30						
					95	35						
					100	40						
					105	45						
					110	50						
*50		52		61	95	35	8			8	+0.015 0	17
					100	40						
					105	45						
					110	50						
					115	55						
					120	60						
*60	−0.100 −0.290	62	+0.030 +0.011	71	110	40		4				
					115	45						
					120	50						
					125	55						
					130	60						
					135	65						
					140	70						
*76		78		89	123	45	10			10		21
					128	50						
					133	55						
					138	60						
					143	65						
					148	70						
					153	75						
					158	80						

注：1. 材料：Q235，Q275　GB/T 700—1988。
2. 带“*”号的规格优先选用。
3. 技术条件：按 JB/T 7653—1994 的规定。

表 11-2 凸缘式模柄

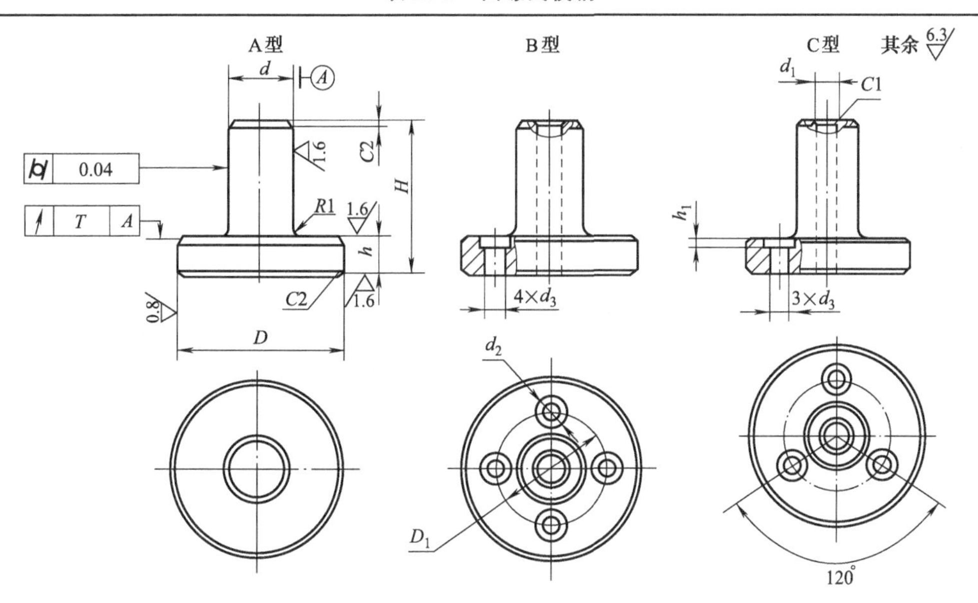

标记示例：

直径 d=40mm，D=85mm，材料为 Q235 的 A 型凸缘模柄：

模柄　A40×85　JB/T 7646.3-1994・Q235

d(d11)		D(h6)		H	h	d_1	D_1	d_2	d_3	h_1
基本尺寸	偏差	基本尺寸	偏差							
30	−0.065 −0.195	70	0 −0.019	64	16	11	52	15	9	9
40	−0.080 −0.240	85	0 −0.022	78	18	13	62	18	11	11
50		100				17	72			
60	−0.100 −0.290	115	0 −0.025	90	29		87	22	13	13
76		136		98	22	21	102			

注：1. 材料：Q235、Q275、GB/T 700—1988。

2. 技术条件：按 JB/T 7653—1994 的规定。

表 11-3 槽形模柄

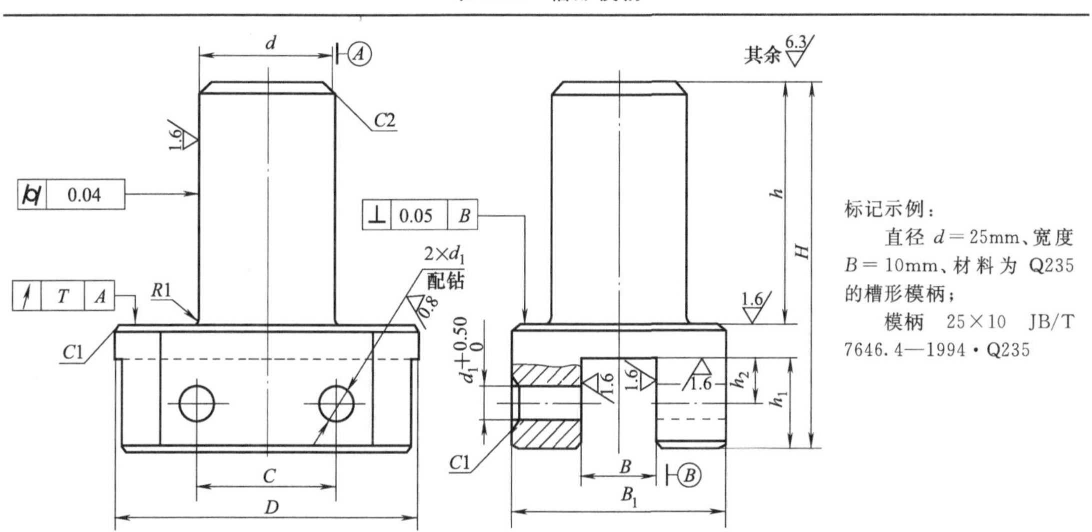

标记示例：

直径 d=25mm、宽度 B=10mm、材料为 Q235 的槽形模柄；

模柄　25×10　JB/T 7646.4—1994・Q235

续表

d(d11) 基本尺寸	d(d11) 极限偏差	D	H	h	h_1	h_2	B(H7) 基本尺寸	B(H7) 极限偏差	B_1	d_1(H7) 基本尺寸	d_1(H7) 极限偏差	C
20	−0.065 −0.195	45	70	48	14	7	6	+0.012 0	30	6	+0.012 0	20
25		55	75		16	8	10	+0.015 0	40			25
30		70	85		20	10	15	+0.018 0	50	8	+0.015 0	30
40	−0.080 −0.240	90	100	60	22	11	20 25	+0.021 0	60	10		35
50		110	115		25	12	30		70			45
60	−0.100 −0.290	120	130	70	30	15	35	+0.025 0	80			50

注：1. 材料：Q235、Q275、GB/T 700—1988。

2. 技术条件：按 JB/T 7653—1994 的规定。

表 11-4　旋入式模柄

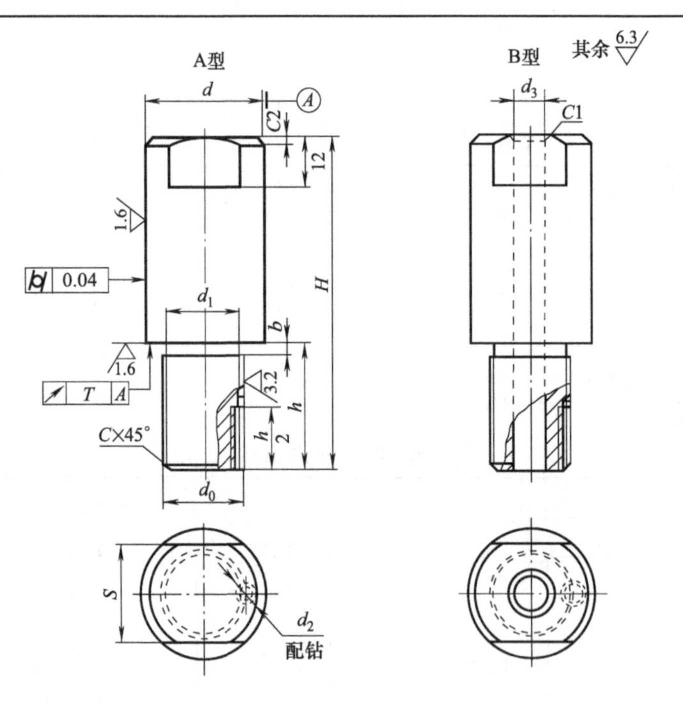

标记示例：

直径 d=30mm、高度 H=78mm、材料为 Q235 的 A 型旋入式模柄：

模柄　A30×78　JB/T 7646.2—1994 · Q235

单位：mm

d (d11)	基本尺寸	20			25			30			32			35				38
	极限偏差	−0.065 −0.195									−0.080 −0.240							
d_0		M18×1.5			M20×1.5						M24×2							
H		64	68	73	68	73	78	73	78	83	73	78	83	85	90	95	100	90
k		16	20	25	20	25	30	25	30	35	25	30	35	25	30	35	40	30

续表

s (h13)	基本尺寸	17	19	24	27	30	
	极限偏差	0 −0.270	0 −0.330				
d_1		16.5	18.5		21.5		
d_3		7		11		13	
d_2		M6					
b		2.5			3.5		
d'		1			1.5		

附录 12　冷冲模常用零件材料及热处理

零件名称	选用材料	热处理 HRC
上模、下模座	HT20-40、ZG35、 A3、A5、45	
导柱	20	60～64 渗碳
	T8A、T10A	60～64
导套	20 T8A、T10A	58～62 渗碳 58～62
凸模	T8A、T10A CrWMn、Cr12MoV	58～62
凹模	T8A、T10A CrWMn、Cr12MoV	62～64
零件名称	选用材料	热处理 HRC
导尺	45	43～48
模柄	A3、A5、45	
顶杆、打杆	45	55～60
挡料钉、挡料销	45	42～48
冲程限位钉	A5、45	
侧刃	T10A、T8ACrWMn	58～62
导正钉	T7、T8A、T10A、9Mn2V	50～58
弹簧、弹簧片	65Mn、60Si2Mn	43～48
销、螺钉、螺栓	45、A3	(45)43～48
护套	A3、20	
压边圈	T8A	54～58
定位板	45	42～46
固定板、垫板、卸料板	A3、A5	
推板、顶板	45 T8A、T10A、CrWMn	43～48 56～60

附录 13　模具零件表面粗糙度

表面粗糙度 $R_a/\mu m$	表面微观特征	加 工 方 法	使 用 范 围
冷　冲　模			
0.1	暗光泽面	精磨、研磨、普通抛光	1. 精冲模刃口部分 2. 冷剂压模凸凹模关键部分 3. 滑动导柱工作表面

续表

表面粗糙度 $R_a/\mu m$	表面微观特征	加工方法	使用范围
冷冲模			
0.2	不可辨加工痕迹方向	精磨、研磨、珩磨	1. 要求高的凸、凹模成形面 2. 导套工作表面
0.4	微辨加工痕迹方向	精铰、精镗、磨、刮	1. 冲裁模刃口部分 2. 拉深、成形、压弯的凸、凹模的工作表面 3. 滑动和精确导向表面
0.8	可辨加工痕迹方向	车、镗、磨、电加工	1. 凸、凹模工作表面，镶块的接合面 2. 模板、垫板、固定板的上、下表面 3. 静配合和过渡配合的表面 4. 要求准确的工艺基准面
1.6	看不清加工痕迹	车、镗、磨、电加工	1. 模板平面 2. 挡料销、推杆、顶板等零件主要工作表面 3. 凸、凹模的次要表面 4. 非热处理零件配合用内表面
3.2	未见加工痕迹	车、刨、铣、镗	1. 不磨加工的支承面、定位面和紧固面 2. 卸料螺钉支承面
6.3	可见加工痕迹	车、刨、铣、镗、锉、钻	不与制件或其他冲模零件接触的表面
12.5	有明显可见的刀痕	粗车、粗刨、粗铣、锯、锉、钻	粗糙的不重要表面
∅✓		铸、锻、焊	不需要机械加工的表面

附录 14　各种加工方法的经济精度

加工方法	加工精度	加工方法	加工精度
车削	IT7～IT11	外圆磨	IT5～IT8
刨削、插削	IT10～IT11	内圆磨	IT6～IT8
铣削	IT8～IT11	坐标磨	0.005～0.01(mm)
钻孔	IT11～IT13	电火花加工	0.05～0.10(mm)
扩孔	IT10～IT13	线切割(快走丝)	0.02～0.05(mm)
铰孔	IT7～IT10	线切割(慢走丝)	0.005～0.02(mm)
坐标镗孔	IT7～IT10	研磨	0.002～0.01(mm)
平面磨	IT6～IT9		

附录 15　卸料螺钉孔尺寸

单位：mm

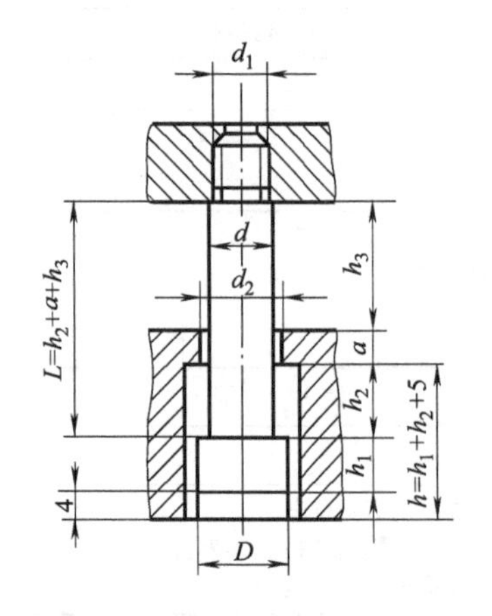

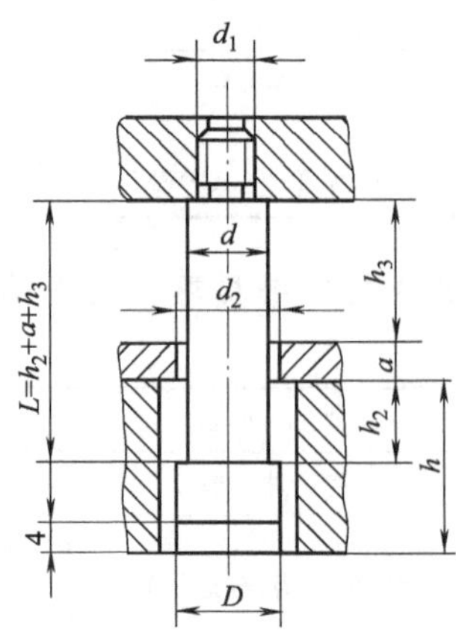

d_1	d	d_2	D	h_1 圆柱头螺钉	h_1 内六角螺钉
M4	5	5.5	8.5	3.5	4
M6	8	8.5	12.5	5	8
M8	10	10.5	15	6	10
M10	12	13	18	7	12
M12	16	17	24	9	16

注：a 之最小值应$=\frac{1}{2}d_1$，使用垫板时

a=垫板厚度

h 在扩孔情况下应$=h_1+h_2+5$。

如使用垫时可全部打通

h_2——卸料板行程

h_3——弹簧（橡皮）压缩后的高度

附录 16　模具常用配合

配合种类		特　　性	应用举例
过盈配合	H8/U8	热压配合，装配后生产预应力，不拆装	预应力套与凹模的配合
	H7/r6 或 R7/h5	压配合，定心精度较高，不拆装	导柱与模板的配合
	H7/r5	轻压配，定心精度高，不拆装	精密导柱与模板、硬质合金镶块与凹模体的配合
过渡配合	H7/m5	定心精度高，无相对运动，基本不拆	导套(带法兰)与模板的配合
	H7/m6	定心精度高，无相对运动，少拆装	凸模与固定板、柱销与销孔的配合
	H7/k6	定心精度高，无相对运动，少拆装	导定销与固定板的配合
	H7/js6	定心精度高，无相对运动，少拆装	镶块与窝座的配合
间隙配合	H6/h5	定心精度高，有相对运动	精密导柱与导套的配合
	H7/h6	定心精度较高，有相对运动	导柱与导套的配合
	H7/f7	定心精度较差，常拆装	模柄与窝座的配合
	H8/f8	定心精度较差，有相对运动	侧压板与槽的配合

附录 17　模具常用形位公差

表 17-1　直线度、平面度

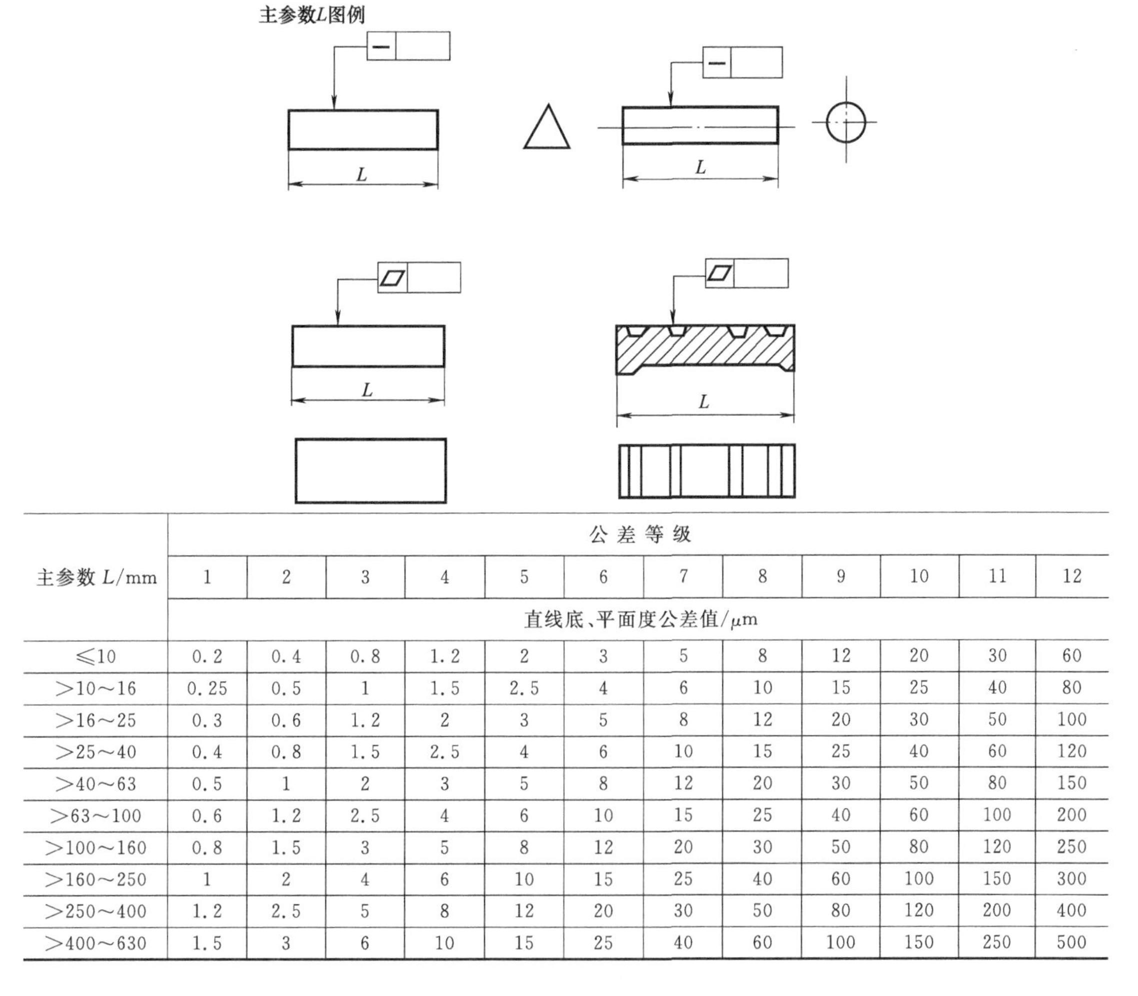

主参数 L/mm	公差等级 1	2	3	4	5	6	7	8	9	10	11	12
	直线底、平面度公差值/μm											
≤10	0.2	0.4	0.8	1.2	2	3	5	8	12	20	30	60
>10～16	0.25	0.5	1	1.5	2.5	4	6	10	15	25	40	80
>16～25	0.3	0.6	1.2	2	3	5	8	12	20	30	50	100
>25～40	0.4	0.8	1.5	2.5	4	6	10	15	25	40	60	120
>40～63	0.5	1	2	3	5	8	12	20	30	50	80	150
>63～100	0.6	1.2	2.5	4	6	10	15	25	40	60	100	200
>100～160	0.8	1.5	3	5	8	12	20	30	50	80	120	250
>160～250	1	2	4	6	10	15	25	40	60	100	150	300
>250～400	1.2	2.5	5	8	12	20	30	50	80	120	200	400
>400～630	1.5	3	6	10	15	25	40	60	100	150	250	500

表 17-2 圆度、圆柱度

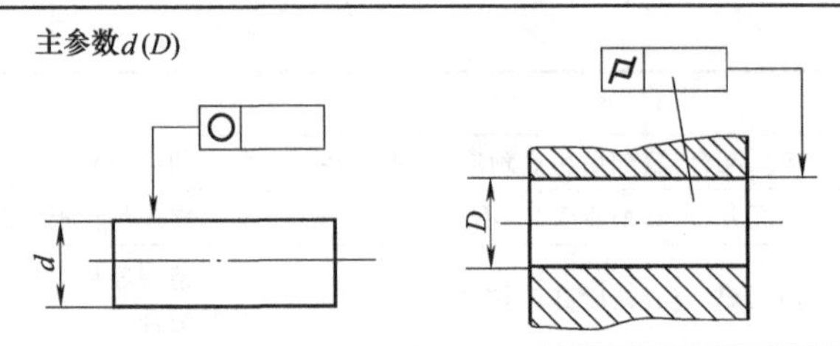

主参数 d(D) /mm	公差等级												
	0	1	2	3	4	5	6	7	8	9	10	11	12
	圆度、圆柱度公差值/μm												
≤3	0.1	0.2	0.3	0.5	0.8	1.2	2	3	4	6	10	14	25
>3～6	0.1	0.2	0.4	0.6	1	1.5	2.5	4	5	8	12	18	30
>6～10	0.12	0.25	0.4	0.6	1	1.5	2.5	4	6	9	15	22	36
>10～18	0.15	0.25	0.5	0.8	1.2	2	3	5	8	11	18	27	43
>18～30	0.2	0.3	0.6	1	1.5	2.5	4	6	9	13	21	33	52
>30～50	0.25	0.4	0.6	1	1.5	2.5	4	7	11	16	25	39	62
>50～80	0.3	0.5	0.8	1.2	2	3	5	8	13	19	30	46	74
>80～120	0.4	0.6	1	1.5	2.5	4	6	10	15	22	35	54	87
>120～180	0.6	1	1.2	2	3.5	5	8	12	18	25	40	63	100
>180～250	0.8	1.2	2	3	4.5	7	10	14	20	29	46	72	115
>250～315	1.0	1.6	2.5	4	6	8	12	16	23	32	52	81	130
>315～400	1.2	2	3	5	7	9	13	18	25	36	57	89	140
>400～500	1.5	2.5	4	6	8	10	15	20	27	40	63	97	155

表 17-3 平行度、垂直度、倾斜度

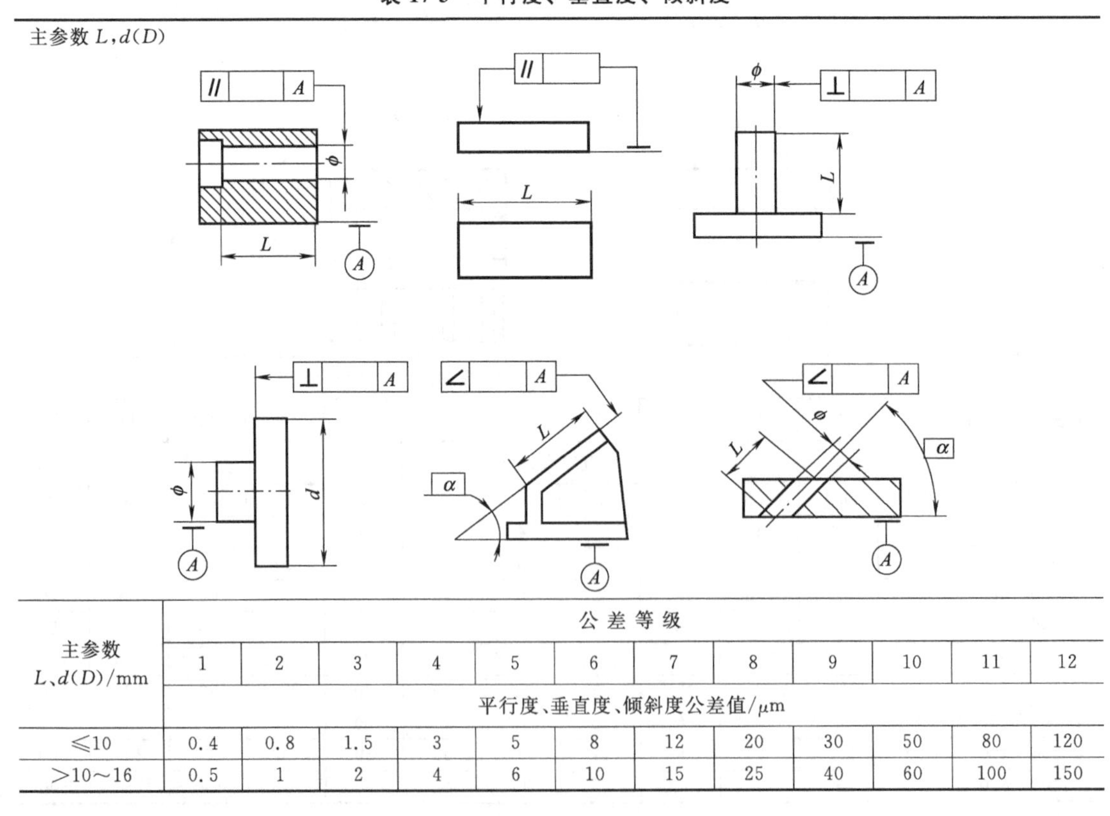

主参数 L、d(D)/mm	公差等级											
	1	2	3	4	5	6	7	8	9	10	11	12
	平行度、垂直度、倾斜度公差值/μm											
≤10	0.4	0.8	1.5	3	5	8	12	20	30	50	80	120
>10～16	0.5	1	2	4	6	10	15	25	40	60	100	150

续表

主参数 L、d(D)/mm	公差等级											
	1	2	3	4	5	6	7	8	9	10	11	12
	平行度、垂直度、倾斜度公差值/μm											
>16～25	0.6	1.2	2.5	5	8	12	20	30	50	80	120	200
>25～40	0.8	1.5	3	6	10	15	25	40	60	100	150	250
>40～65	1	2	4	8	12	20	30	50	80	120	200	300
>65～100	1.2	2.5	5	10	15	25	40	60	100	150	250	400
>100～160	1.5	3	6	12	20	30	50	80	120	200	300	500
>160～250	2	4	8	15	25	40	60	100	150	250	400	600
>250～400	2.5	5	10	20	30	50	80	120	200	300	500	800
>400～630	3	6	12	25	40	60	100	150	250	400	600	1000

表 17-4　同轴度、对称度、圆跳动、全跳动

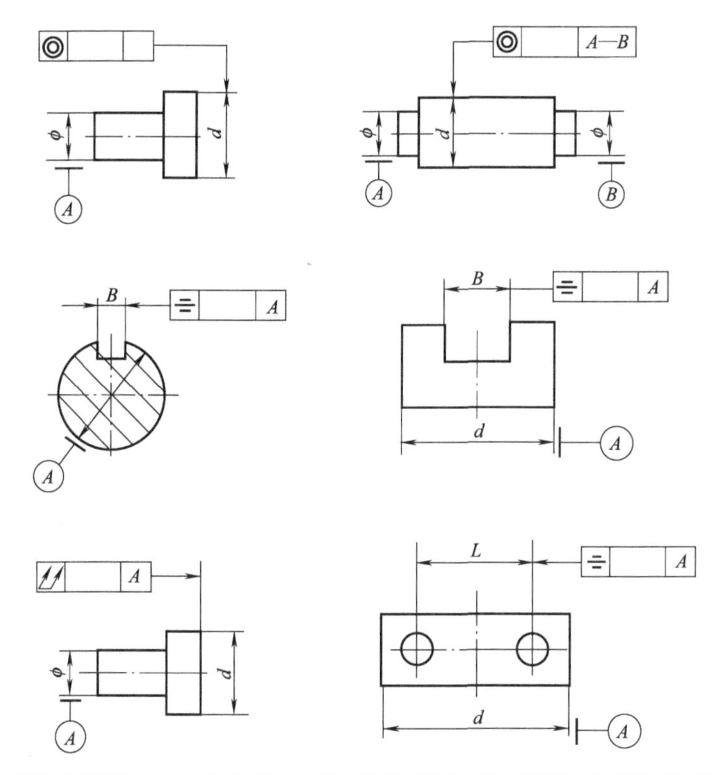

主参数 d(D)、B、L/mm	公差等级											
	1	2	3	4	5	6	7	8	9	10	11	12
	同轴度、对称度、圆跳动、全跳动公差值/μm											
≤1	0.4	0.6	1.0	1.5	2.5	4	6	10	15	25	40	60
>1～3	0.4	0.6	1.0	1.5	2.5	4	6	10	20	40	60	120
>3～6	0.5	0.8	1.2	2	3	5	8	12	25	50	80	150
>6～10	0.6	1	1.5	2.5	4	6	10	15	30	60	100	200
>10～18	0.8	1.2	2	3	5	8	12	20	40	80	120	250
>18～30	1	1.5	2.5	4	6	10	15	25	50	100	150	300
>30～50	1.2	2	3	5	8	12	20	30	60	1200	200	400

续表

主参数 $d(D)$、B、L/mm	公差等级											
	1	2	3	4	5	6	7	8	9	10	11	12
	同轴度、对称度、圆跳动、全跳动公差值/μm											
＞50～120	1.5	2.5	4	6	10	15	25	40	80	150	250	500
＞120～250	2	3	5	8	12	20	30	50	100	200	300	600
＞250～500	2.5	4	6	10	15	25	40	60	120	250	400	800

附录18 标准公差数值（GB/T 1800.3—1998）

根据国际标准，以下为基本尺寸0～500mm，4～18级精度标准公差表。

基本尺寸		公差值														
		IT4	IT5	IT6	IT7	IT8	IT9	IT10	IT11	IT12	IT13	IT14	IT15	IT16	IT17	IT18
大于	到	μm								mm						
—	3	3	4	6	10	14	25	40	60	0.10	0.14	0.25	0.40	0.60	1.0	1.4
3	6	4	5	8	12	18	30	48	75	0.12	0.18	0.30	0.48	0.75	1.2	1.8
6	10	4	6	9	15	22	36	58	90	0.15	0.22	0.36	0.58	0.90	1.5	2.2
10	18	5	8	11	18	27	43	70	110	0.18	0.27	0.43	0.70	1.10	1.8	2.7
18	30	6	9	13	21	33	52	84	130	0.21	0.33	0.52	0.84	1.30	2.1	3.3
30	50	7	11	16	25	39	62	100	160	0.25	0.39	0.62	1.00	1.60	2.5	3.9
50	80	8	13	19	30	46	74	120	190	0.30	0.46	0.74	1.20	1.90	3.0	4.6
80	120	10	15	22	35	54	87	140	220	0.35	0.54	0.87	1.40	2.20	3.5	5.4
120	180	12	18	25	40	63	100	160	250	0.40	0.63	1.00	1.60	2.50	4.0	6.3
180	250	14	20	29	46	72	115	185	290	0.46	0.72	1.15	1.85	2.90	4.6	7.2
250	315	16	23	32	52	81	130	210	320	0.52	0.81	1.30	2.10	3.20	5.2	8.1
315	400	18	25	36	57	89	140	230	360	0.57	0.89	1.40	2.30	3.60	5.7	8.9
400	500	20	27	40	63	97	155	250	400	0.63	0.97	1.55	2.50	4.00	6.3	9.7

注：基本尺寸小于1mm时，无IT14～IT18。

参考文献

[1] 翁其金. 冷冲压技术. 北京：机械工业出版社，2001.

[2] 成虹. 冲压工艺及模具设计. 北京：高等教育出版社，2006.

[3] 徐政坤. 冲压模具及设备. 北京：机械工业出版社，2004.

[4] 模具实用技术丛书编委会. 冲模设计实用实例. 北京：机械工业出版社，2000.

[5] 张均. 冷冲压模具设计与制造. 西安：西北工业大学出版社，1993.

[6] 中国机械工程学会锻压学会. 锻压手册. 第2卷. 冲压. 北京：机械工业出版社，1993.

[7] 王金龙. 冷冲压工艺与模具设计. 北京：清华大学出版社，2007.

[8] 翁其金，徐新成主编. 冲压工艺及冲模设计. 北京：机械工业出版社，2006.

[9] 钟毓斌. 冷冲压工艺与模具设计. 北京：机械工业出版社，2007.

[10] 王秀凤，万良辉主编. 冷冲压模具设计与制造. 北京：航空航天大学出版社，2005.

[11] 汤习成. 冷冲压工艺与模具设计. 北京：中国劳动社会保障出版社，2008.

[12] 周玲. 冲模设计实例详解. 北京：化学工业出版社，2007.

[13] 王小彬. 冲压工艺与模具设计. 北京：电子工业出版社，2006.

[14] 吴诗惇. 冲压工艺与模具设计. 西安：西北工业大学出版社，2006.

[15] 钟翔山. 冷冲模设计应知应会. 北京：机械工业出版社，2008.

[16] 刘靖岩. 冲压工艺与模具设计. 北京：中国轻工业出版社，2006.

[17] 吴伯杰. 冲压工艺与模具. 北京：电子工业出版社，2004.

[18] 史铁梁. 模具设计指导. 北京：机械工业出版社，2006.

[19] 王新华，陈登. 简明冲模设计手册. 北京：机械工业出版社，2008.

欢迎订阅化工版“全国高职高专工作过程导向规划教材”

本套教材涉及机械专业、电气专业、汽车专业。机械专业的具体书目已在本书的前言和封底有具体的介绍，电气专业和汽车专业的具体书目如下。

电气专业

- ■ 自动生产线安装、调试与维护
- ■ 电机控制与维修
- ■ 电子技术
- ■ 电机与电气控制
- ■ 变频器应用与维修
- ■ PLC 技术应用——西门子 S7-200
- ■ 单片机系统设计与调试
- ■ 工厂供配电技术
- ■ 自动检测仪表使用与维护
- ■ 集散控制系统应用
- ■ 液压气动技术与应用（非机械类专业适用）

汽车专业

- ● 汽车发动机构造与维修
- ● 汽车发动机电控系统维修
- ● 汽车底盘电控系统维修
- ● 汽车底盘维修
- ● 汽车自动变速器维修
- ● 汽车电器检修
- ● 汽车检测与故障诊断
- ● 汽车性能与使用
- ● 汽车保险与理赔
- ● 汽车涂装
- ● 汽车车身修复
- ● 汽车专业英语
- ● 汽车市场营销
- ● 汽车 4S 店运营管理
- ● 汽车机械基础
- ● 汽车电工电子技术
- ● 汽车液压、气压与液力传动
- ● 汽车消费心理学
- ● 汽车机械识图